普通高等教育"十二五"规划教材

冶 金 工 程 概 论

主 编 杜长坤
副主编 高绪东 高逸锋 袁晓丽

北 京

冶 金 工 业 出 版 社

2021

内 容 提 要

　　本书是根据冶金行业普通高等教育"十二五"教材规划而编写的，结合现代冶金工业技术，较为系统地介绍了钢铁和有色金属冶金的原料、设备、基本原理、生产工艺流程及压力加工方法，并简要介绍了环境保护和资源综合利用的相关知识。

　　本书可作为高等院校非冶金专业，尤其是冶金相关专业本科生的教学用书，亦可供从事冶金行业的管理人员参考。

图书在版编目(CIP)数据

冶金工程概论/杜长坤主编．—北京：冶金工业出版社，2012.4（2021.9 重印）

普通高等教育"十二五"规划教材

ISBN 978-7-5024-5867-6

Ⅰ．①冶…　Ⅱ．①杜…　Ⅲ．①冶金—高等学校—教材
Ⅳ．①TF

中国版本图书馆 CIP 数据核字（2012）第 038412 号

出　版　人　苏长永
地　　　址　北京市东城区嵩祝院北巷 39 号　邮编　100009　电话　(010)64027926
网　　　址　www.cnmip.com.cn　电子信箱　yjcbs@cnmip.com.cn
责任编辑　杨　敏　美术编辑　彭子赫　版式设计　孙跃红
责任校对　王贺兰　责任印制　禹　蕊
ISBN 978-7-5024-5867-6
冶金工业出版社出版发行；各地新华书店经销；北京印刷集团有限责任公司印刷
2012 年 4 月第 1 版，2021 年 9 月第 7 次印刷
787mm×1092mm　1/16；17.25 印张；414 千字；265 页
35.00 元
冶金工业出版社　投稿电话　(010)64027932　投稿信箱　tougao@cnmip.com.cn
冶金工业出版社营销中心　电话　(010)64044283　传真　(010)64027893
冶金工业出版社天猫旗舰店　yjgycbs.tmall.com
（本书如有印装质量问题，本社营销中心负责退换）

前　　言

　　冶金工业是国民经济的基础工业，是国家实力和工业发展水平的重要标志，它为机械、能源、化工、交通、建筑、航空航天、国防军工等领域提供所需的材料产品。现代工业、农业、国防及科技的发展对冶金工业不断提出新的要求，并推动着冶金学科和工程技术的发展；反过来，冶金工程的发展又不断为人类文明进步提供新的物质基础。

　　本书应部分高等学校教学改革的需要，根据部分非冶金专业人才培养方案和教学计划的要求而编写，共分 6 章，较为全面地介绍了冶金工艺过程，包括炼铁、炼钢、炉外精炼、连续铸钢、常见有色金属冶炼以及金属压力加工等，同时还概述了环境保护及资源综合利用相关知识。本书在内容上突出理论性和实用性，注重理论与实践的有机结合，力求全面、实用，这对非冶金工程专业的学生学习冶金工业相关知识具有重要的作用，并且对冶金工程专业学生全面了解以及从事冶金行业工作的相关人员熟悉冶金工业过程也会有很大的帮助。

　　本书的编写人员均为重庆科技学院冶金工程专业的教师，由杜长坤担任主编，并负责本书的策划和统稿，由高绪东、高逸锋和袁晓丽担任副主编。具体编写分工为：第 1 章由高绪东编写，第 2 章由杜长坤、袁晓丽共同编写，第 3 章由周书才编写，第 4 章由高逸锋编写，第 5 章由阳辉编写，第 6 章由夏文堂编写。

　　在本书的编写过程中，得到了重庆科技学院冶金与材料工程学院和教务处的大力支持，在此表示衷心的感谢。此外，本书的编写还参考了国内外公开发表的文献资料，编者向有关作者和出版社一并表示诚挚的谢意。

　　由于本书内容涉及较广，加之编者水平所限，书中不妥之处，热诚希望广大读者提出宝贵意见。

编　者

2011 年 11 月

目　　录

1 绪　论

本章摘要　本章主要从钢铁冶金和有色冶金两个方向介绍了冶金基本概念、冶金发展史以及冶金工业的发展现状和未来规划等，同时还分析了冶金行业在国民经济中的重要地位和作用，使初学者对冶金行业有初步了解，对后面章节的学习和冶金专业知识的掌握有引导作用。

1.1　冶金基本概念

冶金是一门研究如何经济地从矿石或其他原料中提取金属或金属化合物，并用各种加工方法制成具有一定性能的金属材料的科学。

用于提取各种金属的矿石具有不同的性质，故提取金属要根据不同的原理，采用不同的生产工艺过程和设备，从而形成了冶金的专门学科——冶金学。

冶金学以研究金属的制取、加工和改进金属性能的各种技术为重要内容，现发展为对金属成分、组织结构、性能和有关基础理论的研究。就其研究领域而言，冶金学分为提取冶金和物理冶金两门学科。

提取冶金学是研究如何从矿石中提取金属或金属化合物的生产过程，由于该过程伴有化学反应，又称为化学冶金。

物理冶金学是通过成形加工制备有一定性能的金属或合金材料，研究其组成、结构的内在联系以及在各种条件下的变化规律，为有效地使用和发展具有特定性能的金属材料服务。它包括金属学、粉末冶金、金属铸造、金属压力加工等。

1.1.1　冶金方法

从矿石或其他原料中提取金属的方法很多，可归结为以下三种：

（1）火法冶金。它是指在高温下矿石经熔炼与精炼反应及熔化作业，使其中的金属和杂质分开，获得较纯金属的过程。整个过程可分为原料准备、冶炼和精炼三个工序。过程所需能源主要靠燃料燃烧供给，也有依靠过程中的化学反应热来提供的。

（2）湿法冶金。它是指在常温或低于100℃下，用溶剂处理矿石或精矿，使所要提取的金属溶解于溶液中而其他杂质不溶解，然后再从溶液中将金属提取和分离出来的过程，由于绝大部分溶剂为水溶液，也称为水法冶金。该方法包括浸出、分离、富集和提取等工序。

（3）电冶金。它是利用电能提取和精炼金属的方法，按电能形式可分为电热冶金和电化学冶金两类。

1）电热冶金。它是利用电能转变成热能，在高温下提炼金属，其本质上与火法冶金相同。

2）电化学冶金。利用电化学反应使金属从含金属的盐类的水溶液或熔体中析出，前者称为溶液电解，如铜的电解精炼，可归入湿法冶金；后者称为熔盐电解，如电解铝，可列入火法冶金。

采用哪种方法提取金属，按怎样的顺序进行，在很大程度上取决于所用的原料以及要求的产品。冶金方法中以火法和湿法的应用较为普遍，钢铁冶金主要采用火法，而有色金属提取则火法和湿法兼有。

1.1.2　主要冶金过程简介

在生产实践中，各种冶金方法往往包括许多个冶金工序，如火法冶金中有选矿、干燥、焙烧、煅烧、烧结、球团、熔炼、精炼等工序。本节重点介绍以下工序：

（1）干燥。干燥是指除去原料中的水分。干燥温度一般为 400～600℃。

（2）焙烧。焙烧是指将矿石或精矿置于适当的气氛下，加热至低于它们的熔点温度，发生氧化、还原或其他化学变化的冶金过程。其目的是为改变原料中提取对象的化学组成，满足熔炼的要求。按焙烧过程控制气氛的不同，其可分为氧化焙烧、还原焙烧、硫酸化焙烧、氯化焙烧等。

（3）煅烧。煅烧是指将碳酸盐或氢氧化物的矿物原料在空气中加热分解，除去二氧化碳或水分，使其变成氧化物的过程，也称焙解。如将石灰石煅烧成石灰，作为炼钢熔剂。

（4）烧结和球团。烧结和球团是将不同矿粉混匀或造球后加热焙烧，固结成多孔块状或球状的物料，是粉矿造块的主要方法。

（5）熔炼。熔炼是指将处理好的矿石或其他原料在高温下通过氧化还原反应，使矿石中金属和杂质分离为两个液相层（即金属液和熔渣）的过程，也称冶炼。按冶炼条件，其可分为还原熔炼、造锍熔炼、氧化吹炼等。

（6）精炼。精炼是指进一步处理熔炼所得的含有少量杂质的粗金属，以提高其纯度。如熔炼铁矿石得到生铁，再经氧化精炼成钢。精炼方法很多，如炼钢、真空冶金、喷射冶金、熔盐电解等。

（7）吹炼。吹炼是火法冶金的一个重要过程，是指在转炉中所进行的氧化熔炼。吹炼时，向熔融的锍或粗金属鼓入空气、工业纯氧或其他氧化性气体，使杂质氧化成气体逸出或成为氧化物造渣，以获得较纯的金属或高锍（如白冰铜）。吹炼广泛用于钢和铜、镍的冶炼。

（8）蒸馏。蒸馏是指将冶炼的物料在间接加热的条件下，利用某一温度下各种物质挥发度不同的特点，使冶炼物料中某些组分分离的方法。

（9）浸出。所谓浸出（有的也称为溶出）就是将固体物料（例如矿石、精矿等）加到液体溶剂中，使固体物料中的一种或几种有价金属溶解于溶液中，而脉石和某些非主体金属入渣，以使提取金属与脉石和某些杂质分离。

（10）净化。净化是用于处理浸出溶液或其他含有杂质超标的溶液，除去其中杂质以达标的过程。它也是综合利用资源、提高经济效益、防止污染环境的有效方法。由于溶液中各种元素的性质不同，采用的净化方法也不同，这样就不能试图采用一种方法将所有的杂质一次除去，而是采用不同方法，多次净化才能完成。一般常用的净化方法有离子沉淀法、置换沉淀法和共沉淀法等。

（11）水溶液电解。水溶液电解是指在水溶液电解质中插入两个电极（阴极与阳极），通入直流电，使水溶液电解质发生氧化-还原反应的过程。水溶液电解时因使用的阳极不同，有可溶阳极与不可溶阳极之分，前者称为电解精炼，后者称为电解沉积。

（12）熔盐电解。熔盐电解是指用熔融盐作为电解质的电解过程。其主要用于提取轻金属，如铝、镁等。这是由于这些金属的化学活性很大，电解这些金属的水溶液得不到金属。为了使固态电解质成为熔融体，过程要在高温条件下进行。

可见，冶金过程是应用各种化学和物理的方法，使原料中的主要金属与其他金属或非金属元素分离，以获得纯度较高的金属的过程。

冶金学是一门多学科的综合应用科学，一方面，冶金学不断吸收其他学科，特别是物理学、化学、力学、物理化学、流体力学等方面的新成果，指导冶金生产技术向新的广度和深度发展；另一方面，冶金生产又以丰富的实践经验充实冶金学的内容，也为其他学科提供新的金属材料和新的研究课题。电子技术和电子计算机的发展及应用，对冶金生产产生了深刻的影响，促进了新金属和新合金材料不断产出，进一步适应了高、精、尖科学技术发展的需要。

1.1.3 冶金的分类

现代工业中习惯把金属分为黑色金属和有色金属两大类，铁、铬、锰三种金属属于黑色金属，其余金属属于有色金属。因此，冶金工业按照金属的两大类别通常分为黑色金属冶金工业和有色金属冶金工业。前者包括铁、钢及铁合金（如锰铁、铬铁）的生产，故又称钢铁冶金。后者包括各种有色金属的生产，统称为有色金属冶金。

1.2 冶金发展史

1.2.1 早期的冶炼方法

早在商代我国就开始使用天然的陨铁锻造铁刃，而真正的冶炼术是大约发明于西周时期的块炼铁法。在土坑里用木炭在 800~1000℃ 下还原铁矿石，可得到一种含有大量非金属氧化物的海绵状固态块铁。这种块铁碳含量很低，具有较好的塑性，经锻打成形可制作器具。

我国古代液态冶铁技术得益于液态冶铜技术的发展，使得我国在发明块炼铁的同时快速转入液态冶铁阶段。春秋中期（公元前 600 年前后），我国已经发明了生铁冶炼技术；到了春秋末年，铁质的农具和兵器也已得到普遍使用。战国时代，我国已经掌握了"块铁渗碳钢"制造技术，制出了非常坚韧而锋利的宝剑。西汉中晚期，发明了所谓"炒钢"的生铁脱碳技术。东汉初期，南阳地区已经制造出水力鼓风机，扩大了冶炼生产规模，产量和质量都得到了提高，使炼铁生产向前迈进了一大步。北宋时期，冶铁技术进一步发展，由皮囊鼓风机鼓风改为木风箱鼓风，并广泛以石炭（煤）为炼铁燃料，当时的冶铁规模是空前的。

世界历史上，我国、印度、埃及是最早使用铁的国家，也是最早掌握冶铁技术的国家，比欧洲要早 1900 多年。欧洲的块铁是公元前 1000 年前后发明的，但是欧洲直到公元 13 世纪末~14 世纪初才掌握生铁冶炼技术。在获得生铁的初期，人们把它当作废品，因为它性脆，不能锻造成器具。后来发现，将生铁与矿石一起放入炉内再进行冶炼，可得到性能比生铁好的粗钢（也称熟铁）。从此钢铁冶炼就开始形成了一直沿用至今的二步冶炼法：第一步，从矿石中冶炼出生铁；第二步，把生铁精炼成钢。随着时代的发展，高炉燃料从木炭发展到焦炭，鼓风动力用蒸汽机代替水力（或风力），产量也在不断增长。

1.2.2　近代钢铁冶炼技术的发展

19 世纪中期至今，以生铁为原料在高温下精炼成钢一直是钢铁生产的主要方法。在此期间，高炉容积不断扩大，用热风代替冷风，鼓风动力采用电力，并建立起蓄热式热风炉，确定了作为生铁精炼炉的转炉、平炉和电炉的炼钢方法。

1.2.2.1　空气底吹转炉的发明

第一次解决用铁水大规模冶炼钢水这一难题的是 1856 年由英国人贝塞麦（H. Bessemer）发明的酸性空气底吹转炉炼钢法。该法将空气吹入铁水，使铁水中锰、硅、碳快速氧化，依据这些元素氧化放出的热量将液体金属加热到能顺利进行浇注所需要的温度，从此开创了大规模炼钢的新时代。由于采用酸性炉衬和酸性渣操作，吹炼过程中不能去除硫、磷；同时，为了保证有足够的热量来源，要求铁水有较高的硅含量，故只能用低磷高硅生铁作原料。由于低磷铁矿的匮乏（特别是在西欧地区），这种炼钢方法的发展受到限制。1878 年，英国人托马斯（S. G. Thomas）发明了碱性空气底吹转炉炼钢法（即托马斯法），用白云石加少量黏结剂制成炉衬，在吹炼过程中加入石灰造碱性渣，解决了高磷铁水的脱磷问题。这种方法特别适用于西欧一些国家，曾在德国、法国、比利时和卢森堡等国家得到充分发展。但碱性空气底吹转炉钢水中氮的含量高，炉子寿命也比较低。

1.2.2.2　平炉时代

18 世纪各国工业的迅速发展使全世界的废钢数量与日俱增，人们开始寻求以废钢作为原料经过熔炼得到合格钢锭的冶炼方法。1864 年，法国人马丁（Martin）利用德国人西门子（Siemens）的蓄热原理发明了以铁水、废钢为原料的酸性平炉炼钢法。继托马斯碱性空气底吹转炉炼钢法之后，于 1880 年出现了第一座碱性平炉。由于碱性平炉能适用于各种原料条件，生铁和废钢的比例可以在很宽的范围内变化，解决了废钢炼钢的诸多问题，钢的品种质量也大大超过了空气转炉，因此，碱性平炉一度成为世界上最主要的炼钢方法，其地位保持了半个多世纪。随着钢需求量的不断增加，平炉容量不断扩大，20 世纪 50 年代最大的平炉容量已经达到 900t。但是平炉设备庞大，生产率较低，对环境污染较大。目前平炉炼钢已经基本被淘汰，但第一次炼钢技术革新是以平炉取代空气底吹转炉为标志的。

1.2.2.3　电弧炉的发明

1899 年，法国人赫劳特（Heroult）研制炼钢用三相交流电弧炉获得成功。由于钢液成分、温度和炉内气氛容易控制以及品种适应性大，这种方法特别适用于冶炼高合金钢。电弧炉炼钢法一直沿用至今，炉容量不断扩大（目前最大的电弧炉容量已超过 400t），铁水热装和电弧炉用氧技术的应用使其产能不断提高，是当前冶炼碳素钢的主要方法之一。

1.2.2.4   氧气转炉时代

20 世纪 40 年代初，大型空气分离机问世，可提供大量廉价的氧气，给氧气炼钢提供了物质条件。1948 年，德国人罗伯特·杜勒（Robert Durrer）在瑞士成功地进行了氧气顶吹转炉炼钢试验。1952 年在奥地利林茨城（Linz）、1953 年在多纳维兹城（Donawitz）先后建成了 30t 氧气顶吹转炉车间并投入生产，所以该法也称 LD 法。而在美国，一般称其为 BOF（Basic Oxygen Furnace）或 BOP（Basic Oxygen Process）法。这种方法一经问世即显示出强大的优越性和生命力，它的生产率很高，一座 120t 氧气顶吹转炉的小时钢产量高达 160~200t，而同吨位平炉的小时钢产量在用氧的情况下为 30~35t，不用氧时仅为 15~20t；钢的品种多，可以熔炼全部平炉钢种和大部分电炉钢种；钢水质量好，转炉钢的气体和非金属夹杂物的含量低于平炉钢，深冲性能和延展性能良好；无需外来热源，原料适用性强，投资低而建设速度快，所以在很短时间内就在全世界得到推广。目前，转炉钢的产量已达到世界钢产总量的 70% 左右，氧气转炉炼钢是世界上最主要的炼钢方法。第二次炼钢技术革新是以氧气顶吹转炉代替平炉为标志的。

氧气顶吹转炉方法的出现启发人们在旧有炼钢法中用氧，使它们获得新生。氧气底吹转炉法于 1967 年由联邦德国马克希米利安（Maximilian）公司与加拿大莱尔奎特（Lellquet）公司共同协作试验成功。由于从炉底吹入氧气改善了冶金反应的动力学条件，脱碳能力强，此法有利于冶炼超低碳钢种，也适用于高磷铁水钢种。1978 年，法国钢铁研究院（IRSID）在顶吹转炉上进行了底吹惰性气体搅拌的试验并获得成功，并先后在卢森堡、比利时、英国、美国和日本等国进行了实验和半工业性试验。由于转炉复合吹炼兼有底吹和顶吹转炉炼钢的优点，促进了金属与渣、气体间的平衡，吹炼过程平稳，渣中氧化铁的含量少，减少了金属和铁合金的消耗，加之改造容易，因此该炼钢方法在各国得到了迅速推广。

1.2.2.5   直接还原和熔融还原技术

传统的高炉-转炉流程具有生产能力大、品种多、成本低等优点，但这种流程无法摆脱对焦炭的依赖。而电炉炼钢以废钢为主要原材料，废钢的供应问题直接影响电炉炼钢的发展，作为废钢替代品的直接还原铁便应运而生。用直接还原铁作原料的电炉炼钢新工艺，比高炉-转炉传统工艺流程的投资、原料和能源费用均低。直接还原铁技术的新发展为电炉提供了优质原料，弥补了当前废钢数量不足的弊端；从长远来看，可使电炉摆脱对废钢的绝对依靠，实现炼钢工业完全不用冶金焦；另外，其生产灵活，可以利用天然气、普通煤作还原剂生产直接还原铁，这为缺乏炼焦煤而富产天然气的国家发展钢铁工业创造了条件。因此，无论是发展中国家（如委内瑞拉、墨西哥、印度、伊朗等）还是工业发达国家（如美国、德国、加拿大等）都根据本国资源和能源特点，建设了一批直接还原铁-电炉炼钢新型联合企业。

我国早期的块炼铁法实质就是直接还原炼铁法。现代意义上的直接还原技术以墨西哥希尔萨（Hylsa）公司和美国米德兰-罗斯（Midland-Ross）公司分别于 1957 年发明的HYL-Ⅰ（1980 年开发出 HYL-Ⅲ）和 1968 年发明的 Midrex 法气基竖炉直接还原铁生产技术的诞生为标志，而隧道窑（Hoganas）、回转窑（DRC、SL/RN 等）、转底炉（Inmetco、Midrex、Fastmet、Comet、Itmk3 等）、流化床（Circored、Finmet、Fior 等）等煤基直接还原铁生产技术则使缺乏天然气的国家和地区生产直接还原铁成为可能。

熔融还原技术的诞生真正实现了用煤直接冶炼获得铁水。目前，工业化生产的熔融还原技术主要有奥钢联（VAI）与德国科尔夫（Korff）工程公司联合开发的用块状铁矿石和非焦原煤为原料生产铁水的 Corex 熔融还原法，以及韩国浦项（POSCO）与奥钢联（VAI）联合开发的用粉状铁矿和非焦原煤为原料生产铁水的 Finex 熔融还原法。20 世纪 80 年代末，世界上第一座 C-1000 型 Corex 熔融还原炉在南非伊斯科（ISCOR）公司首次实现了工业化应用。目前，世界上最大的 Corex 熔融还原炉是 2007 年 11 月 24 日在我国宝钢集团浦钢公司罗泾工程基地投产的 C-3000 型 Corex 熔融还原炉，设计年生产铁水 150 万吨。

1.2.3　新中国钢铁工业的发展

经过近 60 年的发展，我国钢铁工业取得了举世瞩目的成就，逐步进入了成熟的发展阶段。1949 年，我国的钢铁产量只有 15.8 万吨，居世界第 26 位，不到当时世界钢铁年总产量的 0.1%。2010 年，我国钢铁产量为 62665 万吨，居世界第 1 位，超过第 2~10 位的产量总和，占世界总产量的 44.3%。总体上来讲，我国钢铁工业可以大致划分为三个阶段：第一阶段（1949~1978 年）为"以钢为纲"的发展阶段，第二阶段（1978~2000年）为稳步快速发展阶段，第三阶段（2001 年至今）为加速发展阶段。

1.2.3.1　"以钢为纲"的发展阶段

1949 年新中国成立时，我国钢铁工业的基础十分薄弱，全国几乎没有一家完整的钢铁联合企业。新中国成立后，钢铁工业开始逐步得到恢复和发展，在苏联援助下建设了鞍钢、武钢、包钢等钢铁厂，钢铁工业逐步建设发展，形成了"三大"、"五中"、"十八小"的格局。随着"三线建设"的铺开，在西南、西北建设了攀钢、酒钢、成都无缝钢管厂等一批新的钢铁企业，初步形成了新中国的钢铁工业布局。

考虑到钢铁工业在国民经济中的重要地位，我国确立了"以钢为纲"的工业发展指导方针，提出了"大跃进"、"全民大炼钢铁"、"超英赶美"等口号。因此，在这一阶段我国钢铁工业走上了一条以追求产值、产量增长速度为目标的粗放型发展道路。经过全国上下的努力，此阶段内我国钢铁工业的产量和产值都有了较大幅度的增长。1978 年，我国钢产量为 3178 万吨，占世界钢产量的 4.5%，居世界第 4 位。据统计，1952~1978 年期间，我国钢产量平均每年递增 12.9%，产值每年递增 11.8%，实现利税每年递增 9.67%，见图 1-1。

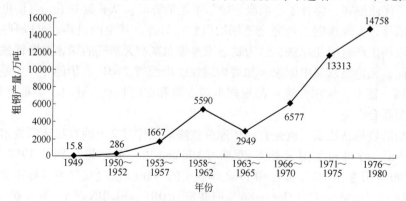

图 1-1　1949~1980 年我国钢产量情况

需要指出的是，在"以钢为纲"的工业发展指导方针下，不可避免地会遇到钢铁工业部门与国民经济其他部门协调发展的问题。由于对钢铁工业部门的固定资产投资过大，产生了两方面的影响：一方面，在资金有限的前提下，过分的投入会制约其他工业部门的发展；另一方面，由于钢铁工业部门的利税贡献与其他产业部门相比较低，在一定程度上表现出"高投入、低产出"的特点，所以较高比例的投入就会影响进一步发展所需要的资金积累。由于钢铁工业是一个资源消耗量大、能耗高的行业，这一阶段钢铁工业的发展也占用了大量的能源。据统计，1978 年，钢铁工业投资占全国固定资产投资的 7.36%，能源消耗占整个国民经济消耗能源总量的 12.97%。另外，企业管理水平低、职工积极性不高也是当时我国钢铁工业发展中存在的问题。实际上，在 1970~1975 年期间，我国钢铁工业已经形成了 3000 万吨的生产能力，但是并不能够得到充分实现。1974~1976 年，曾经连续三年计划生产 2600 万吨钢的目标都没有实现，人们称之为"三打二千六打不上"。

1.2.3.2 稳步快速发展的中国钢铁工业

在这一阶段，我国钢铁工业发展遇到了两次重要机遇。1978 年，党的十一届三中全会后，我国实行改革开放政策，为利用国外的资金、技术和资源创造了条件。1992 年，党的十四大确立了建设社会主义市场经济体制的改革方向，极大地激发了企业的活力。我国钢铁工业面对良好的发展机遇，加快了钢铁工业现代化建设的步伐。在这一阶段，除了建设上海宝钢、天津无缝钢管厂等具备世界先进水平的现代化大型钢铁企业外，又对一些老的大型钢铁企业进行了技术改造和升级，例如鞍钢、武钢、首钢、包钢等。1981 年，我国与澳大利亚科伯斯公司通过签订补偿贸易合同的方式，首次实现了改革开放以后利用外方资金和技术对鞍钢焦化总厂沥青焦车间进行改造。1987 年，国家计委批准了鞍钢、武钢、梅山（1998 年后被并入宝钢集团）、本钢、莱钢 5 个企业利用外资的项目建议书。通过技术引进、消化和吸收，我国钢铁企业工艺装备的现代化水平得到不断提升。另外，一些非国有企业也进入到钢铁行业，例如沙钢、海鑫等，并且发展迅速。同时，1992 年之前，我国钢铁企业进行了一系列的探索，从放权让利到承包经营责任制，希望通过企业改革释放强大的内在发展动力，实现了钢产量达 5000 万吨和 1 亿吨两次突破。1986 年，中国钢产量（粗钢）超过了 5000 万吨，达到 5221 万吨。

社会主义市场经济体制和现代企业制度的逐步建立，更为钢铁工业发展注入了强大的内在动力。1994 年以来，钢铁行业内的武钢、本钢、太钢、重钢、天津无缝钢管厂、"大冶"、"八一"等 12 家企业被列入国家百家现代企业制度试点，邯钢、抚顺钢铁公司、天津钢铁、酒泉钢铁等 57 家企业被列入地方改革试点。到 1998 年，试点工作基本完成，试点钢铁企业均按照《公司法》实施了改组，初步明确了国家资产投资主体，理顺了出资关系，建立了企业法人财产制度和法人治理结构。1996 年，我国钢产量（粗钢）首次超过 1亿吨，达到 10124 万吨，占世界钢产量的 13.5%，超过日本和美国成为世界第一产钢大国。2000 年，我国钢产量为 12850 万吨，见图 1-2。

1.2.3.3 加速发展的中国钢铁工业

"十五"期间，我国钢铁工业更是实现了持续高速发展。2000 年，我国粗钢产量为1.3 亿吨；2003 年，粗钢产量超过 2 亿吨；2005 年，粗钢产量达到 3.6 亿吨，我国成为全球第一个粗钢产量突破 3 亿吨的国家；2006 年，粗钢产量达到 4.2 亿吨；2008 年，粗钢产量达到 5 亿吨；2010 年，粗钢产量达到 6.3 亿吨，连续实现了钢产量达 2 亿吨、3 亿

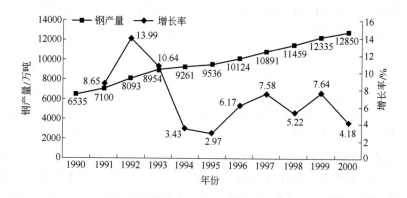

图 1-2　1990～2000 年我国钢产量（粗钢）和增长率情况

吨、4 亿吨、5 亿吨和 6 亿吨的五次跨越。2001～2007 年期间，钢产量年均增长率为 21.04%；2008 年出现经济危机，钢产量增长率减缓，为 2.4%；2009 年及 2010 年，钢产量恢复较高速度增长，增长率分别为 13.3% 和 10.3%。其中，2001 年、2003 年、2004 年和 2005 年的增长率均保持在 20% 以上，2005 年钢产量与上年相比，增长率更是创纪录的高达 30.42%，见图 1-3。同时，我国钢铁工业在整个工业中也占据着重要的地位。2006 年，我国规模以上钢铁企业实现销售收入 25735 亿元，在 39 个工业行业中排名第 2 位，仅低于通信设备、计算机及其他电子设备制造业；实现利润总额 1367 亿元，在 39 个工业行业中排名第 3 位，仅低于石油和天然气开采业以及电力、热力的生产和供应业。

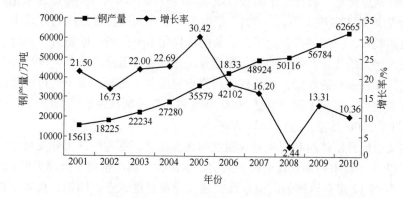

图 1-3　2001～2010 年我国钢产量（粗钢）和增长率情况

由于城市化进程的加快、消费结构的升级等多方面的原因，钢铁的需求增长迅速，各地纷纷大力发展钢铁工业，钢铁工业的固定资产投资增速较快。"十五"期间，我国钢铁工业的固定资产投资总额为 7167 亿元，超过 1953～2000 年固定资产投资的总和（见图 1-4）。为了抑制钢铁工业固定资产投资的过热和低水平的重复建设，国家对钢铁工业不断加大宏观调控力度。2003 年 11 月，国家发改委出台了《关于制止钢铁行业盲目投资的若干意见》，提出要用加强政策引导、严格市场准入、强化环境监督和执法、加强土地管理、控制银行信贷等多种手段，遏制钢铁工业盲目发展的势头。2004 年 2 月，国务院对钢铁行业进行了清理整顿，全国共清理违规钢铁项目 345 个，淘汰在建落后炼钢能力 1286 万吨、

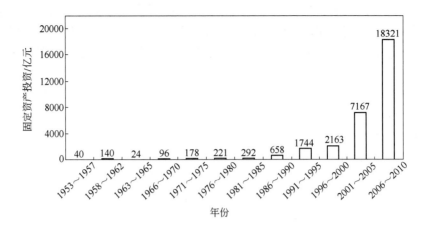

图 1-4　1953～2010 年我国钢铁工业的固定资产投资情况

落后炼铁能力 1310 万吨。2005 年 4 月，国家取消了钢坯、钢锭、生铁的出口退税；同年 5 月，下调钢材出口退税率 2 个百分点，停止对铁矿石、钢坯、钢锭、生铁、废钢等产品的加工贸易；同年 7 月，国家发改委又发布了《钢铁产业发展政策》，从项目审批、土地审批、工商登记、环保等多个环节对钢铁投资进行控制。2006 年，国家发改委再度发出《钢铁工业控制总量、淘汰落后、加快结构调整的通知》，要求"十一五"期间淘汰 1 亿吨落后炼铁生产能力和 5500 万吨落后炼钢能力。

另外，我国钢铁工业对外开放的方式更加多样化。我国钢铁企业在"引进来"的同时，还进行了"走出去"的探索。首钢还收购了秘鲁铁矿，成立了首钢秘鲁铁矿公司，从事铁矿开采；鞍钢集团则收购了金达必金属公司 12.94% 的股份，成为国内钢铁行业第一家参股国外上市矿业公司的企业；宝钢的首个海外投资项目，即与巴西淡水河谷（CVRD）合资成立的宝钢维多利亚钢铁项目也开始启动。

总体上来讲，我国钢铁工业经过四个阶段的发展，取得了令世人瞩目的成绩。1978～2010 年，我国生铁产量从 3479 万吨增加到 59022 万吨，增长了 16.9 倍，平均每年递增 9.25%；粗钢产量由 3178 万吨增加到 62665 万吨，增长了 19.7 倍，平均每年递增 9.76%；钢材产量从 2208 万吨增加到 79627 万吨，增长了 36.1 倍，平均每年递增 11.9%。目前，我国不仅是全球最大的钢铁生产国和消费国，还是全球最大的钢铁进出口国，我国钢铁工业的发展对全球钢铁工业的发展具有重要的影响。

1.2.4 有色金属冶炼技术的发展

大约在七八千年前，我国已掌握了制造陶器的技术。考古发掘证明，在几个地方同时出现了新石器时代富有特色的彩陶文化。我国古代制陶技术具有三个特点：一是陶窑设计合理；二是烧成温度高；三是能控制氧化或还原气氛。制陶技术的高度发展为金属冶炼准备了条件。

近年通过对夏代古城河南登封王城岗遗址和山西夏县东下冯遗址的发掘，证明夏代确已进入青铜时代。我国的青铜时代大约延续了夏、商、周三个朝代，在这一时期，除铜和锡外，已陆续掌握了金、铅、银、汞、铁的冶炼方法。这些金属的开发和利用大大促进了社会生产力的发展，丰富了人民的物质生活。我国古代出现了很多新工艺、新技术，创造了如鎏金工艺、胆水炼铜、表面处理、蒸馏法炼锌等具有世界意义的成就，还出现了"六齐"规则、《浸铜要略》，这是世界上最早论述合金配比、湿法冶金等方面的技术文献。

我国古代冶金业具有相当深厚的基础，不仅技术先进，产量也长期处于世界领先地位。但是这种传统的冶金工艺未能向现代的冶金技术转化，从清代中期起情况发生了变化，逐渐地由先进变为落后。其主要原因是我国长期受封建制度的束缚，闭关自守，商品经济很难发展，封建极权统治的强化和意识形态等上层建筑对社会进步的阻滞使冶金工业发展到一定程度后就放慢了速度，甚至处于停顿状态。我国史籍上常常有封闭金属矿山的记载，有时还禁止百姓开采。所以到了封建社会后期，冶金业经常处于不稳定的状态中。

正当我国处于停滞不前的时候，欧洲进入了文艺复兴时期。这一时期相当于我国的明代，其特点是起点低、发展快，是开始飞跃发展前的准备阶段。到18世纪，欧洲由于工业发展的迫切需要，不仅在钢铁冶炼技术上发生了重大突破，产量迅速增长，在有色金属冶炼方面，技术进展也很快，产量有所增长。

清代康熙、雍正、乾隆三朝号称盛世，历时134年（公元1661～1795年），自封天朝大国，实行闭关自守政策，对西方正在发生的工业革命茫无所知，更谈不上采取措施迎头赶上。落后的手工业生产方式是无法与大机器生产方式相抗衡的。在帝国主义军事和经济侵略下，我国传统的冶金工业随之衰落，濒于破产和失传，完全失去了向现代化大生产和现代技术转变的可能性。

鸦片战争以后，我国沦为半封建半殖民地国家。外国帝国主义相继侵略，争夺资源，倾销商品，使我国传统的冶金业衰落下来。在这种情况下，国内有识之士纷纷寻求救国之道。他们向工业先进国家学习，引进设备和技术，并调查资源、开矿设厂。在这段时间内，我国吸收西方技术，在建立近代冶金工业方面迈开了一大步。

光绪年间（公元1875～1908年），湖南水口山铅锌矿收归官办，建成大型矿山及重力选矿厂，年产铅砂和锌砂共计万吨以上，以后又增至3万余吨，居远东首位。在建矿的同时还创办了长沙黑铅厂，用新式鼓风炉熔炼粗铅，再用反射炉精炼纯铅；又创办了常宁松柏炼锌厂，开始采用硫化锌矿焙烧、蒸馏的方法炼锌。

民国初年，我国执行孙中山倡导的"实业计划"，采取了一些促进矿业发展的措施，如将矿权收归国有、减轻矿税、保护矿工、调查矿产资源、编制矿业发展计划、颁布矿业条例等。由于采取这些积极措施，矿业逐渐兴旺起来，产量有较大幅度的增长。

1937年，日本帝国主义发动全面侵华战争，使我国矿业遭到严重的破坏，很多矿山和工厂被迫先后停产。抗战期间，只有西南地区的重庆冶炼厂、昆明冶炼厂、云南锡业公司及一些土法开采的小矿山维持生产。

国民党政府统治期间，资源委员会曾组织矿冶专家对矿业建设情况进行了调查，设置矿冶研究室，派人到国外学习，加强人才培养。一批有识之士试图发展有色金属工业，但在当时的条件下无法实现。抗战胜利后，国民党政府忙于内战，有色金属厂矿濒于瘫痪。

新中国成立60年，特别是改革开放30年来，我国有色金属产量快速增长。1949年10种有色金属产量仅有1.33万吨，2008年达到2519万吨，2010年达到3134.97万吨，1950～2010年间年均增长16.4%。我国10种有色金属产量连续九年位居世界第一。

60 年来，特别是进入新世纪后，有色金属工业企业经济效益大幅度提高。我国有色金属工业产品销售（主营业务）收入，1950 年仅有 2614 万元，1978 年为 84.3 亿元，2008 年达到 21000 亿元，2010 年达到 3 万亿元；实现利润方面，1950 年仅有 844 万元，1978 年为 12.2 亿元，2008 年达到 800 亿元，2010 年约为 1300 亿元。此外，我国有色金属进出口贸易额大幅度增加，尤其是加入世贸组织后，进出口总额出现快速增长。1949年，我国有色金属产品进出口总额为 2.9 亿美元，1978 年为 8.1 亿美元，2008 年达到 874亿美元，2010 年达到 1203.4 亿美元。

1.3　冶金工业发展现状

1.3.1　冶金工业在国民经济中的地位

1.3.1.1　钢铁工业在国民经济中的地位

评价现代任何一个国家是否发达，要看其工业化及生产自动化的水平、机械工业生产在国民经济中所占的比例以及工业的机械化、自动化程度。而劳动生产率是衡量工业化水平极为重要的标志之一。为达到较高的劳动生产率，需要大量的机械设备。钢铁工业为制造各种机械设备提供最基本的材料，属于基础材料工业的范畴。钢铁还可以直接为人们的日常生活服务，如为运输业、建筑业及民用用品提供基本材料。因此在一定意义上来说，一个国家钢铁工业的发展状况也反映了其国民经济发达的程度。

衡量钢铁工业的水平，应考查其产量（人均年占有钢的数量）、质量、品种、经济效益及劳动生产率等各方面。纵观当今世界各国，所有发达国家无一不具有相当发达的钢铁工业。

钢铁工业的发展需要多方面的条件，如稳定可靠的原材料资源，包括铁矿石、煤炭及某些辅助原材料（如锰矿、石灰石及耐火材料）等；稳定的动力资源，如电力、水等；由于钢铁企业生产规模大，每天原材料及产品的吞吐量大，需要庞大的运输设施为其服务，一般要有铁路或水运干线经过钢铁厂；对于大型钢铁企业来说，还必须有重型机械的制造及电子工业为其服务；此外，建设钢铁企业需要的投资大，建设周期长，而成本回收慢，故雄厚的资金是发展钢铁企业的重要前提。

钢铁之所以成为各种机械装备及建筑、民用等各部门的基本材料，是因为它具备以下优越性能，并且价格低廉：

（1）有较高的强度及韧性。

（2）容易用铸、煅、切削及焊接等多种方式进行加工，以得到任何结构的工部件。

（3）所需资源（铁矿、煤炭等）储量丰富，可供长期大量采用，成本低廉。

（4）人类自进入铁器时代以来，积累了数千年生产加工钢铁材料的丰富经验，已具有成熟的生产技术。自古至今，与其他工业相比，钢铁工业生产规模大、效率高、质量好和成本低。

到目前为止，还看不出有任何其他材料在可预见的将来能够代替钢铁现有的地位。

1.3.1.2　有色金属工业在国民经济中的地位

有色金属与人类社会的文明史息息相关。历史发展证明，材料是社会进步的物质基础和先导。金属的使用和冶金技术的进步与人类社会关系密切。历史学家曾将器物的使用作为社会生产力发展的里程碑，如青铜器时代、铁器时代等。

能源、信息技术和材料被称为现代社会的三大支柱。当今，信息技术、生物技术、新材料技术和新能源技术已构成一个前所未有的科学群。有色金属及其合金、化合物是现代材料的重要组成部分，在物质世界已发现的 119 种元素中，有色金属占 2/3 以上，它们与能源技术、生物技术、信息技术的关系十分密切，其应用遍及第一、第二、第三产业和现代高新技术的各个领域，在国民经济中占有重要地位。有色金属已成为国民经济和国防所必需的材料，许多有色金属，特别是稀有金属是国家重要的战略物资。一个国家有色金属的消费量和生产量是衡量国家综合实力和强盛与否的重要标志之一。随着经济发展和科技进步，有色金属的诸多优异特性和价值正逐渐被人们所发现，其应用领域越来越广阔，市场需求也越来越大。

1.3.2　冶金工业发展趋势

1.3.2.1　钢铁工业发展趋势

钢铁工业具有如下发展趋势：

（1）钢铁工业发展的高效化、连续化、自动化，要求采用新流程、新技术、新装备代替传统的全流程生产方式，以获得优质产品、高效率和高生产率。

（2）节约资源、能源，降低制造成本，以增加钢铁生产在市场经济中的竞争力。同时，还要满足对钢材性能及质量不断提高的要求。

（3）发展高新技术所需的新材料。新材料是高新技术的基础，优质合金钢及超级合金钢在新材料中占有相当比重，要求通过改进钢的冶炼工艺、冶金质量、合金化、微合金化及凝固控制，进一步改善钢的性能。

（4）发展连铸技术，特别是高效连铸及终形连铸。其可显著提高钢材生产效率、质量和效益，对现代高效炼钢与高速连轧起衔接作用，使工业流程更紧凑，速度趋向临界值，实现产品专业化、系列化、优化和高附加值。

（5）发展近终成形金属毛坯制备新技术。近终成形是将金属合成、精炼、凝固、成形集中于一道工序，是物性转变最佳短流程，能有效控制污染，使金属性能显著提高。其特点是：一次成形，不再进行热加工，大量减少切削加工，可达到提高金属利用率、节约工时、缩短生产周期的效果。

（6）21 世纪是智能和信息的时代，钢铁企业将实现计算机集成系统管理及流程的人工智能控制。以电子学为基础的自动控制机信息网络已渗入冶金领域，推动了钢铁工业的重大革新。

（7）但是，从目前我国粗钢产量的规模来看，2009 年达到了 5.7 亿吨，占世界总产量的 47%，几乎达到了一半，而同年钢企的利润则下降 31%。据统计，2010 年中钢协 77户大中型钢铁企业的平均利润率只有 2.84%。展望未来 5 年，世界经济的复苏进程崎岖而多变，我国经济结构调整与发展方式实质性转型可能带来较大的不确定性，在产能严重过剩、同质化竞争加剧、资源成本高和贸易保护主义抬头的背景下，我国钢铁业将进入低盈利时代。

（8）我国钢铁行业整合走向深入。国家钢铁行业规划目标为：力争到 2015 年，国内排名前10位的钢铁企业集团的钢产量占全国产量的比例从2009年的44%提高到60%以上，并通过兼并重组将钢铁企业数量从约800家减少到约200家。目前行业现状与目标相差甚远，使得钢企做大、做强的需求变得更加迫切。

（9）从单纯海外资源型投资转向全球化布局。据统计，2000年，我国铁矿石进口量只有6900万吨；2009年，攀升至6.3亿吨，同比增长42%，创下历史新高；2010年，略微下降至6.18亿吨。由于对进口铁矿石依赖加深以及国际铁矿石定价机制的调整，我国钢企也加快了对海外铁矿石资源的收购。

（10）钢铁企业更加注重产业链上下游延伸及拓展。随着产业格局的变迁，如国际铁矿石贸易和钢材贸易的日益频繁、中间销售商的地位日益重要等，均使运输流通和能源供应成为辅助产业链，对产业的发展不可或缺。同时从钢铁产业链角度来看，在中间制造端面临产能过剩压力的情况下，钢铁行业的投资机会可能会越来越集中在最上游（即铁矿石企业）和偏下游的金属制品类公司中。

"十一五"时期是我国钢铁工业发展速度最快、节能减排成效显著的五年，市场配置资源的作用不断加强，各种所有制形式的钢铁企业协同发展，有效支撑了国民经济平稳且较快的发展。但同时，产品结构、布局等结构性矛盾依然突出，资源、环境等外部因素对行业发展的制约作用逐步增强。

钢铁工业"十二五"发展规划有以下特点：

（1）"十二五"时期，我国钢铁工业将步入转变发展方式的关键阶段，这是基于对我国钢铁工业现状、发展态势和外部环境的综合分析所做出的判断。

（2）分析并参考美国、德国、日本等国家钢铁工业发展历程，考虑我国发展的特殊性、阶段性和地区发展不平衡性，结合我国钢铁工业发展实际，对中远期粗钢消费量发展趋势做出了判断。同时，采用人均粗钢消费法和国内生产总值消费系数法，预测我国中远期粗钢消费量可能在"十二五"期间进入峰值弧顶区，最高峰可能出现在2015~2020年期间，峰值预计达7.7~8.2亿吨。

（3）提出要提高产品质量、增强稳定性、满足下游需求。对于高强高韧汽车用钢、硅钢片等国内已基本能研发生产，但仍无法满足国内需求的产品，应加强上下游产业链的建设，强化共同推进应用机制，提高质量一贯性，实现商业化、批量化生产，将自给率由目前的40%~60%提高到90%以上。对于船用耐蚀钢、低温压力容器板等国内研发生产仍存在一定困难或产业化应用存在问题的产品，应推进上下游合作，加强生产和应用的衔接，以快速推进在首台、首套上的应用，将自给率由目前的30%以下提高到80%以上。对于消费量大、国内生产成熟、产品亟待升级换代的400MPa级及以上高强螺纹钢筋等产品，应加大生产和推广应用力度，将生产比例由目前的40%提高到80%以上。

（4）将提高量大面广钢铁产品的质量、档次和稳定性作为产品结构调整的重中之重。改善提高量大面广钢铁产品的质量、档次和稳定性，将推动钢材"减量化"应用，支撑下游行业转型升级，同时减缓钢铁生产的资源、能源和环境制约，对我国钢铁工业加快实现由注重规模扩张发展向注重品种质量效益转变，乃至提升我国制造业竞争力都具有十分重要的意义。

（5）继续推动钢铁工业切实淘汰落后产能。淘汰落后产能是加快钢铁工业装备结构升级、推进节能减排以及优化布局的重要手段。"十二五"时期要在已开展工作的基础上继续推动钢铁工业切实淘汰落后产能，争取全面消除按现有标准确定的落后产能，这是钢铁工业是否实现转变发展方式的重要标志之一。

同时，钢铁工业"十二五"发展规划还针对节能减排、技术创新和技术改造、钢铁工业的优化布局以及产业链的建设和标准化等提出了思路和看法。

1.3.2.2　有色金属工业发展趋势

20 世纪 90 年代以来，世界有色金属工业总体形势具有以下特点：

（1）有色金属产量供大于求。20 世纪 90 年代，国际铜工业复苏，铜资源国家大力开发铜矿，不仅老矿进行扩建，还新建了几座特大型富铜矿；湿法炼铜进展神速，铜产量迅猛增长，超过消费增长速度，国际铜市场出现供大于求的局面。与此同时，世界电解铝厂的开工率保持在 90% 以上，产量持续增加，但世界铝的消费量未见明显增加，已出现原铝生产大于消费、供过于求的倾向。铅、锌也存在类似情况。总的来看，随着世界经济的增长，世界有色金属需求量将稳步上升，但有色金属市场供大于求的总体趋势估计近期不会改变，市场竞争将更加激烈。

（2）世界有色金属工业发展日趋国际化、集团化。资本运营和生产经营紧密结合是全球有色金属发展的一大特征。近年来，为了适应市场竞争、实现规模化经营、垄断市场，国外大型有色金属企业集团和跨国公司通过不断收购、兼并、联合，组建起更大规模的跨国企业集团（其中多数为采、选、冶、加工联合企业）和跨行业（含金融、商业、贸易、服务业）的联合企业，不断增强实力以期占有更大的市场份额。

（3）初级产品向低成本地区转移。高新技术的采用促使冶炼、加工产品向低成本和高、精、尖方向发展。世界有色金属工业属于开发资源性产业，随着有色金属市场竞争的加剧，出于对综合资源条件、能源供应、劳动力价格等生产成本要素的考虑，世界上有色金属的初级产品生产正向资源条件好、生产成本低的国家和地区转移，如智利、澳大利亚、巴西、南非和加拿大，1997 年这五国的铜产量达到 3.275 万吨，比 1987 年增长了89.5%，远远高于同期世界铜产量 31.5% 的增长率，预计这种转移趋势今后还会继续下去。随着冶炼技术的进步，有色金属生产成本不断下降。湿法炼铜产量的比重不断增加，产品成本下降到仅为传统火法冶炼成本的 30% ~50%；氧化铝生产装置的大型化、规模化以及改进后的大型预焙槽电解技术的广泛采用，使氧化铝、电解铝成本逐步降低。

（4）适应世界高新技术发展要求，有色金属新材料发展迅速。大直径半导体硅材料、磁性材料、复合材料、智能材料生产技术的开发，使得结构材料复合化及功能化、功能材料集成化及智能化得以不断实现，既开拓了新的有色金属消费领域，反过来又促进了高新技术的发展。国际上大型企业和跨国公司十分重视并通过高技术新材料产品开发来保持其技术、产品优势，不断扩大高附加值产品的市场占有率，提高企业经济效益，增强企业竞争力，这是今后相当长时间内有色金属向高层次发展的重要领域。

近年来，我国有色金属行业保持了良好的发展态势，但是依然存在以下问题：

（1）大宗矿产品自给率低成为行业发展的瓶颈。2009 年，进口铜精矿金属量约为 170万吨，是自产量的 1.77 倍；进口铅精矿金属量约为 100 万吨，是自产量的 0.88 倍；进口锌精矿金属量约为 193 万吨，是自产量的 0.62 倍。这个瓶颈越来越明显。

（2）部分品种产能过剩。有色金属行业比较热，所以投入到该行业的资金比较多，从矿山的勘探开发到中间的冶炼、后段的加工及再生金属的回收，都有很多的资金投入进来。但是现在国家没有一个统一的审批制度，导致有些投资产生了风险，产能过剩，经济效益又发挥不出来，其中问题比较突出的是电解铝。铜冶炼产能虽然总体上不过剩，但是粗铜产能相对于自产铜精矿来说已经大大过剩，导致谈判时筹码下降（与铁矿砂基本上相同）、话语权降低。

（3）产业集中度低。特别是铜、铝加工，铅、锌冶炼和再生金属企业，竞争力不强，抗风险能力弱，需要今后进一步理顺关系，培育新的、更大的企业集团。

（4）再生资源利用水平较低。除少数骨干企业外，多数企业技术装备水平低、金属回收率低、冶炼过程污染比较严重，其中以再生铅最为突出。以蓄电池行业来说，很多电池企业开始往上游走，也开始回收蓄电池，熔炼之后再加工电池；但由于不懂冶炼技术，采用一些比较简陋的设备，结果造成严重的污染。

（5）原始创新能力仍显薄弱。在引进、消化、吸收、再创新方面，我国已经取得了较好成绩，在原始创新、自主创新方面也取得了较大进展，但与国外发达国家相比仍差距较大。

（6）淘汰落后产能任务艰巨。按照国务院国发［2010］7 号文件要求，到 2011 年底，要淘汰 100kA 及以下电解铝小预焙槽，鼓风炉炼铜，烧结锅、无尾气吸收装置炼铅，小竖罐炼锌等落后生产工艺及设备。尚福山认为，骨干企业落后产能的淘汰做起来还比较容易，但是那些"打游击"的企业淘汰落后产能任务艰巨。

（7）环境保护对产业发展形成"绿色屏障"。尚福山认为，环保对有色金属企业的影响越来越大，排放标准将越来越严格，重金属污染治理任重道远，固体废弃物（如赤泥、尾矿等）利用率难题仍未有大的突破。

（8）国际贸易保护主义抬头。特别是带有政治色彩的所谓反倾销、反补贴案件增多，对我国出口极为不利。2008 年以来，我国出口的铝型材和铜管材均遭到欧盟、美国、加拿大和澳大利亚等的反倾销、反补贴和特保调查。

中国有色金属工业协会预计，2015 年我国四种基本金属表观消费量将达到 4380 万吨，其中，铜 830 万吨，铝 2400 万吨，铅 500 万吨，锌 650 万吨。根据《有色金属工业"十二五"发展规划》草案，此五年期间，有色金属行业将根据国内外能源、资源、环境等条件，以满足国内市场需求为主，充分利用境内外两种矿产资源，大力发展循环经济，严格控制冶炼产能盲目扩张，淘汰落后产能。计划到 2015 年，粗铜冶炼控制在 500 万吨以内，电解铜控制在 650～700 万吨之间，氧化铝控制在 4100 万吨以内，电解铝控制在 2000 万吨以内，铅冶炼控制在 550 万吨以内，锌冶炼控制在 670 万吨以内。业内人士称，从数字来看，未来有色金属冶炼总产能扩张的空间将相当有限。

在资源自给率方面，规划要求通过国内开发和国外矿产资源合作，争取到 2015 年使我国铜、铝、锌矿产原料保障能力分别达到 40%、80% 和 50%，再生精炼铜和再生铝、再生铅产量占当年精炼铜、电解铝、精炼铅产量的比例分别达到 40%、30% 和 30% 以上。

在提升集中度方面，规划要求到 2015 年，铜、铝、铅、锌排名前 10 位的企业产量占全国总产量的比例分别达到 90%、90%、70% 和 70%，并建议国家继续鼓励地方大型企业集团的发展。

另外，规划鼓励部分深加工、新技术和新型材料项目的发展。依据规划，到 2015 年要形成一批高端产品生产能力，其中，高精铜板带 60 万吨，精密铜管 85 万吨，电解铜箔

50 万吨；要大力发展工业铝材，2015 年应基本满足国内需求；重点研究开发满足国民经济发展需求的轻质高强结构材料、信息功能材料、高纯材料、稀土材料、军工配套材料等设备技术和产业化技术。

思 考 题

1-1 主要的冶金方法有哪些？

1-2 冶金主要分为哪几类？

1-3 新中国钢铁工业的发展分为哪几个主要阶段？

1-4 简述钢铁工业的发展趋势。

1-5 简述有色金属工业的发展趋势。

2 铁 冶 金

本章摘要　本章首先介绍了炼铁原料的种类、作用、成分和加工方法，概述了铁矿石的分类和特性，铁矿石的质量评价要点，熔剂在高炉炼铁中的作用、分类特性和质量要求，炼铁所需的焦炭、烧结矿、球团矿的制备基本原理、生产工艺流程和生产需使用的主要设备等。其次，介绍了高炉炼铁的基本原理、高炉炼铁设备的作用及结构，同时还介绍了非高炉炼铁的方法。

2.1 炼 铁 原 料

高炉炼铁原料主要由铁矿石、熔剂和燃料组成。

2.1.1 铁矿石

2.1.1.1 矿物、矿石和岩石

矿物是指地壳中具有均一内部结晶结构、化学组成以及一定物理、化学性质的天然化合物或自然元素。能够被人类利用的矿物，称为有用矿物。在矿石中除了有用矿物外，几乎都有一些在工业上没有提炼价值的矿物或岩石，称为脉石矿物。对冶炼不利的脉石矿物，应在选矿和其他处理过程中尽量去除。

矿石和岩石是矿物的集合体。但是在当前科学技术条件下，能从中经济合理地提炼出金属的矿物才称为矿石。矿石的概念是相对的。过去认为铁含量较低、不能用来提取金属的岩石，经过富选也可用来炼铁。例如，随着选矿和冶炼技术的发展，不能冶炼的攀枝花钒钛磁铁矿已成为重要的炼铁原料。

2.1.1.2 铁矿石的分类及特性

自然界中含铁矿物很多，但以金属状态存在的单质铁是很少见的，一般都是以铁元素与其他元素组成的化合物形式存在。目前已经知道的含铁矿物有 300 多种，但是能作为炼铁原料的只有 20 多种，它们主要由一种或几种含铁矿物和脉石组成。根据含铁矿物的性质，其主要分为磁铁矿、赤铁矿、褐铁矿和菱铁矿四类铁矿石。铁矿石的分类及特性见表 2-1。

表 2-1　铁矿石的分类及特性

矿石名称	含铁矿物名称及化学式	矿物中理论铁含量（质量分数）/%	矿石密度/t·m⁻³	颜色	条痕	矿物中实际铁含量（质量分数）/%	有害杂质	强度及还原性
赤铁矿	Fe_2O_3	70.0	4.9~5.3	红色至淡灰色甚至黑色	暗红色	55~60	少	较易破碎，软，易还原
磁铁矿	Fe_3O_4	72.4	5.2	黑色或灰色	黑色	45~70	S、P含量高	坚硬，致密，难还原

续表2-1

矿石名称	含铁矿物名称及化学式	矿物中理论铁含量（质量分数）/%	矿石密度/t·m⁻³	颜 色	条 痕	矿物中实际铁含量（质量分数）/%	有害杂质	强度及还原性
褐铁矿	水赤铁矿 $2Fe_2O_3 \cdot H_2O$	66.1	4.0~5.0	黄褐色、暗褐色至黑色	黄色或褐色	37~55	P含量高	疏松，大部分属于软矿石，易还原
	针赤铁矿 $Fe_2O_3 \cdot H_2O$	62.9	4.0~4.5					
	水针铁矿 $3Fe_2O_3 \cdot 4H_2O$	60.9	3.0~4.4					
	褐铁矿 $2Fe_2O_3 \cdot 4H_2O$	60.0	3.0~4.2					
	黄针铁矿 $Fe_2O_3 \cdot 2H_2O$	57.2	3.0~4.0					
	黄赭石 $Fe_2O_3 \cdot 3H_2O$	55.2	2.5~4.0					
菱铁矿	$FeCO_3$	48.2	3.8	灰色或黄褐色	灰色或带黄色	30~40	少	焙烧后易破碎，最易还原

由于化学成分、结晶构造及生成的地质条件不同，各种铁矿石具有不同的外部形态和物理特征。

A 赤铁矿

赤铁矿又称"红矿"，其组织结构多种多样，从非常致密的结晶体到疏松分散的粉体；矿物结构成分也具有多种形态，晶形为片状和板状。外表呈片状、具有金属光泽、明亮如镜的，称为镜铁矿砂；外表呈云母片状、光泽度不如前者的，称为云母状赤铁矿；质地松软、无光泽、含有黏土杂质的，称为红色土状赤铁矿（又称为铁赭石）；以胶体沉积形成鲕状、豆状和肾形集合体的赤铁矿，其结构一般较坚实。

结晶的赤铁矿外表颜色为钢灰色或铁黑色，其他为暗红色。但所有赤铁矿的条痕检测皆为暗红色。赤铁矿的硬度视其类型而不同，结晶赤铁矿的维氏硬度为5.5~6.0HV，其他形态的硬度较低。赤铁矿中杂质硫和磷的质量分数比磁铁矿中少。对低品位赤铁矿一般用浮选法提高其含铁品位，所获得的精矿供烧结、球团造块。赤铁矿储量占世界总量的48.3%，为储量最多的矿石，是炼铁所需的主要铁矿石来源。

B 磁铁矿

磁铁矿又称"黑矿"，晶体呈八面体，组织结构比较致密、坚硬，一般呈块状，其外表呈钢灰色或黑灰色，具有黑色条痕，难以还原和破碎。其显著特性是具有磁性，易用电磁选矿方法分选富集。

在自然界中由于氧化作用，可使部分磁铁矿氧化成赤铁矿，成为既含 Fe_2O_3 又含 Fe_3O_4 的矿石，但仍保持原磁铁矿的结晶形态，这种现象称为假象化，这种矿石多称为假象赤铁矿或半假象赤铁矿。它们一般可用 $w(TFe)/w(FeO)$ 的比值来区分：

$w(TFe)/w(FeO) = 2.33$，为纯磁铁矿；

$w(\text{TFe})/w(\text{FeO}) < 3.5$，为磁铁矿；

$w(\text{TFe})/w(\text{FeO}) = 3.5 \sim 7.0$，为半假象赤铁矿；

$w(\text{TFe})/w(\text{FeO}) > 7.0$，为假象赤铁矿。

其中，$w(\text{TFe})$为矿石中总铁（又称全铁）的质量分数，%；$w(\text{FeO})$为矿石中 FeO 的质量分数，%。

磁铁矿中的主要脉石有石英、硅酸盐和碳酸盐，有时还含有少量黏土。此外，矿石中还可能含有黄铁矿和磷灰石，甚至含有黄铜矿和闪锌矿等。

一般开采出来的磁铁矿中铁的质量分数为 30% ~ 60%。当铁的质量分数大于 45% 时，若粒度大于 5mm，可直接供高炉冶炼，称为富矿；粒度小于 5mm 者称为富矿粉，可送烧结造块。当铁的质量分数小于 45% 或有害杂质含量超过规格值时，皆需经过选矿获得精矿和去杂后造块。

C 褐铁矿

褐铁矿为含结晶水的赤铁矿（$m\text{Fe}_2\text{O}_3 \cdot n\text{H}_2\text{O}$）。因结晶水含量不同，褐铁矿石可分为 6 种，即水赤铁矿（$2\text{Fe}_2\text{O}_3 \cdot \text{H}_2\text{O}$）、针赤铁矿（$\text{Fe}_2\text{O}_3 \cdot \text{H}_2\text{O}$）、水针铁矿（$3\text{Fe}_2\text{O}_3 \cdot 4\text{H}_2\text{O}$）、褐铁矿（$2\text{Fe}_2\text{O}_3 \cdot 4\text{H}_2\text{O}$）、黄针铁矿（$\text{Fe}_2\text{O}_3 \cdot 2\text{H}_2\text{O}$）、黄赭石（$\text{Fe}_2\text{O}_3 \cdot 3\text{H}_2\text{O}$）。自然界中的褐铁矿绝大部分以褐铁矿（$2\text{Fe}_2\text{O}_3 \cdot 3\text{H}_2\text{O}$）形态存在，其理论铁含量为 59.8%。

褐铁矿的外观呈黄褐色、暗褐色至黑色，条痕呈黄色或褐色，无磁性。它是由其他铁矿风化而成的，其结构松软、密度小、含水量大、气孔多，且在温度升高时结晶水脱除后又留下新的气孔，所以还原性都比前两种铁矿好。

自然界中褐铁矿富矿很少，一般铁的质量分数为 37% ~ 55%，其脉石主要为黏土、石英等，但杂质硫、磷的质量分数较高。当含铁品位低于 35% 时，需进行选矿处理。目前，褐铁矿主要用重力选矿和磁化焙烧-磁选联合法处理。

D 菱铁矿

菱铁矿中 FeO 的质量分数达 62.1%。碳酸盐内的一部分铁可被其他金属混入而生成复盐，如(Ca, Fe)CO_3、(Mg, Fe)CO_3 等。在水和氧的作用下，其易转变成褐铁矿而覆盖在菱铁矿矿床的表面。在自然界中分布最广的是黏土质菱铁矿，其夹杂物为黏土和泥沙。

常见的致密、坚硬的菱铁矿，外表颜色呈灰色或黄褐色，风化后则转变为深褐色，具有灰色或带黄色条痕，有玻璃光泽，无磁性。

对含铁品位低的菱铁矿，可用重选法和磁化焙烧-磁选联合法，也可用磁选-浮选联合法处理。这类矿石因在高温下碳酸盐分解，可使产品铁的质量分数大大提高。

2.1.1.3 铁矿石入炉前处理

根据铁矿石质量要求，一般的铁矿石很难完全满足，必须在入炉前进行必要的准备处理。

对天然富矿（如铁的质量分数为 50% 以上），必须经破碎、筛分，以获得合适而均匀的粒度。对于褐铁矿、菱铁矿和致密磁铁矿还应进行焙烧处理，以去除其结晶水和 CO_2，提高品位，疏松组织，改善还原性，提高冶炼效果。

对贫铁矿的处理要复杂得多。一般都必须经过破碎、筛分、细磨、精选，得到含铁

60%以上的精矿粉，经混匀后进行造块，变成人造富矿，再按高炉粒度要求进行适当破碎、筛分后入炉。

由于天然富矿资源有限，而其冶金性能不如人造富矿优越，所以绝大多数现代高炉都采用人造富矿或大部分用人造富矿、兑加少数天然富矿冶炼。在这种情况下，钢铁厂便兼有人造富块矿和天然富矿两种处理流程。铁矿石入炉前准备处理的流程见图2-1。

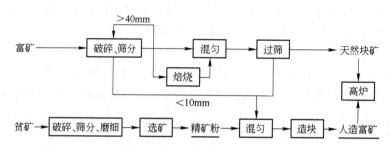

图2-1 铁矿石入炉前准备处理流程图

A 破碎和筛分

破碎和筛分是铁矿石准备处理工作中的基本环节，通过破碎和筛分使铁矿石的粒度达到"小、匀、净"的标准。对贫矿而言，破碎使铁矿物与脉石单体分离，以便选矿。铁矿物嵌布越细密，破碎粒度要求越细。

根据对产品粒度要求的不同级别，破碎作业分为粗碎、中碎、细碎和粉碎。破碎的常用设备有颚式、圆锥、锤式、辊式破碎机以及球磨机、棒磨机。破碎作业粒度范围及破碎设备见表2-2。

表2-2 破碎作业粒度范围及破碎设备

破碎作业	给矿粒度/mm	排矿粒度/mm	破碎设备
粗 碎	1000	100	颚式、圆锥破碎机
中 碎	100	30	颚式、圆锥破碎机
细 碎	30	5	锤式、辊式破碎机
粉 碎	5	<1	球磨机、棒磨机

为了筛出大块和粉末，并对合格粒度范围内的矿石进行分级，需要进行筛分。筛分是将颗粒大小不同的混合物料通过单层或多层筛面，分成若干个不同粒度级别的过程。筛分的常用设备有固定条筛、圆筒筛、振动筛等。

B 焙烧

焙烧是在适当的气氛中，使铁矿石加热到低于其熔点的温度，在固态下发生物理化学变化的过程。常见的焙烧方法有氧化焙烧、还原磁化焙烧和氯化焙烧。

氧化焙烧在空气充足的氧化性气氛中进行，以保证燃料的完全燃烧和矿石的氧化。其多用于去除 CO_2、H_2O 和 S（碳酸盐和结晶水分解、硫化物氧化），使致密矿石的组织变得疏松而易于还原。如菱铁矿的焙烧，在 500 ~ 900℃ 之间按下式分解：

$$4FeCO_3 + O_2 \Longrightarrow 2Fe_2O_3 + 4CO_{2(g)}$$

褐铁矿的脱水，在 250～500℃ 之间发生下述反应：

$$2Fe_2O_3 \cdot 3H_2O == 2Fe_2O_3 + 3H_2O_{(g)}$$

氧化焙烧还可使矿石中的硫氧化：

$$3FeS_2 + 8O_2 == Fe_3O_4 + 6SO_{2(g)}$$

还原磁化焙烧则在还原气氛中进行，主要目的是使贫赤铁矿中的 Fe_2O_3 转变为具有磁性的 Fe_3O_4，以便磁选：

$$3Fe_2O_3 + CO == 2Fe_3O_4 + CO_{2(g)}$$

$$3Fe_2O_3 + H_2 == 2Fe_3O_4 + H_2O_{(g)}$$

氯化焙烧的目的是为了回收赤铁矿中的有色金属（如锌、铜、锡等）或去除其他有害杂质。

C 混匀

进入高炉的铁矿石，为了稳定其化学成分，从而稳定高炉操作、保持炉况顺行、改善冶炼指标，需要对铁矿石进行混匀作业。

混匀作业遵行"平铺直取"的原则，即先将来料按顺序一薄层一薄层地往复重叠，铺成具有一定高度和大小的条堆，然后再沿料堆横断面一个截面一个截面地垂直切取运出。

目前由于高炉普遍使用的主体原料是烧结矿或球团矿，天然铁矿石的混匀工作已很少。但是烧结、球团原料的主体原料铁精矿和铁粉矿同样需要混匀，以保证烧结矿和球团矿成分的稳定。

D 选矿

为了提高矿石品位，去除部分有害杂质，回收复合矿中的一些有用元素，使贫矿资源得到有效利用，需要对矿石进行选别，即选矿。选矿是依据矿石的性质，采用适当的方法，把有用矿物和脉石机械地分开，从而使有用矿物富集的过程。

精矿是指通过选矿获得的有用矿物富集品，如铁精矿、铁钒精矿等；而主要由脉石组成的其余部分则称为尾矿，一般废弃。但在一些复合铁矿石中，常有一些有用元素富集于尾矿中（如钒钛磁铁矿中的钛、包头矿中的稀土元素等），必须将它们进一步精选出来。有用矿物含量介于精矿和尾矿之间的中间产品称为中矿，也需进一步选分以提高金属回收率。现代常用于精选铁矿石的方法主要有以下三种：

（1）重选。重选利用含铁有用矿物和脉石矿物密度的差异来选别。当两者粒度相近而在介质中沉落时，密度大的含铁矿物将迅速沉降而与脉石分开。常用的介质为水。有时还用密度大于水的液体作介质，称为重液选。目前我国铁矿石常用的重选设备有跳汰机、重介质溜槽、平面或离心式摇床和离心选矿机。

（2）磁选。磁选利用有用矿物和脉石矿物导磁性不同的特点进行选分。如以纯铁的磁导率为 100%，则强磁性的磁铁矿 40.2%，中磁性的钛铁矿为 24.7%，弱磁性的赤铁矿为 1.32%，无磁性的黄铁矿石英脉石等在 0.5% 以下。在磁场作用下，强磁性的颗粒（如 Fe_3O_4）便与弱磁性（如 Fe_2O_3）或无磁性（如石英）的颗粒分开。赤铁矿若用磁选则需事先进行磁化焙烧。一般用干式磁选机处理粗粒矿石，用湿式磁选机处理细粒矿石。按磁场强度，高于 320000A/m 的磁选机称为强磁选机，在 72000～320000A/m 之间的称为弱磁选机。常用的磁选机有电磁选机和永磁矿机。

（3）浮选。浮选利用矿物表面具有不同的亲水性进行选分。浮选前矿物要磨碎到一定粒度，使有用矿物与脉石矿物基本达到单体分离。在细磨矿浆中进行充气搅拌时，亲水性强者其颗粒表面易被水润湿而下沉，亲水性弱者其颗粒表面难以被水润湿而浮起，从而使有用矿物与脉石分离。为了提高浮选效果，常使用各种浮选药剂来调节和控制浮选过程，如在矿粒表面形成薄膜、控制润湿、促进浮起的捕集剂，形成气泡和稳定泡沫、保证浮起者不下沉的气泡剂等。由于浮选剂的多种作用，可以根据需要来选别矿物，因此浮选特别适用于处理复合矿和有色金属矿石。

有些矿石性质复杂，往往需要将几种方法联合起来选矿，以最大限度地综合回收利用其中的有用金属元素。

2.1.1.4　对铁矿石的质量评价

铁矿石是高炉炼铁的主要原料，它直接影响着高炉冶炼过程和技术经济指标。决定铁矿石质量的因素主要有化学成分、物理性质及冶金性能，通常从以下几方面评价。

A　铁矿石的品位

铁矿石的品位即指其铁含量，是衡量铁矿石的主要指标。品位越高，越有利于降低焦比和提高产量，从而提高经济效益。经验表明，若矿石中铁的质量分数提高1%，则焦比降低2%，产量增加3%。因为品位提高意味着酸性脉石大幅度减少，冶炼时可少加石灰石造渣，因而渣量大大减少，既节省热量，又促进炉况顺行。例如，鞍山地区的酸性贫铁矿中铁的质量分数为30%，SiO_2的质量分数为50%；富选后精矿的品位达到60%，SiO_2的质量分数降低到14%，铁的质量分数提高一倍，SiO_2的质量分数降低近3/4，而生产1t生铁的渣量和熔剂用量减少到原来的1/8。可见，提高品位对冶炼的影响是很大的。

铁矿石的品位还与矿石的脉石成分、杂质含量和矿石类型等因素有关。如对褐铁矿、菱铁矿和碱性脉石矿铁含量的要求可适当放宽，因为褐铁矿、菱铁矿受热分解出H_2O和CO_2后品位会提高；碱性脉石矿CaO含量高，冶炼时可少加或不加石灰石，其品位应按扣去CaO的铁含量来评价。

B　脉石成分

脉石分为碱性脉石和酸性脉石，碱性脉石的主要成分为CaO、MgO，酸性脉石的主要成分为SiO_2、Al_2O_3。一般铁矿石中含酸性脉石者居多，即其中SiO_2含量高，需加入相当数量的石灰石造成碱度$w(CaO)/w(SiO_2) \approx 1.0$的炉渣，以满足冶炼工艺的需求。因此，希望酸性脉石含量越少越好。而CaO质量分数高的碱性脉石则具有较高的冶炼价值。如某铁矿成分为：$w(Fe) = 45.30\%$，$w(CaO) = 10.05\%$，$w(MgO) = 3.34\%$，$w(SiO_2) = 11.20\%$，则该铁矿的自然碱度$w(CaO)/w(SiO_2) = 0.9$，$(w(CaO) + w(MgO))/w(SiO_2) = 1.2$，接近炉渣碱度的正常范围，属于自熔性富矿。脉石中的MgO还有改善炉渣性能的作用，但这类矿石不多见。脉石中Al_2O_3的质量分数也应控制，若Al_2O_3的质量分数过高，如使炉渣中Al_2O_3的质量分数超过20%时，炉渣难熔而不易流动，给冶炼造成困难。因此，应采取提高MgO质量分数的方法来解决炉渣流动性的问题。

C　有害杂质和有益元素的含量

有害杂质通常指S、P、Pb、Zn、As等，它们的含量越低越好。Cu有时有害、有时有益，视具体情况而定。入炉铁矿石中有害杂质的界限含量及危害见表2-3。

表 2-3 入炉铁矿石中有害杂质的界限含量及危害

元素	名称	界限含量(质量分数)/%		危害及说明
S	硫	<0.3		使钢产生"热脆",易轧裂
P	磷	<0.3	对酸性转炉生铁	P 使钢产生"冷脆",烧结及炼铁过程均不易除磷
		0.2~1.2	对碱性转炉生铁	
		0.05~0.15	对普通铸造生铁	
		0.15~0.6	对高磷铸造生铁	
Zn	锌	<0.1~0.2		Zn 于 900℃挥发,上升后冷凝沉积于炉墙,使炉墙膨胀,破坏炉壳;烧结可除去 50%~60% 的 Zn
Pb	铅	<0.1		Pb 易还原,密度大,与铁分离后沉于炉底,破坏砖衬;Pb 蒸气在上部循环累积,形成炉瘤,破坏炉衬
Cu	铜	<0.2		少量 Cu 可改善钢的耐腐蚀性,但 Cu 过多则使钢热脆,不易焊接和轧制;Cu 易还原并进入生铁
As	砷	<0.07		As 使钢冷脆,不易焊;生铁中要求 $w(As) < 0.1\%$;炼优质钢时,铁中不应含有 As
Ti	钛	$w(TiO_2) = 15~16$		Ti 降低钢的耐磨性及耐腐蚀性,使炉渣变黏、易起泡沫;$w(TiO_2)$ 过高的矿可作为宝贵的 Ti 资源
K、Na	钾、钠	<0.2~0.5		K、Na 易挥发,在炉内循环累积,造成结瘤,降低焦炭及铁矿石的强度
F	氟	<2.5		F 在高温下气化,腐蚀金属,危害农作物及人体;CaF_2 会侵蚀破坏炉衬

S 是对钢铁危害最大的元素,它使钢材具有热脆性。所谓热脆,就是指硫几乎不溶于固态铁而与其形成 FeS,FeS 与 Fe 形成的共晶体的熔点为 988℃,低于钢材热加工的开始温度(1150~1200℃),热加工时,分布于晶界的共晶体先行熔化而导致开裂。因此,矿石硫含量越低越好。国家标准规定生铁中 $w(S) \leq 0.07\%$,优质生铁中 $w(S) \leq 0.03\%$,即应严格控制钢中硫含量。高炉炼铁过程可除去 90% 以上的硫。但脱硫需要提高炉渣碱度,使渣量增加,导致焦比增加而产量降低。根据鞍钢经验,矿石中硫的质量分数每增加 0.1%,焦比升高 5%。一般规定 $w(S) \leq 0.06\%$ 的矿石为一级矿,$w(S) \leq 0.2\%$ 的为二级矿,$w(S) > 0.3\%$ 的为高硫矿。对于高硫矿石,可以通过选矿和烧结的方法降低硫含量。硫可改善钢材的切削性能,在易切削钢中,硫含量可达 0.15%~0.3%。

P 是钢材中的有害成分,使钢具有冷脆性。磷能溶于 α-Fe 中(可达 1.2%),固溶并富集在晶粒边界的磷原子使铁素体在晶粒间的强度大大增高,从而使钢材的室温强度提高而脆性增加,这称为冷脆。磷在钢的结晶过程中容易偏析,而且很难用热处理的方法来消除,也会使钢材冷脆的危险性增加。但含磷铁水的流动性、充填性好,对制造畸形复杂铸件有利。磷也可改善钢材的切削性能,所以在易切削钢中磷的质量分数可达 0.08%~0.15%。矿石中的磷在选矿和烧结过程中不易除去,在高炉冶炼过程中磷几乎全部进入生铁。因此,生铁中磷的质量分数取决于矿石中磷的质量分数,要求铁矿石中的磷含量越低越好。

Pb、Zn 和 As 在高炉内均易还原。铅不溶于铁且密度比铁大,还原后沉积于炉底,破坏性很大。其在 1750℃ 时沸腾，挥发的铅蒸气在炉内循环，能形成炉瘤。锌还原后在高温区以锌蒸气大量挥发上升，部分以 ZnO 沉积于炉墙，使炉墙胀裂并形成炉瘤。砷可全部还原进入生铁，它可降低钢材的焊接性并使之冷脆。生铁中砷的质量分数应小于 1%，优质生铁应不含砷。铁矿石中的 Pb、Zn、As 常以硫化物形态存在，如方铅矿（PbS）、闪锌矿（ZnS）、毒砂（FeAsS）。烧结过程中很难排除 Pb、Zn，因此要求其含量越低越好，一般要求各自的质量分数不超过 0.1%。铅含量高的铁矿石可以通过氯化焙烧和浮选的方法使铅、铁分离。锌含量高的矿石不能单独直接冶炼，应该与含锌少的矿石混合使用或进行焙烧、选矿等处理，降低铁矿石中的锌含量。烧结过程中能部分去除矿石中的砷，可以采用氯化焙烧方法排除。通常要求铁矿石中砷的质量分数不超过 0.07%。

钢中 Cu 的质量分数若不超过 0.3%，可增加钢材抗蚀性；超过 0.3% 时，则降低其焊接性，并有热脆现象。铜在烧结中一般不能去除，在高炉中又全部还原进入生铁，所以钢铁中铜的质量分数取决于原料中铜的质量分数。一般铁矿石允许铜的质量分数不超过 0.2%。对于一些难选的高铜氧化矿，可采用氯化焙烧法回收铜，同时可炼高铜（$w(Cu) > 1.0\%$）铸造生铁，它具有很好的力学性能和耐腐蚀性能。

此外，一些铁矿石还含有碱金属 K、Na，它们在高炉下部高温区大部分被还原后挥发，到上部又氧化而进入炉料中，造成循环累积，使炉墙结瘤。因此，矿石中碱金属含量必须严格控制。我国普通高炉碱金属（$K_2O + Na_2O$）入炉量限制为 5～7kg/t，国外高炉碱金属（$K_2O + Na_2O$）入炉限制量为低于 3.5kg/t。

F 在冶炼过程中以 CaF_2 形态进入渣中。CaF_2 能降低炉渣的熔点，增加炉渣的流动性。当铁矿石中氟含量高时，炉渣在高炉内过早形成，不利于矿石还原。矿石中氟的质量分数不超过 1% 时，对冶炼无影响；达到 4%～5% 时，需要注意控制炉渣的流动性。此外，高温下氟的挥发对耐火材料和金属构件有一定的腐蚀作用。

铁矿石中常共生有 Mn、Cr、Ni、Co、V、Ti、Mo，包头白云鄂博铁矿还含有 Nb、Ta 及稀土元素 Ce、La 等。这些元素有改善钢铁性能的作用，故称为有益元素。当它们在矿石中的质量分数达一定数值时，如 $w(Mn) \geq 5\%$、$w(Cr) \geq 0.06\%$、$w(Ni) \geq 0.2\%$、$w(Co) \geq 0.03\%$、$w(V) \geq 0.1\% \sim 0.15\%$、$w(Mo) \geq 0.3\%$、$w(Cu) \geq 0.3\%$，则称该矿石为复合矿石，其经济价值很大，应考虑综合利用。

对于铁矿石中一些有害杂质，如果含量较高，如 $w(Pb) \geq 0.5\%$、$w(Zn) \geq 0.7\%$、$w(Sn) \geq 0.2\%$ 时，应视其为复合矿石综合利用，因为这些杂质本身也是重要的金属。

D 铁矿石的粒度和强度

入炉铁矿石应具有适宜的粒度和足够的强度。粒度过大，会减小煤气与铁矿石的接触面积，使铁矿石不易还原；粒度过小，会增加气流阻力，同时易被吹出炉外形成炉尘损失；粒度大小不均，则严重影响料柱透气性。因此，大块应破碎，粉末应筛除，粒度应适宜而均匀。一般要求矿石粒度在 5～40mm 范围内，并力求缩小上下限粒度差。

铁矿石的强度是指铁矿石耐冲击、耐摩擦的强弱程度。随着高炉容积不断扩大，入炉铁矿石的强度也要相应提高，否则易生成粉末、碎块，一方面增加炉尘损失，另一方面使高炉料柱透气性变坏，引起炉况不顺。

E 铁矿石的还原性

铁矿石的还原性是指铁矿石被还原性气体 CO 或 H_2 还原的难易程度，是评价铁矿石质量的重要指标。还原性越好，越有利于降低焦比、提高产量。改善铁矿石的还原性（或采用易还原铁矿石）是强化高炉冶炼的重要措施之一。影响铁矿石还原性的因素主要有矿物组成、矿石结构的致密程度、粒度和孔隙率等。

F　铁矿石化学成分的稳定性

铁矿石化学成分的波动会引起炉温、炉渣碱度和性质以及生铁质量的波动，造成炉况不顺，使焦比升高、产量下降。同时，炉况的频繁波动还会使高炉自动控制难以实现。因此，国内外都严格控制炉料成分的波动范围。稳定矿石成分的有效方法是对矿石进行混匀处理。

2.1.2　熔剂

高炉冶炼中除主要加入铁矿石和焦炭外，还要加入一定量的助熔物质，即熔剂。

2.1.2.1　熔剂的作用

由于矿石中脉石和焦炭灰分的组成大多为酸性氧化物 SiO_2 和 Al_2O_3，它们都属于高熔点的化合物，SiO_2 的熔点为 1713℃，Al_2O_3 的熔点为 2050℃，这些高熔点物质在高炉冶炼的温度下很难熔化。因此，加入熔剂的作用在于两个方面：一方面，熔剂能与矿石中的脉石、焦炭灰分中的高熔点物质生成低熔点的化合物和共熔体，形成易从炉缸流出的炉渣，与铁水分离；另一方面，形成了一定数量和具有一定物理和化学性能的炉渣，能够去除部分有害杂质（如硫），从而起到改善生铁质量的作用。

2.1.2.2　熔剂的分类及特性

由于铁矿石的脉石成分绝大多数以 SiO_2 为主，所以常用含有 CaO 和 MgO 的碱性熔剂使矿物中的脉石造渣。

高炉最常用的碱性熔剂是石灰石和白云石，其化学成分见表2-4。

表2-4　高炉常用熔剂的化学成分　　　　　　　　　　　　　（%）

熔剂种类	CaO	MgO	SiO_2	Al_2O_3	S	烧损
白云石	32.22	18.37	3.71	1.79	0.094	43.67
石灰石	52.26	1.58	2.58	1.71	0.139	41.51

当脉石中碱性氧化物含量较高时则用酸性熔剂，常用的有硅石等。近年来，用高碱度烧结矿冶炼铸造生铁时，为提高生铁的产量常加入硅石。为充分利用钢铁工业废弃物，有些高炉用高碱度的转炉钢渣代替碱性熔剂。目前高炉大多使用碱性炉料（高碱度烧结矿）和酸性炉料（球团矿和块矿）比例合适的炉料结构，故可不加或少加熔剂。高炉直接加入熔剂只作为临时调剂措施，在炉渣黏稠、炉况失常时，短期使用部分萤石（CaF_2）以稀释炉渣、消除堆积（或黏结物）。

2.1.2.3　对熔剂的质量要求

对熔剂的质量要求如下：

（1）碱性氧化物（CaO + MgO）的有效成分含量要高，酸性氧化物（SiO_2 + Al_2O_3）越少越好。对石灰石与白云石来说，即要求有效碱度高。有效碱度是指熔剂含有的碱性氧化物扣除其本身酸性氧化物造渣所需的碱性氧化物后，剩余部分的百分数：

$$w(CaO + MgO)_{有效} = w(CaO)_{熔剂} + w(MgO)_{熔剂} - (w(SiO_2)_{熔剂} + w(Al_2O_3)_{熔剂}) \cdot R$$

$$(2-1)$$

式中，$w(CaO + MgO)_{有效}$ 为有效碱度；$w(CaO)_{熔剂}$、$w(MgO)_{熔剂}$、$w(SiO_2)_{熔剂}$、$w(Al_2O_3)_{熔剂}$ 分别为熔剂中 CaO、MgO、SiO$_2$、Al$_2$O$_3$ 的质量分数，%；R 为炉渣四元碱度，$R = \dfrac{w(CaO) + w(MgO)}{w(SiO_2) + w(Al_2O_3)}$。

（2）有害杂质 S、P 等含量要少。石灰石中一般 S、P 杂质都较少，我国各钢铁厂使用的石灰石，硫含量只有 0.01% ~ 0.08%，磷含量只有 0.001% ~ 0.03%。

2.1.3 燃料

燃料是高炉冶炼不可缺少的基本原料之一，几乎所有高炉都使用焦炭作燃料。由于焦煤资源的紧缺，从风口喷吹燃料的技术迅速发展，以代替昂贵的焦炭。目前喷吹燃料用量已占全部燃料的 10% ~ 40%，用作喷吹的燃料主要有煤粉、重油和天然气等。

2.1.3.1 焦炭在高炉内的作用

焦炭在高炉内起到发热剂、还原剂及料柱骨架的作用。其在风口前燃烧产生高温及含有 CO 和 H$_2$ 的还原性气体，提供高炉冶炼过程所需的还原剂和热量，高炉冶炼过程中的热量有 70% ~ 80% 来自焦炭的燃烧。焦炭在料柱中占 1/3 ~ 1/2 的体积，在高温区，矿石软熔后焦炭是唯一以固态存在的炉料，故起着支撑高达数十米料柱的骨架作用，高炉下部料柱的透气性完全由焦炭来维持。焦炭的这一作用目前还没有其他燃料能够代替。

另外，焦炭是生铁的渗碳剂，焦炭的燃烧还为炉料下降提供了自由空间。

2.1.3.2 高炉冶炼对焦炭质量的要求

衡量焦炭质量一般从其化学性质和物理性质两方面来分析。化学性质常以焦炭的工业分析来表示，即固定碳、灰分、挥发分、水分及硫的含量。焦炭的物理性质主要包括机械强度、粒度和孔隙率等。焦炭质量的好坏直接影响着高炉冶炼的进行和各项技术经济指标，因此，对入炉焦炭有一定的质量要求。

（1）固定碳和灰分。焦炭中固定碳与灰分的含量互为消长，灰分含量高则意味着固定碳含量低。固定碳含量按下式计算：

$$w(C)_{固} = 100\% - w(灰分) - w(挥发分) - w(S) \qquad (2-2)$$

式中　$w(C)_{固}$——固定碳的质量分数，%；

　　　$w(灰分)$——灰分的质量分数，%；

　　　$w(挥发分)$——挥发分的质量分数，%；

　　　$w(S)$——硫的质量分数，%。

焦炭灰分主要由酸性氧化物（SiO$_2$ 和 Al$_2$O$_3$）构成，故在冶炼中必须配加与灰分数量大体相等的碱性氧化物来造渣。灰分含量高，渣量就会增加，会导致焦比升高、产量下降。高炉冶炼实践证明，焦炭灰分增加 1%，焦比升高 2%，产量下降 3%。因此，要求焦炭灰分含量尽量低。我国焦炭灰分含量一般在 11% ~ 15% 之间。焦炭中的灰分来自原煤，因此炼焦前应洗煤并进行合理配煤以降低灰分含量。

（2）硫。一般焦炭带入的硫量占入炉料总硫量的80%，因此，降低焦炭硫含量对提高生铁质量极为重要。实践证明，焦炭中硫含量提高0.1%，焦比升高1.2%～2%。在炼焦过程中能够去除一部分硫，但是仍有大部分硫留在焦炭中，因此，降低焦炭硫含量的基本途径是通过洗煤和合理配煤。

（3）水分。焦炭成分与性能波动会导致高炉冶炼过程不稳定，特别是水分波动会引起入炉焦炭重量波动，从而影响炉温，导致热制度波动。湿法熄焦含水量一般为2%～6%，要求焦炭中的水分含量要稳定。

（4）挥发分。挥发分是指炼焦过程中未分解挥发完的有机物（H_2、CH_4、N_2等），是鉴别焦炭成熟程度的主要标志。正常情况下，挥发分含量一般为0.7%～1.2%；含量过高，表明焦炭成熟程度差，生焦多，强度不够，在冶炼过程中易碎裂产生粉末而影响料柱透气性；含量过低，表明焦炭结焦过高且易碎，故要求挥发分含量适当。

（5）机械强度与粒度。焦炭在机械力和热应力作用下抵抗碎裂和磨损的能力，即为机械强度。焦炭在入炉前要经过多次转运，在炉内下降过程中受高温和炉料间重力及摩擦力的作用，如果强度不好会产生大量的粉末，进入初渣会导致炉渣变得黏稠，造成炉况不顺。常通过小转鼓试验测定焦炭强度。我国规定采用小转鼓（米库姆转鼓），它是一个直径和长度均为1000mm的封闭转鼓，内壁焊有四条100mm×50mm×10mm的角钢挡板，互成90°布置。进行试验时，取粒度大于60mm的焦炭50kg装入转鼓内，以25r/min的速度旋转4min，然后将试样用ϕ40mm和ϕ10mm的圆孔筛筛分，大于40mm的焦炭占试样质量的百分数称为焦炭的抗冲击强度（破碎强度）指标，用M_{40}表示；而小于10mm的碎焦所占的质量百分数称为焦炭的抗磨擦强度（磨损强度）的指标，用M_{10}表示。我国规定焦炭强度转鼓指标为：一级品，$M_{40} \geqslant 75\%$，$M_{10} \leqslant 9.0\%$；二级品，$M_{40} = 64\% \sim 68\%$，$M_{10} \leqslant 11.5\%$。焦炭的粒度要求均匀、大小合适，大型高炉为40～60mm，中型高炉为25～40mm，小型高炉为15～25mm。

（6）焦炭的反应性和燃烧性。反应性是指焦炭在一定温度下与CO_2作用生成CO的速度，反应式为：$C + CO_2 = 2CO$。燃烧性是指焦炭在一定温度下与氧反应生成CO_2的速度，反应式为：$C + O_2 = CO_2$。若上述反应速度快，则表明焦炭的燃烧性和反应性好。一般认为，为了扩大燃烧带，使炉缸温度和煤气流分布更为合理以及炉料顺利下降，希望焦炭的燃烧性差一些；为了提高炉顶煤气中的CO_2含量，改善煤气利用程度，在温度较低时希望焦炭的反应性差一些。

2.1.3.3　炼焦生产工艺流程

炼焦生产工艺流程示意图见图2-2。现代焦炭生产过程分为洗煤、配煤、炼焦、熄焦及煤气和化工产品回收处理等工序。

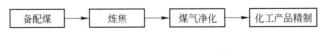

图2-2　炼焦生产工艺流程示意图

（1）洗煤。洗煤是指原煤在炼焦之前先进行清洗，目的是降低煤中灰分含量和洗除其他杂质。

（2）配煤。配煤是将各种结焦性能不同的煤（气煤、肥煤、焦煤和瘦煤等）按一定比例配合炼焦，目的是在保证焦炭质量的前提下节约日趋减少的主焦煤，扩大炼焦用煤源，同时尽可能多地获得一些化工产品。

（3）炼焦。炼焦是将配好的煤料装入炼焦炉的炭化室，在隔绝空气的条件下由两侧燃烧室供热，随温度升高，经干燥、预热、热分解、软化、半焦、结焦形成具有一定强度的焦炭。

（4）熄焦。熄焦主要是将炽热的焦炭由熄焦车送去喷水熄焦、晾焦；或用 CO_2、惰性气体等逆流穿过红焦层进行热交换，将焦炭冷却到 200℃ 以下，惰性气体则升温至 800℃ 左右，送到余热锅炉生产蒸汽，这就是干熄焦法。这种方法对环境污染小，焦炭质量高，同时可回收大量显热。我国上海宝钢总厂采用干熄焦法。

（5）煤气和化工产品回收处理。煤气和化工产品回收处理是对炼焦过程产生的高热值煤气及其他可提取化工产品的原料进行回收。焦炉煤气是烧结、炼焦、炼铁、炼钢和轧钢生产的主要原料，各种化工产品（焦油、粗苯、氨等）是化学、农药、医药和国防工业的主要原料。

2.1.4　烧结矿生产

烧结是将粉状物料（如粉矿和精矿）进行高温加热，在不完全熔化的条件下烧结成块的方法。所得产品称为烧结矿，外形为不规则多孔状。烧结所需热能由配入烧结料内的碳与通入过剩的空气经燃烧提供，故又称氧化烧结。烧结矿主要依靠液相黏结（又称熔化烧结），固相黏结仅起次要作用。

2.1.4.1　烧结原理

A　烧结过程

由于烧结过程是由料层表面开始逐渐向下进行的，沿料层高度方向有明显的分层性。按照烧结料层中温度的变化和烧结过程中所发生物理化学变化的不同，可以将正在烧结的料层自上而下分为五层，依次出现烧结矿层、燃烧层、预热层、干燥层、过湿层。点火后五层相继出现，不断向下移动，最后全部变为烧结矿层。烧结过程各料层分布及主要反应见图2-3。

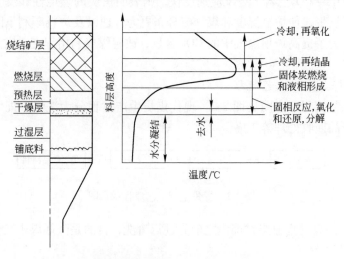

图 2-3　烧结过程各料层分布及主要反应

（1）烧结矿层。烧结矿层中燃料燃烧已结束，形成多孔的烧结矿饼。此层的主要变化是：高温熔融物凝固成烧结矿，伴随着结晶和析出新矿物。同时，抽入的冷空气被预热，烧结矿被冷却，与空气接触的低价氧化物可能被再氧化。这一层的温度在1100℃以下，随着燃烧层的下移和冷空气的通过，物料温度逐渐下降，熔融液相被冷却，凝固成多孔结构的烧结矿。烧结矿层逐渐增厚，使整个料层透气性变好，真空度变低。该层厚度为40～50mm。

（2）燃烧层。被烧结矿层预热的空气进入此层，与固体碳接触时发生燃烧反应，放出大量的热，产生1300～1500℃的高温，形成一定成分的气相组成。在此条件下，料层中发生一系列复杂的变化，主要有：低熔点物质继续生成并熔化，形成一定数量的液相；部分氧化物分解、还原、氧化，硫化物、硫酸盐和碳酸盐分解等。燃烧层有一定厚度，一般为15～50mm。因燃烧层出现液相熔融物并有很高的温度，所以对烧结过程有多方面的影响。燃烧层过宽，料层透气性差，导致产量下降；燃烧层太薄，则液相黏结不好、强度低。

（3）预热层。受到来自燃烧层产生的高温废气的加热作用，温度很快升高到接近固体燃料着火点，从而形成预热层。由于热交换很剧烈，废气温度很快降低，所以此层很薄，其所处的温度在150～700℃之间。该层发生的主要变化有：部分结晶水、碳酸盐分解，硫化物、高价铁氧化物分解、氧化，部分铁氧化物还原以及发生固相反应等。此层厚度一般为20～40mm。

（4）干燥层。从预热层下来的废气将烧结料加热，料层中的游离水迅速蒸发。由于湿料的导热性好，料温很快升高到100℃以上，升至120～150℃时水分完全蒸发。由于升温速度太快，干燥层和预热层很难截然分开，所以有时又统称为干燥预热层，其厚度只有20～40mm。当混合料中料球的热稳定性不好时，会在剧烈升温和水分蒸发过程中产生破坏现象，影响料层透气性。

（5）过湿层。从表层烧结料烧结开始，料层中的水分就开始蒸发成水汽。大量水汽随着废气流动，若原始料温较低，废气与冷料接触时其温度降到与之相应的露点（一般为60～65℃）以下，则水蒸气凝结下来，使烧结料的含水量超过适宜值而形成过湿层。烧结时发现在烧结料下层有严重的过湿现象，这是由于在强大的气流和重力作用下，而且烧结水分比较高，烧结料的原始结构被破坏和料层中的水分向下机械转移，特别是那些湿容量较小的物料容易发生这种现象。水汽冷凝使得料层的透气性大大恶化，对烧结过程产生很大的影响。所以，必须采取措施减少或消除过湿层。

B 烧结过程主要物理化学反应

烧结过程中会发生一系列复杂的物理化学反应。

a 固体燃烧反应

烧结过程中固体燃烧反应是一定的温度和热量需求条件，而创造这种条件的是混合料中固体碳的燃烧。烧结过程所用的固体碳主要是焦粉和无烟煤，它们燃烧所提供的热量占烧结所需总热量的90%左右。

烧结料中燃料所含的固体碳在温度达700℃以上时即着火燃烧，发生如下反应：

$$2C + O_2 = 2CO \tag{2-3}$$

$$C + O_2 = CO_2 \tag{2-4}$$

$$2CO + O_2 =\!\!=\!\!= 2CO_2 \qquad\qquad (2-5)$$

$$CO_2 + C =\!\!=\!\!= 2CO \qquad\qquad (2-6)$$

式（2-3）为不完全燃烧反应，在燃料局部集中的地方或燃料颗粒较大的地方会发生。式（2-4）为完全燃烧反应，一般在空气过剩和充足的条件下发生，此反应是烧结燃烧发生的主要反应。式（2-5）为 CO 的燃烧反应。式（2-6）常称为歧化反应，也称布都尔反应或碳素沉积反应，一般在高温条件下的燃烧层中发生这个反应，但是由于燃烧层比较薄，废气温度降低很快，此反应受到一定的限制。

b　固体分解反应

烧结混合料中的矿石、脉石和添加剂中往往含有一定量的结晶水，它们在预热层及燃烧层进行分解。除此以外，烧结混合料中通常含有碳酸盐，如石灰石、白云石、菱铁矿等，这些碳酸盐在烧结过程中必须分解后才能最终进入液相，否则就会降低烧结矿的质量。其中最常见的是 $CaCO_3$ 和 $MgCO_3$ 的分解反应：

$$CaCO_3 =\!\!=\!\!= CaO + CO_2$$

$$MgCO_3 =\!\!=\!\!= MgO + CO_2$$

石灰石的开始分解温度为 530℃、沸腾分解温度为 910℃，白云石的剧烈分解温度为 680℃。它们在烧结料层内部都不难分解，一般在烧结预热层可以完成；但实际烧结过程中，由于各种原因，仍有部分石灰石进入高温燃烧层才能分解。当石灰石粒度较大时，其进入高温燃烧层分解，将降低燃烧带的温度，增加燃料的消耗。所以，一般要求石灰石和白云石的粒度在 3mm 左右。

c　铁氧化物还原与氧化反应

在烧结矿中，铁氧化物以 Fe_2O_3 还是 Fe_3O_4 形态存在取决于铁氧化物在烧结过程中的氧化或还原，而成品烧结矿的亚铁含量则取决于烧结过程中铁氧化物氧化或还原的程度。

在烧结过程中，铁氧化物可能被固体 C 和 CO 还原，主要为 CO 的还原。铁的还原反应是逐级进行的，顺序为：高于 570℃时，$Fe_2O_3 \rightarrow Fe_3O_4 \rightarrow FeO \rightarrow Fe$；低于 570℃时，$Fe_2O_3 \rightarrow Fe_3O_4 \rightarrow Fe$。

（1）Fe_2O_3 的还原。用 CO 还原 Fe_2O_3 的反应式为：

$$3Fe_2O_3 + CO =\!\!=\!\!= 2Fe_3O_4 + CO_2 \qquad\qquad (2-7)$$

（2）Fe_3O_4 的还原。Fe_3O_4 还原在高温与低温下有不同的反应：

温度高于 570℃ $\qquad\qquad Fe_3O_4 + CO =\!\!=\!\!= 3FeO + CO_2 \qquad\qquad (2-8)$

温度低于 570℃ $\qquad\qquad \frac{1}{4}Fe_3O_4 + CO =\!\!=\!\!= \frac{3}{4}Fe + CO_2 \qquad\qquad (2-9)$

（3）FeO 的还原。反应式为：

$$FeO + CO =\!\!=\!\!= Fe + CO_2 \qquad\qquad (2-10)$$

按照铁氧化物分解压与温度的关系（如图 2-4 所示），分解压越低，铁氧化物越稳定，还原就越困难。烧结过程中，一般烧结温度为 1300 ~ 1500℃，在燃料附近还原气氛较强，远离燃料时氧化气氛较强。因此，在烧结中铁氧化物可能发生的变化为：Fe_2O_3 很容易还原为 Fe_3O_4，Fe_3O_4 也可以被还原，而 FeO 还原成 Fe 是困难的。在一般烧结条件下，烧结矿中不会有金属铁存在。但在燃料用量很高（如生产金属化烧结矿）时，却可获得一定数量的金属铁。

铁氧化物的氧化反应实际上就是铁氧化物分解反应的逆反应，例如 Fe_3O_4、FeO 的氧化反应为：

$$4Fe_3O_4 + O_2 \rightleftharpoons 6Fe_2O_3$$

$$6FeO + O_2 \rightleftharpoons 2Fe_3O_4$$

d 脱硫反应

黄铁矿（FeS_2）是烧结原料中主要的含硫矿物，其分解压较大，在烧结过程中易被分解、氧化和去除。去除途径是依靠热分解和氧化变成硫蒸气或 SO_2、SO_3 而进入废气中。

FeS_2 在较低温度下，如 $280 \sim 565 ℃$ 时，分解压较小。FeS_2 中的硫主要靠氧化去除，其反应式为：

$$2FeS_2 + \frac{11}{2}O_2 \rightleftharpoons Fe_2O_3 + 4SO_2$$

$$3FeS_2 + 8O_2 \rightleftharpoons Fe_3O_4 + 6SO_2$$

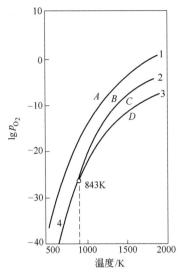

图 2-4 铁氧化物分解压与温度的关系
1—Fe_2O_3；2—Fe_3O_4；3—FeO；4—Fe
A—Fe_2O_3 稳定区；B—Fe_3O_4 稳定区；
C—FeO 稳定区；D—Fe 稳定区

在温度高于 $565℃$ 时，FeS_2 分解，分解生成的 FeS 及 S 燃烧：

$$FeS_2 \rightleftharpoons FeS + S$$

$$S + O_2 \rightleftharpoons SO_2$$

$$2FeS + \frac{7}{2}O_2 \rightleftharpoons Fe_2O_3 + 2SO_2$$

$$3FeS_2 + 8O_2 \rightleftharpoons Fe_3O_4 + 6SO_2$$

上述硫的氧化反应中，当温度低于 $1250 \sim 1300℃$ 时，以生成 Fe_2O_3 为主；当温度高于 $1250 \sim 1300℃$ 时，以生成 Fe_3O_4 为主。

在有催化剂 Fe_2O_3 存在的情况下，SO_2 可能进一步氧化成 SO_3：

$$2SO_2 + O_2 \rightleftharpoons 2SO_3$$

在 $500 \sim 1385℃$ 时，FeS_2、FeS 可与 Fe_2O_3 和 Fe_3O_4 直接反应，反应式为：

$$FeS_2 + 16Fe_2O_3 \rightleftharpoons 11Fe_3O_4 + 2SO_2$$

$$FeS + 10Fe_2O_3 \rightleftharpoons 7Fe_3O_4 + SO_2$$

$$FeS + 3Fe_3O_4 \rightleftharpoons 10FeO + SO_2$$

在有氧化铁存在时，$200 \sim 300℃$ 下，FeS_2 可被气相中的水蒸气氧化，反应式为：

$$3FeS_2 + 2H_2O \rightleftharpoons 3FeS + 2H_2S + SO_2$$

燃料中的有机硫也易被氧化，在加热到 $700℃$ 左右的焦粉着火温度时，有机硫燃烧成 SO_2 逸出：

$$S_{有机} + O_2 \rightleftharpoons SO_2$$

$$FeS + H_2O \Longrightarrow FeO + H_2S$$

硫酸盐中的硫主要靠高温分解去除。但硫酸盐的分解温度很高，如 $BaSO_4$ 在1185℃时开始分解，1300~1400℃时分解反应剧烈进行；$CaSO_4$ 在975℃时开始分解，1375℃时分解反应剧烈进行，因此去除困难。反应式如下：

$$BaSO_4 \Longrightarrow BaO + SO_2 + \frac{1}{2}O_2$$

$$CaSO_4 \Longrightarrow CaO + SO_2 + \frac{1}{2}O_2$$

一般情况下，硫化物的脱硫率在90%以上，有机硫可达94%，而硫酸盐脱硫率只有70%~85%。

2.1.4.2　烧结生产工艺流程

按照烧结设备和供风方式的不同,烧结方法可分为鼓风烧结、抽风烧结和在烟气中烧结。

（1）鼓风烧结。鼓风烧结采用烧结锅和平地吹方式，是小型厂的土法烧结，已逐渐被淘汰。

（2）抽风烧结。抽风烧结分为连续式和间歇式。连续式烧结设备有带式烧结机和环式烧结机等。间歇式烧结设备有固定式烧结机和移动式烧结机，固定式烧结机如盘式烧结机和箱式烧结机，移动式烧结机如步进式烧结机。

（3）在烟气中烧结。在烟气中烧结包括回转窑烧结和悬浮烧结。

目前广泛采用带式抽风烧结机，因为它具有生产率高、原料适应性强、机械化程度高、劳动条件好和便于大型化、自动化等优点，所以世界上有90%以上的烧结矿是采用这种方法生产的。

带式抽风烧结过程主要包括烧结原料的准备、配料与混合、烧结与产品处理等工序。烧结生产首先按生产质量要求，将各种含铁矿粉混匀成中和粉，将熔剂和燃料进行破碎、筛分以使粒度达到生产所需要求，根据原料化学成分进行配料计算。然后在配料室准备配料，配料方式是往运转的皮带上分层连续布料。分层的各种原料经两次加水混合后布在烧结机台车上，经抽风、点火后燃料燃烧，开始进行烧结。烧结矿在机尾排出，经冷却、破碎、筛分后获得成品烧结矿、返矿和铺底料，冷返矿和铺底料再返回参加烧结过程。烧结生产工艺流程如图2-5所示。

A　烧结原料的准备

烧结生产所用原料品种较多，为了保证生产过程顺利进行以及保证烧结矿的产量和质量，对所用原燃料有一定的要求。

a　含铁原料

铁矿石和铁精矿是烧结的主要含铁原料。铁含量较高的矿石经破碎、筛分后，将合格矿直接送到高炉炼铁。将其筛下物小于10mm的这部分矿粉作为烧结的原料。

通常，含铁原料的来源有以下四个：

（1）粉矿。开采、破碎过程中形成的0~10mm的铁矿石，常称为粉矿。

（2）精矿。贫矿经过深磨细选后所得到的细粒铁矿石，常称为精矿。

（3）冶金杂料。冶金杂料包括冶炼或其他工艺过程形成的细粒以及含有价成分、可回收的粉末。

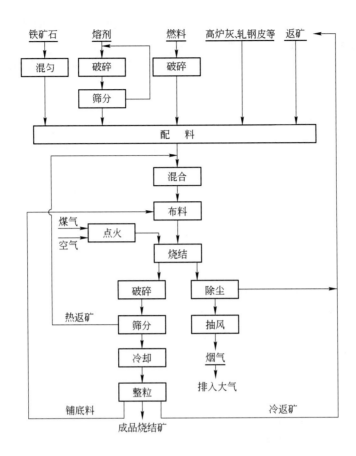

图 2-5 烧结生产工艺流程

（4）烧结返矿。烧结矿在运输、破碎、整粒过程中形成的小于 5mm 粒级的粉末返回烧结，返矿的化学成分基本上与烧结矿相同。

用于烧结生产的主要铁矿石有磁铁矿、赤铁矿、褐铁矿和菱铁矿，它们的主要物理化学性能详见 2.1.1 节相关介绍。它们的烧结性能有较大差异。磁铁矿坚硬、致密、难还原，但可烧性良好，因其在高温处理时氧化放热，且 FeO 易与脉石成分形成低熔点化合物，所以造块节能和结块强度好。而赤铁矿颗粒内孔隙多，比磁铁矿易还原和破碎，但因其铁氧化程度高而难形成低熔点化合物，故其可烧性较差，造块时燃料消耗比磁铁矿高。褐铁矿因含结晶水和气孔多，用于烧结时收缩性很大，使产品质量降低，只有通过延长高温处理时间的方法才可使产品强度相应提高，但会导致燃料消耗增大、加工成本提高。菱铁矿在烧结时因收缩量大，导致产品强度降低和设备生产能力低，燃料消耗也因碳酸盐分解而增加。

一般要求含铁原料品位高，成分稳定，杂质少。除铁矿石外还有一些工业副产品，如高炉灰、轧钢皮、黄铁矿烧渣、钢渣等，也可作为烧结原料。

b 熔剂

一般要求熔剂中有效 CaO 含量高，杂质少，成分稳定，含水量在 3% 左右，粒度小于 3mm 的粒级占 90% 以上。随着精矿粒度的细化，熔剂粒度也要相对缩小。有的工厂在使用细精矿烧结时，将熔剂粒度控制在 2mm 以下，已收到了良好的效果。使用生石灰时，粒度可以控制在 5mm 以内，以便于吸水消化。

在烧结料中加入一定量的白云石，使烧结矿含有适当的 MgO，对烧结过程有良好的作用，可以提高烧结矿的质量。

c　燃料

烧结所用燃料主要为焦粉和无烟煤。对燃料的要求是：固定碳含量高，灰分低，挥发分低，硫含量低，成分稳定，含水量小于 10%，粒度小于 3mm 的粒级占 95% 以上。

一般认为焦粉作烧结燃料较好，它既能满足上述要求，同时又利用了高炉焦炭筛分后的粉末。但不少厂家采用无烟煤作燃料的生产实践表明，无烟煤硬度小、易于破碎、着火点低、易燃，所以无烟煤也是可取的燃料。

（1）焦粉。用于烧结作为燃料的主要是焦粉。它是炼铁厂和焦化厂焦炭的筛下物（即碎焦和焦粉），对焦粉质量的要求一般是固定碳含量高、灰分和硫含量低、粒度为 0~3mm，对其机械强度和灰分软熔温度没有明确要求。

（2）无烟煤。当无烟煤用于烧结作燃料时，粒度一般破碎成 0~3mm，应选用固定碳含量高（70%~80%）、挥发分含量低（2%~8%）、灰分少（6%~10%）的无烟煤，其结构致密，呈黑色，具有明亮光泽，含水量很低。它常作为焦粉代用品以降低生产成本。应注意，烟煤绝不能在抽风烧结中使用。

B　配料与混合

a　配料

烧结生产使用的原料种类较多，为获得化学成分和物理性质稳定的烧结矿，满足高炉冶炼的要求，必须进行精确配料。

目前，常用的配料方法有容积配料法和质量配料法。容积配料法是基于物料堆积密度不变，原料的质量与体积成比例这一条件进行的。实际上原料的堆积密度并不稳定，因此容积配料法的准确性较差。质量配料法是根据原料的质量配料，它比容积配料法准确，并且便于实现自动化。

b　混合

将按一定配比组成的烧结料进行混合，目的是使烧结料的成分均匀、水分合适且均匀，从而获得粒度组成良好的烧结混合料，以保证烧结矿的质量和提高产量。

混合作业包括加水润湿、混匀和制粒。根据原料性质的不同，可采用一次混合或二次混合两种流程。一次混合的目的是润湿与混匀，当加热返矿时还可使物料预热。二次混合除继续混匀外，主要是制粒，以改善烧结料层透气性。采用一次混合，混合时间为 1~3min；采用二次混合，混合时间一般不少于 2.5min。我国烧结厂大多采用二次混合。

烧结料要充分混合，确保其成分均匀；同时使粉料成球，提高混合料成球性；混合时必须加水，混合料的水分含量必须适宜。

C　烧结与产品处理

烧结作业是烧结生产的中心环节，它包括布料、点火、烧结、烧结矿处理等主要工序。

a　布料

布料是指将铺底料、混合料铺在烧结机台车上的作业。布料均匀与否影响烧结的产量和质量，均匀布料是烧结生产的基本要求。

当采用铺底料工艺时，在布混合料之前，先铺一层粒度为 10～25mm、厚度为 20～25mm 的小块烧结矿作为铺底料，其目的是保护炉箅、降低除尘负荷、延长风机转子寿命、减少或消除炉箅黏料。

铺完底料后，随之进行布料。布料时要求混合料的粒度和化学成分等沿台车纵横方向均匀分布，并且有一定的松散性，表面平整。目前采用较多的是圆辊布料机布料，但此布料方式存在沿料层高度及烧结机长度和宽度方向上的偏析现象。为减轻或消除布料偏析，生产中应保证料槽内料面高度为料槽高度的 1/2～2/3 或采取梭式布料器-圆辊给料机联合布料，使用联合布料方法可大大改善布料效果。

b　点火

点火操作是对台车上的料层表面进行点燃并使之燃烧，要求有足够的点火温度和适宜的高温保持时间，沿台车宽度点火应均匀，以利于料层中燃料顺利燃烧。

点火温度取决于烧结生成物的熔化温度。这一温度范围通常为 1000～1200℃。实际操作中点火温度常控制在（1150±50）℃。点火温度过高时，会使烧结料表面过熔形成硬壳，降低料层透气性，减慢垂直烧结速度，降低生产率；过低时，表层出现浮灰，返矿量增加。

在一定温度下，为了保证表面料层所需热量，需要有足够的点火时间，通常为 1min 左右。

点火热量 q 可根据点火时间 $t(\min)$ 和点火强度 $I(kJ/(m^2 \cdot \min))$ 来决定：

$$q = t \cdot I$$

点火强度即为单位时间内单位表面积所获得的热量。

点火真空度影响点火深度。一般要求点火深度为 10～20mm，使点火热量集中于表层一定厚度内。

c　烧结

目前，各烧结厂几乎都是采用抽风式的带式连续烧结机。将含铁原料、熔剂、燃料准备好后，在烧结配料室按一定的比例配料，经过混合和制粒形成混合料，然后布到烧结机台车上（在布混合料前先布铺底料），台车沿着烧结机的轨道向排料端移动。台车上的点火器在烧结料表面进行点火，于是便开始烧结反应。点火时和点火后，由于下部风箱强制抽风，通过料层的空气与烧结料中的焦炭燃烧，所产生的热量使烧结混合料发生物理化学变化，形成烧结矿。台车到达烧结矿排料端时，完成烧结过程。图 2-6 所示为抽风烧结过

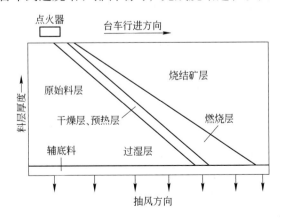

图 2-6　抽风烧结过程沿料层高度的分层情况

程沿料层高度的分层情况。

在点火后直至烧结完成的整个过程中，料层不断发生变化，为了使烧结过程正常进行，对于烧结风量、真空度、料层厚度、机速和烧结终点的准确控制很重要。

（1）烧结风量和真空度。单位烧结面积的风量大小是决定产量高低的主要因素。当其他条件一定时，产量随风量的增加而提高。但风量过大会造成烧结速度过快，降低烧结矿的成品率。目前，平均每吨烧结矿所需风量为 3200m³，按烧结面积计算为 70～90 m³/(cm²·min)。真空度大小取决于风机能力、抽风系统阻力、料层透气性和漏风损失情况。在其他条件一定时，真空度大小反映了料层透气性的好坏。同时，真空度的变化也是判断烧结过程的一种依据。

（2）料层厚度与机速。料层厚度与机速直接影响烧结矿的产量和质量。一般来说，料层薄，机速快，则生产率高。但表面强度差的烧结矿数量相对增加会造成返矿和粉末增多，同时还会削弱料层"自动蓄热作用"，增加燃料用量，使烧结矿 FeO 含量增加，还原性变差。若为厚料层，虽然烧结速度有所降低，却可以较好地利用热量，减少燃料用量，降低 FeO 含量，改善还原性；但料层厚度增加会使阻力增大，产量下降。因此，合适的料层厚度应将高产和优质结合起来考虑。若机速过慢，不能充分发挥烧结机的生产能力，并使料层表面过熔，FeO 含量增加，还原性变差；机速过快，则烧结时间缩短，导致烧结料不能完全烧结，返矿增多，烧结矿强度变差，成品率降低。合适的机速应保证烧结料在预定的烧结终点烧透、烧好。实际生产中，机速一般以控制在 1.5～4m/min 为宜。

（3）烧结终点的判断与控制。控制烧结终点，即控制烧结过程全部完成时台车所处的位置。准确控制烧结终点风箱的位置，是充分利用烧结机面积、确保优质高产和冷却效率的重要条件。中小型烧结机终点一般控制在倒数第二个风箱处，大型烧结机控制在倒数第三个风箱处。烧结终点的提前或滞后，都将给烧结生产带来不利影响。

从烧结机上卸下的烧结饼都夹带有未烧好的矿粉，且烧结饼块度大、温度高达 600～1000℃，对运输、储存及高炉生产都有不良的影响，因此需进一步处理。

d　烧结矿处理

烧结厂大都采用冷矿流程，包括破碎、筛分、冷却和整粒。图 2-7 所示为烧结矿主要处理流程。

（1）烧结矿的破碎和筛分。生产实践证明，不设置破碎和筛分作业时，大块烧结矿不仅堵塞矿槽，而且冶炼过程中在高炉的上、中部未能充分还原便进入炉缸，破坏了炉缸的热工制度，造成焦比升高。若不筛除粉末，不仅影响烧结矿的冷却，而且粉末进入高炉内会恶化料柱透气性，引起煤气分布不均，炉况不顺，风压升高，造成悬料、崩料，高炉产量下降。据统计，烧结矿中的粉末每增加 1%，高炉产量下降 6%～8%，焦比升高，大量炉尘吹出会加速炉顶设备的磨损和恶化劳动条件。据安钢生产经验，烧结矿中小于 5mm 的粉末每减少 10%，可降低焦比 1.6%，使产量增加 7.6%。因此，在烧结机尾设置破碎和筛分作业，对烧结厂和冶炼厂都是十分必要的。目前我国烧结厂普遍采用剪切式单辊破碎机，

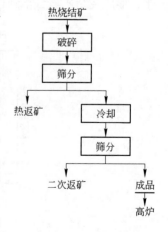

图 2-7　烧结矿主要处理流程

其具有如下优点：破碎过程中的粉化程度小，成品率高；结构简单、可靠，使用及维修方便；破碎能耗低。热烧结矿的筛分，国内多采用筛分效率高的热矿振动筛，它能有效地减少成品烧结矿中的粉尘，可降低冷却过程中的烧结矿层阻力和减少扬尘；同时，所获得的热返矿可改善烧结混合料的粒度组成和预热混合料，对提高烧结矿的产量和质量有好处。但热矿筛也有缺点，因在高温下工作，振动筛事故多，降低了烧结机作业率。因此，近年来设计投产的大型烧结机取消了热矿筛，烧结矿自机尾经单辊破碎后直接进入冷却机冷却。

(2) 烧结矿的冷却。烧结矿的冷却方式主要有鼓风冷却、抽风冷却和机上冷却三种，目前主要采取鼓风冷却。

1) 鼓风冷却。鼓风冷却采用厚料层（厚度为1500mm）、低转速，冷却时间长约60min，冷却面积相对较小，冷却面积与烧结面积之比为0.9~1.2。冷却后热废气温度为300~400℃，比抽风冷却废气温度高，便于废气回收利用。鼓风冷却的缺点是所需风压较高，一般为2000~5000Pa，因此必须选用密封性能好的密封装置。

2) 抽风冷却。带式冷却机和环式冷却机是比较成熟的抽风冷却设备，在国内外获得广泛的应用。它们都有较好的冷却效果，两者相比较，环式冷却机具有占地面积较小、厂房布置紧凑的优点。带式冷却机则在冷却过程中能同时起到运输作用，对于有多于两台烧结机的厂房，工艺便于布置，而且布料较均匀，密封结构简单，冷却效果好。

3) 机上冷却。机上冷却是将烧结机延长后，使烧结矿直接在烧结机的后半部进行冷却的工艺。其优点是：单辊破碎机工作温度低，不需热矿筛和单独的冷却机，可以提高设备作业率，降低设备维修费，便于冷却系统和环境的除尘。国内首钢、武钢烧结厂等已有机上冷却的成功经验。

(3) 烧结矿的整粒。为了满足高炉现代化、大型化和节能的需要，对烧结矿的质量要求越来越高。近年来国内新建的烧结厂大都设有整粒系统，一些老厂的改造也增设了较完善的整粒系统。设有整粒系统的烧结厂，一般烧结矿从冷却机卸出后要经过冷破碎，然后经2~4次筛分，分出小于5mm的粒级作为返矿，10~20mm（或15~25mm）的粒级作为铺底料，其余的为成品烧结矿，成品烧结矿的粒度上限一般不超过50mm。经过整粒的烧结矿粒度均匀、粉末量少，有利于高炉冶炼指标的改善。如德国萨尔萨吉特公司高炉使用整粒后的烧结矿入炉，高炉利用系数提高了18%，每吨生铁焦比降低20kg，炉顶吹出粉尘减少，并延长了炉顶设备的使用寿命。烧结厂的整粒流程各异，大型烧结厂多采用固定筛和单层振动筛作四段筛分的整粒流程，如图2-8所示；小型烧结厂则多采用单层或双层振动筛作三段筛分，图2-9所示为采用单层筛的一段冷破碎、三段四次冷筛分流程。

2.1.4.3 烧结生产主要设备

烧结生产主要设备包括烧结机、抽风系统和供料系统等。

A 烧结机

目前烧结生产中主要采用带式烧结机，其结构如图2-10所示。它由台车、传动装置、点火装置、密封装置和机架等组成。

(1) 台车。台车是烧结机上非常重要的部件，它是载料并进行烧结的主要设备。带式烧结机是由许多台车组成的闭路循环运转的烧结链带，由本体、箅条和挡板、运行轮和卡辊等组成。

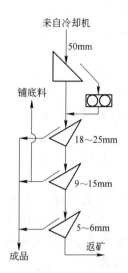

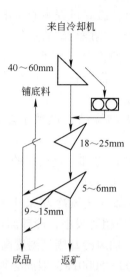

图 2-8　一段冷破碎、四段四次冷筛分流程　　图 2-9　采用单层筛的一段冷破碎、三段四次冷筛分流程

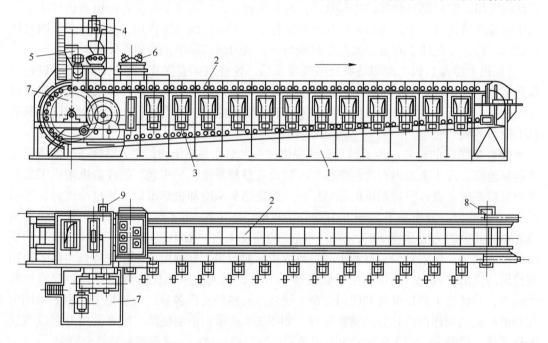

图 2-10　带式烧结机

1—烧结机的骨架；2—台车；3—抽风室；4—装料；5—装铺底料；6—点火器；
7—烧结机传动部分；8—卸料部分碎屑出口处；9—烧结机头部碎屑出口处

（2）传动装置。烧结机的传动装置由调速电动机、减速器、传动齿轮和传动星轮组成，目前广泛采用柔性传动装置。烧结机头部的大星轮驱动是由台车组成的闭路烧结链带循环运转的传动机构。机尾有使台车返回的从动星轮。

（3）点火装置。烧结机的点火装置一般采用开放点火炉，它有半圆形或方形炉罩，在炉顶有数排烧嘴，每排 10 个左右。它的优点是沿台车宽度方向点火均匀；缺点是不能防止料面急冷，所以其后常设保温罩以防料面急冷。点火器内设有烧嘴，煤气和空气在其通道内混合燃烧，随之烧结过程开始。因炉内为高温区，其内必须用耐火材料砌筑。

B 抽风系统

烧结的抽风系统由风箱、大烟道、除尘装置和抽风机组成。

(1) 风箱。风箱呈方漏斗形，其上口与烧结机固定的密封滑道连接，下口与风箱支管相连。风箱的作用是集聚透过烧结料层的烟气，由抽风机排出。小型烧结机有一排风箱，大型烧结机设计有两排风箱，烟气从两侧排出。

(2) 大烟道。大烟道（主排气管）的主要功能是将烧结废气送往除尘设备和抽风机，另一功能是分离粉尘，较大的粉尘颗粒在重力作用下可被分离出来。由于大烟道很长，受到的热膨胀量较大，为了使管道和构架不受热应力破坏，管道安装在有滚柱支撑的拖架上，使之能自由伸缩。

(3) 除尘装置。除尘装置按工作原理不同，主要分为多管除尘和电除尘装置。多管除尘装置由多个旋风子组成，含尘气体从开口进入，然后分别进入每个单体的旋风子中，经导向器产生旋转运动而使灰尘降下来。电除尘装置是利用带电灰尘在电场力作用下产生移动的原理工作。灰尘趋向收尘电极，放电后落下排出。多管除尘装置投资少，但检修复杂。电除尘投资高，但维修简单。

(4) 抽风机。主抽风机（排风机）是烧结生产中最重要的工艺设备之一。随着烧结机的大型化和厚料层烧结操作的发展，对抽风机性能的要求越来越高，由于抽风机的工作压力、工作温度和工质的状况等因素的影响，对抽风机性能要求越来越高。

C 供料系统

供料系统主要包括料仓和混合机。

(1) 料仓。料仓是配料操作的关键设备之一。其容积与烧结机的生产能力相匹配，一般主原料仓要满足烧结机生产 6~7h 的需要。为了使原料顺利排出，要求排料口尽量大。料仓内壁设有光滑的衬板，以减少黏料。

(2) 圆筒混合机。圆筒混合机是混合料加水、混匀和制粒的设备。它主要包括圆筒形本体、安装在筒体两头的圆环形辊圈以及与辊圈相对应的四个托辊和两个挡轮。

2.1.4.4 烧结矿主要技术经济指标

烧结矿主要技术经济指标包括生产能力、生产成本和能耗指标等。

(1) 烧结机利用系数。烧结机利用系数是指单位时间内每平方米有效抽风面积的生产量，其计算公式为：

$$烧结机利用系数(t/(m^2 \cdot 台 \cdot h)) = \frac{台时产量(t/(台 \cdot h))}{有效抽风面积(m^2)}$$

烧结机利用系数是衡量烧结机生产效率的指标，与烧结有效面积无关，一般为 1.5~2.0t/(m²·h)。

(2) 成品率。成品率是指成品烧结矿量占成品烧结矿量与返矿量之和的百分数，一般为 60%~80%，其计算公式为：

$$成品率(\%) = \left(\frac{成品烧结矿量}{成品烧结矿量 + 返矿量}\right) \times 100\%$$

（3）烧成率。烧成率是指成品烧结矿量占烧结混合料总消耗量的百分数，其计算公式为：

$$烧成率（\%） = \frac{成品烧结矿量}{烧结混合料总消耗量} \times 100\%$$

（4）返矿率。返矿率是指烧结矿经过破碎、筛分所得到的筛下矿量占烧结混合料总消耗量的百分数，其计算公式为：

$$返矿率（\%） = \frac{返矿量}{烧结混合料总消耗量} \times 100\%$$

（5）日历作业率。日历作业率是指烧结机年实际作业时间与日历时间的百分比，反映了烧结机连续作业的水平，一般为90%，其计算公式为：

$$日历作业率（\%） = \frac{烧结机年实际作业时间}{日历时间} \times 100\%$$

（6）烧结机生产能力。烧结机生产能力是指每台烧结机单位时间内生产的烧结矿数量，其计算公式为：

$$q = 60Fv_{\perp}\gamma k$$

式中　q——烧结机台时产量，t/（台·h）；

F——烧结机抽风面积，m^2；

$v_{\perp}$——垂直烧结速度，mm/min；

γ——烧结矿堆积密度，t/m^3；

k——烧结矿成品率，%。

（7）生产成本。生产成本是指生产每吨烧结矿所需的费用，由原料费和加工费两项组成。

（8）工序能耗。工序能耗是指在烧结生产过程中生产1t烧结矿所消耗的各种能源之和（折算为标准煤），kg/t。各种能源在烧结总能耗中所占的比例为：一般固体燃耗约70%，电耗20%，点火煤气消耗约5%，其他约5%。

2.1.5　球团矿生产

球团法是铁矿粉造块的另外一种主要方法。它是将准备好的原料（细磨物料、添加剂或黏结剂等）按一定的比例进行配料、混匀，在造球机上经滚动形成一定大小的生球，然后采用干燥和焙烧或其他方法使其发生一系列的物理化学变化而固结。这种方法生产的产品称为球团矿，其呈球形，粒度均匀，具有高强度和高还原性。

2.1.5.1　球团原理

球团的成球过程和焙烧固结是球团矿生产过程中两大重要的工序。

A　成球原理

细磨物料造球分为连续造球和批料造球。生产中主要以连续造球为主，其分为如下三个阶段：

（1）母球的形成。母球是造球的核心，是毛细水含量较高的紧密颗粒集合体。用于造球的混合料颗粒之间处于松散状态，矿粒被吸附水和薄膜水所覆盖，毛细水仅存在于各矿粒间的接触点上，其余空间被空气所充填，矿粒之间接触不紧密，薄膜水还不能够发挥作用。此外，由于毛细水含量较少，毛细孔过大，毛细压小，矿粒间结合力较弱，不能成球。此时对混合料进行不均匀的点滴润湿，并利用机械力的作用，使矿粉得到局部紧密，造成更小的毛细孔和较大的毛细压力，将周围矿粒拉向水滴中心，形成较紧密的颗粒集合体，从而形成母球。

（2）母球的长大。母球的长大也是由于毛细效应。母球在造球机内滚动，原来结构不太紧密的母球压紧，内部过剩的毛细水被挤到母球表面，继续加水润湿母球表面，就会不断黏结周围矿粉。这种滚动压紧重复多次，母球便逐步长大至规格尺寸。

（3）生球的紧密。此阶段造球机的滚动和搓力的机械作用为决定因素。它们将使球内颗粒选择性地按接触面积最大化排列，将生球内部的毛细水全部挤出，被周围矿粉所吸收；同时，生球内的矿粒排列更紧密，使薄膜水层有可能相互接触迁移，形成众多矿粒共有的水化膜而加强水分结合力，生球强度大大提高。当生球达到一定粒度和强度后，依靠离心力作用从造球机自动滚出。

B　球团焙烧原理

生球强度低、热稳定性差，因此制备好的生球还必须经过高温焙烧固结，使之具有足够的机械强度和热稳定性，并获得理想的矿物组成和显微结构，以满足运输和高炉冶炼的要求。

球团矿的焙烧固结是生产过程中最复杂的工序，许多物理化学反应在此阶段完成，并且对球团矿的冶金性能、强度、孔隙率、还原性等有重大影响。

焙烧球团矿的设备有竖炉、带式焙烧机和链箅机-回转窑三种。不论采用哪一种设备，焙烧球团矿应包括干燥、预热、焙烧、均热和冷却五个阶段（见图2-11）。对于不同的原料、不同的焙烧设备，每个阶段的温度水平、延续时间及气氛均不相同。

（1）干燥阶段（见图2-11中1段），温度一般为200～400℃，这里进行的主要反应是蒸发生球中的水分，物料中的部分结晶水也可排除。

（2）预热阶段（见图2-11中2段），温度水平为900～1000℃。干燥过程中尚未排除的水分在此阶段进一步被排除。该阶段中的主要反应是磁铁矿氧化成赤铁矿、碳酸盐矿物分解、硫化物分解和氧化以及某些固相反应。

（3）焙烧阶段（见图2-11中3段），温度一般为1200～1300℃。预热阶段中尚未完成的反应，如分解、氧化、脱硫、固相反应等也在此阶段继续进行。这里的主要反应有铁氧化物结晶和再结晶、晶粒长大、固相反应以及由此而产生的低熔点化合物熔化、形成部分液相、球团矿体积及结构致密化。

（4）均热阶段（见图2-11中4段），温度水平应略低于焙烧温度。在此阶段保持一定时间，主要目的是使球团矿内部晶体长大，尽可能地使它发育完整，使矿物组成均匀化，消除一部分内部应力。

（5）冷却阶段（见图2-11中5段），应

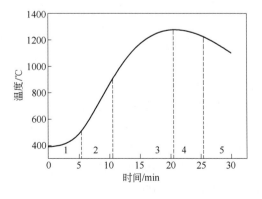

图2-11　球团矿焙烧过程

将球团矿的温度从 1000℃ 以上冷却到运输皮带可以承受的温度。冷却介质为空气，其氧含量较高，如果球团矿内部尚有未被氧化的磁铁矿，在这里可以得到充分的氧化。

2.1.5.2　球团生产工艺流程

球团生产工艺流程一般包括原料准备、配料、混合、造球、干燥和焙烧、冷却、成品和返矿处理等工序，如图 2-12 所示。

A　原料准备

a　铁精矿

球团矿生产采用的原料主要是铁精矿粉，占造球混合料的 90% 以上。球团矿生产对铁精矿粉的质量要求比较严格，因为其对生球与成品球团矿的质量起着决定性的作用。具体质量要求有以下几方面：

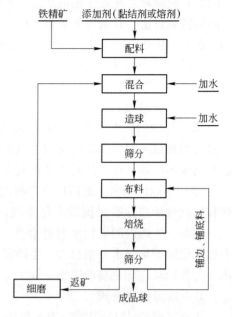

图 2-12　球团生产工艺流程

（1）粒度。一般要求精矿粒度小于 0.074mm 的部分达 90% 以上或者小于 0.044mm 的部分占 60% ~ 85%，尤其是小于 20μm 部分的比例不能小于 20%。但是并不是矿粉粒度越细越好，粒度过细会增加磨矿的能耗。

（2）水分含量。控制和调节精矿水分含量对造球过程、生球质量、干燥焙烧制度和造球设备工作影响很大。为了稳定造球，其水分含量波动越小越好，波动范围不应超过 ±0.2%。一般要求精矿粉水分含量在 7.5% ~ 10.5% 之间，当小于 0.044mm 的粒级占 65% 时适宜水分含量为 8.5%，当 0.044mm 的粒级占 90% 时适宜水分含量可达到 11%。

（3）化学成分。化学成分的稳定、均匀程度直接影响生产工艺过程和产品质量，要求 $w(TFe)$ 波动范围为 ±0.5%，$w(SiO_2)$ 波动范围为 ±0.5%。

当用于生产球团矿的精矿粉不能满足上述要求时，需进行加工处理。

b　添加剂

在造球物料中加入添加剂是为了强化造球过程和改善球团矿质量。添加剂主要为黏结剂和熔剂。球团矿使用的黏结剂有膨润土（皂土）、消石灰、水泥等，球团生产常用的熔剂有石灰石、白云石、消石灰等。

（1）黏结剂。膨润土使用较广泛，效果最佳。在精矿造球时加入适量（一般占混合料质量分数的 1% ~ 2%）的膨润土可提高生球的强度，调剂原料中的水分含量，提高物料的成球率，并使生球粒度小而均匀。并且它能提高生球的爆裂温度，使干燥速度加快，缩短干燥时间，提高球团矿质量，对成品球的固结强度也有促进作用。膨润土是以蒙脱石为主要成分的黏土矿物，它是一种具有膨胀性能、呈层状结构的含水硅酸盐。膨润土的理论化学分子式为 $Si_8Al_4O_{20}(OH)_4 \cdot nH_2O$，化学成分为 SiO_2 66.7%、Al_2O_3 28.3%，维氏硬度为 1 ~ 2HV，因吸水量不同其密度变化较大，一般为 1 ~ 2g/cm³。膨润土实际成分为 $w(SiO_2) = 60\%$ ~ 70%、$w(Al_2O_3) \approx 15\%$，还含有一些其他杂质，如 Fe_2O_3、Na_2O、K_2O 等。

（2）熔剂。添加熔剂的目的是调剂球团矿的成分，提高还原度、软化温度，降低还原粉化率和还原膨胀率等。消石灰具有粒度细、比表面积大、亲水性好、黏结力强的特点。它在球团生产中既作为黏结剂又是熔剂。但当消石灰的用量过多时会降低成球速度，导致生球表面不规则，引起生球爆裂温度降低，再加上石灰消化制备困难，限制了它的使用。石灰石也是一种亲水性较强的物料。因其颗粒表面粗糙，能增加生球内部颗粒间的摩擦力，使生球强度提高。在造球时加入的石灰石粉需经细磨，粒度小于 0.074mm 的部分应占 80% 以上。但其黏结力不如消石灰，所以加入石灰石的主要目的是提高球团矿的碱度。

B 配料

为了稳定球团矿的化学成分、物理性能和冶金性能，必须精确配料，应根据原料的种类、成分以及高炉冶炼要求的球团矿化学成分和性质进行配料计算，以保证将球团矿的铁含量、碱度、硫含量和氧化亚铁含量等主要指标控制在规定范围内。现场配料计算要求简单、方便、准确和迅速。经计算确定各种原料用量后，主要通过质量配料法，即通过称量（皮带秤或电子秤）和圆盘给料机来确定和控制料量。

C 混合

球团矿生产使用的原料种类虽然较少，但为了使混合料颗粒间能获得均匀分散的效果并能与水良好混合，需要进行混合作业。常用的混合机为圆筒混合机。

D 造球

造球是球团生产工艺的重要环节。生球的质量对成品球团矿的质量影响很大，必须对生球质量严格要求。对生球的一般要求是粒度均匀，强度高，粉末含量少。粒度一般应控制在 10~16mm 范围内。每个球的抗压强度为：湿球不小于 90N/个，干球不小于 450N/个，破裂温度（生球在被加热过程中结构遭到破坏的初始温度）应高于 400℃。干球应具有良好的耐磨性能。为了提高焙烧设备的生产率和成球质量，应将小于 10mm 和大于 16mm 的球筛除，经破碎后再参与造球。目前国内外广泛采用圆盘造球机和圆筒造球机。国外造球生产中，使用圆筒造球机的约占 66.7%，使用圆盘造球机的约占 29%，使用圆锥造球机的为 4.3%。当前我国球团厂主要采用圆盘造球机。

E 焙烧

球团焙烧生产应用较为普遍的方法有竖炉、带式焙烧机和链箅机-回转窑球团法。竖炉球团法发展最早，一度发展很快。由于原料和产量的要求，设备大型化，相继发展了带式焙烧机和链箅机-回转窑球团法。三种球团焙烧设备生产球团的比较见表 2-5。

表 2-5 三种球团焙烧设备生产球团的比较

设 备	竖 炉	带式焙烧机	链箅机-回转窑
优 点	(1) 结构简单； (2) 材质无特殊要求； (3) 炉内热利用好	(1) 便于操作、管理和维护； (2) 可以处理各种矿石； (3) 焙烧周期短，各段长度易控制	(1) 设备结构简单； (2) 焙烧均匀，产品质量好； (3) 可处理各种矿石； (4) 不需耐热合金材料
缺 点	(1) 焙烧不够均匀； (2) 单机生产能力受限制； (3) 处理矿石单一	(1) 上下层球团质量不均； (2) 台车、箅条需用耐高温合金； (3) 铺边、铺底料流程复杂	(1) 窑内易结圈； (2) 维修工作量大

设 备	竖 炉	带式焙烧机	链箅机-回转窑
生产能力	单机生产能力小，最大为2000t/d，适于中小型企业生产	单机生产能力大，最大为6000～6500t/d，适于大型企业生产	单机生产能力大，最大为6000～12000t/d，适于大型企业生产
产品质量	稍 差	良 好	良 好
基建投资	低	较 高	较 高
经营费用	一 般	稍 高	低
电 耗	高	中	稍 低

2.1.5.3 球团生产主要设备

球团生产使用的主要设备有造球设备和焙烧设备。

A 造球设备

圆盘造球机是目前国内外广泛采用的造球设备，按结构可分为伞齿轮传动的圆盘造球机和内齿圈传动的圆盘造球机。伞齿轮传动的圆盘造球机的构造见图 2-13，它主要由圆盘、刮刀、刮刀架、大伞齿轮、小圆锥齿轮、主轴、倾角调节机构、减速机、电动机、底座等组成。该造球机的转速和圆盘倾角可调。

圆盘造球机的优点是：造出的生球粒度均匀，没有循环负荷；采用固体燃料焙烧时，在圆盘边缘加一环形槽就能向生球表面附加固体燃料，不必另置专门设备；另外，设备重量轻，电能消耗少，操作方便。其缺点是单机产量低。

B 焙烧设备

目前，球团矿的焙烧设备主要有竖炉、带式焙烧机和链箅机-回转窑三种。

（1）竖炉。竖炉是最早被采用的一种球团焙烧设备，其结构如图 2-14 所示。竖炉中间是焙烧室，两侧是燃烧室，下部是卸料辊和密封闸门，焙烧室和燃烧室的横截面多为矩形。竖炉的规格以炉口面积（料线处的面积）表示。我国竖炉的炉口面积多为 $4～8m^2$，

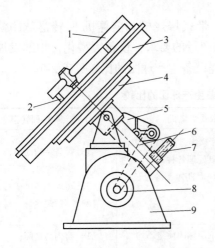

图 2-13 伞齿轮传动的圆盘造球机

1—刮刀架；2—刮刀；3—圆盘；4—伞齿轮；5—减速机；
6—中心轴；7—调倾角螺杆；8—电动机；9—底座

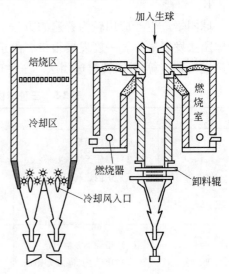

图 2-14 竖炉

一般宽度不超过 1.8m，长度为宽度的 3～3.25 倍，从炉口到卸料辊的距离为 7.5～10m。国外竖炉的横截面积为 2.13～6.40m²，高为 13.7m。

（2）带式焙烧机。带式焙烧机是一种历史早、灵活性大、使用范围广的细粒造块设备，目前它已成为球团矿生产中产量最大的焙烧设备。带式焙烧机的构造与带式烧结机相似，但采用多辊布料器，抽风系统比烧结机复杂，传热方式也不同。图 2-15 是某钢铁厂 162m² 带式焙烧机示意图。带式焙烧机焙烧全靠外部供热，沿焙烧机长度分为干燥段、预热段、焙烧段、均热段和冷却段。每段的长度和热工制度随着原料条件的不同而不同。各段工作面均用机罩覆盖，它们之间通过管道、风机等组成一个气流循环系统，使焙烧过程中的热能得到了充分利用。各段温度为：干燥段不高于 800℃，预热段不超过 1100℃，焙烧段为 1250℃左右。目前世界上近 60% 的球团矿采用带式焙烧机生产。

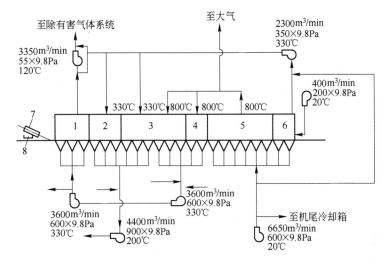

图 2-15　某钢铁厂 162m² 带式焙烧机示意图
1，2—干燥段；3—预热焙烧段；4—均热段；5—冷却一段；
6—冷却二段；7—带式给料机；8—铺边、铺底料给料机

（3）链算机-回转窑。链算机-回转窑球团工艺一经问世就得到了世界各国钢铁企业的重视，得到迅速发展，目前其已成为焙烧球团的一种重要方法。链算机-回转窑是一种联合机组，由链算机、回转窑、冷却机和附属设备联合组成。因此，这种球团工艺的特点是生球的干燥、预热、焙烧和冷却分别在三台不同的设备上进行。生球首先在链算机上干燥、脱水、预热，而后进入回转窑内焙烧，最后在冷却机上完成冷却。链算机-回转窑的结构示意图见图 2-16。

2.1.5.4　球团矿主要技术经济指标

球团矿主要技术经济指标包括球团矿合格率、球团矿一级品率、球团矿成品率、球团设备有效面积利用系数、台时产量、球团设备日历作业率等。

（1）球团矿合格率。球团矿合格率是指被检验的球团矿中，化学成分和物理性能均符合国标（部标）或有关规定的产量占检验总量的百分比，其计算公式为：

$$球团矿合格率(\%) = \frac{球团矿检验合格量(t)}{球团矿检验总量(t)} \times 100\%$$

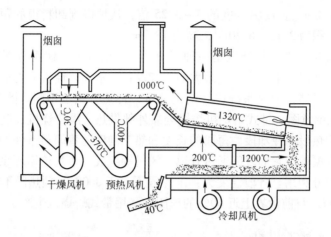

图 2-16　链算机-回转窑的结构示意图

（2）球团矿一级品率。球团矿一级品率是指被检验的球团矿中，化学成分和物理性能全部符合国标（部标）或有关规定中一级品标准的产量占合格量的百分比，其计算公式为：

$$球团矿一级品率（\%）= \frac{球团矿检验一级品量（t）}{球团矿检验合格量（t）} \times 100\%$$

（3）球团矿成品率。球团矿成品率是指球团矿总产量占原料配料总量的百分比，其计算公式为：

$$球团矿成品率（\%）= \frac{球团矿总产量（t）}{原料配料总量（t）} \times 100\%$$

（4）球团设备有效面积利用系数。球团设备有效面积利用系数是指球团设备每平方米有效面积每小时生产球团矿的量。它是反映一个厂（车间）操作、管理、工艺技术水平和设备利用程度的综合指标，其计算公式为：

$$球团设备有效面积利用系数（t/(m^2 \cdot 台 \cdot h)）= \frac{球团矿产量（t）}{有效面积（m^2）\times 实际作业时间（台 \cdot h）}$$

计算说明：有效面积是指实际抽风焙烧面积（带式焙烧机）或球团设备炉膛的横截面积（竖炉和回转窑）。

（5）台时产量。台时产量是指球团设备每作业台时所生产的球团矿的量，其计算公式为：

$$台时产量（t/(台 \cdot h)）= \frac{球团矿产量（t）}{实际作业时间（台 \cdot h）}$$

（6）球团设备日历作业率。球团设备日历作业率是指球团设备的实际作业时间占日历时间的百分比。它反映球团设备的生产利用程度，其计算公式为：

$$球团设备日历作业率（\%）= \frac{实际作业时间（台 \cdot h）}{日历时间（台 \cdot h）} \times 100\%$$

2.2　高炉炼铁

2.2.1　高炉炼铁概述

2.2.1.1　高炉炼铁的特点

高炉炼铁在现代钢铁联合企业中是极其重要的一环。高炉炼铁的任务是用还原法将矿石中铁氧化物的铁与氧分离，用高温熔化分离法将已还原的金属铁与脉石分离，然后经过脱硫、渗碳，最后得到合格生铁。高炉炼铁的一般生产工艺流程如图 2-17 所示。

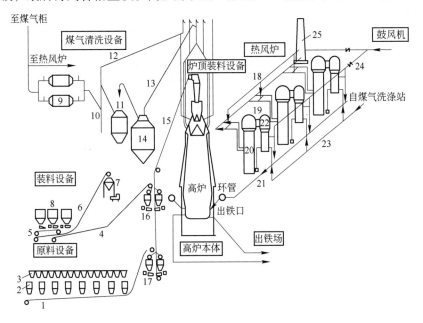

图 2-17　高炉炼铁生产工艺流程

1—矿石输送皮带机；2—称量漏斗；3—储矿槽；4—焦炭输送皮带机；5—给料机；6—粉焦输送皮带机；
7—粉焦仓；8—储焦槽；9—电除尘器；10—调节阀；11—文氏管除尘器；12—净煤气放散管；
13—下降管；14—重力除尘器；15—上料皮带机；16—焦炭称量漏斗；17—矿石称量漏斗；
18—冷风管；19—烟道；20—蓄热室；21—热风主管；22—燃烧室；
23—煤气主管；24—混风管；25—烟囱

冶炼过程在高炉本体内进行，全过程是在炉料自上而下、煤气自下而上的相互接触过程中完成的。炉料按一定顺序从炉顶装入炉内，从风口鼓入由热风炉加热到 1000 ~ 1300℃的热风，炉料中焦炭在风口前与鼓风中的氧发生燃烧反应，产生高温和还原性气体，在炉内上升过程中加热缓慢下降的炉料，并将铁矿石中的铁氧化物还原为金属铁，矿石升到一定温度后软化、熔融滴落，矿石中未被还原的物质形成熔渣，实现渣铁分离。已熔化的渣铁聚集于炉缸内，发生诸多反应，最后调整铁液的成分和温度达到终点，定期从炉内排放炉渣和生铁。上升的高温煤气流由于将能量传给炉料而温度不断下降，最终形成高炉煤气，从炉顶导出管排出。整个过程取决于风口前焦炭的燃烧，上升煤气流与下降炉料之间进行的一系列传热、传质以及干燥、蒸发、挥发、分解、还原、软熔、造渣、渗碳、脱硫等物理化学变化。因此，高炉实质是一个炉料下降、煤气上升两个逆向流运动的反应器。

2.2.1.2　高炉炼铁的产品

高炉炼铁的主要产品是生铁，副产品是炉渣、高炉煤气及其带出的炉尘。

（1）生铁。生铁可分为炼钢生铁和铸造生铁。炼钢生铁供转炉、电炉炼钢使用，约占生铁产量的90%；铸造生铁主要用于生产耐压铸件，约占生铁产量的10%。高炉也可用来生产特殊生铁，如锰铁、硅铁等。目前，炼钢生铁、铸造生铁的国家标准见表2-6。

表 2-6　生铁的国家标准（GB/T 717—1998）

铁　种			炼钢生铁			铸造生铁					
铁 号	牌　号		炼04	炼08	炼10	铸34	铸30	铸26	铸22	铸18	铸14
	代　号		L04	L08	L10	Z34	Z30	Z26	Z22	Z18	Z14
化学成分（质量分数）/%	Si		≤0.45	>0.45 ~ 0.85	>0.85 ~ 1.25	>3.20 ~ 3.60	>2.80 ~ 3.20	>2.40 ~ 2.80	>2.00 ~ 2.40	>1.60 ~ 2.00	>1.25 ~ 1.60
	Mn	一组	≤0.40			≤0.50					
		二组	>0.40 ~ 1.00			>0.50 ~ 0.90					
		三组	>1.00 ~ 2.00			>0.90 ~ 1.30					
	P	一级	>0.100 ~ 0.150			≤0.06					
		二级	>0.150 ~ 0.250			>0.06 ~ 0.10					
		三级	>0.250 ~ 0.400			>0.10 ~ 0.20					
		四级	特级≤0.100			>0.20 ~ 0.40					
		五级				>0.40 ~ 0.90					
	S	特类	≤0.02								
		一类	>0.020 ~ 0.030			≤0.03			≤0.04		
		二类	>0.030 ~ 0.050			≤0.04			≤0.05		
		三类	>0.050 ~ 0.070			≤0.05			≤0.06		
	C		≥3.50			>3.30					

（2）高炉炉渣。由于铁矿石品位、焦比及焦炭灰分的不同，高炉冶炼每吨生铁产生的渣量差异很大。一般每吨生铁的渣量在 0.2 ~ 0.5t 之间，原料条件差、技术水平低的高炉每吨生铁的渣量甚至超过 0.6t。高炉渣中含 CaO、SiO_2、MgO、Al_2O_3 等，一般通过急冷粒化成水渣，用于制造水泥和建筑材料；也可用蒸汽吹成渣棉，作隔声、保温材料。

（3）高炉煤气。冶炼每吨生铁可产生 1600 ~ 3000m^3 的高炉煤气，化学成分为 CO、CO_2、N_2、H_2 及 CH_4 等，其中 CO（20% ~ 25%）、CO_2（15% ~ 25%）、H_2（1% ~ 3%）及少量 CH_4 为可燃性气体。经除尘处理后的高炉煤气发热值为 3350 ~ 4200kJ/m^3，是良好的气体燃料，主要作为热风炉燃料，也可供动力、炼焦、烧结、炼钢、轧钢等部门使用。

2.2.1.3 高炉生产主要技术经济指标

高炉生产技术经济指标是用来衡量高炉生产技术水平和经济效果的重要参数，主要有以下几项：

（1）高炉有效容积利用系数 $\eta_u(t/(m^3 \cdot d))$。高炉有效容积利用系数是指 $1m^3$ 高炉有效容积一昼夜生产的生铁吨数，即高炉每昼夜产铁量 $P(t/d)$ 与高炉有效容积 $V_u(m^3)$ 之比：

$$\eta_u = \frac{P}{V_u} \tag{2-11}$$

高炉有效容积利用系数是高炉冶炼的一个重要指标，η_u 越大，高炉生产率越高。目前高炉的有效容积利用系数一般为 $2.00 \sim 2.50t/(m^3 \cdot d)$，一些先进的高炉可达到 $3.5t/(m^3 \cdot d)$。

（2）高炉炉缸面积利用系数 $\eta_A(t/(m^2 \cdot d))$。高炉炉缸面积利用系数是指 $1m^2$ 高炉炉缸有效面积一昼夜生产的生铁吨数，即高炉每昼夜产铁量 $P(t/d)$ 与高炉炉缸有效面积 $S_A(m^2)$ 之比：

$$\eta_A = \frac{P}{S_A} \tag{2-12}$$

高炉炉缸面积利用系数是衡量高炉效率的一个重要参考指标，国内 $1000 \sim 5000m^3$ 高炉的炉缸面积利用系数一般为 $65 \sim 70t/(m^2 \cdot d)$。

（3）焦比 $K(kg/t)$。焦比是指冶炼每吨生铁所消耗的焦炭量，即高炉每昼夜消耗的干焦量 $Q_k(kg/d)$ 与每昼夜产铁量 $P(t/d)$ 之比：

$$K = \frac{Q_k}{P} \tag{2-13}$$

我国高炉的焦比一般为 $400 \sim 500kg/t$，喷吹燃料可以有效降低焦比。

（4）煤比 $Y(kg/t)$。煤比是指冶炼每吨生铁所消耗的煤粉量，即高炉每昼夜消耗的煤粉量 $Q_y(kg/d)$ 与每昼夜产铁量 $P(t/d)$ 之比：

$$Y = \frac{Q_y}{P} \tag{2-14}$$

（5）冶炼强度 $I(t/(m^3 \cdot d))$。冶炼强度是指 $1m^3$ 高炉有效容积每昼夜平均消耗的焦炭量，即高炉每昼夜消耗的干焦量 $Q_k(kg/d)$ 与高炉有效容积 $V_u(m^3)$ 之比：

$$I = \frac{Q_k}{V_u} \tag{2-15}$$

高炉有效容积利用系数 η_u、焦比 K 和冶炼强度 I 三者的关系如下：

$$\eta_u = \frac{I}{K} \tag{2-16}$$

（6）生铁合格率。化学成分符合国家标准的生铁称为合格生铁，合格生铁产量占生铁总产量的百分数称为生铁合格率。

（7）生铁成本。生产 1t 合格生铁所消耗的所有原料、燃料、材料、水电、人工等一切费用的总和，称为生铁成本。

（8）休风率。休风率是指高炉休风时间占规定作业时间（即日历时间减去计划大、中修时间）的百分数。它反映高炉设备维护和高炉操作水平的高低。先进高炉的休风率在

1%以下。

（9）高炉寿命。高炉一代寿命是指从点火开炉到停炉大修之间的冶炼时间，或者指高炉相邻两次大修之间的冶炼时间。大型高炉一代寿命为 10~15 年。

2.2.2 高炉炼铁基本原理

2.2.2.1 高炉内各区域的炉料形态及进行的主要反应

高炉是一个密闭的、连续的逆流反应器，其内部的反应如何进行不能直接观察。通过国内外高炉解剖研究可知，高炉内炉料形态变化如图 2-18 所示，可以分为五个区域（或称五个带）。

（1）块状带。在该区域炉料明显地保持装料时的分层状态（矿石层和焦炭层），没有液态渣铁。随着炉料下降，其层状逐渐趋于水平，而且厚度逐渐变薄。

（2）软熔带。矿石从开始软化到完全熔化的区间称为软熔带。它由许多固态焦炭层和黏结在一起的半熔矿石层组成。焦炭与矿石相间，层次分明。由于矿石呈软熔状，透气性极差，煤气主要从焦炭层通过，像窗口一样，因此称其为"焦窗"。软熔带的上沿是软化线（即固相线），软熔带的下沿是熔化线（即液相线），如图 2-19 所示。

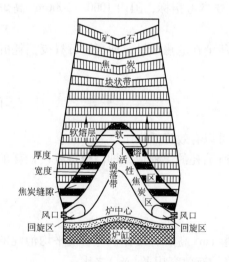
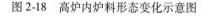

图 2-18　高炉内炉料形态变化示意图

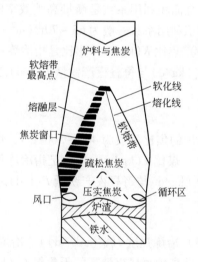

图 2-19　软熔带示意图

（3）滴落带。软熔带以下，已熔化的渣铁穿过固体焦炭空隙，像雨滴一样滴落，故称为滴落带。在滴落带焦炭长时间处于基本稳定状态的区域，称为"中心呆滞区"（死料区）。焦炭松动下降的区域称为活动性焦炭区。

（4）风口燃烧带。风口前在鼓风动能作用下焦炭做回旋运动的区域称为风口燃烧带，又称"焦炭回旋区"，这个回旋区中心呈半空状态。该区域内焦炭燃烧，是高炉内热量和气体还原剂的主要产生地，也是高炉内唯一存在的氧化性区域。

（5）渣铁带。风口以下（即炉缸）区域，主要由液态渣铁以及浸入其中的焦炭组成。在这一区域内，铁滴穿过渣层时以及在渣-铁界面最终完成必要的渣铁反应，得到合格生铁，并间断地从渣口、铁口排出炉外。

高炉内各区域的主要反应及特征见表 2-7。

表 2-7 高炉内各区域的主要反应及特征

区域 \ 功能	相 向 运 动	热 交 换	反 应
块状带	固体（矿、焦）在重力作用下下降，煤气在强制鼓风作用下上升	上升的煤气对固体炉料进行预热和干燥	矿石间接还原，炉料中水分蒸发、分解
软熔带	影响煤气流分布	上升煤气对软化半熔层进行传热熔化	矿石直接还原和渗碳，焦炭的气化反应 $CO_2 + C = 2CO$
滴落带	固体（焦炭）、液体（铁水熔渣）下降，煤气上升向回旋区供给焦炭	上升煤气使铁水、熔渣、焦炭升温，滴下的铁水、熔渣和焦炭进行热交换	非铁元素的还原，脱硫、渗碳，焦炭的气化反应 $CO_2 + C = 2CO$
风口燃烧带	鼓风使焦炭做回旋运动	反应放热，使煤气温度上升	鼓风中的氧和蒸汽使焦炭燃烧
渣铁带	铁水、炉渣存放，出铁时，铁水和炉渣做环流运动，而浸入渣铁中的焦炭则随出渣出铁而做缓慢的沉浮运动，部分被挤入风口燃烧带气化	铁水、熔渣和缓慢运动的焦炭进行热交换	最终的渣铁反应

2.2.2.2 炉料的蒸发、挥发与分解

从高炉上部装入高炉的炉料首先受到上升煤气流的加热作用，会发生水分的蒸发、结晶水的分解、挥发物的挥发和碳酸盐的分解。

A 水分的蒸发及结晶水的分解

炉料中的水分包括吸附水（也称物理水）和结晶水（也称化合水）两种。

吸附水以游离状态存在，加热到 105℃ 时迅速干燥和蒸发。吸附水的蒸发吸热使煤气体积缩小，煤气流速降低，减少了炉尘的吹出量，同时给炉顶装料设备及其维护带来好处。

结晶水以化合物形态存在，这种含有结晶水的化合物也称水化物，如褐铁矿（$n\mathrm{Fe_2O_3} \cdot m\mathrm{H_2O}$）和高岭土（$\mathrm{Al_2O_3} \cdot 2\mathrm{SiO_2} \cdot 2\mathrm{H_2O}$）。褐铁矿中的结晶水在 200℃ 左右时开始分解，400 ~ 500℃ 时分解速度激增。高岭土在 400℃ 时开始分解，但分解速度很慢，到 500 ~ 600℃ 时分解才迅速进行，其分解除与温度有关外，还与粒度和孔隙率有关。由于结晶水分解，使矿石破碎而产生粉末，炉料透气性变坏，对高炉稳定顺行不利。部分在较高温度下分解出的水汽还可以与焦炭中的碳反应，消耗高炉下部的热量，其反应如下：

$$500 \sim 1000℃ \qquad 2\mathrm{H_2O} + \mathrm{C_{焦}} = \mathrm{CO_2} + 2\mathrm{H_2} - 83134\mathrm{kJ/mol} \qquad (2\text{-}17)$$

$$1000℃ 以上 \qquad \mathrm{H_2O} + \mathrm{C_{焦}} = \mathrm{CO} + \mathrm{H_2} - 124450\mathrm{kJ/mol} \qquad (2\text{-}18)$$

这些反应大量耗热且消耗焦炭，因此，结晶水的分解对高炉冶炼有不利影响。

B 挥发物的挥发

高炉内挥发物的挥发包括燃料挥发物的挥发和其他物质的挥发。燃料中挥发分的质量分数为 0.7% ~ 1.3%。焦炭在高炉内到达风口前已被加热到 1400 ~ 1600℃，挥发分全部

挥发。由于挥发分数量少，对煤气成分和冶炼过程影响不大。但在高炉喷吹燃料的条件下，由于煤粉中挥发分含量高，则引起炉缸煤气成分的变化，对还原反应有一定的影响。

除燃料中挥发物外，高炉内还有许多化合物和元素进行少量挥发（也称气化），如 S、P、As、K、Na、Zn、Pb、Mn、PbO、K_2O、Na_2O 等，这些元素和化合物的挥发对高炉炉况和炉衬都有影响。

C　碳酸盐的分解

炉料中的碳酸盐常以 $CaCO_3$、$MgCO_3$、$FeCO_3$、$MnCO_3$ 等形态存在，以前两者为主。它们中很大部分来自熔剂（即石灰石或白云石），后两者来自部分矿石。这些碳酸盐受热时分解，其中大多数分解温度较低，一般在高炉上部已分解完毕，对高炉冶炼过程影响不大。但 $CaCO_3$ 的分解温度较高，对高炉冶炼有较大影响。

石灰石的主要成分是 $CaCO_3$，其分解反应为：

$$CaCO_3 === CaO + CO_2 - 178000kJ/mol \qquad (2-19)$$

在高炉内的开始分解温度为 740℃，化学沸腾温度高于 960℃。由于分解是由料块表面开始逐渐向内部进行的，所以石灰石的分解还与其粒度有关。因此，当石灰石粒度较大时，分解要在高温区（1000℃以上）才能进行完毕。其分解出的 CO_2 会与焦炭发生以下反应：

$$CO_2 + C === 2CO - 165800kJ/mol \qquad (2-20)$$

这个反应称为贝-波反应或碳的气化反应。据测定，正常冶炼情况下，高炉中石灰石分解后大约有 50% 的 CO 参加碳的气化反应，要消耗一定的碳，对高炉的热量消耗和碳消耗都十分不利。因此，目前高炉都不直接添加石灰石，而是通过采用熔剂性烧结矿（或球团矿）的方式来避免。

2.2.2.3　还原过程与生铁的形成

高炉炼铁的目的是将铁矿石中的铁和一些有用元素还原出来，所以还原反应是高炉内最基本的化学反应。

A　还原反应的基本理论

金属与氧的亲和力很强，除个别的金属能从其氧化物中分解出来外，几乎所有金属都不能靠简单加热的方法从氧化物中分离出来，必须依靠某种还原剂夺取氧化物的氧，使之变成金属元素。高炉冶炼过程基本上就是铁氧化物的还原过程。除铁的还原外，高炉内还有少量硅、锰、磷等元素的还原。炉料从高炉顶部装入后开始直至到达下部炉缸（除风口区域），还原反应几乎贯穿整个高炉冶炼的始终。

金属氧化物的还原反应通式可表示为：

$$MeO + B === Me + BO \qquad (2-21)$$

式中　MeO——被还原的金属氧化物；

　　　Me——还原得到的金属；

　　　B——还原剂，可以是气体或固体，也可以是金属或非金属；

　　　BO——还原剂夺取金属氧化物中的氧后被氧化得到的产物。

从式（2-21）可以看出，MeO 失去 O 被还原成 Me，B 得到 O 而被氧化成 BO。哪种物质可以充当还原剂以夺取金属氧化物中的氧，可以通过物质与氧的化学亲和力的大小来判断。凡是与氧的亲和力比与金属元素的亲和力大的物质，都可以作为该金属氧化物的还原剂。很明显，还原剂与氧的亲和力越大，夺取氧的能力越强，或者说还原能力越强。而对被还原的金属氧化物来说，其金属元素与氧的亲和力越强，该氧化物越难还原。某物质与氧亲和力的大小又可用该物质氧化物的分解压来衡量，氧化物分解压（p_{O_2}）越大，说明该物质与氧的亲和力越小，氧化物越不稳定，越易分解，反之则相反。

目前，高炉冶炼常遇到的各种金属元素还原的难易顺序（由易到难）为：Cu，Pb，Ni，Co，Fe，Cr，Mn，V，Si，Ti，Al，Mg，Ca。从热力学角度来讲，按此顺序排列的各元素中，排在铁后面的各元素均可作为铁氧化物的还原剂。但是，根据高炉生产的特定条件，在高炉生产中作为还原剂的是焦炭中的固定碳和焦炭燃烧后产生的 CO，以及鼓风水分和喷吹物分解产生的 H_2，因为它们储量丰富、易于获取、价格最低廉。

由上还可得出，在高炉冶炼条件下，Cu、Pb、Ni、Co、Fe 为易被全部还原的元素，Cr、Mn、V、Si、Ti 为只能被部分还原的元素，Al、Mg、Ca 为不能被还原的元素。

B 铁氧化物的还原顺序

高炉原料中铁氧化物的存在形态主要有 Fe_2O_3、Fe_3O_4、Fe_2SiO_4、$FeCO_3$、FeS_2 等，但最后都是经 FeO 形态被还原成金属 Fe 的。

各种铁氧化物的还原顺序与分解顺序相同，当温度高于 570℃ 时为：$Fe_2O_3 \rightarrow Fe_3O_4 \rightarrow FeO \rightarrow Fe$。此时各阶段的失氧量为：

$$3Fe_2O_3 \rightarrow 2Fe_3O_4 \rightarrow 6FeO \rightarrow 6Fe$$
$$1/9 \qquad 2/9 \qquad 6/9$$

可见，第一阶段（$Fe_2O_3 \rightarrow Fe_3O_4$）失氧数量少，因而还原是容易的，越到后面失氧量越多，还原越困难。有一半以上的氧是在最后阶段，即从 FeO 还原到 Fe 的过程中被夺取的，所以铁氧化物中 FeO 的还原具有最重要的意义。

当温度低于 570℃ 时，由于 FeO 不稳定，会立即按下式分解：

$$4FeO = Fe_3O_4 + Fe$$

所以此时的还原顺序为：$Fe_2O_3 \rightarrow Fe_3O_4 \rightarrow Fe$。

C 用 CO 还原铁氧化物

矿石进入高炉后，在加热温度未超过 1000℃ 的高炉中上部，铁氧化物中的氧是被煤气中 CO 夺取而产生 CO_2 的。这种还原过程不是直接用焦炭中的碳作还原剂，故称为间接还原。

当温度低于 570℃ 时，还原反应分为以下两步：

$$3Fe_2O_3 + CO = 2Fe_3O_4 + CO_2 + 27130kJ/mol \qquad (2-22)$$

$$Fe_3O_4 + 4CO = 3Fe + 4CO_2 + 17160kJ/mol \qquad (2-23)$$

当温度高于 570℃ 时，还原反应分为以下三步：

$$3Fe_2O_3 + CO = 2Fe_3O_4 + CO_2 + 27130kJ/mol \qquad (2-24)$$

$$Fe_3O_4 + CO = 3FeO + CO_2 - 20888kJ/mol \qquad (2-25)$$

$$FeO + CO = Fe + CO_2 + 13600kJ/mol \qquad (2-26)$$

以上各反应的前后都有气相，而且反应前后气体体积不变，在其他参加反应的物质为纯固态的条件下，则反应的平衡状态不受系统总压力的影响，化学反应建立平衡后的平衡常数表示为 $K_p = p_{CO_2}/p_{CO}$。由于与总压无关，若 $\varphi(CO) + \varphi(CO_2) = 100\%$，则 $K_p = \varphi(CO_2)/\varphi(CO)$，即：

$$\varphi(CO) = \frac{1}{K_p + 1} \times 100\% \quad (2\text{-}27)$$

由于不同温度和不同铁氧化物的 K_p 是不同的，所以上述各反应达到平衡时，其温度与气相组成的关系如图 2-20 所示。

图 2-20 中，曲线 1 为反应 $3Fe_2O_3 + CO = 2Fe_3O_4 + CO_2$ 的平衡气相成分与温度的

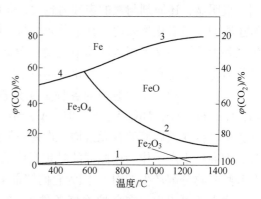

图 2-20　用 CO 还原铁氧化物的
平衡气相成分与温度的关系

关系线，曲线 2 为反应 $Fe_3O_4 + CO = 3FeO + CO_2$ 的平衡气相成分与温度的关系线，曲线 3 为反应 $FeO + CO = Fe + CO_2$ 的平衡气相成分与温度的关系线，曲线 4 为反应 $Fe_3O_4 + 4CO = 3Fe + 4CO_2$ 的平衡气相成分与温度的关系线。它表明，要使铁氧化物还原反应进行，除了需要参加反应的 CO 外，还需要过量的 CO 来维持化学反应的平衡；否则，还原反应不但不能进行，甚至可能出现已还原的物质被 CO_2 氧化的情况。同时，不同温度下各种铁氧化物还原反应维持化学平衡所需的 CO 浓度是不一样的。图 2-20 中的四条曲线划分出了 Fe_2O_3、Fe_3O_4、FeO、Fe 各自的稳定存在区域，即只有温度和气相组成条件处于各自稳定区域的范围内，该物质（铁氧化物或金属铁）才能稳定存在，否则将发生还原反应的逆反应。

D　用 H_2 还原铁氧化物

在不喷吹燃料的高炉上，煤气中的 H_2 含量只有 1.8% ~ 2.5%，它主要由鼓风中的水分在风口前高温分解产生。在喷吹燃料的高炉内，煤气中的 H_2 含量显著增加，可达 5% ~ 8%，氢与氧的亲和力很强，所以氢也是高炉冶炼中的还原剂。用 H_2 还原铁氧化物与用 CO 一样，也可称为间接还原。

当温度低于 570℃时，还原反应分为以下两步：

$$3Fe_2O_3 + H_2 === 2Fe_3O_4 + H_2O + 21800kJ/mol \quad (2\text{-}28)$$

$$Fe_3O_4 + 4H_2 === 3Fe + 4H_2O - 146650kJ/mol \quad (2\text{-}29)$$

当温度高于 570℃时，还原反应分为以下三步：

$$3Fe_2O_3 + H_2 === 2Fe_3O_4 + H_2O + 21800kJ/mol \quad (2\text{-}30)$$

$$Fe_3O_4 + H_2 === 3FeO + H_2O - 63570kJ/mol \quad (2\text{-}31)$$

$$FeO + H_2 === Fe + H_2O - 27700kJ/mol \quad (2\text{-}32)$$

反应建立化学平衡时，$K_p = p_{H_2O}/p_{H_2} = \varphi(H_2O)/\varphi(H_2)$，其平衡气相与温度的关系如图 2-21 所示。

用 H_2 与 CO 还原铁氧化物有相同点也有不同点，为便于比较，将图 2-20 与图 2-21 叠加得到图 2-22。H_2 与 CO 的还原相比有以下特点：

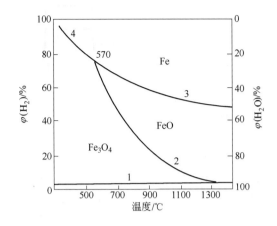

图 2-21 用 H_2 还原铁氧化物的
平衡气相成分与温度的关系

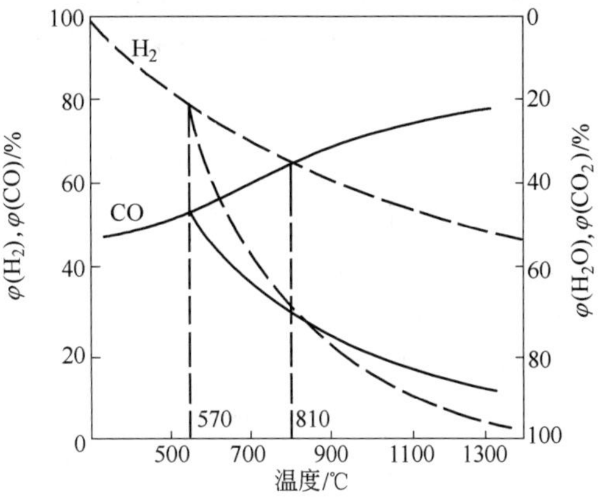

图 2-22 Fe-O-C 与 Fe-O-H 系
气相平衡成分比较

（1）与 CO 还原一样，均属于间接还原，反应前后气相体积（H_2 与 H_2O）没有变化，即反应不受压力影响。

（2）除 Fe_2O_3 的还原外，Fe_3O_4、FeO 的还原均为可逆反应，在一定温度下有固定的平衡气相成分，为了使铁氧化物还原彻底，都需要过量的还原剂。

（3）反应为吸热过程，随着温度升高，H_2 的还原能力增强。温度低于 810℃ 时，CO 的还原能力比 H_2 强；温度高于 810℃ 时，H_2 的还原能力比 CO 强。

（4）在高炉冶炼条件下，用 H_2 还原铁氧化物时还可促进 CO 和 C 还原反应的加速进行，反应如下：

$$FeO + H_2 \Longrightarrow Fe + H_2O$$
$$+) \quad H_2O + C \Longrightarrow CO + H_2$$
$$\overline{\qquad\qquad\qquad\qquad\qquad\qquad}$$
$$FeO + C \Longrightarrow Fe + CO$$

反应结果表明，H_2 只起传输氧的作用，本身不消耗，可促进 CO 和 C 的还原。

E 用固体碳还原铁氧化物

用固体碳还原铁氧化物，生成的气相产物是 CO，这种还原称为直接还原，如 FeO + C $\Longrightarrow$ Fe + CO。在高炉内，铁矿石在自上而下的缓慢运动中先进行间接还原，这是由于高炉煤气的还原能力在高炉下部并未得到充分利用，上升的煤气流仍具有相当的还原能力，可参加间接还原。因此，矿石在到达高温区之前已受到一定程度的还原，残存下来的铁氧化物主要以 FeO 形式存在。由于矿石在软化和熔化之前与焦炭的接触面积很小，反应速度很慢，所以高炉内固体碳参加的直接还原是通过两步来完成的。

第一步，间接还原：

$$Fe_3O_4 + CO \Longrightarrow 3FeO + CO_2$$
$$FeO + CO \Longrightarrow Fe + CO_2$$

第二步，产物 CO_2 与固体碳发生碳的气化反应：

$$CO_2 + C \Longrightarrow 2CO$$

以上两步反应的最终结果是：

$$FeO + CO == Fe + CO_2$$
$$+)\quad CO_2 + C == 2CO$$

$$FeO + C == Fe + CO - 152190kJ/mol \qquad (2-33)$$

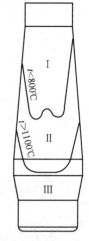

图 2-23　高炉内铁的
还原区分布示意图

所以，固体碳还原铁氧化物受碳的气化反应所控制。据测定，一般冶金焦炭在 800℃ 时开始气化反应，到 1100℃ 时激烈进行。在 1100℃ 以上的区域气相中 CO 浓度几乎达到 100%，CO_2 浓度几乎为零。据此，高炉内直接还原和间接还原是划分了区域的，如图 2-23 所示。温度低于 800℃ 的区域（见图 2-23 中区域 Ⅰ）内不存在碳的气化反应，也就不存在直接还原，故称为间接还原区域；温度在 800~1100℃ 的区域（见图 2-23 中区域 Ⅱ）内间接还原和直接还原都存在；温度高于 1100℃ 的区域（见图 2-23 中区域 Ⅲ）内气相中不存在 CO_2，也可认为不存在间接还原，所以称为直接还原区域。

高炉内的直接还原除了上述的两步式直接还原外，在下部高温区还存在以下方式的还原：

$$(FeO) + C_{焦} == [Fe] + CO_{(g)} \qquad (2-34)$$

$$(FeO) + [Fe_3C] == 4[Fe] + CO_{(g)} \qquad (2-35)$$

一般情况下只有 0.2%~0.5% 的 Fe 进入炉渣中，如遇到炉况失常，渣中 FeO 较多，造成直接还原增加，而且由于发生大量吸热反应，会引起温度剧烈波动。

直接还原与间接还原相比，间接还原以气体作还原剂，是可逆反应，还原剂不能全部利用，需要有一定过量的还原剂，但反应本身多为放热反应，热量消耗不大，而直接还原刚好相反。因此，高炉内全部为直接还原或全部为间接还原都不好，只有直接还原和间接还原在适宜的比例范围内，才能降低燃料消耗，取得最佳效果。理想的情况是，直接还原度在 0.2~0.3；而煤气高炉实际操作中，直接还原度在 0.4~0.5 之间甚至更高，所以高炉工作者的奋斗目标是降低直接还原，发展间接还原。凡是能降低直接还原的措施都有利于降低焦炭消耗。

F　铁的复杂化合物的还原

高炉原料中的铁氧化物常常与其他物质结合为复杂化合物，例如烧结矿中的硅酸铁（Fe_2SiO_4）、钒钛磁铁矿中的钛铁矿（$FeTiO_3$）和钛铁晶石（Fe_2TiO_4）以及菱铁矿（$FeCO_3$）和褐铁矿（$2Fe_2O_3 \cdot 3H_2O$）等。这些以复杂化合物存在的铁氧化物一般都比自由的铁氧化物难还原，首先它们必须分解成自由的铁氧化物，然后再被还原剂还原，因此还原比较困难，还原温度高，多数通过直接还原的方式进行，会消耗更多的燃料。以 Fe_2SiO_4 的还原为例，反应为：

$$Fe_2SiO_4 == 2FeO + SiO_2 - 47490kJ/mol$$
$$2FeO + 2CO == 2Fe + 2CO_2 + 27200kJ/mol$$
$$+)\ 2CO_2 + 2C == 4CO - 331600kJ/mol$$

$$Fe_2SiO_4 + 2C == 2Fe + SiO_2 + 2CO - 351890kJ/mol \qquad (2-36)$$

在高炉条件下，如有 CaO 存在则有助于铁复杂化合物的还原，因为 CaO 可将 Fe_2SiO_4 中的 FeO 置换出来，使其成为自由氧化物并放出热量，其反应式为：

$$Fe_2SiO_4 + 2CaO = Ca_2SiO_4 + 2FeO + 91800kJ/mol$$

$$+)\qquad 2FeO + 2C = 2Fe + 2CO - 304380kJ/mol$$

$$Fe_2SiO_4 + 2CaO + 2C = Ca_2SiO_4 + 2Fe + 2CO - 212580kJ/mol \qquad (2-37)$$

可见，这比从 Fe_2SiO_4 中直接还原铁耗热要少。

G 非铁元素的还原

高炉内除铁元素外，还有硅、锰、磷等其他元素的还原。根据各氧化物分解压的大小可知，铜、砷、钴、镍在高炉内几乎全部还原；锰、硅、钒、钛等较难还原，只有部分还原进入生铁。

a 锰的还原

锰是高炉冶炼中常遇到的金属，高炉中的锰主要由锰矿石带入，一般铁矿石中也都含有少量的锰。高炉内锰氧化物的还原也是从高价到低价逐级进行的，其顺序为：

$$MnO_2 \rightarrow Mn_2O_3 \rightarrow Mn_3O_4 \rightarrow MnO \rightarrow Mn$$

气体还原剂（CO、H_2）把 MnO_2 还原成低价 MnO 比较容易，但 MnO 只能由直接还原方式还原为 Mn，其开始还原温度在 $1000 \sim 1200℃$ 之间，反应式如下：

$$MnO + CO = Mn + CO_2 - 121500kJ/mol$$

$$+)\quad CO_2 + C = 2CO - 165800kJ/mol$$

$$MnO + C = Mn + CO - 287300kJ/mol \qquad (2-38)$$

与铁的还原相比，还原 1kg Mn 的耗热量是还原 1kg Fe 的两倍，其比铁更难还原，所以高温是锰还原的首要条件。

由于 Mn 在还原之前已进入液态炉渣，在 $1100 \sim 1200℃$ 时能迅速与炉渣中的 SiO_2 结合成 $MnSiO_3$，此时要比自由的 MnO 更难还原。当渣中 CaO 含量高时，可将 MnO 置换出来，使还原变得容易些：

$$MnSiO_3 + CaO = CaSiO_3 + MnO + 58990kJ/mol$$

$$+)\qquad MnO + C = Mn + CO - 287300kJ/mol$$

$$MnSiO_3 + CaO + C = Mn + CaSiO_3 + CO - 228310kJ/mol \qquad (2-39)$$

在冶炼普通生铁时，有 $40\% \sim 60\%$ 的 Mn 还原进入生铁，$5\% \sim 10\%$ 的 Mn 挥发进入煤气，其余的 Mn 进入炉渣。

b 硅的还原

不同的铁种对硅含量有不同的要求。一般炼钢生铁的硅含量应小于 1%，目前高炉冶炼低硅炼钢生铁时，其硅含量已降低到 $0.2\% \sim 0.3\%$，甚至达 0.1% 或更低。铸造生铁则要求硅含量在 $1.25\% \sim 4.0\%$ 范围内。

生铁中的硅主要来自矿石的脉石和焦炭灰分中的 SiO_2，SiO_2 是比较稳定的化合物，所以 Si 的还原比 Fe 和 Mn 都要困难。SiO_2 只能在高温液态下依靠固体碳直接还原，反应如下：

$$SiO_2 + 2C = Si + 2CO - 627980kJ/mol \qquad (2-40)$$

还原 1kg Si 的耗热相当于还原 1kg Fe 的 8 倍，因此要求还原温度更高，热消耗更大，还原更困难。高炉冶炼中只有少部分硅还原进入生铁，大多数以 SiO_2 进入炉渣。

c　磷的还原

炉料中的磷主要以磷酸钙 $(CaO)_3 \cdot P_2O_5$（又称磷灰石）的形态存在，有时也以磷酸铁 $(FeO)_3 \cdot P_2O_5 \cdot 8H_2O$（又称蓝铁矿）的形态存在。以磷酸钙为例，它是很稳定的化合物，在高炉内首先进入炉渣，被炉渣中的 SiO_2 置换出自由态 P_2O_5，在 $1100 \sim 1300℃$ 时用碳作还原剂还原磷，还原反应为：

$$2Ca_3(PO_4)_2 + 3SiO_2 = 3Ca_2SiO_4 + 2P_2O_5 - 917340kJ/mol$$

$$+) \qquad\qquad 2P_2O_5 + 10C = 4P + 10CO - 1921290kJ/mol$$

$$2Ca_3(PO_4)_2 + 3SiO_2 + 10C = 3Ca_2SiO_4 + 4P + 10CO - 2838630kJ/mol \qquad (2\text{-}41)$$

还原 1kg P 的耗热量相当于还原 1kg Fe 的 8 倍，所以磷的还原耗热大。

由于高炉内有非常好的利于磷还原的各种条件，可以说在冶炼普通生铁时，磷能全部还原进入生铁。由于磷对钢材有害，应控制生铁中的磷含量，这只有通过控制原料带入的磷量来实现。

d　铅、锌、砷的还原

我国的一些铁矿石含有铅、锌、砷等元素，这些元素在高炉冶炼条件下易被还原。

还原出来的铅不溶于铁水，而且因其密度大于生铁而易沉积于炉底，渗入砖缝，破坏炉底；部分铅自高炉内挥发上升，遇到 CO_2 和 H_2O 时将被氧化，随炉料一起下降时又被还原，从而在高炉内循环。

还原出来的锌在炉内挥发、氧化成 ZnO，体积膨胀，破坏炉衬，形成炉瘤。

还原出来的砷与铁化合，会影响钢铁性能，降低钢的焊接性能。

H　还原反应动力学

铁矿石的还原属于气-固两相反应，其反应过程模型如图 2-24 所示。

根据动力学研究，各反应相之间有明显的界面，还原气体包围着铁矿石，还原反应是由矿石颗粒表面向中心进行的。因此，提高还原气体浓度和温度、缩小矿石粒度、增大矿石孔隙率都有利于改善还原条件，加快还原反应速度。

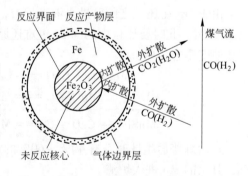

图 2-24　矿球反应过程模型

I　生铁的形成与渗碳过程

生铁的形成过程主要包括渗碳和已还原的元素进入生铁中，最终得到含 Fe、C、Si、Mn、P、S 等元素的合格生铁。

在高炉上部就已有部分铁矿石逐渐被还原成金属铁。刚还原出来的铁呈多孔海绵状，称为海绵铁。海绵铁在下降过程中，C、Si、Mn、P、S 等渗入其中，伴随着温度升高，最后变成液态生铁沉积于炉缸中，定期排出得到铁水。

2.2.2.4　炉渣与脱硫

高炉生产不仅从铁矿石中还原出金属铁，而且还原出的铁与未还原的氧化物和其他杂质都能熔化成液态并相互分开,最后以铁水和渣液的形态顺利流出炉外。炉渣的数量和性能直接影响高炉的顺行、生铁的产量和质量以及焦比,所以其对高炉生产有决定性的影响。要想炼好铁,必须造好渣。

A　炉渣的成分、作用与要求

a　炉渣的成分

一般高炉渣主要由 SiO_2、Al_2O_3、CaO、MgO 等氧化物组成,此外还含有少量的其他氧化物和硫化物,其成分的大致范围如表 2-8 所示。

表 2-8　高炉渣成分范围

组　成	SiO_2	Al_2O_3	CaO	MgO	MnO	FeO	CaS	$K_2O + Na_2O$
含量(质量分数)/%	30 ~ 40	8 ~ 18	35 ~ 50	< 12	< 3	< 1	< 2.5	0.5 ~ 1.5

这些成分及数量主要取决于原料的成分和高炉冶炼的生铁品种。冶炼特殊铁矿石时的高炉渣还会含有其他成分,例如,冶炼包头含氟铁矿石时,渣中 CaF_2 含量为 18% 左右;冶炼攀枝花钒钛磁铁矿时,渣中有 20% ~ 25% 的 TiO_2。

炉渣中的各种成分可分为碱性氧化物和酸性氧化物两大类。通常以炉渣中碱性氧化物与酸性氧化物的质量分数之比来表示炉渣碱度,用 R 表示,具体有以下三种:

(1) $R = \dfrac{w(CaO) + w(MgO)}{w(SiO_2) + w(Al_2O_3)}$,称为四元碱度,又称全碱度;

(2) $R = \dfrac{w(CaO) + w(MgO)}{w(SiO_2)}$,称为三元碱度,又称总碱度;

(3) $R = \dfrac{w(CaO)}{w(SiO_2)}$,称为二元碱度,实际生产中的炉渣碱度通常以二元碱度来表示。

b　炉渣的作用与要求

高炉渣应具有熔点低、密度小、不溶于铁水的特点,使其能够与铁有效分离从而获得纯净的生铁,这是高炉渣的基本作用。高炉渣应满足以下要求:

(1) 应具有合适的化学成分、良好的物理性质,在高炉内能够熔融成液体并与金属分离,还能够顺利流出炉外;

(2) 应具有充分的脱硫能力,保证炼出优质生铁;

(3) 应有利于炉况顺行,能够使高炉获得良好的技术经济指标;

(4) 其成分要有利于一些元素的还原而抑制另一些元素的还原(即选择还原),具有调整生铁成分的作用;

(5) 应有利于保护炉衬,延长高炉寿命。

B　高炉内的成渣过程

在煤气与炉料的相对运动中,煤气将热量传递给炉料,炉料受热后温度不断升高,由固体经软化到熔滴,最后变成液态生铁和炉渣。高炉渣从开始形成到最后排出经历了相当长的过程,可分为三个步骤,即初渣的生成、中间渣的变化和终渣的形成。

(1) 初渣的生成。初渣的生成包括固相反应、软化、熔融和滴落四个阶段。

1) 固相反应。固体氧化物之间(如 FeO 与 SiO_2、MnO 与 SiO_2、CaO 与 SiO_2 之间)发生选择性的反应,生成新的低熔点化合物,是造渣过程的开始。

2）软化、熔融。生成的低熔点化合物随温度升高发生软化、熔融。

3）滴落。滴落下来的熔融炉渣就是初渣，一般初渣中的 FeO 含量较高。

（2）中间渣的变化。初渣的成分差异很大且 FeO 含量较高，下降过程中伴随 FeO、MnO 和 SiO$_2$ 的还原和温度的升高，其性能会发生波动，对高炉冶炼过程影响很大。

（3）终渣的形成。中间渣经过风口区域，其成分和性能再次变化后趋于稳定，沉积于炉缸，发生脱硫反应，成分进一步均匀化。一般所说的高炉渣就是终渣，终渣对控制生铁成分、保证生铁质量有非常重要的影响。

C 炉渣脱硫

硫是生铁中的有害元素，保证获得硫含量合格的铁水是高炉冶炼中的重要任务。

a 硫在高炉中的变化及决定生铁硫含量的因素

高炉内的硫来自焦炭、喷吹燃料和矿石。冶炼每吨生铁时由炉料带入的总硫量称为硫负荷，一般为 4~8kg/t。炉料中焦炭带入的硫量最多，占 60%~80%，而矿石带入的硫量一般不超过总硫量的 1/3。

进入高炉的硫有三个去向，即进入生铁、进入炉渣和被煤气带走，硫的平衡计算如下：

$$m(S)_料 = m[S] + m(S) + m(S)_挥$$

式中　$m(S)_料$——炉料带入的总硫量，kg/t；

　　　$m[S]$——进入生铁的硫量，kg/t；

　　　$m(S)$——炉渣带走的硫量，kg/t；

　　　$m(S)_挥$——随煤气挥发的硫量，kg/t。

由于随煤气挥发的硫量在一定冶炼条件下变化不大，因此，要降低生铁的硫含量，一是尽量控制炉料带入的总硫量；二是尽可能提高炉渣的脱硫能力，增加炉渣带走的硫量。

b 炉渣的脱硫能力

在一定冶炼条件下，生铁的脱硫主要通过提高炉渣的脱硫能力来实现。

炉渣中起脱硫作用的主要是碱性氧化物 CaO、MgO、MnO 等，其中 CaO 是最强的脱硫剂。高炉内渣-铁之间的脱硫反应在初渣生成后即开始，在炉腹或滴落带中较多地进行，在炉缸中最终完成。炉缸中的脱硫存在两种情况：一是当铁水穿过渣层时在渣中脱硫，二是在渣-铁界面上进行。脱硫反应分为以下三步：

生铁中的硫向渣中扩散　　　　　[FeS] ===（FeS）

与渣中 CaO 发生反应　　（FeS）+（CaO）===（CaS）+（FeO）

生成的 FeO 被碳还原　　（FeO）+ C ===[Fe] + CO$_{(g)}$

脱硫总反应可写成：

$$[FeS] + (CaO) + C === (CaS) + [Fe] + CO - 149140kJ/mol \qquad (2-42)$$

提高炉渣脱硫能力的途径如下：

（1）提高炉渣碱度，以利于将生铁中的硫转变为 CaS 或 MgS 而稳定转入炉渣。

（2）提高炉缸（渣铁）温度。脱硫反应是吸热反应，提高温度有利于其进行；同时，高温可提高炉渣的流动性，增加硫在渣中的传递速度。

（3）提供强烈的还原气氛，可使渣中的 FeO 不断被还原，有利于反应向脱硫方向进行。

2.2.2.5 燃料的燃烧及煤气在高炉内的变化

高炉冶炼的燃料主要是焦炭，其次是煤粉。焦炭中的碳除少部分参加直接还原和溶解于生铁（渗碳）外，大部分在风口前燃烧。从风口喷吹的燃料也是在风口前与鼓入的热风相遇而进行燃烧。

风口前燃料的燃烧是高炉内最重要的反应之一，它对高炉冶炼过程有着十分重要的作用，具体如下：

（1）燃料燃烧产生还原性气体 CO 和 H_2，并放出大量热，满足高炉对炉料的加热、分解、还原、造渣等过程的需要，是高炉冶炼热能和化学能的来源。

（2）燃烧反应使固体碳不断气化，在炉缸内形成自由空间，为上部炉料不断下降创造了先决条件。风口前燃料的燃烧是否均匀有效，对炉料和煤气运动具有重大影响。没有燃料燃烧，高炉炉料和煤气的运动也就无法进行。

炉缸内除了燃料的燃烧外，直接还原、渗碳、脱硫等尚未完成的反应都要集中在炉缸内最后完成，最终形成铁水和炉渣，从炉内排出。因此，炉缸反应既是高炉冶炼过程的起点，又是高炉冶炼过程的终点。炉缸工作的好坏对高炉冶炼起决定性的作用。

A 燃料的燃烧

a 燃烧反应

高炉炉缸内的燃烧反应不同于一般的燃烧过程，它是在充满焦炭的环境中进行的，即在空气量一定而焦炭过剩的条件下进行。

（1）在风口前氧气比较充足，最初完全燃烧和不完全燃烧反应同时存在，产物为 CO 和 CO_2，反应式为：

完全燃烧（相当于 1kg C 放热 33390kJ） $\qquad C + O_2 == CO_2 + 400660kJ/mol$ （2-43）

不完全燃烧（相当于 1kg C 放热 9790kJ） $C + \frac{1}{2}O_2 == CO + 117490kJ/mol$ （2-44）

（2）在离风口较远处，由于氧的缺乏和大量焦炭的存在，而且炉缸内温度很高，氧充足的地方产生的 CO_2 也会与固体碳进行碳的气化反应：

$$CO_2 + C == 2CO - 165800kJ/mol$$

（3）干空气的成分为 $\varphi(O_2) : \varphi(N_2) = 21 : 79$，而 N_2 不参加反应，如果没有水分存在，则炉缸中的燃烧反应产物为 CO 和 N_2，总的反应式可表示为：

$$2C + O_2 + \frac{79}{21}N_2 == 2CO + \frac{79}{21}N_2$$ （2-45）

（4）鼓风中含有一定量的水分，水分在高温下与碳发生以下反应：

$$H_2O + C == CO + H_2 - 124450kJ/mol$$

高炉喷吹煤粉在风口前的燃烧与焦炭类似，不同之处是煤粉挥发分中的碳氢化合物会分解产生 H_2。所以在实际生产条件下，风口前燃料燃烧的最终产物由 CO、H_2 和 N_2 组成。

b 炉缸煤气成分

当鼓风中没有水蒸气时，鼓入的风为干风，焦炭燃烧时炉缸煤气成分为：

$$\varphi(CO) = \frac{2}{2 + \frac{79}{21}} \times 100\% = 34.70\%$$

$$\varphi(N_2) = \frac{\frac{79}{21}}{2 + \frac{79}{21}} \times 100\% = 65.30\%$$

大气鼓风中含有一定的水分(自然湿度一般为 1% ~ 3%)，假设鼓风含水量 $\varphi(H_2O) = 1\%$，则计算的炉缸煤气成分为：$\varphi(CO) = 34.96\%$，$\varphi(N_2) = 64.22\%$，$\varphi(H_2) = 0.82\%$。

实际生产中，高炉采用喷吹燃料、富氧鼓风等措施，其炉缸煤气成分会发生变化。富氧鼓风时，炉缸煤气中 N_2 含量减少，CO 相对增加；喷吹燃料时，炉缸煤气中 H_2 含量显著增加，CO 和 N_2 的含量相对降低。这些措施都相对富化了还原性气体，对高炉冶炼有利。

c　风口回旋区与燃烧带

在现代高炉冶炼中，从风口鼓入的风以 100m/s 以上的速度喷射入高炉，使风口前形成一个近似球形的空腔，称为风口回旋区，如图 2-25 所示。

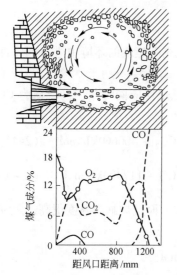

燃烧带与风口回旋区的范围基本一致，但风口回旋区是指在鼓风动能的作用下焦炭做机械运动的区域；而燃烧带是指燃烧反应的区域，是根据煤气成分来确定的。燃烧带比风口回旋区略大一些。炉缸截面上燃烧带的分布如图 2-26 所示。

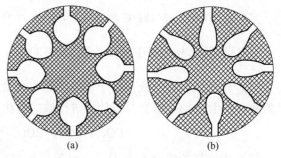

图 2-25　风口回旋区示意图

图 2-26　炉缸截面上燃烧带的分布

(1) 燃烧带对高炉冶炼过程的影响。燃烧带的大小和分布，对炉料和煤气的运动与分布以及炉缸工作均匀化和高炉冶炼顺利进行都有很大的影响。

1) 燃烧带是高炉煤气的发源地，其决定着煤气在炉缸内的分布，同时在很大程度上决定和影响煤气在高炉内上升过程中的分布。燃烧带若伸向炉缸中心，则中心煤气发展，炉缸中心温度高；相反，若燃烧带缩小至炉缸边缘，此时边缘煤气流发展，炉缸中心温度降低，炉缸中心热量不足，对化学反应不利。通常希望燃烧带较多地伸向炉缸中心。

2) 燃料在燃烧带燃烧为炉料的下降腾出了空间，它是促进炉料下降的主要因素。在燃烧带上方的炉料总是比其他地方松动，而且下料快。适当扩大燃烧带（包括炉缸半径方向和圆周方向）可以缩小炉料下降的呆滞区域，扩大炉缸活跃区域的面积，有利于高炉顺行。

（2）影响燃烧带大小的因素。影响燃烧带大小的因素很多，主要取决于鼓风动能、燃烧反应速度和炉料分布。

1）鼓风动能。鼓风动能的大小决定了燃烧带的大小。鼓风动能是指鼓风克服风口前料层的阻力，向炉缸中心穿透的能力。它是风口前焦炭做循环运动形成回旋区的主要原因。凡是影响鼓风动能的因素都将影响燃烧带的大小，如鼓风量、鼓风温度、鼓风压力、风口直径等，例如生产中在风量一定的条件下，扩大风口直径，鼓风动能减小，燃烧带沿炉缸半径方向缩短而沿圆周方向增大，这就是减少中心气流、发展边缘气流的手段。

2）燃烧反应速度。燃烧反应速度对燃烧带的大小有一定影响。燃烧速度快，则燃烧时间短，燃烧进行的空间就小，燃烧带缩小；相反，燃烧带增大。目前高炉上，燃烧速度对燃烧带的影响有限。

3）炉料分布。炉料分布对燃烧带也有一定的影响。炉料疏松，透气性好，对煤气的阻力小，鼓风穿透能力强，燃烧带增大。

B　煤气在高炉内的变化

风口前燃料燃烧产生的煤气和热量，在上升过程中与下降的炉料进行一系列热量与物质的传递和输送。煤气的体积、成分、温度和压力等都发生了重大变化。

a　煤气体积和成分的变化

煤气在上升过程中体积、成分变化如图 2-27 所示。

煤气总的体积自下而上有所增大。通常，炉缸煤气量（体积分数）约为鼓风量的 1.21 倍，炉顶煤气量为鼓风量的1.35 ~ 1.37 倍。喷吹燃料时，炉缸煤气量约为鼓

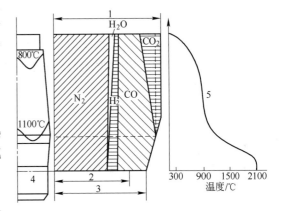

图 2-27　煤气上升过程中体积、
成分温度沿高炉高度的变化
1—炉顶煤气量 $V_{顶}$；2—风量 $V_{风}$；
3—炉缸燃烧带煤气量 $V_{燃}$；
4—风口中心线；5—煤气温度

风量的 1.3 倍，炉顶煤气量为鼓风量的 1.4 ~ 1.45 倍。煤气体积的增加主要是由于矿石中 Fe、Si、Mn、P 等元素的直接还原生成一部分 CO，碳酸盐在高温区分解出的 CO_2 与 C 作用生成两倍体积的 CO，而中温区分解出的 CO_2 也直接增加了煤气体积。

煤气在上升过程中体积和成分的变化情况如下：

（1）CO。高温区，CO 的体积逐渐增大，这是由于 Fe、Si、Mn、P 等元素的直接还原产生 CO；中温区，CO 参加间接还原又消耗一部分，所以，CO 的量是先增加后降低。

（2）CO_2。高温区，没有间接还原，CO_2 不存在；中温区，间接还原产生 CO_2，同时碳酸盐分解放出 CO_2，CO_2 的量逐渐增加。

（3）H_2。鼓风水分、焦炭挥发分、喷吹燃料等带入的 H_2，在上升过程中有 1/3 ~ 1/2 参加间接还原，变成 H_2O。

（4）N_2。大量的 N_2 由鼓风带入，少量是焦炭中的有机 N_2。N_2 不参加任何化学反应，

故其绝对量不变。

（5）CH_4。在高温区有少量的 C 与 H_2 生成 CH_4，煤气上升过程中又有焦炭挥发分中的 CH_4 加入，但数量均很少。

一般炉顶煤气中 CO 与 CO_2 的总量比较稳定，为 38% ~ 42%。最后到达高炉炉顶的煤气成分范围如表 2-9 所示。

表 2-9　高炉炉顶煤气成分范围

组　成	CO_2	CO	N_2	H_2	CH_4
含量(体积分数)/%	15 ~ 22	20 ~ 25	55 ~ 57	约2.0	约0.3

　　b　煤气温度的变化

　　煤气在炉缸内的温度分布如图 2-28 所示，其温度最高点在距风口前沿 1000mm 左右的地方，它也是高炉内的最高温度。

　　煤气在上升过程中，其温度高于炉料的温度，将热量传递给炉料，发生热交换，温度逐渐降低；与此同时，下降的炉料温度逐渐升高。由于不同区域的炉料发生的化学反应不同，所以沿高炉高度方向上炉料的升温速度与煤气的降温速度不同，如图 2-29 所示。在上部区域，煤气降温比较慢，炉料升温速度比较快；在下部区域，煤气降温比较快，炉料升温速度比较慢；而在中部区域，煤气与炉料温差小，热交换少，煤气降温和炉料升温幅度都很小。

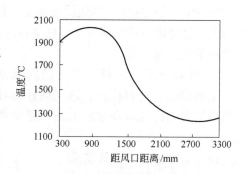

图 2-28　沿半径方向炉缸内煤气温度的变化

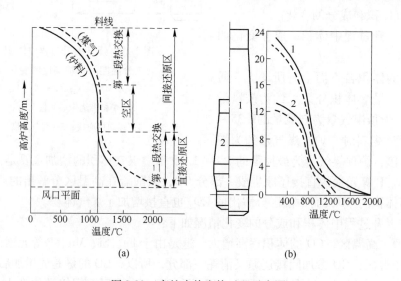

(a)　　　　　　　　　　　(b)

图 2-29　高炉内热交换过程示意图
（a）高炉内热交换过程分区；（b）大、小高炉内炉料和煤气的温度沿高炉高度的变化
1—大高炉；2—小高炉

　　c　煤气压力的变化

　　煤气从炉缸上升，穿过软熔带、块状带到达炉顶，其本身压力降低，而且上升过程中

在高炉下部比在高炉上部压力降低要快，这主要是由于下部炉料软化熔融后对煤气通过的阻力增大所致，如图 2-30 所示。

2.2.2.6 炉料的运动

在高炉冶炼过程中，炉料在炉内的运动状态是一个固体散料的缓慢移动床，炉料均匀而有节奏地下降是高炉顺行的重要标志。

A 炉料下降的条件

炉料下降的条件，一是要有下降的空间，二是要有下降的力，两者缺一不可。

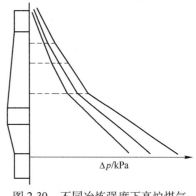

图 2-30 不同冶炼强度下高炉煤气静压力 Δp 分布示意图

a 炉料下降的空间条件

炉料下降的基本条件是在高炉内不断产生供炉料下降的自由空间。高炉内形成炉料下降空间的因素有以下四个方面：

（1）风口前焦炭燃烧，固体焦炭转化为气体；

（2）风口区以上，由于直接还原消耗焦炭的固定碳而使焦炭体积减小；

（3）矿石在下降过程中重新排列、压紧并熔化成液相，从而使体积缩小；

（4）炉缸不断放出渣、铁。

b 炉料下降的力学条件

具有了下降的空间，还必须具备下降的力。炉料下降依靠自身重力，但同时又受到炉料与炉料之间的摩擦阻力、炉料与炉墙之间的摩擦阻力以及上升煤气对炉料下降产生的阻力，即：

$$p = (W_{炉料} - p_{墙摩} - p_{料摩}) - \Delta p = W_{有效} - \Delta p \qquad (2\text{-}46)$$

式中　　p——决定炉料下降的力；

　　　$W_{炉料}$——炉料在炉内的总重力；

　　　$p_{墙摩}$——炉料与炉墙之间的摩擦阻力；

　　　$p_{料摩}$——料块相互运动时颗粒之间的摩擦阻力；

　　　Δp——上升煤气对炉料的阻力（支撑力或浮力）；

　　　$W_{有效}$——炉料的有效重力，$W_{有效} = W_{炉料} - p_{墙摩} - p_{料摩}$。

显然，炉料下降的力学条件是 $p > 0$，即 $W_{有效} > \Delta p$，p 值越大或者说 $W_{有效}$ 越大，Δp 越小，越有利于炉料顺行。

当 $W_{有效}$ 接近或等于 Δp 时，炉料难行或悬料。

若 $\Delta p < 0$，由于上升煤气的支撑力大于炉料的有效重力，炉料不能下降，出现悬料或者管道行程。

值得注意的是，$p > 0$ 是炉料能否下降的力学条件，其值越大，越有利于炉料下降，但 p 值的大小对炉料下降的快慢影响并不大。影响下料速度的因素主要是单位时间内焦炭燃烧的数量，即下料速度与鼓风量成正比。

B 影响炉料下降的因素

从 $p = W_{有效} - \Delta p$ 可以看出，凡是影响 $W_{有效}$ 和 Δp 的因素都会影响炉料下降。

a　影响 $W_{有效}$ 的因素

影响 $W_{有效}$ 的因素如下：

（1）炉腹角和炉身角。炉腹角 α（炉腹与炉腰部分的夹角）增大，炉身角 β（炉腰与炉身部分的夹角）减小，则炉料与炉墙之间的摩擦力减小，$W_{有效}$ 增大。

（2）炉料的运动状态。运动炉料比静止炉料的 $W_{有效}$ 大。

（3）风口数目。风口数目多，扩大了燃烧带内炉料活动区域，所以有利于 $W_{有效}$ 的提高。

（4）料柱高度。矮胖型高炉比瘦高型高炉更有利于炉料下降。

（5）炉料堆积密度。堆积密度越大，越有利于 $W_{有效}$ 增大。

b　影响 Δp 的因素

影响 Δp 的因素如下：

（1）鼓风量。鼓风量在一定范围内对 Δp 的影响不大，但当鼓风量过大、超过料柱透气性允许程度时，则会增大 Δp。

（2）温度。煤气温度升高，则其体积和流速增大，Δp 增大。

（3）压力。炉内煤气压力升高，体积缩小，流速降低，Δp 减小。

（4）炉料结构。炉料粒度均匀、粉末少，则孔隙率增大，有利于煤气通过，Δp 减小。炉料的机械强度好，则进入高炉后产生的粉末少，有利于改善透气性，Δp 减小。

2.2.2.7　高炉强化冶炼

高炉强化冶炼的主要目的是提高产量，其途径是提高冶炼强度 I 和降低焦比 K，主要措施有精料、高压操作、高风温、富氧鼓风与综合鼓风、喷吹燃料等。

（1）精料。精料就是全面改善原料质量，为高产、优质、低耗打下物质基础。其具体内容可概括为"高、熟、小、净、匀、稳"。"高"是指提高矿石的品位；"熟"是指提高熟料（烧结矿、球团矿）使用率；"小、净、匀"是指缩小矿石粒度上限，筛出粉末，使粒度均匀，即加强原料的整粒工作；"稳"是指稳定炉料的化学成分。

此外，改善炉料高温冶金性能、采用合理炉料结构、改进焦炭质量也是精料的手段。

（2）高压操作。提高炉内煤气压力的操作称为高压操作。采用高压操作后，煤气流速降低，从而减小了煤气通过的阻力，有利于提高产量、减少炉尘吹出量、改善煤气利用以及降低焦比。

（3）高风温。提高风温是降低焦比的重要手段。风温提高后，鼓风带入热量增加，减少了作为发热剂的焦炭消耗；同时，由于焦比降低，煤气量减少，热损失减少，间接还原发展，这些都为焦比进一步降低创造了条件。此外，提高风温也为提高喷吹量和喷吹效率创造了条件。

（4）富氧鼓风与综合鼓风。向鼓入高炉的风里增加氧气的方法称为富氧鼓风。它的作用是：提高冶炼强度；降低煤气量，有利于高炉顺行；提高炉缸温度；有利于提高喷吹量和喷吹效率。在鼓风中实行喷吹燃料与富氧和高风温相结合的办法，统称为综合鼓风。

（5）喷吹燃料。喷吹燃料的目的是用廉价的燃料代替价格昂贵的焦炭。喷吹燃料对高炉冶炼的影响有：炉缸煤气量和鼓风动能增加，中心气流发展；间接还原反应改善，直接还原降低；理论燃烧温度降低，中心温度升高；料柱阻损增加，压差升高；炉顶温度升高；产生热滞后现象；生铁质量提高。

2.2.3　高炉炼铁设备

高炉炼铁设备由一整套复合连续设备系统构成，如图 2-31 所示。其主体设备除了高炉本体以外，还包括炉后供料和炉顶装料系统、送风系统、煤气除尘系统、渣铁处理系统、喷吹系统等。

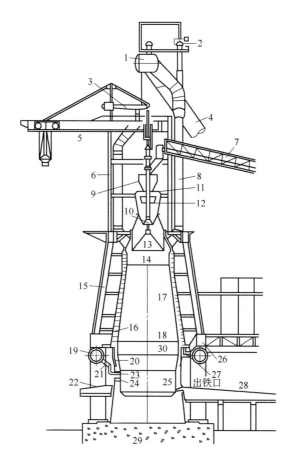

图 2-31　高炉炉体设备总图

1—集合管；2—炉顶煤气放散阀；3—料钟平衡杆；4—下降管；5—炉顶起重机；6—炉顶框架；
7—带式上料机；8—上升管；9—固定料斗；10—小料钟；11—密封阀；12—旋转溜槽；
13—大料钟；14—炉喉；15—炉身支柱；16—冷却水箱；17—炉身；18—炉腰；
19—围管；20—冷却壁；21—送风支管（弯管）；22—风口平台；
23—风口；24—出渣口；25—炉缸；26—中间梁；27—支承梁；
28—出铁场；29—高炉基础；30—炉腹

2.2.3.1　高炉本体

高炉本体是冶炼生铁的主体设备，包括炉基、炉衬、冷却设备、炉壳、支柱及炉顶框架等。其中，炉基为钢筋混凝土和耐热混凝土结构，炉衬由耐火材料砌筑而成，其余设备均为金属结构件。在高炉的下部设置有风口、铁口及渣口，上部设置有炉料装入口和煤气导出口。

A 高炉内型

高炉是一种生产液态生铁的鼓风竖炉，其工作空间是用耐火材料砌筑而成的。高炉内型指的是高炉工作空间的内部剖面形状。合理的高炉内型对获得良好的技术经济指标和延长高炉寿命具有重要的意义。现代高炉内型由炉缸、炉腹、炉腰、炉身和炉喉五段组成。其中，炉缸、炉腰和炉喉呈圆筒形，炉腹呈倒锥台形，炉身呈截锥台形。我国高炉内型尺寸及各符号所表示的意义如图2-32所示。

高炉大小用"有效容积"表示。高炉有效容积 V_u 为炉缸、炉腹、炉腰、炉身和炉喉五段容积之和。目前，世界上高炉有效容积最大的是 $6183m^3$。

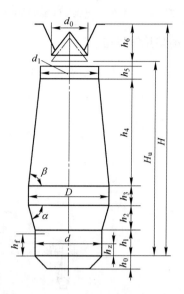

图 2-32 我国高炉内型尺寸表示方法

H—全高，mm；H_u—有效高度，mm；h_1—炉缸高度，mm；h_2—炉腹高度，mm；h_3—炉腰高度，mm；h_4—炉身高度，mm；h_5—炉喉高度，mm；h_6—炉顶法兰盘至大料钟下降位置的底面高度，mm；h_f—铁口中心线至风口中心线的高度，mm；h_z—铁口中心线至渣口中心线的高度，mm；h_0—死铁层最底面至铁口中心线的高度，mm；d—炉缸直径，mm；D—炉腰直径，mm；d_1—炉喉直径，mm；d_0—大料钟直径，mm；α—炉腹角，(°)；β—炉身角，(°)

B 高炉炉衬

高炉炉衬是用能够抵抗高温和化学侵蚀作用的耐火材料砌筑而成的。炉衬的主要作用是构成工作空间、减少散热损失以及保护金属结构件免遭热应力和化学侵蚀作用。延长炉衬寿命是高炉设计的重要任务，也是高炉操作的重要任务。

高炉炉衬一般以陶瓷材料（黏土质和高铝质）和碳质材料（炭砖和炭捣石墨等）砌筑。炉衬的侵蚀和破损与冶炼条件密切相关，各部位的破损机理并不相同，研究炉衬的破损机理与合理选择耐火材料及设计炉衬结构有重要关系。归纳起来，炉衬的破损机理主要有以下四个方面：

（1）高温渣铁的渗透和侵蚀；

（2）高温和热震破损；

（3）炉料和煤气流的摩擦冲刷及煤气碳素沉积的破坏作用；

（4）碱金属及其他有害元素的破坏作用。

高炉炉体各部位炉衬的工作条件及炉衬本身的结构都是不相同的，即各种因素对不同部位炉衬的破坏作用以及炉衬抵抗破坏作用的能力均不相同，因此各部位炉衬的破损情况也各异，如图2-33所示。

目前我国建议采用的高炉炉衬耐火砖结构，见表2-10。

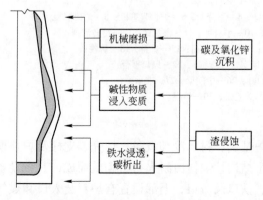

图 2-33 高炉炉衬的损伤结构

表 2-10　我国建议采用的高炉炉衬耐火砖结构

炉容/m³	层	炉底	炉缸	炉腹	炉腰	炉身 下部	炉身 上部	热面
300	热面	高铝砖	铝炭砖	黏土砖或高铝砖	铝炭砖	铝炭砖	铝炭砖	高铝砖或黏土砖
	冷面	自焙炭砖	自焙炭砖		SiC 砖	SiC 砖	SiC 砖	
600	热面	铝炭砖		高铝砖或SiC 砖	铝炭砖	铝炭砖	铝炭砖	高铝砖或磷酸浸渍黏土砖
	冷面	半石墨化炭砖或半石墨化自焙炭砖	半石墨化炭砖或半石墨化自焙炭砖		SiC 砖	SiC 砖	SiC 砖	
1000	热面	铝炭砖	刚玉莫来石或棕刚玉砖	SiC 砖或高铝砖	铝炭砖	铝炭砖	铝炭砖	高铝砖或SiC 砖
	冷面	半石墨化炭砖或石墨化炭砖	石墨化炭砖		Si_3N_4-SiC 砖或SiC 砖	Si_3N_4-SiC 砖或SiC 砖	Si_3N_4-SiC 砖或SiC 砖	
1500	热面	铝炭砖	刚玉莫来石或棕刚玉砖	半石墨化SiC 砖	铝炭砖	铝炭砖	铝炭砖	高铝砖或SiC 砖
	冷面	NMA 炭砖或石墨化炭砖	石墨化炭砖或半石墨化SiC 砖		Si_3N_4-SiC 砖或SiC 砖	Si_3N_4-SiC 砖或SiC 砖	Si_3N_4-SiC 砖或SiC 砖	
2000	热面	铝炭砖	刚玉莫来石砖	NMD 炭砖或半石墨化SiC 砖	铝炭砖	铝炭砖	铝炭砖	高铝砖或SiC 砖
	冷面	NMA 炭砖或石墨化炭砖	石墨化炭砖或半石墨化SiC 砖		半石墨化SiC 砖或Si_3N_4-SiC 砖	SiC 砖或NMD 炭砖	SiC 砖或NMD 炭砖	
2500	热面	铝炭砖	刚玉莫来石砖	NMD 炭砖或半石墨化SiC 砖	铝炭砖	铝炭砖	铝炭砖	高铝砖或SiC 砖
	冷面	NMA 炭砖或石墨化炭砖	NMA 炭砖或半石墨化SiC 砖		Si_3N_4-SiC 砖或SiC 砖	NMD 炭砖或SiC 砖	NMD 炭砖或SiC 砖	
3000	热面	铝炭砖	刚玉莫来石砖	NMD 炭砖或半石墨化SiC 砖	铝炭砖	铝炭砖	铝炭砖	高铝砖或SiC 砖
	冷面	NMA 炭砖或石墨化炭砖	NMA 炭砖或石墨化炭砖		Si_3N_4-SiC 砖或SiC 砖	NMD 炭砖或SiC 砖	NMD 炭砖或SiC 砖	
4000	热面	铝炭砖	刚玉莫来石砖	NMD 炭砖或半石墨化SiC 砖	铝炭砖	铝炭砖	铝炭砖	高铝砖或SiC 砖
	冷面	NMA 炭砖或石墨化炭砖	NMA 炭砖或石墨化炭砖		Si_3N_4-SiC 砖或SiC 砖	NMD 炭砖或SiC 砖	NMD 炭砖或SiC 砖	

C　高炉冷却设备

高炉炉衬必须冷却。冷却介质通常为水、汽水混合物及空气。这些冷却介质的共同特点是传热能力大、输送方便、安全可靠、易于获取及成本低等。

高炉各部位由于工作条件不同，冷却的作用也不完全相同，总体来说，高炉冷却有以下几方面的作用：

（1）降低耐火砖衬温度，使其能保持足够的强度，维持高炉合理的工作空间；

（2）使炉衬表面形成保护性渣皮，并依靠渣皮保护或代替炉衬工作，维持合理的操作炉型；

（3）保护炉壳及金属构件，使其不致在热负荷作用下遭到损坏；

（4）不影响炉壳的气密性和强度。

冷却的形式有炉外喷水冷却和冷却器冷却。高炉的主要冷却器有冷却板（见图2-34）、冷却水箱（见图2-35）、冷却壁（见图2-36、图2-37）、风口和渣口水套（见图2-38、图2-39）以及风冷或水冷管（见图2-40）等。冷却器的工作原理是将自炉衬或构件传来的热量由冷却介质带走，使炉衬或构件得以冷却。

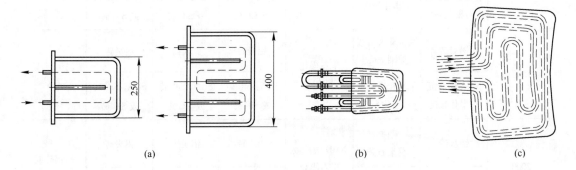

图 2-34　冷却板

（a）铸铜冷却板；（b）埋入式冷却板；（c）铸铁冷却板

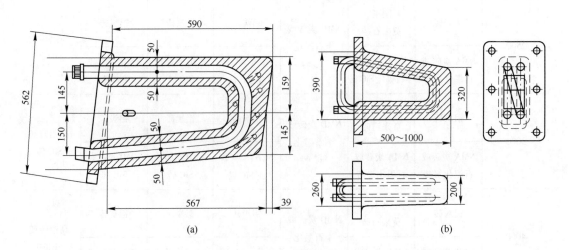

图 2-35　冷却水箱

（a）支梁式水箱；（b）扁水箱

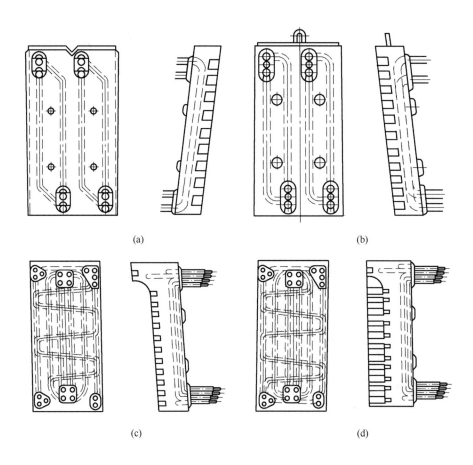

图 2-36 高炉镶砖冷却壁
(a) 第 1 代；(b) 第 2 代；(c) 第 3 代；(d) 第 4 代

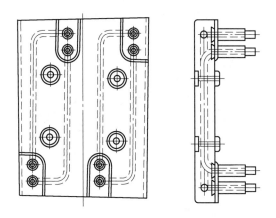

图 2-37 高炉光面冷却壁

冷却器的结构不同，冷却效果也不同。目前我国高炉炉体冷却设备的使用如表 2-11 所示。

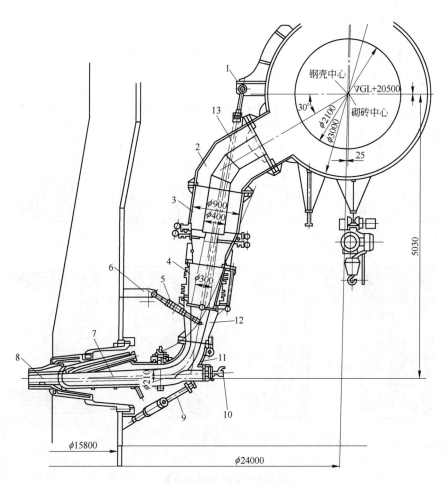

图 2-38　风口装置

1—横梁；2—A-1 管；3—A-2 管；4—伸缩管；5—拉紧螺丝；6—环梁；7—直吹管；
8—风口；9—紧固装置；10—窥视孔；11—弯管；12—异径管；13—吊挂装置

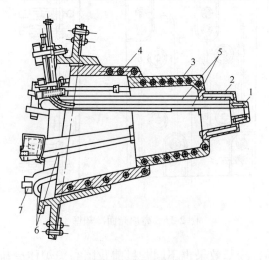

图 2-39　渣口装置

1—小套；2—三套；3—二套；4—大套；5—冷却水管；6—压杆；7—楔子

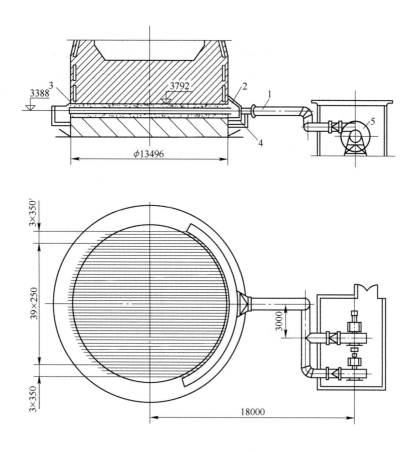

图 2-40 2000m³ 高炉风冷炉底布置图

1—进风管；2—进风箱；3—防尘板；4—风冷管；5—鼓风机

表 2-11 我国高炉炉体冷却设备的使用

炉容/m³	炉底	炉缸	炉腹	炉腰	炉身		
					下部	中部	上部
300	光面冷却壁	光面冷却壁	镶砖冷却壁	带凸台镶砖冷却壁	带凸台镶砖冷却壁	带凸台镶砖冷却壁	三层支梁式水箱
633	光面冷却壁	光面冷却壁	镶砖冷却壁	镶砖冷却壁	镶砖扁水箱	镶砖扁水箱	三层支梁式水箱
883	光面冷却壁	光面冷却壁	镶砖冷却壁	镶砖冷却壁	镶砖扁水箱	镶砖扁水箱	四层支梁式水箱
970	光面冷却壁	光面冷却壁	镶砖冷却壁	镶砖冷却壁	板壁结合	板壁结合	三层支梁式水箱
1000	光面冷却壁	光面冷却壁	镶砖冷却壁	镶砖冷却壁	板壁结合	带凸台镶砖冷却壁	三层支梁式水箱
2580	光面冷却壁	光面冷却壁	镶砖冷却壁	第 3 代冷却壁	第 3 代冷却壁	第 3 代冷却壁	第 3 代冷却壁
	光面冷却壁	光面冷却壁	镶砖冷却壁	带凸台镶砖冷却壁	带凸台镶砖冷却壁	带凸台镶砖冷却壁	带凸台镶砖冷却壁
3250	光面冷却壁	光面冷却壁	镶砖冷却壁	第 3 代冷却壁	第 3 代冷却壁	第 3 代冷却壁	第 3 代冷却壁
4350	光面冷却壁	光面冷却壁	镶砖冷却壁	第 4 代冷却壁	第 4 代冷却壁	第 4 代冷却壁	第 4 代冷却壁

D 高炉基础

高炉基础承受着高炉炉体、支柱及其他有关附属设施所传递的重力，并将这些重力均匀地传递给地层。高炉基础必须稳定，不允许发生较大的不均匀下沉，以免高炉与其周围设备的相对位置发生大的变化，从而破坏它们之间的联系并使之发生危险的变形。

高炉基础一般由埋在地下部分的基座和露在地面的基墩组成，如图 2-41 所示。基墩的作用是隔热和调节铁口标高，用来抵抗 900 ~ 1000℃ 的温度，由耐热混凝土制成。其形状为圆柱形，直径尺寸与炉底相适应，并要求能包于炉壳之内。基座的主要作用是将上面传来的载荷传递给地层。其底面积较大，以减小单位面积的地基所承受的压力。基座用普通钢筋混凝土制成，为减少热应力作用，最好将其制作成圆形；但考虑施工方便，一般都为正多边形。

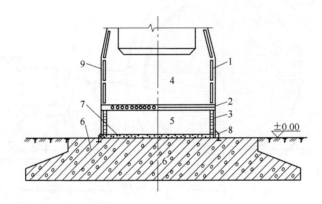

图 2-41 高炉基础

1—冷却壁；2—风冷管；3—耐火砖；4—炉底砖；5—耐热混凝土基墩；
6—钢筋混凝土基座；7—石墨粉或石英砂层；8—密封钢环；9—炉壳

E 高炉钢结构

高炉钢结构是指高炉本体的外部结构。在大中型高炉上采用钢结构的部位有炉壳、支柱、炉腰托圈（炉腰支圈）、炉顶框架、斜桥、各种管道、平台、过桥以及走梯等。对钢结构的要求是：简单耐用，安全可靠，操作便利，容易维修和节省材料。

（1）高炉的结构形式。早期的高炉炉墙很厚，它既是耐火炉衬又是支撑高炉及其设备的结构。高炉的结构形式主要取决于炉顶和炉身载荷传递到基础的方式以及炉体各部位的内衬厚度和冷却方式。我国高炉基本上有四种结构形式，如图 2-42 所示。

（2）炉壳。炉壳的主要作用是承受载荷、固定冷却设备和利用炉外喷水来冷却炉衬，以保证高炉炉衬的整体坚固性和使炉体具有一定的气密程度。炉壳除承受巨大的重力外，还受热应力和内部煤气压力的作用，有时还要抵抗煤气爆炸、崩料、坐料等突发事故的冲击，因此要求炉壳具有足够的强度。

（3）支柱。支柱可分为炉缸支柱、炉身支柱和炉体框架三种，如图 2-42（a）~（c）所示。

（4）炉顶框架。为了便于炉顶设备的检修和维护，在炉顶法兰水平面上设有炉顶平台。炉顶平台上有炉顶框架，用来支撑大小料钟的平衡杆、安装大梁和受料漏斗等。

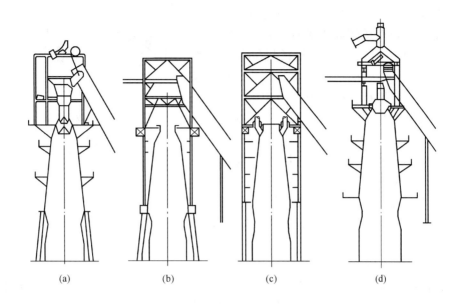

图 2-42　我国高炉的结构形式

（a）炉缸支柱式；（b）炉缸、炉身支柱式；（c）炉体框架式；（d）自立式

2.2.3.2　炉后供料和炉顶装料系统

炉后供料和炉顶装料系统的任务是保证连续、均衡地供应高炉冶炼所需原料，将炉料装入高炉并使之分布合理。

现代大型高炉每昼夜连续需要原燃料上万吨。原燃料的供应由高炉炉后供料和炉顶装料系统来保证。炉后供料和炉顶装料系统包括装料设备和上料胶带运输机以及槽下各种卸料、筛分、称量、运输设备所组成的系统，应当满足下列要求：生产能力大，能连续供料，能适应高炉强化生产的供料要求和原料品种变化后的要求；抗磨性能好，机械强度高，并能在高温、多粉尘条件下长时间地连续工作；炉顶密封结构必须严密、可靠，密封材料能在250℃温度下长时期正常工作；结构简单，操作方便，易于维护；应废除人工操作，全面实现机械化和自动化供料。

A　炉后供料系统

炉后供料是指将原料从高炉车间运送到高炉炉顶的过程。炉后供料系统主要包括储矿槽、储焦槽、筛分机、称量设施、斜桥、料车和胶带输送机等。

（1）储矿槽与储焦槽。高炉炉后储矿槽和储焦槽是用来接受和储存炉料的，用以缓冲烧结厂和焦化厂与高炉间的生产不平衡以及运料胶带运输机发生事故或检修时所带来的影响。此外，还应设置一定数目的杂矿槽，以储存熔剂和洗炉料等。

（2）槽下筛分。槽下筛分是炉料在入炉前的最后一次筛分，其目的是进一步筛除炉料中的粉末，以改善炉内料柱透气性。有时筛子还起到给料的作用。

（3）称量。称量分为称量车和称量漏斗称量两种方式。称量车是一种带有称量和装卸机构的电动运输车辆。称量漏斗可以用来称量烧结矿、生矿、球团矿和焦炭等。

（4）槽下运输。槽下运输普遍采用胶带运输机供料。胶带运输机供料与称量漏斗称量相配合，是高炉槽下实现自动化操作的最佳方案。

（5）料车式上料机。料车式上料是利用料车在斜桥上行走，将炉料送到高炉炉顶。料车式上料机系统主要由料车、斜桥及料车卷扬机等几部分组成，如图 2-43 所示。料车卷扬机室有的布置在斜桥上方，也有的布置在斜桥下方，考虑多种因素的影响，大多数新建高炉都把卷扬机室布置在斜桥的下方。

（6）胶带式上料机。由于高炉的大型化和自动化，胶带式上料机系统已经成为一种主流配置，它主要由胶带、驱动卷筒、驱动电动机及传动装置等组成。胶带式上料机的工作示意图如图 2-44 所示。

B　炉顶装料系统

炉顶装料系统的主要任务是将炉料装入高炉并使之分布合理，其设备主要包括装料、布料、探料及均压几部分。装料系统的类型主要有钟式炉顶、钟阀式炉顶和无料钟炉顶。钟式炉顶主要包括受料漏斗、旋转布料器、大小料钟、大小料斗、大小料钟平衡杆机

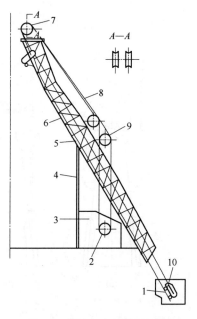

图 2-43　料车式上料机系统

1—料车坑；2—料车卷扬机；3—卷扬机室；4—支柱；5—轨道；6—斜桥；7，9—绳轮；8—钢绳；10—料车

构、大小料钟电动卷扬机或液压驱动装置、探料装置及其卷扬机等。钟阀式炉顶还有储料罐及密封阀门。无料钟炉顶不设置料钟，并采用旋转溜槽布料，其他主要设备与钟阀式炉顶大体相同。

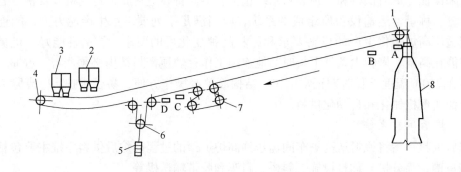

图 2-44　胶带式上料机的工作示意图

1—炉顶头轮；2—矿石漏斗；3—焦炭漏斗；4—尾轮；5—配重；6—胶带张紧装置；7—胶带传动装置；8—高炉；A—原料到达炉顶检测；B—炉顶装料准备检测；C—矿石终点检测；D—焦炭终点检测

（1）钟式与钟阀式炉顶装料设备。钟式炉顶分为双钟式、三钟式和四钟式。增加料钟个数的目的是为了加强炉顶煤气的密封，但会使炉顶装料设备的结构更加复杂化。我国高炉普遍采用双钟式炉顶结构。钟阀式炉顶是在双钟式炉顶的基础上发展起来的，其主要目的也是为了加强炉顶煤气的密封。钟阀式炉顶按照储料罐个数的不同又分为双钟双阀式和双钟四阀式两种，目前这两种炉顶在我国高炉上均有采用。图 2-45 所示为钟式炉顶装料

设备，图 2-46 所示为双钟双阀式炉顶装料设备。

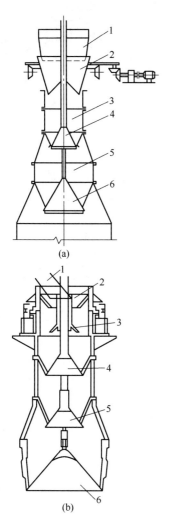

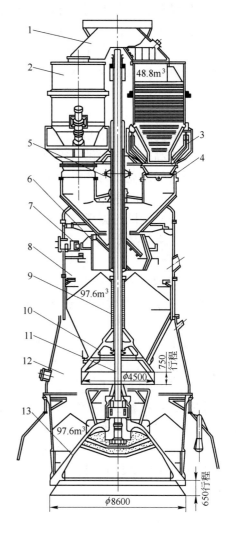

图 2-45 钟式炉顶装料设备

（a）带有快速布料器的双钟炉顶：
1—固定受料漏斗；2—快速布料器；3—小料斗；
4—小料钟；5—大料斗；6—大料钟；
（b）三钟炉顶：
1—受料漏斗；2—旋转溜槽；3—炉料分布器；
4—小料钟；5—中料钟；6—大料钟

图 2-46 双钟双阀式炉顶装料设备

1—皮带溜槽；2—储料斗；3—闸门；4—盘式阀；
5—布料器传动装置；6—布料器；7—挡辊；
8—小料斗；9—小钟杆；10—小料钟；
11—大钟杆；12—大料斗；13—大料钟

（2）无料钟炉顶装料设备。20 世纪 70 年代，卢森堡保尔·沃特（Paul Wurth，PW）公司推出 PW 型无料钟炉顶装料设备，如图 2-47 所示。无料钟炉顶装料设备自问世以来之所以发展迅速，是因为它不仅布料手段多、布料灵活、为高炉上部调剂增加了手段，而且为高炉炉顶实现高压操作、提高高压作业率提供了保证，可有效地控制炉内煤气流分布，为高炉顺行创造了条件。我国绝大部分新建 1000m³ 级以上高炉采用了无料钟炉顶装料设备。

2.2.3.3　送风系统

送风系统的任务是及时、连续、稳定、可靠地供给高炉冶炼所需热风，其主要设备包括高炉鼓风机、热风炉、废气余热回收装置、热风管道、冷风管道以及冷、热风管道上的控制阀门等。

A　鼓风机

高炉鼓风机是高炉冶炼最重要的动力设备。它不仅直接为高炉冶炼提供所需要的氧气，而且还为炉内煤气流克服料柱阻力运动提供必需的动力。高炉鼓风机是高炉的心脏。

常用高炉鼓风机的类型有离心式、轴流式（见图 2-48）及定容式三种。

B　热风炉

热风炉是高炉热风的加热设备，其实质是一个热交换器。现代高炉普遍采用蓄热式热风炉。由于燃烧和送风交替进行，为保证向高炉连续送风，通常每座高炉配置三座或四座热风炉。热风炉的大小及各部位尺寸取决于高炉所需的风温及风量。

根据燃烧室和蓄热室布置形式的不同，热风炉分为三种基本结构形式，即内燃式热风炉（见图 2-49）、外燃式热风炉（见图 2-50）和顶

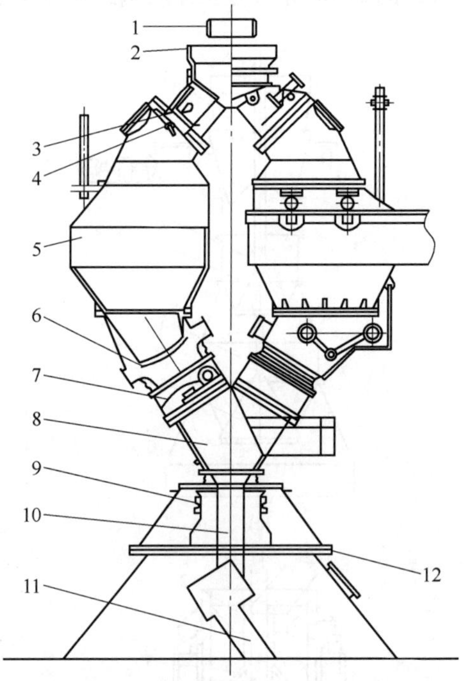

图 2-47　并罐式无料钟炉顶装料设备

1—胶带机；2—受料漏斗；3—排料闸阀；
4—上密封阀；5—料罐；6—料流调节阀；
7—下密封阀；8—叉形管；9—中心喉管；
10—布料器；11—旋转溜槽；12—钢圈

燃式热风炉（见图 2-51）。其工作原理以内燃式热风炉为例。简介如下：燃烧室和蓄热室

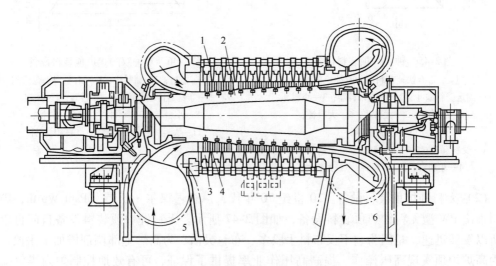

图 2-48　轴流式鼓风机

1—机壳；2—转子；3—工作叶片；4—导流叶片；5—吸气口；6—排气口

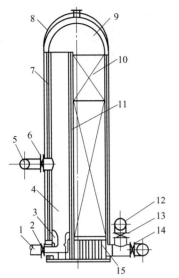

图 2-49 内燃式热风炉

1—煤气管道；2—煤气阀；3—燃烧器；
4—燃烧室；5—热风管道；6—热风阀；
7—大墙；8—炉壳；9—拱顶；10—蓄热室；
11—隔墙；12—冷风管道；13—冷风阀；
14—烟道阀；15—炉箅子和支柱

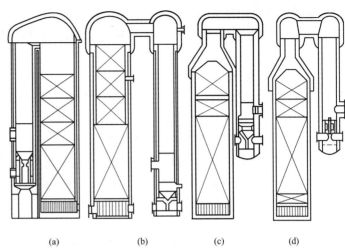

图 2-50 外燃式热风炉结构示意图

（a）地得式；（b）考贝式；（c）马琴式；
（d）新日铁式

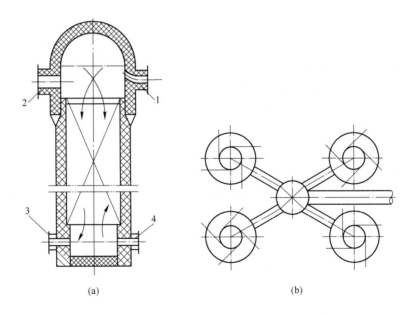

图 2-51 顶燃式热风炉

（a）结构示意图；（b）平面布置图

1—燃烧器；2—热风出口；3—烟气出口；4—冷风入口

砌在同一炉壳内，它们之间设有隔墙。煤气和空气由管道经阀门送入燃烧器并在燃烧室内燃烧，燃烧的热烟气向上运动，经拱顶改变方向，向下穿过蓄热室，然后进入烟道，经烟囱排入大气。在热烟气穿过蓄热室时,将蓄热室内的格子砖加热。格子砖被加热并蓄存一定热量后,热风炉停止燃烧,转入送风。送风是指使冷风从下部冷风管道经冷风阀进入蓄热室。空气通过格子砖被加热,经拱顶进入燃烧室,再经热风出口、热风阀、热风总管送至高炉。

2.2.3.4 煤气除尘系统

煤气除尘系统的任务是对高炉煤气进行除尘降温处理,以满足用户对煤气质量的要求。

高炉冶炼产生大量煤气。高炉煤气中含有 CO、H_2 和 CH_4 等可燃气体成分,其发热值一般为 $3350 \sim 4200kJ/m^3$,可以作为热风炉、烧结点火和锅炉的燃料。但是,未经除尘的高炉煤气中含有 $10 \sim 30g/m^3$(高的可达 $60 \sim 100g/m^3$)的灰尘,如直接使用,不仅会在运送时堵塞管道,而且会使热风炉和燃烧器等的耐火砖衬被侵蚀破坏。因此,高炉煤气必须除尘后才能作为燃料使用。

高炉煤气除尘后变为净煤气。为了提高净煤气的发热值、方便输送及保证用户燃烧安全,一般要求净煤气含尘量小于 $10mg/m^3$,温度低于 35℃,机械水含量小于 $30g/m^3$,压力大于 8000Pa。高压炉顶的净煤气还应考虑利用煤气余压发电和回收能源问题。

目前,高炉煤气除尘工艺主要有湿法(见图 2-52)和干法(见图 2-53)两种。湿法除尘系统

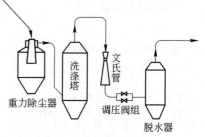

图 2-52 高炉煤气湿法除尘系统

的设备包括重力除尘器、洗涤塔、文氏管、脱水器、电除尘器、高压阀组等,有煤气余压发电的还包括透平机。采用干法除尘的煤气除尘系统,其设备主要包括重力除尘器、布袋箱体或板式电除尘器。采用这些不同形式的除尘设备,是为了有利于清除煤气中不同粒级的灰尘。

A 重力除尘器

重力除尘器是荒煤气进行除尘的第一步除尘装置。中心导入管为直型的重力除尘器的结构见图 2-54,其除尘原理是:利用煤气流通过重力除尘器时流速突然

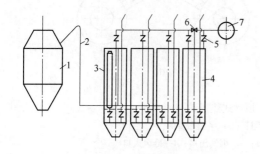

图 2-53 高炉煤气干法除尘系统

1—重力除尘器;2—荒煤气管;3—一次布袋除尘器;4—二次布袋除尘器;5—蝶阀;6—闸阀;7—净热煤气管道

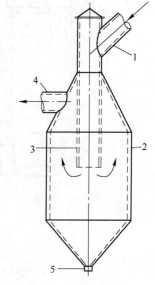

图 2-54 重力除尘器的结构

1—煤气下降管;2—除尘器壳体;3—中心导入管;4—煤气导出管;5—排灰口

降低和气流转向 180°，使煤气中的灰粒在重力和惯性力作用下离开气流并沉降于除尘器的底部，通过清灰阀和螺旋清灰器定期排出，而煤气流则从除尘器顶部的煤气导出管进入下一级除尘设备。

B　洗涤塔

洗涤塔是重力除尘器之后的除尘设备。高炉煤气除尘一般采用空心洗涤塔，如图 2-55 所示。空心洗涤塔的除尘原理是：煤气流由塔下部进入塔内自下而上流动，与向下喷洒的水滴和塔壁上的水膜接触，煤气中的灰粒被水滴或水膜捕集并凝聚成较大的泥团，在重力作用下沉降于塔的底部，然后被水流带走。经除尘后的煤气从塔顶部的煤气导出管进入下一级除尘设备。煤气在除尘过程中与水滴进行热交换，使煤气温度得以降低。

C　文氏管

文氏管的结构如图 2-56 所示，其由收缩管、喉管和扩张管组成。文氏管的除尘原理是：高速煤气流自上而下通过文氏管喉口时，使喉口处的喷水水滴及水膜被雾化，雾化后的水滴在被加速到最大速度之前与煤气流中灰粒的相对速度很高，致使灰粒能与雾状的微小水滴充分接触而被捕

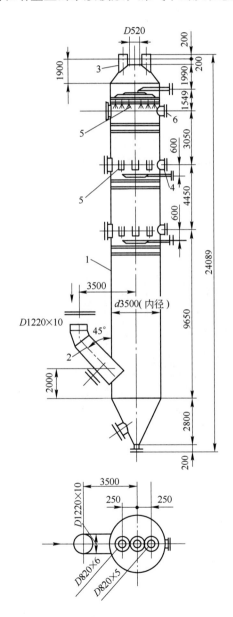

图 2-55　空心洗涤塔

1—洗涤塔外壳；2—煤气导入管；3—煤气导出管；
4—喷嘴给水管；5—喷嘴；6—人孔

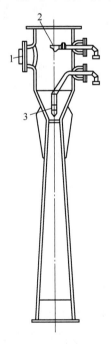

图 2-56　文氏管的结构

1—人孔；2—螺旋形喷水嘴；3—弹头式喷水嘴

集。含尘水滴在下降过程中彼此凝聚，重量增加，沉降于底部并排出。文氏管内未沉降下来的部分水滴，最后在文氏管下部的脱水器内因脱离煤气流而被截留下来，污水从文氏管下面的污水倒流管排走，煤气流经脱水器脱水后进入净煤气管道送走。煤气通过文氏管除尘后，温度进一步降低。

D　调压阀组

高压操作的高炉中，气流从鼓风机开始直到除尘设备全处于高压状态，故在其通入煤气管网的总管之前应设置减压装置。对高炉来说，它是一个增压阀组，是获得高压的设备，故又称为高压阀组。调压阀组不仅用来调压，同时也可降温除尘。

E　脱水器

清洗后的煤气中含有大量的细颗粒水滴，必须将其除去，否则会降低煤气发热值以及因水中带有灰尘而使煤气除尘的实际效果变坏。因此，必须重视煤气脱水。脱水器的种类很多，我国高炉煤气除尘系统中常用的脱水器有挡板式、重力式和旋风式三种。

F　布袋除尘器

布袋除尘器是利用各种高孔隙率的织布或滤毡，捕集含尘气体中的尘粒的高效率除尘器。其除尘效率在99%以上，阻损小于3000Pa，净煤气含尘量可达到5mg/m³ 以下。布袋除尘器的结构见图2-57。

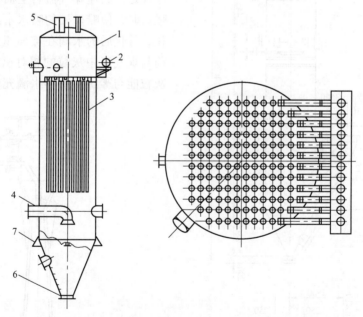

图 2-57　布袋除尘器的结构

1—布袋除尘器壳体；2—氮气脉冲喷吹装置；3—滤袋及框架；
4—煤气入口管；5—煤气出口管；6—排灰管；7—支座

2.2.3.5　渣铁处理系统

渣铁处理系统的任务是及时处理高炉排出的渣、铁，保证生产的正常进行，其主要设备包括开铁口机、堵铁口泥炮、铁水罐车、堵渣口机、炉渣粒化装置、水渣池及水渣过滤装置等。

在高炉风口和出铁口水平面以下设置有风口平台和出铁场。在风口平台上布置有出渣沟，在出铁场上布置有铁水沟和放渣沟。在出铁场还设置有行车和烟气除尘装置。在热风围管下或风口平台上设有换风口机等。目前高炉渣铁处理的一般流程如图 2-58 所示。

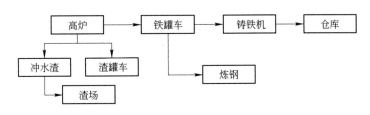

图 2-58　高炉渣铁处理系统流程图

A　风口平台和出铁场

在高炉下部，沿高炉炉缸周围风口平面以下设置的工作平台为风口平台。操作人员要通过风口观察炉况、更换风口、放渣、维护渣口和渣沟、检查冷却设备以及操纵一些阀门等。为了操作方便，风口平台一般比风口中心线低 1150～1250mm，除上渣沟部位外应保持平坦，只留泄水坡度。

出铁场是布置铁沟和下渣沟、安装炉前设备、进行放渣和出铁操作的炉前工作平台。由于铁口、渣口标高不同，出铁场一般比风口低约 1500mm。出铁场的面积取决于渣铁沟的布置和炉前操作的需要，其长度大中型高炉为 40～60m，宽度为 15～25m，高度则要求能保证任何一个渣铁流嘴下沿不低于 5m，以便渣铁罐车通过。出铁场上面布置有出铁沟和下渣沟。在出铁场主铁沟区域应保持平坦，其余部分应保持由中心线向两侧和由出铁口向端部、与渣铁沟走向一致的坡度。中小型高炉一般只有一个出铁场，大型高炉有 2 个或 3 个出铁场。

B　铁水处理

高炉生产的铁水绝大部分送往炼钢厂进行炼钢，小部分用于铸成铁块。铁水采用铁水罐车进行运输。

C　炉渣处理

高炉炉渣的处理方法取决于对其利用途径的选择。目前广泛采用的是水淬处理，其次是干渣块利用，此外还有少量炉渣用于生产渣棉及其他用途。

2.2.3.6　喷吹系统

喷吹系统的主要任务是均匀、稳定地向高炉喷吹煤粉，促进高炉生产的节能降耗。

高炉喷吹燃料是在采用高风温和富氧鼓风的同时，通过风口向炉缸喷吹燃料的技术。它的发展增强了高炉炼铁工艺与新型非高炉炼铁工艺竞争的力量，缓解了炼铁生产受到资源、投资、成本、能源、环境、运输等多方面限制的压力，已成为炼铁系统工艺结构优化、能源结构变化的核心。高炉喷吹的燃料有天然气、焦炉煤气、重油、焦粉、煤等。目前我国高炉主要以喷煤为主。

高炉喷煤系统由原煤储运、煤料制备、煤料输送、喷吹、干燥气体制备和动力供气等系统组成，工艺流程如图 2-59 所示。

（1）原煤储运系统，是将原煤运至储煤场进行存放、控干、混匀等，然后用皮带机将

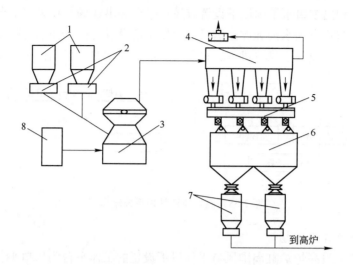

图 2-59　高炉喷煤系统工艺流程
1—原煤仓；2—皮带秤；3—磨煤机；4—气箱式布袋收粉器；
5—刮板机；6—煤粉仓；7—喷吹罐；8—烟气炉

其送入原煤仓内。

（2）煤粉制备系统（制粉系统），是将原煤经过磨煤机制成干燥煤粉后，再将煤粉从干燥气中分离出来存入煤粉仓内。

（3）煤粉输送和喷吹系统，是通过在喷吹罐内加压，将煤粉经输送管道和喷枪喷入高炉。

（4）干燥气体制备系统，是将高炉煤气等送入燃烧炉内进行燃烧，生成的热烟气送入煤粉制备系统作为干燥气。

（5）动力供气系统，是指供给整个喷煤系统所需的压缩空气、氧气、氮气及蒸汽等。

生产中常采用无烟煤和烟煤混合喷吹，但烟煤是易燃易爆物质，其着火点低、爆炸性强，所以在整个制煤、喷煤系统中，必须采用严密和严格的防爆措施，以确保系统安全生产。

2.3　非高炉炼铁

非高炉炼铁法是除高炉炼铁以外的其他炼铁工艺方法的总称，目前按工艺特征、产品类型及用途可归纳为两大类，即直接还原法和熔融还原法，它们都是炼铁技术新工艺。

直接还原（direct reduction）法是将铁矿石在低于熔化温度下还原成铁的生产过程。其产品是一种低温下固态还原的金属铁，它未经熔化而保持矿石外形，但由于还原失去氧形成大量气孔，在显微镜下观察形似海绵，因此也称海绵铁。直接还原铁的碳含量低，不含硅、锰等元素，还保存了矿石中的脉石，因此不能大规模用于转炉炼钢，只适用于代替废钢作为电炉炼钢的原料。

熔融还原（smelting reduction）法是在熔融状态下将铁矿石还原成铁的生产过程。其产品是一种与高炉铁水相似的高碳生铁，并适合于各种炼钢用途。

非高炉炼铁法，自20世纪初为了获得生产特殊钢的原料和充分利用资源而用于工业生产以来，其发展经历了百余年的历史。前50年处于试验研究和少量生产阶段，从20世纪50年代开始逐步投入工业应用，随着钢铁生产技术的发展，近十几年非高炉炼铁得到了迅速发展，原因是：

（1）非高炉炼铁法不用焦炭炼铁。高炉冶炼需要高质量冶金焦，而从世界矿物燃料的总储量来看，煤炭占92%左右，而焦煤只占煤炭总储量的5%，而且日渐短缺，价格越来越高。非高炉炼铁可以使用非炼焦煤和天然气作为燃料和还原剂，为缺少焦煤资源的国家和地区提供了发展钢铁工业的巨大空间。

（2）高炉炼铁要求使用强度好的焦炭和块状铁料，必须有炼焦和铁矿粉造块等工艺配套，工艺环节多，经济规模大，需要大的原料基地和巨额投资。非高炉炼铁使用非焦煤或天然气，可使用块矿或直接使用粉矿，市场适应性强。

（3）科学技术的进步对钢材质量和品种提出了更高要求。现代电炉炼钢技术为优质钢的生产提供了有效的手段，但由于废钢的循环使用，杂质逐渐富集，而一些杂质元素在炼钢过程中又很难去除，无法保证钢的质量，并限制了电炉法冶炼优质钢种的优势。非高炉炼铁法能为炼钢提供成分稳定、质量纯净的优质原料，为发挥炼钢设备的潜能、提高企业的经济效益提供了有益的支持。

（4）随着钢铁工业的发展，氧气转炉和电炉逐渐取代平炉炼钢，废钢消耗量迅速增加，废钢供应量日趋紧张，非高炉生产的海绵铁、粒铁等是废钢的极好替代品。

（5）废钢-电炉-连铸连轧这一钢铁生产短流程的迅速发展，具有节能、生产率高、污染少和生产灵活性大的优点。

（6）非高炉炼铁法能充分利用本国资源和需求，确定适宜规模，灵活调整产品的结构、数量和品种，投资少，建设快，为发展中国家快速发展钢铁工业提供了良好的机遇，同时也促使发达国家积极发展短流程生产。

非高炉炼铁所生产的铁有三种用途，即作为炼钢原料、作为炼铁原料和制备铁粉。

2.3.1 直接还原法炼铁

近年来，直接还原技术有了很大发展，到目前为止，直接还原法已超过40种，其中工业应用的有20多种。按还原剂不同，其可分为气基法和煤基法两大类。气基法是用天然气经裂化产生的H_2和CO气体作为还原剂，是直接还原炼铁的主要方法，其产量占直接还原铁总产量的90%。煤基法是用煤作还原剂，其产量占直接还原铁总产量的10%。

2.3.1.1 韦伯法

韦伯（Wiberg-Soderfors）法由瑞典的马丁·韦伯发明于1918年，1932年在瑞典南福斯建造了第一座生产装置，是最早的直接还原法生产装置，其工艺流程如图2-60所示。

直接还原过程在内衬为耐火材料的还原竖炉内进行，而还原气由煤气转化炉产生，并经过脱硫塔处理后送入竖炉参与还原。

2.3.1.2 希尔法

希尔（HYL）法由墨西哥希尔萨公司（Hylsa）发明于20世纪50年代，是用H_2和CO或其他混合气体，将装于移动或固定容器内的铁矿石还原成海绵铁的一种方法，其工

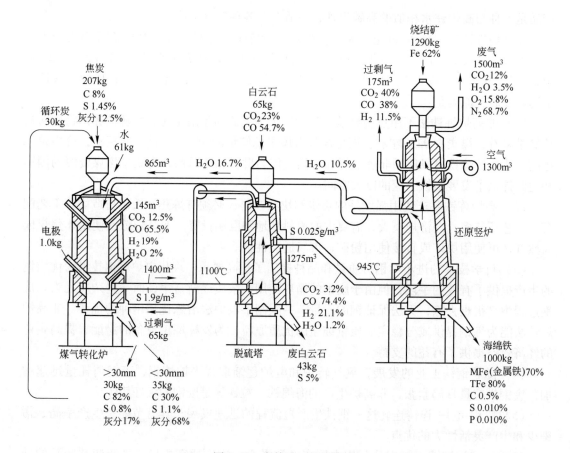

图 2-60　韦伯法工艺流程图

艺流程如图 2-61 所示。HYL 直接还原工艺一般采用富含 H_2 和 CO 的混合煤气作为还原煤气，这种还原煤气是将天然气或其他碳氢化合物在重整炉内裂化产生的。在进入重整炉之

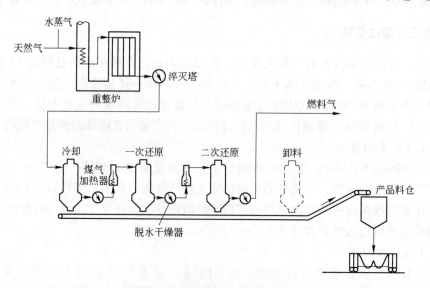

图 2-61　HYL 法工艺流程图

前，将天然气或其他碳氢化合物与水蒸气混合。重整炉由一套镀有镍催化剂的不锈钢管组成，用火焰直接加热。

HYL 工艺由四个火焰装置组成，前三个连成一排，第四个用来装料和卸料。还原过程分三个阶段完成，每一阶段约为 3h。在第一阶段，刚刚入炉的矿石被加热并发生预还原，即一次还原。还原气来自另一个发生主要还原的还原装置。

完成第一阶段的预还原后，开始第二阶段的还原，其还原气中还原性成分含量丰富，完成还原后转入冷却和渗碳阶段，新还原气直接来自重整炉。也就是说，新还原气首先是用在冷却和渗碳阶段，然后流入发生一次还原阶段的反应器，最后进入刚刚上料的反应装置，用来加热物料和进行预还原。

2.3.1.3　米德莱克斯法

对米德莱克斯（Midrex）法的研究始于 1936 年。1969 年，美国米德兰-罗斯公司（Midland-Ross）在波特兰吉尔摩钢铁公司建造了 Midrex 直接还原装置。该方法的工艺流程如图 2-62 所示。

Midrex 工艺的竖炉为圆筒形，分为上下两部分。上部分为预热和还原带。作为还原原料的氧化球团矿加入竖炉后，依次经过预热、还原、冷却三个阶段。还原得到的海绵铁冷却到 50℃ 后排出炉外，以防再氧化。还原气（$\varphi(CO) + \varphi(H_2) \approx 95\%$）是由天然气和炉顶循环煤气按一定比例组成的混合气，在换热器温度（900 ~ 950℃）条件下，经镍催化剂裂解获得。该气体组成不另外补充氧气和水蒸气，由

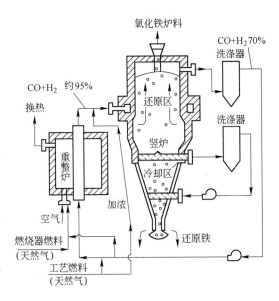

图 2-62　Midrex 法工艺流程图

炉顶循环煤气作为唯一的载氧体供氧。还原性气体温度（视矿石的软化程度）定在 700 ~ 900℃ 之间，由竖炉还原带下部通入。炉顶煤气回收后，部分用于煤气再生，其余用于转化炉加热和竖炉冷却。因此，该法的煤气利用率几乎与海绵铁还原程度无关，而热量消耗较低。

竖炉下部为冷却带。海绵铁被底部气体分配器送入的冷却气（$\varphi(N_2) = 40\%$）冷却到 100℃ 以下，然后用底部排料机排出炉外。冷却带装有 3 ~ 5 个弧形断路器，调节弧形断路器和盘式给料装置可改变海绵铁的排出速度。冷却气由冷却带上部的集气管抽出炉外，经冷却器冷却净化后，再用抽风机送入炉内。为防止空气吸入和再氧化的发生，炉顶装料口、下部卸料口都采用气体密封，密封气是重整转化炉排出的 $\varphi(O_2) < 1\%$ 的废气。

含铁原料除氧化球团矿外，还可用块矿或混合料，入炉粒度为 6 ~ 30mm，小于 6mm 粒级的比例应低于 5%，并希望含铁原料有良好的还原性和稳定性。入炉原料的脉石和杂质元素含量也很重要。竖炉原料内 $w(SiO_2) + w(Al_2O_3)$ 最好在 5.0% 以下，$w(TFe) = 65\% ~ 67\%$。

还原产品的金属化率通常为 92% ~ 95%，$w(C)$ 按要求控制在 0.7% ~ 2.0% 范围内。

产品耐压强度应达到5MPa以上，否则在转运中会产生较多粉末。产品的运输和储存应注意防水，因为海绵铁极易吸水而促进其再氧化。

2.3.1.4　费尔法

费尔（Fior）法是由美国埃克松（Exxon）公司于20世纪50年代末开始研究的。从流化床在炼油工业中的应用转化到还原细粒铁矿石，称为流化床铁矿石还原法（fluid iron ore reduction，简称Fior，即费尔法）。其工艺流程如图2-63所示。

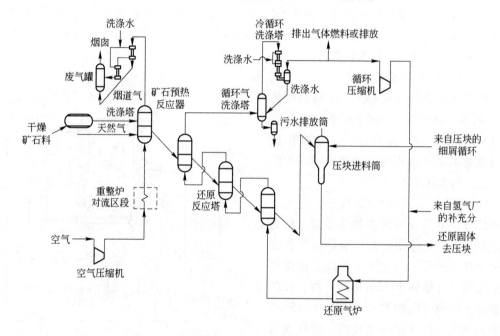

图2-63　Fior法工艺流程图

精矿与加压后的还原气成对流方向加入流化床反应炉系统，在第一段中将矿石烘干，并使其与部分氧化产物接触而脱除一定量的硫。在下几个阶段中，借助于还原气进行还原。还原气由天然气或油等加水蒸气催化裂化制成，也可通过部分氧化法而制成。然后把还原铁粉热压成块，这一产品不会自燃并能抵抗再氧化。从还原反应炉中排除的气体经过冷却，除去水蒸气、二氧化碳和粉尘后再返回使用。

该法选用脉石含量小于3%的高品位铁矿粉作原料，可省去造块工艺。但由于矿粉极易黏结引起"失常"或矿粉沉积而失去流态化状态，要求入炉料含水量低、粒度小于4目（4.76mm），操作温度要求在600~700℃范围内。

2.3.1.5　SL-RN法

SL-RN法又称回转窑法，以回转窑、冷却筒为主体设备，用铁矿石或者球团矿以及非黏结性动力煤为原料来生产直接还原铁。该法由德国鲁奇（Lurgi）公司于1964年发明，是将SL法（由加拿大钢铁公司（Stelco）和鲁奇公司于1960年研制成功）与RN法（由美国共和钢铁公司（Republic Steel）及美国国家铅公司（National Lead）于1920~1930年间开发）结合，发挥它们的优点并加以改进，以该四家公司英文名称的第一个字母命名。其工艺流程如图2-64所示。

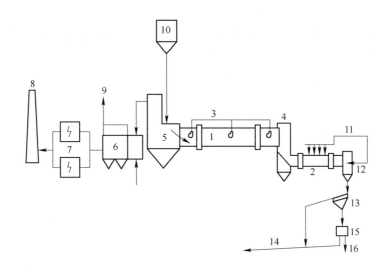

图 2-64 SL-RN 法工艺流程

1—回转窑；2—冷却回转筒；3—二次风；4—窑头；5—窑尾；6—余热锅炉；
7—静电除尘；8—烟囱；9—过热蒸汽；10—给料；11—间接冷却水；
12—直接冷却水；13—磁选；14—直接还原铁；15—筛分；16—废料

矿石（球团矿、烧结矿、块矿或矿粉）和还原剂（有时包括少量的脱硫剂）从窑尾连续加入回转窑，炉料随窑体转动并缓慢向窑头方向运动，窑头设燃烧喷嘴，喷入燃料加热。矿石和还原剂经干燥、预热进入还原带，在还原带铁氧化物被还原成金属铁。还原生成的 CO 在窑内上方的自由空间燃烧，燃烧所需的空气由沿窑身长度方向上安装的空气喷嘴供给。通过控制窑身空气喷嘴的空气量，可有效控制窑内温度和气氛。窑身空气喷嘴是直接还原窑的重要特征，由它供风燃烧是保证回转窑还原过程进行的最重要的基础之一。窑身空气喷嘴的控制是该方法最主要的控制手段之一。炉料还原后，在隔绝空气的条件下进入冷却器，使炉料冷却到常温。冷却后的炉料经磁选机磁选分离，获得直接还原铁。过剩的还原剂可以返回使用。

回转窑内的最高温度一般控制在炉料的最低软化温度之下 100~150℃。在使用低反应煤（无烟煤）时，窑内温度一般为 1050~1100℃；在使用高反应煤时，窑内温度可降低到 950℃。

SL-RN 法的产品是在高温条件下获得的，因而不易再氧化，一般不经特殊处理就能直接使用。生产的海绵铁的金属化率达 95%~98%，$w(S)$ 可达到 0.03% 以下，$w(C)$ = 0.3%~0.5%。

SL-RN 法对原燃料适应性强，可以使用各种类型和形态的原料，还可以使用各种劣质煤作还原剂；但回转窑填充率低、产量低，易产生结圈故障，炉尾废气温度高达 800℃以上，热效率低。

2.3.2 熔融还原法炼铁

到目前为止，提出的熔融还原方法达 90 多种，已开发的有 30 多种，归纳起来有以下两种主要形式：

（1）一步法。用一个反应器完成铁矿石的高温还原及渣铁熔化，生成的 CO 排出反应器后再加以利用。

（2）二步法。先利用富含 CO 的气体在第一个反应器内将铁矿石预还原，然后在第二个反应器内补充还原和熔化。

2.3.2.1　回转炉法

回转炉法生产液态生铁的优点是：把矿石还原反应及 CO 燃烧反应置于一个反应器内进行，两个反应（还原与氧化）的热效应互相补充，化学能的利用良好。但其最大缺点是：

（1）耐火材料难以适应十分复杂的工作条件（如还原和氧化及酸性渣和碱性渣的交替变化），炉渣、生铁也剧烈地冲刷炉衬，使炉衬损坏严重，所以设备的作业率低；

（2）煤气以高温状态排出，故热能的利用不好；

（3）因反应器内还原气氛不足，以 FeO 形式损失于渣中的铁量不少。

最有名的回转炉法如 Dored 法，其原理如图 2-65 所示。

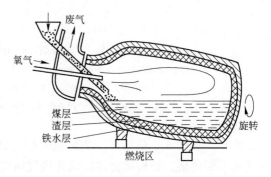

图 2-65　Dored 法原理示意图

2.3.2.2　电炉法

电炉炼铁用碳作还原剂，以电能供应反应过程所需要的热量消耗。其优点除了不用焦炭或仅用少量焦粉外，由于炉体矮，高度仅有数米，因而不要求像高炉那样的原料强度，故原料的选择范围宽。但由于电耗高，电炉炼铁法的采用一直局限在水能资源丰富或电价低廉的地方。

2.3.2.3　川崎法

川崎法是由日本川崎（Kawasaki）钢铁公司于 1972 年开始研究，已通过小规模试验确立的生产生铁或铬铁合金的一种新工艺。该法由预还原流化床及终还原炉两部分组成。预还原采用流化床还原精矿，预还原后的煤粉与矿粉一起用氧气喷入竖炉风口并燃烧还原，其工艺流程如图 2-66 所示。

川崎法的优点是：生产效率高，单位容积生产率达 $2 \sim 10 t/(m^3 \cdot d)$；以低质焦和煤为能源，可直接使用粉矿，设备投资低，仅为高炉的 67%；还可用于铁合金生产。

2.3.2.4　科雷克斯法

科雷克斯（Corex）法是由德国科尔夫工程公司（Korf Engineering GMBH）和奥地利奥钢联工业公司（Voest-Alpine）联合开发的一种无焦炼铁的熔融还原炼铁工艺。其原名为 KR 法，在科尔夫工程公司拥有的 Midrex 竖炉直接还原法的基础上发展起来。该法工艺流程如图 2-67 所示。

Corex 工艺由预还原竖炉、熔融造气炉（终还原炉）以及还原煤气除尘和调温系统组成。煤块和氧在熔融造气炉内形成的还原煤气（$CO + H_2$ 占 95% 以上）经过除尘、调温后送入预还原炉，将装入其内的含铁块料还原到金属化率达 90% 以上。被还原的金属化料通

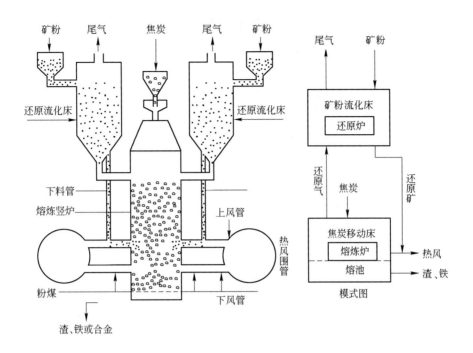

图 2-66 川崎法工艺流程图

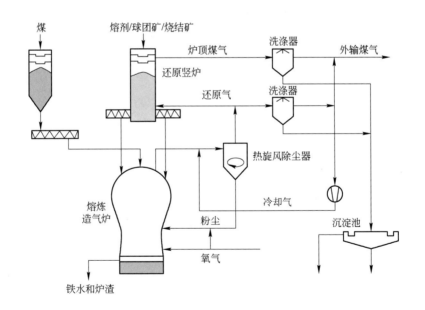

图 2-67 Corex 法工艺流程图

过螺旋给料器均匀地输入熔融造气炉内进行终还原和形成液态产品。该法优点是：以非焦煤为能源，对原燃料适应性强；生产的铁水可直接用于转炉炼钢；直接使用煤和氧，不需要焦炉和热风炉设备，减少污染，降低基建投资，生产费用比高炉少30%以上。其不足之处是精矿需要造块、氧耗多、不易冶炼低硅铁等。

思　考　题

2-1　高炉冶炼用燃料的作用是什么，有哪些种类？

2-2　高炉冶炼中常用的铁矿石种类有哪几种？

2-3　铁矿粉造块有哪些方法，造块的目的和意义是什么？

2-4　高炉冶炼的产品和副产品有哪些？

2-5　高炉冶炼铁氧化物还原的方式有哪些？

2-6　高炉内除了铁还原外，还有哪些元素发生还原，对高炉炼铁有什么影响？

2-7　高炉炉渣有什么作用，它是如何形成的？

2-8　高炉冶炼设备包括哪几大系统，各自的作用是什么？

2-9　非高炉炼铁方法有哪些，应用情况如何？

3 钢 冶 金

本章摘要 炼钢学是研究将高炉铁水（生铁）、直接还原铁（DRI）、热压块铁（HBI）或废钢（铁）加热、熔化，通过化学反应去除铁液中的有害杂质元素，配加合金并浇注成半成品（铸坯或钢锭）的工程科学。炼钢技术经过 200 多年的发展，其技术水平、自动化程度得到了很大的提高，当前炼钢正向高效、高洁净度、高质量铸坯方向发展。本章简要介绍有关炼钢的基本理论、转炉炼钢、电炉炼钢、炉外精炼及连续铸钢方面的知识。

3.1 炼钢基础理论

炼钢过程实质上是许多非常复杂的高温物理化学转变的综合过程，它涉及多种以不同聚集状态存在的组元，如固态（炉料、辅助材料及炉衬等）、液态（液体金属及炉渣）及气态（炉气、吹入金属内的空气或氧气等）。

在冶金反应过程中，应用冶金反应热力学计算一定条件下反应变化的方向和限度以及将得到的最终产物问题，选择浓度、温度和压力等作为计算参数；应用冶金反应动力学研究反应过程的机理、速率以及其与各种因素的关系，确定强化冶金过程的措施。

3.1.1 钢液的物理性质

3.1.1.1 钢液的密度

钢液的密度是指单位体积钢液所具有的质量，单位通常采用 kg/m^3。影响钢液密度的因素主要有温度和钢液的化学成分。总的来讲，温度升高，钢液密度降低，原因在于原子间距增大。固体纯铁的密度为 $7880kg/m^3$，$1550℃$ 时液态的密度为 $7040kg/m^3$，钢的变化与纯铁类似。

钢液密度随温度的变化可用下式计算：

$$\rho = 8523 - 0.8358 \times (t + 273) \tag{3-1}$$

式中，温度 t 的单位为℃。

各种金属和非金属元素对钢密度的影响不同，其中碳的影响较大且比较复杂。

3.1.1.2 钢的熔点

钢的熔点是指钢完全转变成液体状态时或是冷凝时开始析出固体的温度。它是确定冶炼和浇注温度的重要参数。纯铁的熔点约为 $1538℃$，当某元素溶入后，纯铁原子之间的作用力减弱，铁的熔点就降低。计算钢的熔点可采用以下经验式：

$$t_{熔} = 1536 - (90w[C]_\% + 6.2w[Si]_\% + 1.7w[Mn]_\% +$$

$$28w[P]_\% + 40w[S]_\% + 2.6w[Cu]_\% +$$

$$2.9w[Ni]_\% + 1.8w[Cr]_\% + 5.1w[Al]_\%) \tag{3-2}$$

3.1.1.3 钢液的黏度

黏度是钢液的一个重要性质，它对冶炼温度参数的制定、非金属夹杂物的上浮和气体的去除以及钢的凝固结晶都有很大影响。各种以不同速度运动的液体各层之间会产生内摩擦力，通常将内摩擦系数或黏度系数称为黏度，一般用符号 μ 表示动力黏度，单位为 $Pa \cdot s$（$N \cdot s/m^2$ 或 P（泊），$1P = 0.1Pa \cdot s$）；用符号 ν 表示运动黏度，单位为 m^2/s。

钢液的黏度比正常熔渣的黏度要小得多，1600℃时其值为 $0.002 \sim 0.003Pa \cdot s$；纯铁液在 1600℃时的黏度为 $0.0005Pa \cdot s$。

影响钢液黏度的因素主要是温度和成分。温度升高，黏度降低。钢液中的碳对黏度的影响非常大，这主要是因为碳含量使钢的密度和熔点发生变化，从而引起黏度的变化。同一温度下，高碳钢钢液的流动性比低碳钢钢液的好。

非金属夹杂物对钢液黏度的影响有：钢液中非金属夹杂物含量增加，则钢液黏度增加，流动性变差。钢液中的脱氧产物对流动性的影响也很大，当钢液分别用 Si、Al 或 Cr 脱氧时，初期由于脱氧产物生成，夹杂物含量高，黏度增大；但随着夹杂物不断上浮或形成低熔点夹杂物，黏度又会下降。因此，如果脱氧不良，钢液的流动性一般不好。

3.1.1.4 钢液的表面张力

使钢液表面产生缩小倾向的力，称为钢液的表面张力，单位为 N/m。实际上，钢液的表面张力就是指钢液和它的饱和蒸汽或空气界面之间的一种力。

钢液的表面张力对新相的生成（如 CO 气泡的产生、钢液凝固过程中结晶核心的形成等）有影响，而且对相间反应（如夹杂物和气体从钢液中排除）、渣钢分离、钢液对耐火材料的侵蚀等也产生影响。影响钢液表面张力的因素很多，主要有温度、钢液成分及钢液的接触物。

钢液的表面张力是随着温度的升高而增大的，1550℃时，纯铁液的表面张力为 $1.7 \sim 1.9N/m$。碳对钢液表面张力的影响出现复杂的关系，如图 3-1 所示。由于钢的结构和密度随着碳含量的增加而发生变化，所以它的表面张力也会随着碳含量的变化而发生变化。

3.1.1.5 钢的导热能力

钢的导热能力可用导热系数来表示，即当体系内维持单位温度梯度时，在单位时间内流经单位面积的热量。钢的导热系数用符号 λ 表示，单位为 $W/(m \cdot ℃)$。

影响钢导热系数的因素主要有钢液的成分、组织、温度，非金属夹杂物的含量以及钢中晶粒的细化程度等。

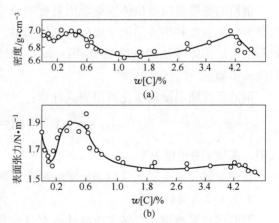

图 3-1 液相线以上 50℃时碳对铁碳熔体
密度和表面张力的影响

通常，钢中合金元素越多，钢的导热能力就越差。在合金钢中，各种合金元素对钢导热能力影响的次序为：C、Ni、Cr最大，Al、Si、Mn、W次之，Zr最小。合金钢的导热能力一般比碳钢差，高碳钢的导热能力比低碳钢差。

各种钢的导热系数随温度变化的规律不一样。800℃以下，碳钢的导热系数随温度的升高而下降；800℃以上则略有升高。图3-2所示为高、中、低三种不同碳含量的钢的导热系数与温度的变化情况。

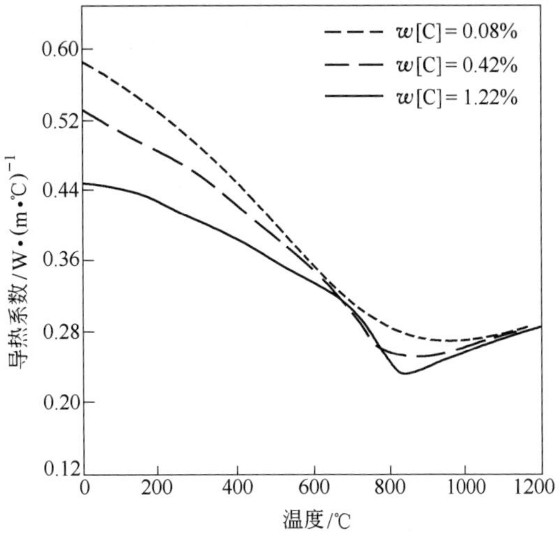

图3-2 温度对钢导热系数的影响

3.1.2 炉渣的物理化学性质

在炼钢过程中，炉渣起着极为重要的作用。为获得符合要求（成分和温度）的钢液，提高钢锭、钢坯的内部质量和表面质量，需要有符合一定要求的炉渣以保证炼钢全过程顺利进行。熔渣的结构决定着炉渣的物理化学性质，而熔渣的物理化学性质又影响着炼钢的化学反应平衡及反应速率。因此在炼钢过程中，必须控制和调整好炉渣的物理化学性质。

3.1.2.1 炉渣的作用与组成

炼钢炉渣主要是氧化物，还有少量氟化物、磷化物、硫化物。

炼钢过程中，炉渣的作用主要体现在以下几方面：

(1) 控制钢液的氧化还原反应；

(2) 脱除杂质（S、P），吸收夹杂物；

(3) 防止钢液吸气；

(4) 防止钢液散热，以保证钢的冶炼温度；

(5) 稳定电弧燃烧（对电弧炉和钢包炉）；

(6) 炉渣是电阻发热体（对电渣重熔）；

(7) 防止钢液的二次氧化（钢包/中间包覆盖剂、结晶器保护渣）。

炉渣在炼钢过程中也有不利作用，主要表现在：侵蚀耐火材料，降低炉衬寿命，特别是低碱度熔渣对炉衬的侵蚀更为严重；熔渣中夹带小颗粒金属及未被还原的金属氧化物，降低了金属的收得率。因此，造好渣是炼钢的重要条件。应造出成分合适、温度适当并且能够满足某种精炼要求的炉渣。

3.1.2.2 炉渣的化学性质

A 炉渣的酸碱性

炉渣中碱性氧化物浓度的总和与酸性氧化物浓度的总和之比称为炉渣碱度，常用符号 R 表示，最常用的表示方式是 $R = \dfrac{w(\mathrm{CaO})}{w(\mathrm{SiO_2})}$。炉渣碱度的大小，直接对渣-钢间的物理化学反应（如脱磷、脱硫、去气等）产生影响。

熔渣 $R < 1.0$ 时为酸性渣，由于 SiO_2 含量高，高温下可拉成细丝，称为长渣，冷却后

呈黑亮色玻璃状；$R>1.0$ 时为碱性渣，称为短渣。炼钢熔渣 $R \geqslant 3.0$。

炼钢熔渣中含有不同数量的碱性、中性和酸性氧化物，它们酸碱性的强弱程度可排列如下：

$$CaO > MnO > FeO > MgO > CaF_2 > Fe_2O_3 > Al_2O_3 > TiO_2 > SiO_2 > P_2O_5$$

$$\leftarrow 碱性 \qquad 中性 \qquad 酸性 \rightarrow$$

B 炉渣的氧化性

炉渣的氧化性也称炉渣的氧化能力，它是炉渣的一个重要的化学性质。炉渣的氧化性是指在一定的温度下，单位时间内炉渣向钢液供氧的数量。在其他条件一定的情况下，炉渣的氧化性决定了脱磷、脱碳以及夹杂物的去除等。由于氧化物分解压不同，只有（FeO）和（Fe_2O_3）才能向钢中传氧，而（Al_2O_3）、（SiO_2）、（CaO）、（MgO）等不能供氧。

炉渣的氧化性通常是用 $\Sigma w(FeO)_\%$ 表示，$\Sigma w(FeO)_\%$ 包括（FeO）本身和（Fe_2O_3）折合成（FeO）两部分。将（Fe_2O_3）折合成（FeO）有两种方法。

（1）全氧折合法：

$$\Sigma w(FeO)_\% = w(FeO)_\% + 1.35 w(Fe_2O_3)_\%$$

（2）全铁折合法（最常用）：

$$\Sigma w(FeO)_\% = w(FeO)_\% + 0.90 w(Fe_2O_3)_\%$$

通常用全铁法将（Fe_2O_3）折合成（FeO），原因是取出的渣样在冷却过程中，渣样表面的低价铁有一部分被空气氧化成高价铁，即（FeO）氧化成（Fe_2O_3）。

3.1.2.3 炉渣的物理性质

A 炉渣的熔点

炼钢过程要求炉渣的熔点低于所炼钢种的熔点 $50 \sim 200 ℃$。除 FeO 和 CaF_2 外，其他简单氧化物的熔点都很高，它们在炼钢温度下难以单独形成炉渣，实际上它们是形成多种低熔点的复杂化合物。

炉渣的熔化温度是指固态渣完全转化为均匀液态时的温度，凝固温度是指液态炉渣开始析出固体成分时的温度，即熔点。炉渣的熔化温度与炉渣的成分有关，一般来说，炉渣中高熔点组元越多，熔化温度越高。

B 炉渣的黏度

黏度是炉渣重要的物理性质，它对渣-钢间的反应、气体的逸出、热量的传递及炉衬的寿命均有影响，决定着电弧炉和转炉钢液脱碳、脱磷和脱氧反应的速度。流动性好的炉渣有保护钢液、减少外界氧化和减少吸气的作用。

影响炉渣黏度的因素主要有三个方面，即炉渣的成分、炉渣中的固体熔点和温度。一般来讲，在一定的温度下，凡是能降低炉渣熔点的成分，在一定范围内增加其浓度，可使炉渣黏度降低；反之，炉渣熔点增高，则使炉渣黏度增大。

在 $1600℃$ 炼钢温度下，合适炉渣的黏度为 $0.02 \sim 0.05 Pa \cdot s$，钢液的黏度在 $0.0025 Pa \cdot s$ 左右，钢液的黏度约为炉渣黏度的 $1/10$。

C 炉渣的密度

炉渣的密度决定炉渣所占据的体积大小及钢液液滴在渣中的沉降速度。

1400℃时，炉渣的密度与组成的关系如下：

$$\frac{1}{\rho_{渣}^0} = (0.45w(SiO_2)_\% + 0.286w(CaO)_\% + 0.204w(FeO)_\% +$$

$$0.35w(Fe_2O_3)_\% + 0.237w(MnO)_\% +$$

$$0.367w(MgO)_\% + 0.48w(P_2O_5)_\% +$$

$$0.402w(Al_2O_3)_\%) \times 10^{-3}$$

炉渣的温度高于1400℃时，可表示为：

$$\rho_{渣} = \rho_{渣}^0 + 0.07 \times \frac{1400 - t}{100} \tag{3-3}$$

式中　$\rho_{渣}^0$——1400℃时炉渣的密度，kg/m^3；

　　　　$\rho_{渣}$——高于1400℃时炉渣的密度，kg/m^3。

一般液态碱性渣的密度为 $3000kg/m^3$，固态碱性渣的密度为 $3500kg/m^3$，$w(FeO) > 40\%$ 的高氧化性渣的密度为 $4000kg/m^3$，酸性渣的密度一般为 $3000kg/m^3$。

D 炉渣的表面张力

炉渣的表面张力主要影响渣-钢间的物理化学反应及炉渣对夹杂物的吸附等，它与炉渣的成分、温度有关，也与气氛的组成和压力有关。炉渣的表面张力一般是随温度的升高而降低，但在高温冶炼时，温度的影响不明显。

炼钢炉渣的表面张力普遍低于钢液，电炉炉渣的表面张力一般高于转炉。纯氧化物的表面张力位于 $0.3 \sim 0.6N/m$ 之间。

一些纯氧化物在熔融状态下的表面张力已经被研究者所测得，通常的炉渣都是由两种以上的物质组成，可以用表面张力因子近似计算炉渣体系的表面张力，即：

$$\sigma_{渣-气} = \Sigma x_i \sigma_i \tag{3-4}$$

式中　$\sigma_{渣-气}$——炉渣的表面张力，N/m；

　　　　x_i——炉渣组元 i 的摩尔分数；

　　　　σ_i——炉渣组元 i 的表面张力因子。

E 渣-钢间界面张力

炼钢炉渣与钢液间的界面张力在 $0.2 \sim 1.0N/m$ 之间，与渣和钢液的组成及温度有关。

影响界面张力的炉渣组分可分为两类：

（1）不溶或极微小溶于钢中的组分。如 SiO_2、CaO、Al_2O_3 等，不会引起渣-钢间界面张力发生明显的变化。

（2）能分配在炉渣与钢液之间的组分。如 FeO、FeS、MnO、CaC_2 等，对渣-钢间界面张力的降低程度很大。

影响界面张力的金属元素可分为以下三种：

（1）不转入渣相中的元素，如 C、W、Mo、Ni 等；

（2）以氧化物的形式进入渣中的元素，如 Si、P、Cr 等；

（3）表面活性很强的元素，如 O、S 等。

F 炉渣的起泡性

渣的泡沫虽然能增大气-渣-钢间反应的界面面积及反应速率，但其导热性能差，在某些条件下恶化了炉渣对钢液的传热。

在转炉冶炼中，泡沫渣能引起炉内渣、钢喷溅及从炉口溢出，并引起黏附氧枪头等问题。

在电弧炉冶炼中，应在氧化期多采用埋弧泡沫渣工艺，这样泡沫渣包住电弧，加强了炉渣的吸热，减少了电弧向炉顶、炉壁辐射的热量，其实质是通过碳氧反应生成 CO 气体，促使炉渣泡沫化，有利于钢液提温和电效率提高。

3.1.3 钢液的脱碳

炼钢铁水是铁和碳以及其他一些杂质元素的合金溶液，一般炼钢生铁中的碳含量为 4% 左右，高磷生铁中的碳含量则为 3.6% 左右。脱碳反应是贯穿于炼钢始终的一个主要反应。炼钢的重要任务之一就是将熔池中的碳脱除到钢种所要求的程度，同时脱碳反应也是促进气体和夹杂物去除的有效手段之一。脱碳反应与炼钢过程中其他元素的氧化反应有密切的联系。

A 脱碳反应的热力学

现代大规模的炼钢生产，吹氧精炼是必不可少的步骤。综合熔池中的脱碳反应，碳氧反应存在如下三种基本形式：

（1）在吹氧炼钢过程中，金属液中的一部分碳在反应区被气体氧化；

（2）一部分碳与溶解在金属液中的氧进行氧化反应；

（3）还有一部分碳与炉渣中的（FeO）反应，生成 CO。

在高温下，[C] 主要氧化为 CO，[C] 与氧的反应如下。

（1）一部分碳在气-金界面上的反应区被气体氧直接氧化：

$$[C] + \frac{1}{2}\{O_2\} = \{CO\} \tag{3-5}$$

（2）当熔池中碳含量高时，CO_2 也是碳的氧化剂，发生下列反应：

$$[C] + \{CO_2\} = 2\{CO\} \tag{3-6}$$

（3）一部分碳与金属中溶解的氧或渣中的氧发生反应，主要在渣-金界面上发生：

$$[C] + (FeO) = \{CO\} + Fe \tag{3-7}$$

$$[C] + [O] = \{CO\} \tag{3-8}$$

上述反应式中：反应式（3-5）的氧化能力最大，因此在需要弱氧化的熔池中是不适宜的，对需要强氧化的熔池是有利的。反应式（3-6）的氧化能力比反应式（3-7）、式（3-8）稍强一点，即 CO_2 的氧化能力比 [O] 强；但是脱碳反应式（3-6）产生两个 CO，如果向钢液吹入 CO_2，则 CO_2 气泡不仅与 [C] 反应减少，而且还被产物 CO 稀释，浓度降低比较快。CO_2 是一个弱氧化剂，对钢液搅拌能力大，用它脱碳时可减少易氧化元素铬、锰的损失（与吹入 O_2 相比），起到脱碳保铬的作用。

从以上分析可知，影响脱碳反应的因素是：

（1）温度。［C］的直接氧化反应是放热反应，［C］与（FeO）的间接氧化反应是吸热反应。当采用矿石脱碳时，由于矿石分解吸热和反应吸热，应在高温下加入矿石，即在1480℃以上才可加入矿石；而采用吹氧脱碳时，对温度不做特殊要求。

（2）气相中CO的分压。降低气相中CO的分压有利于［C］的进一步氧化，钢液的真空脱碳就是依据这一原理进行的。

（3）氧化性。强的氧化性可以给脱碳反应提供氧源，有利于脱碳反应的进行。

B 脱碳反应的作用

碳氧反应是炼钢过程中极其重要的反应，在现代氧气转炉炼钢中，主要的冶炼反应是除去铁水中的碳，该反应贯穿于整个炼钢过程。碳的氧化反应在炼钢过程中具有如下多方面的作用：

（1）促进熔池成分和温度均匀。CO上浮排出时，使熔池产生强烈沸腾和搅拌，强化了热量和质量传递，促进了成分和温度均匀。

（2）加大钢-渣界面，提高了化学反应速度。熔池的强烈沸腾和搅拌增加了渣-金反应接触面积，有利于化学反应的进行。大量的CO气泡通过渣层是产生泡沫渣和气-渣-金三相乳化的重要原因。

（3）有利于非金属夹杂物的上浮和有害气体的排出，降低了钢中气体含量和夹杂物数量。CO气泡中H_2和N_2的分压极低，对这些气体来说，CO气泡是一个小真空室。小颗粒夹杂物会附着在CO气泡的表面上浮排除，从而提高钢的质量。

（4）脱碳反应与炼钢中其他反应有着密切的联系。熔渣的氧化性、钢中氧含量等也受脱碳反应的影响。

（5）造成喷溅和溢出。CO气泡排除不均及其造成的熔池上涨，是产生喷溅和溢出的主要原因。当然，这与生产操作不稳定关系很大，将导致金属损失和造渣材料消耗过大。

（6）有利于熔渣的形成。

（7）放热升温。

3.1.4 钢液的脱磷

脱磷是炼钢过程的重要任务之一。铁水的磷含量因铁矿原料条件的不同而不同，低磷铁水的磷含量在0.12%以下，高磷铁水的磷含量则高达2.0%以上。在绝大多数钢种中磷都属于有害元素，一般要求钢水磷含量低于0.03%或更低，易切削钢中的磷含量也不得超过0.08%~0.12%。炼钢过程中磷既可以被氧化又可以被还原，出钢时或多或少都会发生回磷现象，因此，控制炼钢过程中的脱磷反应是一项重要而又复杂的工作。

3.1.4.1 磷对钢材性能的影响

磷在钢中是有害元素，易使钢发生冷脆现象，碳含量高时影响更明显。其原因是由于磷原子富集在铁素体晶界上形成"固溶强化"作用，造成晶粒间的强度提高，从而产生脆性。

磷对钢的冲击韧性的影响是：磷含量越高，越易在结晶边界析出磷化物，降低钢的冲击值，在室温下使钢的冲击韧性急剧下降。

磷的有益影响是：在某些钢中磷以合金元素的形式加入，如炮弹钢、耐蚀钢中，除含有 Cu 外，还可加入小于 0.1% 的 P，以增加钢的抗大气腐蚀的能力。

3.1.4.2 氧化脱磷

在转炉和电弧炉炼钢过程中，最主要的脱磷方法是氧化性脱磷。氧化脱磷是指脱磷处理在氧化气氛或添加氧化剂的条件下进行，金属中的磷被氧化为 +5 价，以磷酸盐的形式固定在熔渣中。磷在钢中存在的稳定形式是 Fe_2P，其次是 Fe_3P。Fe_3P 在固态下于 1166℃ 时分解，故在液态中不存在。铁液中磷以 Fe_2P 存在，但在进行热力学和动力学分析时，也可将 [P] 作为溶于铁液中的一个组分对待。磷在渣中的存在形态由 CaO-P_2O_5 相图可知，靠近 CaO 的一侧主要有 $4CaO \cdot P_2O_5$ 和 $3CaO \cdot P_2O_5$，但 $4CaO \cdot P_2O_5$ 在未熔化前将分解。因此，液渣中主要存在 $3CaO \cdot P_2O_5$，而 $4CaO \cdot P_2O_5$ 次之。目前，脱磷反应产物可写作 $4CaO \cdot P_2O_5$ 或 $3CaO \cdot P_2O_5$。炉渣的离子理论认为，磷以 PO_4^{3-} 形式存在。

综上所述可以认为，脱磷反应是按以下方式进行的：

（1）分子形式的表示法。

$$2[P] + 5(FeO) + 4(CaO) = (4CaO \cdot P_2O_5) + 5[Fe] \qquad (3-9)$$

$$2[P] + 5(FeO) + 3(CaO) = (3CaO \cdot P_2O_5) + 5[Fe] \qquad (3-10)$$

（2）离子形式的表示法。按炉渣的离子模型可写成下式：

$$2[P] + 5[O] + 3(O^{2-}) = 2(PO_4^{3-}) \qquad (3-11)$$

炼钢中大量使用石灰（CaO 脱磷）。近年来由于冶炼超低磷钢以及铁合金脱磷，苏打渣和氧化钡渣也相继用来作脱磷剂，脱磷产物为相应的磷酸盐。

影响炉渣脱磷的主要因素如下：

（1）炉渣的碱度。P_2O_5 是酸性氧化物，CaO、MgO 等碱性氧化物可以显著降低炉渣中 P_2O_5 的活度系数，从而提高炉渣的脱磷能力和增加磷的分配系数。碱度越高，渣中 CaO 的有效浓度越高，脱磷越完全。但是，碱度并非越高越好，碱度高，化渣不好，炉渣变黏，影响其流动性，对脱磷反而不利。

（2）炉渣的氧化性。提高炉渣的氧化性，即提高炉渣中 FeO 的活度，可提高磷的分配系数。熔渣中的 FeO 含量对脱磷反应具有重要作用。渣中 FeO 是脱磷的首要因素，因为磷首先氧化生成 P_2O_5，然后与 CaO 作用生成 $4CaO \cdot P_2O_5$ 和 $3CaO \cdot P_2O_5$；渣中 FeO 在碱度不太高的熔炼初期也能生成 $3FeO \cdot P_2O_5$，反应为 $3(FeO) + (P_2O_5) = (3FeO \cdot P_2O_5)$。但 FeO 对脱磷有双重影响。其作为磷的氧化剂时，在一定的碱度下，炉渣中 FeO 含量的增加促进了脱磷；但作为炉渣中的碱性氧化物，（FeO）的脱磷能力远不及（CaO），当炉渣中的 FeO 含量高到一定程度后，相当于稀释了炉渣中 CaO 的浓度，P_2O_5 的活度有所增加，从而促使脱磷效果有所下降。

（3）温度。脱磷反应是强烈的放热反应，因此从热力学观点来讲，低温有利于脱磷。由于脱磷需要含 CaO 的碱性渣，而加入石灰则需要有一定的温度才能形成液态渣。因此，温度对脱磷的影响应辩证地理解，即在保证炉渣具有一定碱度和流动性的较低温度下才能有效脱磷。

（4）金属液的成分。钢液脱磷首先要有较高的 [O] 含量，因此实际生产过程中，

［Si］、［Mn］、［Cr］、［C］含量高时不利于脱磷，只有当与氧结合能力高的元素含量降低时，脱磷才能顺利进行。

（5）渣量。增加渣量，可以在 L_p 一定时使钢水中的磷含量降低，从而有利于脱磷。冶炼中、高磷铁水时，常采用大渣量脱磷。增大渣量意味着稀释了（P_2O_5）的浓度，也就是说（$3CaO \cdot P_2O_5$）的含量减少；但一次造渣量过大会给操作带来困难，此时可采用双渣法造渣脱磷。但是多次换渣也增大了钢水和热量的损失，从保护环境、有效利用资源方面考虑，应该避免大渣量操作。

总之，脱磷的条件为：高碱度、高氧化铁含量（氧化性）、具有良好流动性的熔渣，充分的熔池搅动，适当的温度和大渣量。

要保证钢水脱磷效果，必须防止回磷现象。回磷是指进入炉渣中的磷又重新回到钢中，使钢水中磷含量增加的现象。氧化脱磷时，炉渣的氧化性下降或碱度降低、石灰化渣不好、温度过高等都可能引起回磷。出钢过程中，脱氧合金加入不当、出钢下渣、合金中磷含量较高等因素也会导致成品钢中磷含量高于终点磷含量。

避免钢水回磷的措施有：挡渣出钢，尽量避免下渣；适当提高脱氧前的炉渣碱度；出钢后向钢包渣面加一定量的石灰，增加炉渣碱度；尽可能采取钢包脱氧而不采取炉内脱氧；加入钢包改质剂。

3.1.4.3 还原脱磷

在还原气氛（低氧化性）下，将钢水中的磷还原为 P^{3-}，使其以磷酸盐的形式进入炉渣或气化逸出，称为还原脱磷。

还原脱磷时，需要加入比 Al 更强的脱氧剂，使钢液达到深度还原。通常加入 Ca、Ba 或 CaC_2 等强还原剂进行还原脱磷，其反应为：

$$3Ca + 2[P] = (Ca_3P_2) \tag{3-12}$$

$$3Ba + 2[P] = (Ba_3P_2) \tag{3-13}$$

$$3CaC_2 + 2[P] = (Ca_3P_2) + 6[C] \tag{3-14}$$

常用的脱磷剂有金属 Ca、Mg、RE 以及含钙的合金（如 CaC_2、CaSi）等。

为增加脱磷产物 Ca_3P_2、Mg_3P_2 在渣中的稳定性，在加入强还原剂的同时还需加入 CaF_2、$CaCl_2$、CaO 等熔剂造渣，以吸收还原的脱磷产物。还原脱磷后的渣应立即去除，否则渣中的 P^{3-} 又会重新氧化成 PO_4^{3-} 而造成回磷。常见的脱磷剂组成有 Ca-CaF_2、CaC_2-CaF_2 和 $Mg(Al)$-CaF_2 等。

3.1.5 钢液的脱硫

钢中的硫主要来自铁水、废钢、铁合金、造渣剂（如石灰、铁矿石等）。硫的危害主要表现为产生钢的热脆现象。硫在固体钢中主要以硫化铁存在，其熔点为 1190℃。在铁液冷凝过程中，这种硫化物主要分布在晶界上，形成连续或不连续的网状薄膜结构。在轧制或锻造时，由于温度升高，晶界上的这一结构又会变为液态，在力的作用下会引起富硫液相沿晶界滑动，造成钢材破裂。

硫在钢中的有利之处有：改善钢的切削性能，改善工件的表面质量，节省动力。

3.1.5.1　金属熔体中的脱硫

A　铁水脱硫

采用铁水炉外脱硫可简化炼钢工艺过程，弥补转炉氧化渣脱硫能力低的不足。铁水脱硫的有利因素有如下三方面：

（1）铁水中 C、Si、P 等元素的含量高，有利于提高硫在铁水中的活度系数；

（2）铁水中碳含量高而氧含量低，有利于进行脱硫反应 $FeS + MO + C = Fe + CO + MS$（式中 MO 代表起脱硫作用的金属氧化物）；

（3）没有强的氧化性气氛，有利于直接使用一些强脱硫剂，如 CaC_2、金属 Mg 等。

B　钢液中元素的脱硫

目前对钢液中硫含量提出了越来越高的要求，强化脱硫势在必行。在充分发挥炉渣脱硫作用的基础上，可加锰继续降低硫的危害。一般钢中锰含量为 0.4% ~ 0.8%。冶炼过程中使用的钙和稀土元素，除使钢中硫含量降得很低外，还能改变硫化物夹杂的形状，从而提高钢的质量。一般应在钢液脱氧良好之后再用元素脱硫，否则元素的消耗量大，对强脱氧元素 [Ca]、[Ce]、[Mg] 的影响尤为突出，主要原因是元素与氧生成化合物的能力比元素生成硫化物的能力高。

3.1.5.2　炉渣脱硫

钢液的脱硫主要是通过两种途径来实现的，即炉渣脱硫和气化脱硫。在一般炼钢操作条件下，炉渣脱硫占主导，是降低钢中硫含量、使之达到规格要求的主要手段，其脱硫量占总脱硫量的 90%，而气化脱硫仅占 10% 左右。

根据炉渣的分子理论，渣-钢间的脱硫反应如下：

$$[S] + (CaO) = (CaS) + [O] \tag{3-15}$$

$$[S] + (MnO) = (MnS) + [O] \tag{3-16}$$

$$[S] + (MgO) = (MgS) + [O] \tag{3-17}$$

硫在金属液中存在三种形式，即 [FeS]、[S] 和 [S^{2-}]。FeS 既溶于钢液也溶于熔渣。渣-钢间的脱硫反应为：首先钢液中的硫扩散至熔渣中，即 [FeS] → (FeS)，然后进入熔渣中的 (FeS) 与游离的 CaO（或 MnO）结合成稳定的 CaS 或 MnS。

根据熔渣的离子理论，脱硫反应为：

$$[S] + (O^{2-}) = (S^{2-}) + [O] \tag{3-18}$$

在酸性渣中几乎没有自由的 O^{2-}，因此酸性渣的脱硫作用很小；而碱性渣则不同，其具有较强的脱硫能力。

影响钢-渣间脱硫的因素主要有熔渣成分、熔池温度等，具体如下：

（1）熔池温度。钢-渣间的脱硫反应属于吸热反应，吸热量在 108.2 ~ 128kJ/mol 之间，温度升高有利于脱硫。另外，升高温度还可加速石灰的溶解和提高渣的流动性，从而提高脱硫速度。因此，高温有利于脱硫反应进行。

（2）炉渣碱度。炉渣碱度提高有利于脱硫，但提高碱度时，应注意保持炉渣的良好流动性。

（3）炉渣氧化性。炉渣氧化性降低，即渣中的 (FeO) 含量降低，有利于脱硫。

（4）渣量。增大渣量可使钢水中的硫含量降低。在转炉炼钢中，由于炉内的高氧化性，脱硫效果不好，单渣操作时的脱硫率只有40%~60%。电炉还原期炉渣的氧化性低，因而脱硫效果好。

3.1.5.3 气化脱硫

气化脱硫是指将金属液中的硫以气态 $\{SO_2\}$ 的形式去除。在炼钢过程中，金属液和熔渣常与含氧的气相或含氧和硫的气相接触，在炼钢废气中发现有 SO_2 存在，同位素^{35}S检测表明，SO_2 也来自炉料。研究表明，气化脱硫主要通过炉渣中硫的气化来实现，即：

$$(S^{2-}) + \frac{3}{2}\{O_2\} === \{SO_2\} + (O^{2-}) \tag{3-19}$$

或

$$6(Fe^{3+}) + (S^{2-}) + 2(O^{2-}) === 6(Fe^{2+}) + \{SO_2\} \tag{3-20}$$

$$6(Fe^{2+}) + \frac{3}{2}\{O_2\} === 6(Fe^{3+}) + 3(O^{2-})$$

式（3-20）表明，渣中的铁离子充当了气化脱硫的媒介。

需要指出的是，气化脱硫是以炉渣脱硫为基础的。就气化脱硫而言，要求炉渣有高的氧化铁含量，这就意味着铁耗增大。所以对转炉炼钢来说，应以实行高碱度熔渣脱硫操作为主，而不应过分期望气化脱硫。在转炉炼钢中，约有1/3的硫是以气化脱硫的方式去除的。

3.1.6 钢液的脱氧

炼钢一般都经历氧化和还原过程，对其进行研究是各国冶金工作者最主要的课题之一。

3.1.6.1 脱氧目的

炼钢是氧化精炼过程，冶炼终点时钢中氧含量较高（0.02%~0.08%），且高出各类钢种要求的氧含量。当钢中氧含量超过限度时，会影响铸坯（锭）的质量及钢水的可浇性，使连铸坯（锭）得不到正确的凝固组织结构；此外，还会产生皮下气泡、疏松等缺陷，并加剧硫的危害作用，即加剧钢的热脆。在室温下，钢中氧含量的增加将使钢的延伸率和断面收缩率显著降低。在较低温度和氧含量极低时，钢的强度和塑性随氧含量的增加而急剧降低。随氧含量的增加，钢的抗冲击性能也会下降，脆性转变温度很快升高。因此，为了保证钢的质量和顺利浇注，必须对终点钢进行脱氧，使钢中氧含量在各类钢所要求的正常含量范围内。

3.1.6.2 脱氧方法

脱氧是指向炼钢熔池或钢水中加入脱氧剂进行脱氧反应，脱氧产物进入渣中或成为气相排出。根据脱氧发生地点的不同，脱氧方法分为沉淀脱氧、扩散脱氧和真空脱氧。

（1）沉淀脱氧。沉淀脱氧又称为直接脱氧，它是将块状脱氧剂加入钢液中，使脱氧元素在钢液内部与钢中的氧直接反应，生成的脱氧产物上浮进入渣中的脱氧方法。出钢时向钢包中加入硅铁、锰铁、铝铁或铝块就属于沉淀脱氧。这种脱氧方法的特点是：脱氧反应速度快，一般为放热反应，但脱氧产物有可能难以全部上浮排除而成为钢中的夹杂物，需要控制一定的条件去除。

（2）扩散脱氧。扩散脱氧又称为间接脱氧，它是将粉状脱氧剂（如C粉、Fe-Si粉、

Ca-Si 粉、Al 粉）加到炉渣中，降低炉渣中的氧势，使钢液中的氧向炉渣中扩散，从而降低钢液中氧含量的脱氧方法。在电炉的还原期和炉外精炼中向渣中加入粉状脱氧剂进行的脱氧就属于扩散脱氧。其特点是：脱氧反应在渣中进行；钢液中的氧向渣中转移，脱氧速度慢，脱氧时间长；不会在钢中形成非金属夹杂物。

（3）真空脱氧。真空脱氧是指利用降低系统的压力来降低钢液中氧含量的方法。其只适用于脱氧产物为气体的脱氧，如[C]-[O]反应。RH 真空处理、VAD、VD 等精炼方法就属于真空脱氧。真空脱氧不会造成非金属夹杂物的污染，但需要专门的设备。

3.1.6.3 脱氧剂和元素的脱氧特性

钢液中元素的脱氧能力决定了钢液脱氧效果的好坏。元素的脱氧能力用一定温度下与一定浓度的脱氧元素相平衡的残余氧量来表示。显然，与一定浓度的脱氧元素平衡存在的氧含量越低，该元素的脱氧能力越强。钢液中合金元素含量一定时，脱氧能力由强到弱的次序为：

$$Ca、Mg、RE(Ce、La)、Al、Ti、Si、V、Mn、Cr$$

脱氧能力只能表示合金元素含量一定时的脱氧状态，而钢液中实际的氧含量取决于脱氧制度，即由脱氧剂的种类、数量、加入时间、加入顺序、炉渣性能等来决定。

常用脱氧元素有 Mn、Si、Al。Mn 和 Si 常以铁合金的形式作脱氧剂。

（1）锰。锰的脱氧产物并不是纯 MnO，而是 MnO 与 FeO 的熔体，其脱氧反应为：

$$[Mn] + [O] =\!=\!=\!= (MnO)_{(1)} \tag{3-21}$$

$$[O] + Fe_{(1)} =\!=\!=\!= (FeO) \tag{3-22}$$

$$[Mn] + (FeO) =\!=\!=\!= (MnO) + Fe_{(1)} \tag{3-23}$$

当金属锰含量增加时，与之平衡的脱氧产物中 $w(MnO)$ 也是随之增大的。当 $w(MnO)$ 增加到一定值时，脱氧产物开始有固态的 FeO·MnO 出现。在炼钢生产中，锰是应用最广泛的一种脱氧元素，这是因为：

1）锰能提高铝和硅的脱氧能力；

2）锰是冶炼沸腾钢不可替代的脱氧元素；

3）锰可以减轻硫的危害。

（2）硅。硅的脱氧生成物为 SiO_2 或硅酸铁（FeO·SiO_2），其脱氧反应为：

$$[Si] + 2[O] =\!=\!=\!= SiO_{2(s)} \tag{3-24}$$

炉渣碱度越高，残余氧量越低，硅的脱氧效果越好。各种牌号的 Fe-Si 合金是常用的脱氧剂。

（3）铝。铝是强脱氧剂，常用于镇静钢的终脱氧，其脱氧反应为：

$$Al_2O_{3(s)} =\!=\!=\!= 2[Al] + 3[O] \tag{3-25}$$

图 3-3 所示为钢液中 $w[Al]$ 与 $w[O]$ 的关系。从图中可以看出，铝具有非常强的脱

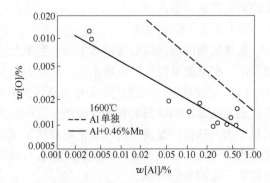

图 3-3　钢液中 $w[Al]$ 与 $w[O]$ 的关系

氧能力，在生产过程中被绝大多数钢种所采用。

上述反应的平衡常数 $K_{Al} > K_{Si} > K_{Mn}$，Al 的脱氧能力最强，Mn 的脱氧能力最弱。Si、Al 常用于终脱氧和镇静钢脱氧，Mn 常用于预脱氧和沸腾钢脱氧。三种元素脱氧能力的比较见表 3-1。

表 3-1　三种元素脱氧能力的比较

脱氧元素	Mn	Si	Al
钢中平衡氧的质量分数/%	0.10	0.017	0.007

注：条件为 1600℃，钢中脱氧元素的质量分数为 0.1%。

3.1.6.4　脱氧剂的选择原则

脱氧剂的选择应满足下列原则：

（1）具有一定的脱氧能力，即脱氧元素与氧的亲和力比铁和碳大；

（2）脱氧剂的熔点比钢水温度低，以保证其熔化且均匀分布，进而均匀脱氧；

（3）脱氧产物不溶于钢水中，并易于上浮排除；

（4）残留于钢中的脱氧元素对钢的性能无害；

（5）来源广，价格低。

在生产中常用的脱氧剂为铝、硅、锰及由它们组成的硅锰、硅铝合金等，其脱氧能力次序为：Al > Si > Mn。

3.1.7　氢、氮的反应

3.1.7.1　气体对钢的危害

钢中气体是指溶解在钢中的氢和氮。气体来源有：

（1）金属料，如废钢及铁合金中的氢和氮；

（2）潮湿的造渣剂分解出来的水蒸气；

（3）耐火材料用的焦油、沥青、树脂黏结剂中含有的氢（8%～9%）；

（4）与空气接触的钢液吸收的氢；

（5）炼钢用不纯的氧气中含有的氮气。

气体对钢的危害如下：

（1）氢。氢以原子的形式固溶于钢中，与铁形成间隙式固溶体。氢使钢产生白点，又称发裂，导致脆断，在使用过程中将造成极为严重的意外事故。氢在冷凝过程中因溶解度降低而析出，产生点状偏析。具有点状偏析的钢材质量极差，不能使用而报废。随氢含量的增加，钢的抗拉强度下降，塑性和断面收缩率急剧降低。

（2）氮。氮固溶于铁中，形成间隙式固溶体。氮在 α-Fe 中的溶解度于 590℃ 时达到最大值，约为 0.1%；在室温时则降至 0.001% 以下。氮含量高的钢从高温快速冷却时，铁素体会被氮饱和，此种钢在高温下，氮将以 Fe_4N 的形式逐渐析出，使钢的强度和硬度上升、塑性和韧性下降，该现象称为时效硬化。氮是导致钢产生蓝脆现象的主要原因，钢中的氮易形成气泡和疏松，与钢中的 Ti、Al 等元素形成脆性夹杂物。

氮有时也作为合金元素使用。普通低合金钢中，氮和钒形成氮化钒，可以起到细化晶粒和沉淀强化的作用。渗氮用钢中，氮与钢表层中的铬、铝等合金元素形成氮化物，可增加钢表层的硬度、强度、耐磨性及抗蚀性。氮还可代替部分 Ni 用于不锈耐酸钢中。

3.1.7.2 炼钢过程中氢、氮的溶解

氢、氮在纯铁液中的溶解度是指在一定温度和 100kPa 气压条件下，氢、氮在纯铁液中溶解的数量。它服从西华特定律，即在一定温度下，气体的溶解度与该气体在气相中分压的平方根成正比。氢、氮在铁液中的溶解是吸热反应，故温度升高时溶解度增加。钢液中气体以单原子存在，溶解反应式如下：

$$\frac{1}{2}H_{2(g)} \Longrightarrow [H] \qquad w[H]_\% = K_H \sqrt{p_{H_2}} \qquad (3\text{-}26)$$

$$\frac{1}{2}N_{2(g)} \Longrightarrow [N] \qquad w[N]_\% = K_N \sqrt{p_{N_2}} \qquad (3\text{-}27)$$

式中　$w[H]_\%$, $w[N]_\%$——分别为氢、氮在铁液中的溶解度，用质量百分数表示；

　　　　p_{H_2}, p_{N_2}——分别为铁液外面的氢气、氮气分压，kPa；

　　　　K_H, K_N——分别为氢、氮在铁液中溶解反应的平衡常数。

在钢的冶炼过程中，由于钢液成分的变化，钢中气体的活度也变化。与气体亲和力较强的元素减小了气体的活度系数，增加了气体的溶解度；与气体亲和力较弱的元素增加了气体的活度系数，减小了气体的溶解度。

(1) 钢液成分对氢溶解度的影响（1600℃）。在通常操作的真空度（$(1.33 \sim 6.65) \times 10^{-2}$kPa）条件下，$w[H]$ 可达 7×10^{-7} 以下，这个值是在不考虑合金元素对于氢活度的影响时得出的结果。因为钢液中有合金成分，所以实际上氢的溶解度为不同的值。在实际生产过程中，由于受到大气湿度、燃料燃烧产物、加入炉内各种原材料的干燥程度、炉衬材料（特别是新炉体或新钢包）中水分含量的影响，实际炉气中的水蒸气分压较高。炉气中的 H_2O 可与钢液进行如下反应：

$$H_2O \Longrightarrow 2[H] + [O] \qquad (3\text{-}28)$$

即使在冬天干燥期（$p_{H_2O} = 0.304$kPa（2.28mmHg）），脱氧后钢液中的氢含量也会接近 0.001%，夏天（$p_{H_2O} = 5.066$kPa）则很容易达到饱和值（$w[H] = 0.0022\%$）。从钢液氧含量的分析来看，钢中氧含量越高，氢溶解的数量越少。

(2) 钢液成分对氮溶解度的影响。钢中的残余元素和合金元素随浓度提高而不同程度地改变着氮的溶解度。由于元素与氧的亲和力大于其与氮的结合力，所以氮化物只能在脱氧良好的钢液中生成。钢液中能否生成氮化合物由浓度积决定，但是钢液中氮的活度系数越低，越易形成氮化物、增大钢中氮含量。

3.1.7.3 影响氢和氮在钢中溶解度的因素

气体在钢中的溶解度取决于温度、金属成分、与钢液相平衡的气相中该气体的分压以及相变。

(1) 温度。温度升高，气体在钢中的溶解度提高。炼钢时，要尽量避免高温出钢。

(2) 分压。气相中 H_2、N_2 的分压越大，气体在钢中的溶解度越高，可通过降低分压来降低钢液中的气体含量。真空下的脱氢效果较好，脱氮效果则不理想。这是由于氢在钢中以单原子存在，原子半径小，在钢中有较大的扩散系数（$D_H = 2.5 \times 10^{-2}$cm/s）；氮在钢中易与合金元素形成氮化物，降低了氮的活度系数，而且氮的原子半径大，扩散系数小

（$D_H = 6.0 \times 10^{-4}$ cm/s），并且钢液中的氧、硫等表面活性元素也会降低脱氮速度。

（3）金属成分。气体在钢中的活度系数小，则其溶解度高。气体在钢中的活度系数受合金元素的影响，表 3-2 和表 3-3 所示为常见合金元素对氢和氮的活度系数及溶解度的影响。

表 3-2　常见合金元素对氢的活度系数及溶解度的影响

合金元素	对 f_H 及 $w[H]$ 的影响
Ti、V、Cr、Nb	降低 f_H，增加 $w[H]$
C、Si、B、Al	提高 f_H，降低 $w[H]$
Mn、Co、Ni、Mo	对 f_H、$w[H]$ 影响不大

表 3-3　常见合金元素对氮的活度系数及溶解度的影响

合金元素	对 f_N 及 $w[N]$ 的影响
V、Nb、Cr、Ti	显著降低 f_N，增加 $w[N]$
Mn、Mo、W	对 f_N、$w[N]$ 影响不大
C、Si	显著提高 f_N，降低 $w[N]$

（4）相变。从图 3-4 可以看出，固态纯铁中气体的溶解度低于液态；在 910℃ 时发生 α-Fe 向 γ-Fe 的转变，在 1400℃ 时发生 γ-Fe 向 δ-Fe 的转变，溶解度也发生突变。

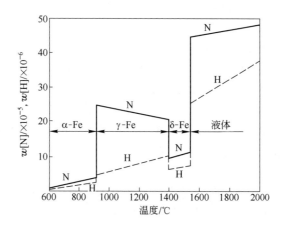

图 3-4　氢和氮分压为 100kPa 时两者在纯铁中的溶解度

3.2　炼钢原材料

原材料是炼钢的重要物质基础，其质量好坏对炼钢工艺和钢的质量有直接影响。采用精料并保证其质量稳定，是提高炼钢各项技术经济指标的重要措施之一，是实现冶炼过程自动化的先决条件。

按性质分类，炼钢原材料可分为金属料、非金属料和气体。金属料包括铁水（生铁）、废钢、铁合金、直接还原铁及碳化铁（电炉使用），非金属料包括石灰、白云石、萤石、合成造渣剂，气体包括氧气、氮气、氩气等。按用途分类，炼钢原材料可分为金属料、造渣剂、化渣剂、氧化剂、冷却剂、增碳剂等。

3.2.1　金属料

3.2.1.1　铁水

铁水是转炉炼钢的主要原材料，一般占装入量的 70% ~ 100%。铁水的物理热和化学热是转炉炼钢的主要热源，因此，对入炉铁水的温度和化学成分有一定的要求。

A 铁水温度

铁水温度是铁水含物理热多少的标志，铁水物理热占转炉热量收入的50%左右。铁水温度过低会导致炉内热量不足，影响熔池升温和元素氧化进程。我国企业一般规定铁水入炉温度应高于1250℃，并且保持稳定。

B 铁水化学成分

（1）硅。硅是重要的发热元素之一。铁水硅含量升高，炉内的化学热增加。铁水中硅含量过低（低于0.3%）时，铁水所含化学热过少，废钢比低，石灰溶解困难。铁水中硅含量过高（高于1.0%）时，渣量大，石灰消耗增加，易引起喷溅，金属收得率降低；渣中（SiO_2）增多，会加剧对炉衬的侵蚀；降低成渣速度，影响去磷、去硫。

（2）锰。锰是弱发热元素，一般认为锰在铁水中是有益元素。铁水中的锰氧化后生成的MnO能促进石灰溶解，加速成渣，减少助熔剂的用量和炉衬侵蚀。同时，铁水锰含量高，则终点钢水中的余锰量提高，可以减少合金化时的锰铁含量，有利于提高钢水的洁净度。

（3）磷。磷是强发热元素，对一般钢种来说也是有害元素，因此铁水磷含量越低越好。由于磷在高炉冶炼中是不能去除的，只能要求进入转炉的铁水磷含量尽可能稳定。氧气顶吹转炉的脱磷率在84%~94%之间。对于低磷铁水，可以采用单渣操作；对于中磷铁水，可以采用双渣或留渣操作；而对于高磷铁水，则必须采用多次换渣操作或喷石灰粉工艺，但会恶化转炉的技术经济指标。随着铁水预处理技术的发展，目前进入转炉内的铁水一般经过"三脱"（脱硅、脱磷、脱硫）处理，以降低进入转炉铁水的磷含量，从而简化转炉操作。

（4）硫。除了含硫易切削钢外，硫在大多数钢中都是有害元素。在转炉的氧化性气氛下，脱硫率只有30%~60%，脱硫比较困难，因此对转炉入炉铁水的硫含量有要求。通常要求进入转炉的硫含量低于0.05%。

C 铁水带渣量

高炉渣中S、SiO_2、Al_2O_3含量较高，过多的高炉渣进入转炉内会导致转炉渣量大、石灰消耗增加，且容易造成喷溅。因此，兑入转炉的铁水要求带渣量不得超过0.5%。

3.2.1.2 废钢

废钢是转炉炼钢的主要金属料之一，是电炉炼钢的基本原料。氧气转炉由于热量有富余，可加入10%~30%的废钢，它是冷却效果比较稳定的冷却剂。增加转炉废钢用量可以降低转炉炼钢的成本、能耗和炼钢辅助材料的消耗。

从合理使用和冶炼工艺的角度出发，对废钢的要求如下：

（1）废钢表面应清洁、干燥、少锈，尽量避免带入泥土、沙石、耐火材料和炉渣等杂质。

（2）废钢在入炉前应仔细检查，严防混入爆炸物、易燃物、密闭容器和毒品，严防混入铜、铅、锡、锑、砷等有色金属元素。

（3）不同性质的废钢应分类堆放，以避免贵重元素损失和熔炼出废品。

（4）废钢要有合适的块度和外形尺寸。废钢的外形和块度应能保证其从炉口顺利加入转炉。废钢的长度应小于转炉炉口直径的1/2，单件重量一般不应超过300kg。国标要求废钢的长度不大于 1000mm，最大单件重量不大于 800kg。

3.2.1.3 生铁

与铁水相比，生铁没有显热，成分与铁水相似。一般情况下，转炉很少用大量生铁作炉料，在铁水不足时可用生铁作为辅助原料。优质生铁还可以在转炉冶炼终点前用于增碳和预脱氧。

生铁在电炉中使用，其主要目的在于提高炉料或钢中的碳含量，并解决废钢来源不足的困难。电炉钢对生铁的要求较高，一般要求 S、P 含量低，Mn 含量不能高于 2.5%，Si 含量不能高于 1.2%。

3.2.1.4 直接还原铁

直接还原铁（DRI）是以铁矿石或精矿粉球团为原料，在低于炉料熔点的温度下，以气体（CO 和 H_2）或固体碳作还原剂，直接还原铁的氧化物而得到的金属铁产品。

直接还原的铁产品有以下三种形式：

（1）海绵铁。块矿在竖炉或回转窑内直接还原得到的海绵状金属铁，称为海绵铁。

（2）金属化球团。使用铁精矿粉先造球，干燥后在竖炉或回转窑内直接还原得到的保持球团外形的直接还原铁，称为金属化球团。

（3）热压块铁（HBI）。热压块铁是将刚刚还原出来的海绵铁或金属化球团趁热加压成形，使其成为具有一定尺寸的块状铁，一般尺寸多为 100mm × 50mm × 30mm。

3.2.1.5 铁合金

铁合金主要用于调整钢液成分和脱除钢中杂质，主要作为炼钢的脱氧剂和合金元素添加剂。铁合金的种类可分为铁基合金、纯金属合金、复合合金、稀土合金、氧化物合金。

对铁合金的要求如下：

（1）使用块状铁合金时，块度要合适，以控制在 10~40mm 为宜，这有利于减少烧损和保证钢水成分均匀。

（2）铁合金成分应符合技术标准规定，以避免炼钢操作失误。例如，硅铁中的铝、钙含量以及沸腾钢脱氧用锰铁的硅含量，都直接影响钢水的脱氧程度。

（3）铁合金应按其成分严格分类保管，避免混杂。

（4）铁合金中非金属夹杂物、气体以及有害杂质磷、硫的含量要少。

3.2.2 造渣材料

3.2.2.1 石灰

石灰是炼钢用量最大且价格便宜的造渣材料。它具有很强的脱磷、脱硫能力，不损坏炉衬。对炼钢用石灰有下列基本要求：

（1）石灰 CaO 含量要高，SiO_2 和 S 含量要低。石灰中 SiO_2 和 S 的含量高会降低石灰中的有效 CaO 含量，为保证一定的炉渣碱度，需增加石灰消耗，但渣量增加，将恶化转炉技术经济指标。

（2）石灰应保证清洁、干燥、新鲜。石灰容易吸水粉化变成 $Ca(OH)_2$，应尽量使用新烧的石灰，并采用密闭的容器储存和输送，这对于电炉炼钢厂尤其重要，电炉氧化期和还原期用的石灰要在 700℃ 高温下烘烤使用。超高功率电炉采用泡沫渣冶炼时，可用部分小块石灰石造渣。

（3）石灰的灼减率应控制在3%左右。灼减率高表明石灰的生烧率高，会使热效率显著降低，且使造渣、温度控制和终点控制遇到困难。

（4）石灰应具有合适的块度。块度过大，溶解缓慢，甚至到吹炼终点还来不及溶解，影响成渣速度且不能发挥作用；过小的石灰则容易被炉气带走，造成浪费。

（5）石灰活性度要高。石灰的活性是指石灰与其他物质发生反应的能力，用石灰的溶解速度来表示。石灰在高温炉渣中的溶解能力称为热活性，目前在实验室还没有条件测定。因此，一般用石灰与水的反应，即石灰的水活性来近似地反映石灰在炉渣中的溶解速度。活性度越大，石灰溶解越快，成渣越迅速，反应能力越强。

3.2.2.2　白云石

生白云石的主要成分为 $CaCO_3 \cdot MgCO_3$。多年来，氧气转炉采用生白云石或轻烧白云石代替部分石灰造渣得到了广泛的应用。实践证明，采用白云石造渣可以提高渣中 MgO 含量，减轻炉渣对炉衬的侵蚀，还可以加速石灰的溶解，同时也可保持渣中 MgO 含量达到饱和或过饱和，使终渣达到溅渣操作的要求。

3.2.2.3　萤石

萤石的主要成分是 CaF_2，熔点约为930℃，在炼钢中作助熔剂使用。

萤石中的 CaF_2 能与 CaO 组成共晶体，其熔点为1362℃。它能使阻碍石灰溶解的 $2CaO \cdot SiO_2$ 外壳的熔点降低，加速石灰溶解，迅速改善炉渣的流动性。萤石助熔的特点是作用快、时间短，但大量使用会造成严重喷溅，加剧对炉衬的侵蚀。

炼钢用萤石要求 CaF_2 含量高，SiO_2、S 等杂质含量低，且具有合适的块度。

3.2.2.4　合成造渣剂

合成造渣剂是将石灰和熔剂预先在炉外制成低熔点的造渣材料，然后用于炉内造渣，即把炉内石灰块造渣过程的一部分甚至全部移到炉外进行。显然，这是一种提高成渣速度、改善冶金效果的有效措施。

在合成造渣剂中作为熔剂的物质有氧化铁、氧化锰及其他氧化物、萤石等，可用其中的一种或几种与石灰粉一起在低温下预制成形。这种预制料一般熔点较低、碱度高、颗粒小、成分均匀，在高温下容易碎裂，是效果较好的成渣料。高碱度烧结矿或球团矿也可作合成造渣剂使用，它的化学成分和物理成分稳定，造渣效果良好。近年来，国内一些钢厂以转炉污泥为基料制备复合造渣剂，也取得了较好的使用效果和经济效益。

3.2.2.5　菱镁矿

菱镁矿也是天然矿物，主要成分是 $MgCO_3$，焙烧后用作耐火材料，它也是目前转炉溅渣护炉的调渣剂。

3.2.3　氧化剂、冷却剂和增碳剂

3.2.3.1　氧化剂

（1）氧气。氧气是转炉炼钢的主要氧源，其纯度应大于99.5%，压力要稳定，还应脱除水分和皂液。

（2）铁矿石。铁矿石中铁氧化物的存在形式为 Fe_2O_3、Fe_3O_4 和 FeO，其氧含量分别为30.06%、27.64%和22.28%。电炉用铁矿石的铁含量要高，因为铁含量越高，密度越大，入炉后越容易穿过渣层直接与钢液接触，以加速氧化反应的进行。对矿石成分的要求

为：$w(TFe) \geqslant 55\%$，$w(SiO_2) < 8\%$，$w(S) < 0.1\%$，$w(P) < 0.10\%$，$w(Cu) < 0.2\%$，$w(H_2O) < 0.5\%$，块度为 30～100mm。

（3）氧化铁皮。氧化铁皮也称铁鳞。是轧钢车间的副产品，铁含量为 70%～75%，有帮助转炉化渣和冷却的作用。电炉用氧化铁皮造渣，可以改善炉渣的流动性，提高炉渣的去磷能力。

3.2.3.2 冷却剂

通常氧气转炉的热量有富余，根据热平衡计算，可加入一定数量的冷却剂。氧气转炉用冷却剂有废钢、生铁块、铁矿石、氧化铁皮、烧结矿、球团矿、石灰石和生白云石等，其中主要为废钢、铁矿石、氧化铁皮。

废钢是最主要的一种冷却剂。其优点是：冷却效果稳定，利用率高，渣量少，不易造成喷溅；其缺点是：加入时占用冶炼时间，用于调节过程温度不方便。

铁矿石和氧化铁皮既是冷却剂，又是化渣剂和氧化剂。铁矿石作为冷却剂时常采用天然富矿和球团矿，其主要成分为 Fe_2O_3 和 Fe_3O_4。铁矿石和氧化铁皮熔化后，其中的铁被还原，吸收热量，能起到调节熔池温度的作用。与废钢相比，这类冷却剂加入时不占用冶炼时间，冷却效应高，用于调节过程温度方便，还可以降低钢铁料消耗；但矿石中脉石含量高，会增加石灰消耗和渣量，一次同时加入量不能过多，否则容易引起喷溅。此外，氧化铁皮细小体轻，容易浮在渣中，增加渣中氧化铁的含量，有利于化渣，它不仅起到冷却剂的作用，还起到助熔剂的作用。

3.2.3.3 增碳剂

电炉冶炼时由于配料或装料不当以及脱碳过量等原因，造成冶炼过程中碳含量达不到预期要求，必须对钢液增碳。氧气转炉用增碳法冶炼中、高碳钢时，也要用增碳剂。

常用的增碳剂有沥青焦粉、电极粉、焦炭粉、生铁等。

转炉所用的增碳剂要求固定碳含量高且稳定（$w(C) \geqslant 96\%$），硫含量应尽可能低（$w(S) \leqslant 0.5\%$），粒度应适中（1～5mm）。

3.3 转炉炼钢工艺

3.3.1 氧气顶吹转炉炼钢工艺

3.3.1.1 转炉吹炼过程中金属成分的变化规律

A 硅的氧化规律

在吹炼初期，铁水中 [Si] 与氧的亲和力大，而且 [Si] 氧化反应为放热反应，低温下有利于反应的进行。因此，[Si] 在吹炼初期就被大量氧化，一般在 5min 内即被氧化到很低的程度，一直到吹炼终点也不会发生硅的还原。其反应式可表示如下：

$$2(CaO) + (2FeO \cdot SiO_2) = (2CaO \cdot SiO_2) + 2(FeO)$$

$$2(FeO) + (SiO_2) = (2FeO \cdot SiO_2)（产物不稳定，随炉渣碱度的提高而转变）$$

$$[Si] + 2(FeO) = (SiO_2) + 2[Fe]（界面反应）$$

$$[Si] + 2[O] = (SiO_2)（熔池内反应）$$

$$[Si] + \{O_2\} === (SiO_2)（氧气直接氧化）$$

钢液中硅的氧化对熔池温度、熔渣碱度和其他元素的氧化产生影响。[Si] 氧化可使熔池温度升高，是主要热源之一；[Si] 氧化后生成（SiO_2），会降低熔渣碱度，不利于脱磷、脱硫，同时还会侵蚀炉衬，降低炉渣的氧化性，增加渣料消耗；熔池中 C 的氧化反应，只有在 $w[Si] < 0.15\%$ 左右时才能激烈进行。

B 锰的氧化规律

锰在吹炼初期被迅速氧化，但不如硅氧化得快，其反应方程式为：

$$(MnO) + (SiO_2) === (MnO \cdot SiO_2)（吹炼前期）$$

$$[Mn] + (FeO) === (MnO) + [Fe]（界面反应）$$

$$[Mn] + [O] === (MnO)（熔池内反应）$$

$$[Mn] + \frac{1}{2}\{O_2\} === (MnO)（直接氧化反应）$$

随着吹炼的进行，渣中 CaO 含量增加，炉渣碱度升高，会发生反应 $2(CaO) + (MnO \cdot SiO_2) === (MnO) + (2CaO \cdot SiO_2)$，大部分（MnO）呈自由状态。吹炼后期炉温升高后，（MnO）被还原，会发生反应 $[C] + (MnO) === [Mn] + \{CO\}$。

吹炼终了时，钢中的锰含量称为余锰量或残锰量。残锰量高，可以降低钢中硫的危害，减少合金用量。但冶炼工业纯铁时，则要求残锰量越低越好。

锰的氧化也是吹氧炼钢的热源之一，但不是主要的。在吹炼初期，锰氧化生成 MnO，可帮助化渣，减轻初期酸性渣对炉衬的侵蚀。在炼钢过程中，应尽量控制锰的氧化，以提高钢水残锰量。

C 碳的氧化规律

碳的氧化规律主要表现为吹炼过程中碳的氧化速度。碳的氧化反应式如下：

$$[C] + (FeO) === [Fe] + \{CO\}（乳浊液内反应）$$

$$[C] + (FeO) === [Fe] + \{CO\}（界面反应）$$

$$[C] + [O] === \{CO\}$$

（熔池粗糙表面上反应，只有当 $w[C] < 0.05\%$ 时才发生反应 $[C] + 2[O] === \{CO_2\}$）

$$[C] + \frac{1}{2}\{O_2\} === \{CO\}（射流冲击区，直接氧化反应）$$

C-O 反应主要发生在气泡与金属的界面上。影响碳氧化速度的主要因素有熔池温度、熔池金属成分、熔渣中 $\Sigma w(FeO)$ 和炉内搅拌强度。在吹炼的前、中、后期，这些因素随吹炼过程的进行时刻在发生变化，从而体现出吹炼各期不同的碳氧化速度。

D 磷的氧化规律

磷的氧化规律主要表现为吹炼过程中的脱磷速度，脱磷反应式如下：

$$n(CaO) + (3FeO \cdot P_2O_5) === (nCaO \cdot P_2O_5) + 3(FeO)（吹炼中、后期，n = 3 或 4）$$

$$(3FeO) + (P_2O_5) === 3FeO \cdot P_2O_5（吹炼前期）$$

$$2[P] + 5(FeO) === (P_2O_5) + 5[Fe]（界面反应）$$

$$2[P] + 5[O] \Longrightarrow (P_2O_5)$$

$$2[P] + \frac{5}{2}\{O_2\} \Longrightarrow (P_2O_5)$$

影响脱磷速度的主要因素有熔池温度、熔池金属磷含量、熔渣中 $\Sigma w(\mathrm{FeO})$、熔渣碱度、熔池的搅拌强度及脱碳速率。在吹炼的前、中、后期，这些影响因素是不同的，而且随吹炼过程的进行又时刻发生变化，因此，吹炼各期的脱磷速度会发生变化。

在氧气顶吹转炉中，希望全程脱磷。吹炼各期不利于脱磷的因素是：前期炉渣碱度较低，应尽快形成碱度大于 2 的炉渣；中期渣中 $\Sigma w(\mathrm{FeO})$ 较低，应控制渣中 $\Sigma w(\mathrm{FeO}) = 10\% \sim 12\%$，避免炉渣返干；后期熔池温度高，应防止终点温度过高。

E　硫的变化规律

硫的变化规律主要表现为吹炼过程中的脱硫速度。按熔渣离子理论，脱硫反应可表示为：

$$[S] + (O^{2-}) \Longrightarrow (S^{2-}) + [O]$$

影响脱硫速度的主要因素有熔池温度、熔池硫含量、熔渣中 $\Sigma w(\mathrm{FeO})$、熔渣碱度、熔池的搅拌强度及脱碳速度。

3.3.1.2　转炉吹炼过程中熔渣成分和熔池温度的变化规律

A　熔渣成分的变化规律

转炉吹炼过程中，熔池内的炉渣成分和温度影响着元素的氧化和脱除规律，而元素的氧化和脱除又影响着熔渣成分的变化。

吹炼开始后，由于硅的迅速氧化和石灰尚未入渣，渣中的 SiO_2 含量迅速升高到 30% 以上。其后由于石灰逐渐入渣，渣中 CaO 含量不断升高；而且由于金属中的硅已经氧化完了，仅余痕迹，渣中 SiO_2 的绝对含量不再增加，因而相对浓度降低，熔渣碱度逐渐升高。到吹炼中、后期，可得到高碱度、流动性良好的炉渣。

吹炼初期一般采用高枪位化渣，所以开吹后不久，渣中 FeO 含量可迅速升高到 20% 甚至更高。随着脱碳速度的增加，渣中 FeO 含量逐渐下降，到脱碳高峰期可降到 10% 左右。到吹炼后期，特别是在吹炼低碳钢和终点前提枪化渣时，渣中 FeO 含量又明显回升。

B　熔池温度的变化规律

熔池温度的变化与熔池的热量来源和热量消耗有关。

吹炼初期，兑入炉内的铁水温度一般为 1300℃ 左右，铁水温度越高，带入炉内的热量就越高，[Si]、[Mn]、[C]、[P] 等元素氧化放热；但加入废钢可使兑入的铁水温度降低，加入的渣料在吹炼初期大量吸热。综合作用的结果是，吹炼前期终了时，熔池温度可升高至 1500℃ 左右。

吹炼中期，熔池中的 [C] 继续大量氧化放热，[P] 也继续氧化放热，均使熔池温度提高；但此时废钢大量熔化吸热，加入的二批料液熔化吸热。综合作用的结果是，熔池温度可达 1500 ~ 1550℃。

吹炼后期，熔池温度接近出钢温度，可达 1650 ~ 1680℃，具体因钢种、炉子大小而异。

在整个一炉钢的吹炼过程中，熔池温度约提高 350℃。

综上所述，顶吹氧气转炉开吹以后，熔池温度、炉渣成分、金属成分相继发生变化，它们各自的变化又彼此相互影响，形成高温下多相、多组元极其复杂的物理化学变化。图3-5 所示为顶吹转炉实际吹炼一炉钢的过程中，金属和炉渣成分的变化。

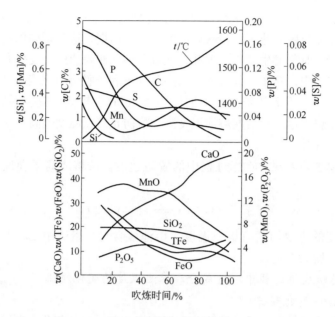

图 3-5　顶吹转炉炉内成分变化

3.3.1.3　氧气顶吹转炉炼钢操作制度

A　装入制度

装入制度就是要确定转炉合适的装入量以及铁水废钢比。

a　装入量的确定

装入量是指转炉每炉次装入金属料的总重量，主要包括铁水和废钢的装入数量。

生产实践证明，每座转炉都有其合适的装入量。装入量过多，会使熔池搅拌不良，化渣困难，有可能导致喷溅和金属损失，缩短炉帽部分的使用寿命；装入量过少，则产量降低，炉底易受到氧气射流的冲击而损坏。因此，在确定转炉装入量时要考虑以下因素：

（1）合适的炉容比。炉容比是指转炉新砌砖后，炉内自由空间的容积 V 与金属装入量 T 之比，以 V/T 表示，单位为 m^3/t，通常在 $0.75 \sim 1.0 m^3/t$ 之间波动。合适的炉容比是从生产实践中总结出来的，它与铁水成分、喷头结构、供氧强度等因素有关。当铁水中的硅、磷含量较高，供氧强度大，喷孔数少，用铁矿石或氧化铁皮作冷却剂，转炉容量小时，炉容比应取大一些，反之则取小一些。

（2）一定的熔池深度。为了保证生产安全和延长炉底寿命，要保证熔池具有一定的深度。熔池深度 H 必须大于氧气射流对熔池的最大穿透深度 h。对于单孔喷枪，一般认为 $h/H \leqslant 0.7$ 是合理的；而对于多孔喷枪，一般认为 $h/H = 0.25 \sim 0.4$ 是合理的。

（3）装入量应与钢包容量、行车的起重能力、转炉的倾动力矩相适应。

b　装入制度的类型

装入制度是指一个炉役期中装入量的安排方式。氧气顶吹转炉的装入制度有定量装入、定深装入和分阶段定量装入。

（1）定量装入。定量装入就是在整个炉役期内，保持每炉的装入量不变。其优点是：生产组织简便，原材料供给稳定，有利于实现过程的自动控制。其缺点是：炉役前期装入量偏多、熔池偏深，后期装入量偏少、熔池较浅，转炉的生产能力得不到较好的发挥。该装入制度只适合大型转炉。

（2）定深装入。定深装入就是在整个炉役期内，保持熔池深度不变，即随着炉腔的不断扩大，装入量逐渐增加。其优点是：氧枪操作稳定，有利于提高供氧强度和减少喷溅，并可保护炉底和充分发挥转炉的生产能力。这种装入制度对于采用全连铸的车间具有优越性，但当采用模铸生产时，锭型难以配合，给生产组织带来困难。

（3）分阶段定量装入。分阶段定量装入就是根据炉腔的扩大程度，将整个炉役期划分为几个阶段，每个阶段定量装入铁水、废钢。这样既大体上保持了整个炉役期中具有比较合适的熔池深度，又保持了各个阶段中装入量的相对稳定；既能增加装入量，又便于组织生产，是一种适应性较强的装入制度。我国各中、小转炉炼钢厂普遍采用这种装入制度。

B　供氧制度

供氧制度的内容包括选择合理的喷头结构、供氧强度、氧压和枪位。供氧是保证杂质去除速度、熔池升温速度、快速成渣、减少喷溅、去除钢中气体与夹杂物的关键操作，关系到终点控制和炉衬寿命，对冶炼一炉钢的技术经济指标产生重要影响。

a　氧枪

氧枪是转炉供氧的主要设备，它是由喷头、枪身和尾部结构组成的。喷头通常用导热性能良好的紫铜经锻造和切割加工制成，有的也用压力浇注制成。枪身由三层同心套管套配而成，中心管道通氧。中间管是冷却水的进水通道，外层管是出水通道。喷头与中心管焊接在一起成为氧枪。

喷头是氧枪的核心，氧气转炉对喷头的选择要求有：应获得超声速气流，有利于氧气利用率的提高；具有合理的冲击面积，使熔池液面化渣快，对炉衬冲刷小；有利于提高炉内的热效率；便于加工制造，有一定的使用寿命。

喷头的类型有拉瓦尔型、直筒型和螺旋型等。目前应用最多的是多孔的拉瓦尔型喷头。使用拉瓦尔型喷头可得到超声速射流，有利于改善氧枪的工作条件和炼钢技术经济指标。

b　供氧参数

（1）氧气压力。供氧制度中规定的工作氧压是指测定点的氧压，以 $p_{用}$ 表示，是氧气进入喷枪前管道中的压力。目前国内一些小型转炉的工作氧压为 $(4\sim8)\times10^5\mathrm{Pa}$，一些大型转炉则为 $(8.4\sim11)\times10^5\mathrm{Pa}$。

（2）氧气流量。氧气流量是指单位时间内向熔池供氧的数量（常用标准状态下的体积量度），单位为 $\mathrm{m}^3/\mathrm{min}$ 或 m^3/h。氧气流量是根据吹炼每吨金属所需要的氧气量、金属装入量、供氧时间等因素来确定的。

$$氧气流量\ Q = \frac{每吨金属需氧量(\mathrm{m}^3/\mathrm{t})}{吹氧时间(\mathrm{min})} \times 装入量(\mathrm{t}) \tag{3-29}$$

（3）供氧强度。供氧强度是指单位时间内每吨金属的氧耗量，单位为 $\mathrm{m}^3/(\mathrm{min}\cdot\mathrm{t})$。

供氧强度的大小根据转炉的公称吨位、炉容比来确定。

$$供氧强度\ I = \frac{氧气流量(m^3/min)}{装入量(t)} \tag{3-30}$$

供氧强度的大小主要取决于炉内喷溅情况，通常在不产生喷溅的情况下应控制在高限。目前国内小型转炉的供氧强度为 $2.5 \sim 4.5 m^3/(min \cdot t)$，120t 以上转炉的供氧强度为 $2.8 \sim 3.6 m^3/(min \cdot t)$。国外转炉的供氧强度波动在 $2.5 \sim 4.0 m^3/(min \cdot t)$ 范围内。

（4）枪位。氧枪高度即为枪位，是指氧枪喷头与静止熔池表面之间的距离。枪位对元素的氧化速度、化渣速度、升温速度和炉渣的氧化性有重要的影响。开吹枪位确定的原则是：早化渣，化好渣，多去磷。一般采用较高枪位操作。过程枪位的控制原则是：化好渣，不喷溅，快速脱碳，熔池均匀升温。一般采用较低枪位操作。在加入二批渣料后应提枪化渣，当渣料配比中氧化铁皮、矿石、萤石加入量较多或石灰活性较高时，炉渣易于化好，也可采用较低枪位操作。在碳的激烈氧化期一般采用较低枪位脱碳，若发现炉渣"返干"，应提枪化渣或加入助熔剂化渣，以防止金属喷溅。吹炼后期的枪位操作要保证达到出钢温度、拉准碳。

c 供氧操作

供氧操作是指调节氧压或者枪位，达到调节氧气流量、喷头出口气流压力及射流与熔池相互作用程度的目的，以控制化学反应进程的操作。供氧操作分为恒压变枪、恒枪变压和分阶段恒压变枪等几种方法。在国内，大多采用分阶段恒压变枪操作法。

C 造渣制度

造渣就是在转炉冶炼过程中加入造渣材料——石灰和助熔剂（萤石、铁矾土、白云石、氧化铁皮），使之与吹炼过程中的氧化物相结合而形成一种具有良好物理性质的炉渣，也就是要造好具有适当碱度、黏度和氧化性的炉渣，以满足脱磷、脱硫，减少炉衬侵蚀，减少和防止金属蒸发、喷溅、溢渣及降低炉渣终点氧化性的要求。所以从某种意义上来说，炼钢就是炼渣。

造渣制度就是要确定合适的造渣方法、渣料的加入数量和时间以及如何加速成渣。

a 石灰的溶解机理及影响石灰溶解速度的因素

石灰在炉渣中的溶解是复杂的多相反应，其溶解过程分为以下三个步骤：

（1）液态炉渣中 FeO、MnO 等氧化物或其他熔剂通过扩散边界层向石灰块表面扩散（外部传质）并且液态炉渣沿石灰块中的孔隙、裂缝向石灰块内部迁移，同时其氧化物离子进一步向石灰晶格中扩散（内部传质）。

（2）CaO 与炉渣进行化学反应，形成新相。反应不仅在石灰块的外表面进行，而且也在石灰块内部孔隙的表面上进行。其反应生成物一般都是熔点比 CaO 低的固溶体及化合物。

（3）反应产物离开反应区，通过扩散边界层向炉渣熔体中传递。

影响石灰溶解速度的主要因素有石灰质量、炉渣成分、熔池温度、熔池搅拌强度等，现分别讨论如下：

（1）石灰质量。石灰质量主要是指石灰的反应能力，即石灰吸附、吸收炉渣及与之反应的能力。实践证明，粒度细小、孔隙率高、比表面积大的活性石灰的反应能力比硬烧石灰强，吹炼中成渣速度快，去 P、S 效果好。

（2）炉渣成分。炉渣成分对石灰溶解速度的影响可用下式表述：

$$J_{CaO} \approx k(w(CaO)_\% + 1.35w(MgO)_\% - 1.09w(SiO_2)_\% +$$

$$2.75w(FeO)_\% + 1.9w(MnO)_\% - 39.1) \tag{3-31}$$

式中，J_{CaO} 为石灰在渣中溶解速度，$kg/(m^2 \cdot s)$；$w(CaO)_\%$、$w(MgO)_\%$ 等为渣中相应氧化物的质量百分数；k 为比例系数。从式（3-31）可以看出，对生产中常见的炉渣体系而言，FeO、MnO、MgO、CaO 含量的提高（在它们一般的变化范围内）对石灰渣化具有决定性的影响。在通常的氧气转炉炼钢条件下，石灰的主要熔剂是 FeO。

（3）熔池温度。熔池温度高于熔渣熔点以上，可以使熔渣黏度降低，加速熔渣向石灰块的渗透，使生成的石灰块外壳化合物迅速熔融而脱落成渣。

（4）比渣量。比渣量是指已熔炉渣和未熔石灰量之比。生产实践表明，采用留渣法、"少量多批"加入第二批石灰的方法对促进石灰溶解是有利的。

（5）熔池搅拌。熔池搅拌强烈而均匀是石灰溶解的重要动力学条件。加强熔池搅拌，可以显著改善石灰溶解的传质过程，增加反应界面，提高石灰溶解速度。

b 快速成渣的措施

氧气顶吹转炉的基本特点是速度快、周期短，目前大转炉的吹炼时间已达 15～18min，要在这短短的十几分钟时间内保证冶炼正常进行，必须加速化渣。因此，成渣速度问题是氧气顶吹转炉控制造渣的中心环节。提高成渣速度的具体措施主要有以下几个方面：

（1）采用活性石灰造渣。活性石灰与普通石灰相比，具有更高的反应能力，表面沉积的 C_2S 外壳不致密、易剥落，可加速石灰的溶解。

（2）避免在石灰块表面沉积 C_2S。从 $CaO\text{-}SiO_2\text{-}FeO$ 三元系相图上可以看出，沿着 $w(FeO)/w(SiO_2) > 2$ 的路线提高炉渣碱度，可避开 C_2S 的沉积区，加快石灰的熔化。

（3）采用合成渣料。例如，采用 $CaO + Al_2O_3 + Fe_2O_3$ 合成渣料，转炉烟尘拌加石灰粉、生白云石粉、轧钢氧化铁皮制成的冷固球团，渗 FeO 的石灰和渗 FeO 的白云石，都取得了很好的效果。

（4）采用留渣法操作。

（5）缩短石灰溶解的滞止期。主要的措施有：首先，在上炉出钢完毕时即加入 1/3～2/5 的石灰和全部废钢，预热它们，这样在兑铁水开吹后、石灰进入炉渣时，其周围就不会形成炉渣的冷凝外壳；其次就是尽量减小石灰块度，采用粒度为 10～30mm 的石灰连续加入一次反应区，可以缩短石灰溶解的滞止期。

（6）防止开吹期石灰成团。很大的石灰团一旦形成，它在炉渣中的溶解就会很困难。石灰块成团的原因是液渣数量少、黏度大和熔池搅拌不足。

（7）提高熔池温度。任何提高熔池温度的措施都将促进化渣。

（8）强化前期的熔池搅拌运动。采用双流复合氧枪及顶底复吹技术可加速化渣。

c 造渣方法

根据铁水成分不同和对所炼钢种的要求，造渣方法可分为单渣法、双渣法和双渣留渣法。

（1）单渣法。单渣法指的是在冶炼过程中只造一次渣，中途不倒渣、不扒渣，直到终点出钢。这种造渣方法适用于铁水硅、磷、硫含量较低，钢种对磷、硫含量要求不严格以及冶炼低碳钢种的情况。单渣法操作工艺简单，吹炼时间短，劳动条件好，易于实现自动控制，其脱磷率在90%左右，脱硫率在35%左右。

（2）双渣法。双渣法就是换渣操作，即在吹炼过程中分一次或几次倒出或扒出1/2～2/3的炉渣，然后加渣料重新造渣。这种造渣方法适合在铁水硅含量大于1.0%或磷含量大于0.5%，或原料磷含量小于0.5%，但要求生产低磷的优质钢；吹炼中、高碳钢以及需在炉内加入大量易氧化元素的合金钢时采用。此法的优点是：去除磷、硫的效果较好，其脱磷率可达92%～95%，脱硫率约为50%；可消除大渣量引起的喷溅；倒出部分酸性渣，可以减轻对炉衬的侵蚀，减少石灰消耗。

（3）双渣留渣法。双渣留渣法是出钢后将上一炉冶炼的终点炉渣留一部分在炉内，供下一炉冶炼时作部分初期渣使用，然后在吹炼前期结束时倒出，重新造渣。这种方法适用于吹炼中、高磷（$w[P] > 1.5\%$）铁水。由于终渣碱度高、渣温高、（FeO）含量较高、流动性好，有助于下炉吹炼前期石灰的熔化，可加速初期渣的形成，提高前期脱磷、脱硫率和炉子热效率；同时，还可以减少石灰的消耗，降低铁损和氧耗。

d   渣料加入时间

通常情况下，顶吹转炉渣料分两批或三批加入。第一批渣料在兑铁水前或开吹时加入，加入量为总渣量的1/2～2/3，并将白云石全部加入炉内。第二批渣料加入时间是在第一批渣料化好且铁水中硅、锰氧化基本结束后，其加入量为总渣量的1/3～1/2。若是双渣操作，则是在倒渣后加入第二批渣料。第二批渣料分小批多次加入，多次加入对石灰溶解有利，也可用小批渣料来控制炉内泡沫渣的溢出。第三批渣料视炉内磷、硫的去除情况来决定是否加入，其加入数量和时间均应根据吹炼实际情况而定。无论加几批渣，最后一小批渣料都必须在拉碳前3min加完，否则来不及化渣。

e   泡沫渣

转炉吹炼过程中，由于氧气射流的冲击和熔池搅拌，产生了许多金属液滴。这些金属液滴落入炉渣后，与（FeO）作用生成大量的CO气泡并分散于熔渣之中，形成了钢-渣-气密切混合的乳浊液，并产生泡沫渣。在氧气顶吹转炉炼钢中，由于泡沫渣较为充分地发展，大大增加了钢-渣-气之间的接触面积，加速了脱碳、脱磷等反应的进行。因此，在吹炼过程中造成一定程度的泡沫渣是缩短冶炼时间、提高产品质量的一个重要工艺措施。

实践证明，氧气转炉炼钢过程中泡沫渣总是要发生的，形成后应将其控制在合适的范围内，以使吹炼平稳和达到出钢拉碳的要求，问题是如何利用和控制它。

对炼钢操作来说，要造的是"非饱和型"的正常泡沫渣。其关键是：初期要早化渣，中期要保持渣中$\Sigma w(FeO) = 10\% \sim 20\%$，同时要保证枪位在合适的"淹没"吹炼条件下工作，二批料应按少量多次的制度加料。

D   温度制度

温度制度包括过程温度控制和终点温度控制。对于转炉吹炼过程，温度既是重要的热力学参数，又是重要的动力学参数，它对炉内反应、渣料熔化、炉衬寿命、钢水质量都有重要影响。过程温度控制的目的是使吹炼过程均衡升温，保证吹炼平稳及准确达到终点温度。终点温度控制的目的是保证合适的出钢温度。吹炼任何钢种都对终点温度范围有一定的要求。

a   热量来源与热量支出

（1）热量来源。氧气转炉炼钢的热量来源是铁水的物理热和化学热。物理热是指铁水带入的热量，与铁水温度有直接关系；化学热是指铁水中各元素氧化后放出的热量，与铁水化学成分直接相关，其中 C、Si 两大元素为转炉炼钢的主要发热元素。

（2）热量支出。转炉的热量支出包括两部分：一部分是直接用于炼钢的热量，即用于加热钢水和熔渣的热量；另一部分是未直接用于炼钢的热量，包括废气、烟尘带走的热量，冷却水带走的热量，炉口炉壳的散热损失和冷却剂的吸热等。

b 出钢温度的确定

出钢温度的高低受钢种、锭型和浇注方法的影响，其确定原则是：

（1）应保证浇注温度高于所炼钢种凝固温度 60~100℃（小炉子偏上限，大炉子偏下限）。

（2）应考虑出钢过程和钢水运输、镇静时间，钢液吹氩时的温降一般为 40~80℃。

（3）应考虑浇注方法和浇注锭型的大小。浇注小钢锭时，出钢温度要偏高些；若采用连铸，其出钢温度也要高些（比模铸高 20~50℃）。

c 吹炼过程的温度控制

温度控制的办法主要是适时加入需要数量的冷却剂，以控制好过程温度，并为直接命中终点温度提供保证。冷却剂的加入时间因条件而异。废钢在吹炼时加入不方便，通常在开吹前加入。利用矿石或铁皮作冷却剂时，由于它们同时又是化渣剂，其加入时间往往与造渣同时考虑，大多采用分批加入方式。

冷却剂的加入量需考虑铁水的硅含量、所炼钢种、炉衬及空炉时间的变化。

E 终点控制和出钢

终点控制主要是指终点温度和成分的控制。

a 终点的标志

转炉兑入铁水后，通过供氧、造渣等一系列操作，经过一系列物理化学反应，使钢水达到所炼钢种的成分和温度的时刻，称为"终点"。到达终点的具体标志是：

（1）钢中碳含量达到所炼钢种的控制范围；

（2）钢中磷、硫含量低于规格下限的一定范围；

（3）出钢温度能保证顺利进行精炼、浇注；

（4）对于沸腾钢，钢水有一定的氧化性。

终点控制是转炉吹炼后期的重要操作。由于磷、硫的去除通常比脱碳复杂，应尽可能地使硫、磷提早脱除到终点要求的范围内，这样终点控制就简化为碳含量和钢水温度的控制，所以终点控制也俗称"拉碳"。终点控制不当，会造成一系列的危害。

b 终点控制方法

终点控制方法分为经验控制方法和自动控制方法。对于中小转炉，目前采用的主要是经验控制方法。终点碳经验控制的方法有三种，即一次拉碳法、增碳法和高拉补吹法。

（1）一次拉碳法。按出钢要求的终点碳和终点温度进行吹炼，当达到要求时提枪停止吹氧。这种方法在吹炼终点时终点碳和终点温度同时命中目标，操作技术水平高，其他方法一般很难达到。该方法还具有如下优点：

1）终渣 TFe 含量低，钢水收得率高，对炉衬侵蚀量少；

2）钢水中有害气体少，不加增碳剂，钢水洁净；

3）余锰量高，合金消耗少；

4）氧耗量少，节约增碳剂。

（2）增碳法。当吹炼碳含量大于 0.08% 的钢种时，均在吹炼到 $w[C] = 0.05\%$ ~ 0.06% 时提枪，然后按照所炼钢种的规格要求在钢包内增碳。采用增碳法时应严格保证增碳剂的质量。增碳剂所用炭粉要求纯度高，硫和灰分含量要很低，有时对其氮含量也有要求，否则会污染钢水。

（3）高拉补吹法。当冶炼中、高碳钢时，终点按规格稍高些进行拉碳，待测温、取样后，按分析结果与规格的差值决定补吹时间。由于在中、高碳（$w[C] > 0.4\%$）钢的碳含量范围内，脱碳速度较快，火焰没有明显的变化，从火花上也不易判断，终点人工一次拉碳很难判断准确，所以采用高拉补吹的方法。高拉补吹法只适用于中、高碳钢的吹炼。

c　出钢

在转炉出钢过程中，为了减少钢水吸气和有利于合金加入钢包后搅拌均匀，需要有适当的出钢持续时间。小于 50t 的转炉其出钢持续时间为 1 ~ 4min，50 ~ 100t 的转炉为 3 ~ 6min，大于 100t 的转炉为 4 ~ 8min。自 1970 年日本发明挡渣出钢法后，先后又出现多种出钢方式，其目的是：利于准确控制钢水成分，减少钢水回磷，提高钢包精炼效果。目前采用的挡渣出钢法有挡渣帽法、挡渣球法、挡渣塞法、气动挡渣器法、气动吹渣法和电磁挡渣法等。

F　溅渣护炉

溅渣护炉是近年来开发的一项提高炉龄的新技术，是在 20 世纪 70 年代广泛应用过的挂渣补炉技术（向炉渣中加入含 MgO 的造渣剂造黏渣）的基础上，采用氧枪喷吹高压氮气，在 2 ~ 4min 内将出钢后留在炉内的残余炉渣喷溅涂敷在转炉内衬整个表面上，生成炉渣保护层的护炉技术。该技术最先是在美国共和钢公司的大湖分厂（Great Lakes），由普莱克斯（Praxair）气体有限公司开发的，在大湖分厂和格棱那也特市分厂（Granite City）实施后并没有得到推广。

溅渣护炉的基本原理是：利用 MgO 含量达到饱和或过饱和的炼钢终点渣，通过高压氮气的吹溅，在炉衬表面形成一层高熔点的溅渣层，并与炉衬很好地烧结附着。这个溅渣层耐蚀性较好，从而保护了炉衬砖，减缓其损坏程度，炉衬寿命得到提高。其工艺过程主要是：在吹炼终点钢水出净后，留部分 MgO 含量达到饱和或过饱和的终点炉渣，通过喷枪在熔池理论液面以上 0.8 ~ 2m 处吹入高压氮气，使炉渣飞溅黏挂在炉衬表面，与此同时形成炉渣保护层。通过喷枪上下移动可以调整溅渣的部位，溅渣时间一般为 3min 左右。

溅渣护炉技术的特点有：

（1）操作简便。根据炉渣黏稠程度调整成分后，利用氧枪和自动控制系统，将供氧气改为供氮气，即可降枪进行溅渣操作。

（2）成本低。该技术充分利用了转炉高碱度终渣和制氧厂副产品氮气，加少量调渣剂（如菱镁球、轻烧白云石等）就可实现溅渣，还可以降低吨钢石灰消耗。

（3）时间短。一般只需 3 ~ 4min 即可完成溅渣护炉操作，不影响正常生产。

（4）溅渣均匀覆盖在整个炉膛内壁上，基本上不改变炉膛形状。

（5）工人劳动强度低，无环境污染。

（6）炉膛温度较稳定，炉衬砖无热震变化。

（7）由于炉龄提高，节省了修砌炉时间，对提高钢产量和平衡、协调生产组织有利。

（8）由于转炉作业率和单炉产量提高，为转炉实现"二吹二"或"一吹一"的生产模式创造了条件。

G 喷溅

喷溅是顶吹转炉吹炼过程中经常发生的一种现象，通常将被炉气携走、从炉口溢出或喷出炉渣和金属的现象称为喷溅。喷溅的产生会造成大量的金属和热量损失，对炉衬的冲刷加剧，甚至造成黏枪、烧枪、炉口和烟罩挂渣，增大清渣处理的劳动强度。由于喷出大量的熔渣，还会影响脱磷、脱硫及操作的稳定性，限制了供氧强度的提高。因此，在转炉操作过程中防止喷溅是十分重要的。在转炉的吹炼时期，喷溅主要有以下几种类型：

（1）金属喷溅。吹炼初期炉渣尚未形成或吹炼中期炉渣返干时，固态或高黏度炉渣被顶吹氧射流和从反应区排出的 CO 气体推向炉壁。在这种情况下，金属液面裸露，由于氧气射流冲击力的作用，使金属液滴从炉口喷出，这种现象称为金属喷溅。

（2）泡沫渣喷溅。吹炼过程中，由于炉渣中表面活性物质较多，使炉渣泡沫化严重。在炉内 CO 气体大量排出时从炉口溢出大量泡沫渣的现象，称为泡沫渣喷溅。

（3）爆发性喷溅。吹炼过程中，当炉渣中（FeO）积累较多，由于加入渣料或冷却剂过多而造成熔池温度降低；或是由于操作不当，使炉渣黏度过大而阻碍 CO 气体排出时，一旦温度升高，熔池内碳与氧则剧烈反应，产生大量 CO 气体并急速排出，同时也使大量金属和炉渣喷出炉口，这种突发的现象称为爆发性喷溅。

（4）其他喷溅。在某些特殊情况下，由于处理不当也会产生喷溅。例如，在采用留渣操作时，渣的氧化性强，兑铁水时如果速度过快，可能使铁水中的碳与炉渣中的氧发生反应，引起铁水喷溅。又如，在吹炼后期，采用补兑铁水时也可能造成喷溅。

3.3.2 氧气底吹转炉炼钢工艺

氧气底吹转炉炼钢法是在空气底吹转炉炼钢法的基础上发展起来的。氧气底吹转炉是从转炉底部供入氧气，在纯氧直接接触钢水的火点附近，温度高达约 2000℃。底吹转炉存在的主要问题是喷嘴寿命问题。1967 年，联邦德国马克西米利安公司和加拿大莱尔奎特公司共同协作试验成功氧气底吹转炉炼钢法。该法采用双层同心套管式喷嘴，中心管通氧，套管环缝吹入气态碳氢化合物作冷却介质，利用包围在氧气外面的碳氢化合物的裂解吸热和形成还原性气幕来冷却保护氧气喷嘴。这种方法也称为 OBM 法（Oxygen Bottom-blown Method），于 1967 年 12 月在德国投产。

1970 年，法国研制成功与 OBM 法相类似的工艺方法——LWS 法，它也是用套管式喷嘴供氧，但以液态燃料油作为冷却介质。

1971 年，美国合众钢铁公司对平炉进行改造，引进 OBM 法试验，在中心管底吹氧气的同时向熔池中喷吹石灰粉，命名为 Q-BOP 法（Quiet（quick）-Basic Oxygen Process）。Q-BOP法的试验成功为氧气底吹转炉的发展开辟了广阔的前景。由于设备投资低并适宜于吹炼高磷铁水，氧气底吹转炉在欧洲、美国和日本得到了进一步的发展。1977 年，日本川崎制铁所设置了世界上最大的 230t Q-BOP。

3.3.3　顶底复合吹炼转炉炼钢工艺

氧气顶底复吹转炉炼钢技术是在顶吹转炉和底吹转炉生产应用的基础上，综合两种方法的优点和克服其不足而发展起来的，于 1975 年开始投入工业生产。氧气顶吹转炉与底吹转炉相比，最突出的问题是熔池搅拌不均匀、喷溅严重。复合吹炼法就是利用底吹气流克服顶吹氧流对熔池搅拌能力不足（特别在低碳时）的弱点，可使炉内反应接近平衡，铁损失减少，同时又保留了顶吹法容易控制造渣过程的优点，因而具有比顶吹和底吹更好的技术经济指标。目前，顶底复吹转炉炼钢技术在世界上得到广泛应用，近年来我国新建的转炉车间基本都是采用顶底复合吹炼转炉。

3.3.3.1　顶底复合吹炼转炉炼钢工艺的类型

自顶底复吹转炉投产以来，已命名的复吹方法达数十种之多，就其吹炼工艺而言，主要分为如下四种类型：

（1）底部搅拌型。这种类型以加强熔池搅拌、改善冶金反应动力学条件为主要目的。其氧气供给全部由顶吹氧枪吹入，底部吹入少量搅拌气体，底吹供气强度一般小于 $0.1 m^3/(min \cdot t)$。常用的底吹搅拌气体有氮气、氩气和二氧化碳等气体。具有代表性的底部搅拌型复吹方法有 LBE 法、LD-KG 法等，我国目前采用的复吹转炉大多数属于这种类型。

（2）顶底复合吹氧型。这种类型以增大供氧强度、强化冶炼为目的。其冶炼所需氧气分别由顶、底同时供给，底部供氧量为总供氧量的 5% ~ 30%，底部供气强度（标态）大于 $0.1 m^3/(min \cdot t)$。在底吹供气量相同的条件下，底吹氧气的搅拌能力大于氮气和氩气，并且在大量使用底吹氧气时不会造成熔池降温和钢水增氮，但冷却介质引起的钢水氢含量增加应引起重视。具有代表性的顶底复合吹氧型方法有 STB 法、LD-OB 法等。

（3）吹石灰粉型。这种类型以加速造渣、强化去除磷和硫为主要目的。它是在顶底复合吹氧的基础上同时吹入石灰粉，以氧气载石灰粉进入熔池。采用这种复吹工艺可以冶炼合金钢和不锈钢，其技术经济指标较好。具有代表性的底吹石灰粉型的复吹方法是 K-BOP 法。

（4）喷吹燃料型。这种类型以补充转炉热源、增加转炉废钢加入量为目的。这种工艺是在供氧的同时喷入煤粉、燃油或燃气等燃料，燃料的供给既可从顶部加入也可从底部喷入，前苏联有的厂还从顶、底、侧三个方向同时向炉内供入氧和燃料。通过向炉内喷吹燃料，可使废钢比提高，如 KMS 法的废钢比达 40% 以上；而从底部喷煤粉和顶底供氧的 KS 法则可使废钢比达 100%，即实现了转炉全废钢冶炼。

3.3.3.2　冶金效果

根据顶底复吹转炉的冶金反应特点，在复吹转炉生产实践中取得了如下冶金效果：

（1）吹炼平稳，化渣快，使喷溅和吹损减少，金属收得率提高。顶底复合吹炼中，顶枪供氧化渣，底吹搅拌熔池，使炉渣熔化快，渣-钢间反应趋于平衡，消除了顶吹转炉渣中氧势显著高于钢中的不平衡状态，减少了吹损和炉渣喷溅。

（2）钢液氧化性降低，使钢水中残锰量提高，从而节省了合金消耗。顶底复吹转炉搅拌良好，终渣（FeO）含量降低，使钢水中 [O] 含量减少，从而节省了脱氧时的合金消耗。同时，顶底复吹冶炼终点钢水中的残锰量比顶吹转炉有所提高，也使锰铁消耗降低。

（3）渣-钢间反应能力提高，使脱磷、脱硫效率提高，节约了造渣材料。顶底复合吹炼中，由于化渣快，有利于炉内的脱磷、脱硫反应进行，提高了磷、硫反应的分配比，使造渣材料加入量减少。

（4）冶炼时间缩短，氧气消耗减少。顶底复吹转炉的熔池反应能力加快，使氧气利用率提高、吹炼时间缩短，从而使氧气消耗减少。一般顶底复吹转炉的吹炼时间比顶吹转炉缩短 $1\sim2min$，氧气消耗减少 $1\sim3m^3/t$。当然，顶底复吹转炉底吹搅拌用气量会有所增加。

（5）炉容比减小，提高了转炉的生产能力。在顶底复吹工艺中，由于渣料加入量减少，炉渣不易喷溅，可使炉容比降低，从而提高了转炉的装入量，使转炉的生产能力得到提高。

3.4　电弧炉炼钢工艺

传统电弧炉冶炼工艺可分为氧化法、返回吹氧法和不氧化法三种类型。氧化法的特点是：冶炼过程有完整的氧化期和完整的还原期，能脱碳、脱磷、脱硫、去气、去夹杂，对炉料无特别要求，有利于钢质量的提高。到目前为止，国内氧化法冶炼工艺仍是电弧炉炼钢的主要方法。本节以氧化法冶炼工艺为主，介绍电弧炉冶炼的基本工艺。

3.4.1　电弧炉的大小与分类

通常采用出钢量、变压器额定功率与电炉炉壳直径三个参数来表示电弧炉的大小。近年来，随着电弧炉向超高功率化、大型化发展，其大与小的区分界限也在改变，通常把 40t/4.6m 以下的电弧炉看作小电弧炉，把 50t/5.2m 以上的电弧炉看作大电弧炉。就电弧炉大型化而言，美国领导世界潮流，200st 级的电弧炉很多（1st = 0.907t），350st 以上的电弧炉就有 6 座，并于 1971 年投产了 400st/9.8m/162MV·A 电弧炉以生产钢锭。2000年，美国西北钢线材公司投产世界最大的 415t 电弧炉。日本最大电弧炉为 250t，中国最大电弧炉为 150t。电弧炉的超高功率化、大型化提高了生产率，降低了炼钢成本。

在电弧炉发展过程中，超高功率化、大型化起到了积极促进作用。目前来看，较多的电弧炉容量在 $60\sim120t$ 之间，相应能力在 $30\sim80$ 万吨/年之间。这不仅是由于该吨位范围内的电弧炉本身单体技术比较完善和成熟，更重要的是由于其与精炼、连铸、轧制等在工程上的匹配与衔接更容易优化，经济上也更合理。

电弧炉的分类方法具体如下：

（1）按炉衬耐火材料的性质，分为酸性、碱性电弧炉；

（2）按电流特性，分为交流、直流电弧炉；

（3）按功率水平，分为普通功率、高功率及超高功率电弧炉；

（4）按废钢预热，分为竖炉、双壳炉、炉料连续预热电弧炉等；

（5）按出钢方式，分为槽式出钢、偏心底出钢（EBT）、中心底出钢（CBT）及水平出钢（HOT）电弧炉等；

（6）按底电极形式，分为触针式、导电炉底式及金属棒式直流炉。

3.4.2 传统电炉炼钢工艺

传统的氧化法冶炼工艺操作过程由补炉、装料、熔化、氧化、还原与出钢六个阶段组成，主要分为熔化期、氧化期和还原期三期，俗称"老三期"。传统电炉"老三期"工艺因其设备利用率低、生产率低、能耗高等缺点，满足不了现代冶金工业的发展，必须进行改革，但它是电炉炼钢的基础。

3.4.2.1 补炉

A 补炉部位

炉衬各部位的工作条件不同，损坏情况也不一样。炉衬损坏的主要部位是炉壁渣线，渣线受到高温电炉的辐射、渣钢的化学侵蚀与机械冲刷以及冶炼操作等的作用损坏严重。出钢口附近因受渣钢的冲刷也极易减薄。炉门两侧常受热震的作用、流渣的冲刷及操作与工具的碰撞等，损坏也比较严重。因此，一般电炉在出钢后要对渣线、出钢口及炉门附近等部位进行修补，无论进行喷补或投补，均应重点补好这些部位。

B 补炉原则

补炉的原则是高温、快补、薄补。补炉是将补炉材料喷投到炉衬损坏处，并借助炉内的余热在高温下使新补的耐火材料和原有的炉衬烧结成为一个整体，而这种烧结需要很高的温度才能完成。电炉出钢后，炉衬表面温度下降很快，因此应该抓紧时间趁热快补。薄补的目的是为了保证耐火材料良好地烧结。经验表明，新补的厚度一次不应大于30mm，需要补得更厚时应分层多次进行。

3.4.2.2 装料

目前电炉广泛采用炉顶料筐装料，每炉钢的炉料分1~3次加入。装料的好坏影响着炉衬寿命、冶炼时间、电耗、电极消耗以及合金元素的烧损等，因此要求装料合理，而装料的好坏取决于炉料在炉筐中布料的合理与否。

合理布料的顺序如下：装料时必须将大、中、小块料合理布料。一般先在炉底上均匀地铺一层石灰（留钢操作、导电炉底等除外），为装料量的2%~3%，以保护炉底，同时可提前造渣。如果炉底正常，在石灰上面铺小块料，约为小块料总量的1/2，以免大块料直接冲击炉底。小块料上再装大块料和难熔料，并布置在电弧高温区，以加速熔化。在大块料之间填充中、小块料，以提高装料密度。中块料一般装在大块料的上面及四周，不仅可填充大块料周围的空隙，也可加速靠炉壁处的炉料熔化。最上面再铺剩余的小块料，为的是使熔化初期电极能很快"穿井"，减少弧光对炉盖的辐射。

总之，布料时应做到下致密、上疏松，中间高、四周低，炉门口无大料，使得送电后穿井快，不搭桥，有利于熔化的顺利进行。

3.4.2.3 熔化期

传统工艺的熔化期占整个冶炼时间的50%~70%，电耗占60%~80%。因此，熔化期的长短影响生产率和电耗的高低，熔化期的操作影响氧化期、还原期的顺利与否。

A 熔化期的主要任务

熔化期的主要任务是：

（1）将块状的固体炉料快速熔化，并加热到氧化温度；

（2）提前造渣，早期去磷；

（3）减少钢液吸气与挥发。

B　熔化期的操作

熔化期的操作内容主要是合理供电、及时吹氧、提前造渣。其中，合理供电制度是使熔化期顺利进行的重要保证。

装料完毕即可通电熔化。但在供电前应调整好电极，保证整个冶炼过程中不切换电极，并对炉子冷却系统及绝缘情况进行必要的检查。炉内炉料的熔化过程大致可分为如下四个阶段：

（1）起弧期。通电开始，在电弧的作用下，一少部分元素挥发并被炉气氧化，生成红棕色的烟雾，从炉中逸出。从送电起弧至电极端部下降 $1.5d_{电极}$ 深度，为起弧期（2～3min）。此期电流不稳定，电弧在炉顶附近燃烧辐射。为了保护炉顶，在炉上部布一些轻薄小料，以便使电极快速插入料中，以减少电弧对炉顶的辐射。供电方面采用较低的电压、电流。

（2）穿井期。从起弧完毕至电极端部下降到炉底，为穿井期。此期虽然电弧被炉料所遮蔽，但因不断出现塌料现象，电弧燃烧不稳定。供电方面采取较大的二次电压、大电流或采用高电压带电抗操作，以增加穿井的直径与穿井的速度。但应注意保护炉底，办法是：加料前采取石灰垫底，炉中部布大、重废钢以及采用合理的炉型。

（3）主熔化期。电极下降至炉底后开始回升时，主熔化期开始。随着炉料不断地熔化，电极逐渐上升，至炉料基本熔化（大于80%）时，仅炉坡、渣线附近存在少量炉料。电弧开始暴露给炉壁时，主熔化期结束。在主熔化期内，由于电弧埋入炉料中，电弧稳定，热效率高，传热条件好，故应以最大功率供电，即应采用最高电压、最大电流供电。主熔化期时间占整个熔化期的70%。

（4）熔末升温期。从电弧开始暴露给炉壁至炉料全部熔化，为熔末升温期。此阶段因炉壁暴露，尤其是炉壁热点区的暴露，受到电弧的强烈辐射，故应注意保护。此时供电方面可采取低电压、大电流，否则应采取泡沫渣埋弧工艺。

3.4.2.4　氧化期

要去除钢中的磷、气体和夹杂物，必须采用氧化法冶炼。氧化期是氧化法冶炼的主要过程。传统冶炼工艺中，当废钢等炉料完全熔化并达到氧化温度、磷脱除70%以上时便进入氧化期，这一阶段到扒完氧化渣时结束。为保证冶金反应的进行，氧化开始温度应高于钢液熔点 50～80℃。

A　氧化期的主要任务

氧化期的主要任务是：

（1）进一步降低钢液中的磷含量，使其低于成品规格的一半。考虑到还原期及钢包中可能回磷，一般钢种要求 $w[P] = 0.015\% \sim 0.01\%$。

（2）去除钢液中气体和非金属夹杂物。电炉炼钢钢液去气、去夹杂物是在氧化期内进行的。它是借助 C-O 反应和 CO 气泡的上浮使熔池产生激烈沸腾，促使气体和夹杂物去除，并均匀成分与温度。为此，一定要控制好脱碳反应速度，保证熔池有一定的激烈沸腾时间。

（3）加热和均匀钢水温度。应使氧化末期温度高于出钢温度 20～30℃，这主要考虑两点：

1）扒渣、造新渣以及加合金将使钢液降温；

2）不允许钢液在还原期升温，否则电弧下的钢液过热，大电流弧光反射会损坏炉衬以及使钢液吸气。

（4）氧化与脱碳。按照熔池中氧来源的不同，氧化期操作方法分为矿石氧化法、吹氧氧化法及矿氧综合氧化法三种。近年来强化用氧的实践表明，除钢中磷含量特别高时采用矿氧综合氧化法外，均采用吹氧氧化，尤其是当脱磷任务不重时，应通过强化吹氧氧化钢液来降低钢中碳含量。

B　氧化期的工艺操作

a　造渣制度

对氧化期炉渣的要求是具有足够的氧化性能、合适的碱度与渣量以及良好的物理性能，以保证能够顺利完成氧化期的任务。氧化过程的造渣应兼顾脱磷和脱碳的特点。两者共同的要求是：炉渣的流动性良好，且有较高的氧化能力。两者不同的是：脱磷要求渣量大，不断流渣和造新渣，碱度以 2.5 ~ 3 为宜；而脱碳要求渣层薄，便于 CO 气泡穿过渣层逸出，炉渣碱度约为 2。

氧化期的渣量是根据脱磷任务而确定的。在完成脱磷任务时，渣量以能稳定电弧燃烧为宜。一般氧化期的渣量应控制在 3% ~ 5% 范围内。

b　温度制度

温度控制对于冶金反应的热力学和动力学都是十分重要的。从熔化后期就应该为氧化期创造温度条件，以保证高温氧化并为还原期打好基础。

由于脱碳反应必须在一定的温度条件下才能顺利进行，在现场中无论是采用矿石氧化法、矿氧综合氧化法还是吹氧氧化法，都规定了开始氧化的温度。氧化终了的温度（扒渣温度）一般应比开始氧化的温度高出 40 ~ 60℃，其原因是钢中许多元素已经氧化，使钢的熔点有所升高；另外，扒除氧化渣有很大的热量损失，而熔化还原渣料和合金料也需要热量，所以氧化结束时的温度一般控制在钢熔点（1470 ~ 1520℃）以上 110 ~ 130℃。电炉出钢温度应高出钢种熔点 90 ~ 110℃，即氧化末期扒渣温度一般应高于该钢种的出钢温度 10 ~ 20℃。

c　氧化操作

氧化期的工艺操作方法分为矿石氧化法、吹氧氧化法和矿氧综合氧化法。

（1）矿石氧化法。矿石氧化法是一种间接氧化法，它是将铁矿石中的高价氧化铁（Fe_2O_3 或 Fe_3O_4）加入到熔池中，使其转变成低价氧化铁（FeO），FeO 小部分留在渣中，大部分用于钢液中碳和磷的氧化。此法可应用于缺乏氧气的地方小厂。矿石氧化法炉内冶炼温度较低，致使氧化时间延长，但脱磷和脱碳反应容易相互配合。

（2）吹氧氧化法。吹氧氧化法是一种直接氧化法，即直接向熔池吹入氧气，氧化钢中碳等元素。单独采用氧气进行氧化操作时，在碳含量相同的情况下，渣中 FeO 含量远远低于矿石氧化时的含量。因此，停止吹氧后熔池比用矿石氧化时容易趋于稳定，熔池温度比较高，钢中 W、Cr、Mn 等元素的氧化损失也较少，但不利于脱磷，所以在熔清后磷含量高时不宜采用。

（3）矿氧综合氧化法。矿氧综合氧化法是指氧化前期加矿石，后期吹氧，两者共同完成氧化期的任务，这是生产中常用的一种方法。

在处理脱磷和脱碳的关系时，应遵守以下工艺操作制度：在氧化顺序上，先磷后碳；

在温度控制上，先低温后高温；在造渣上，先大渣量去磷后薄渣层脱碳；在供氧上，先矿后氧。

3.4.2.5 还原期

从氧化末期扒渣完毕到出钢这段时间称为还原期。电炉有还原期是电炉炼钢法的重要特点之一。

A 还原期的任务

还原期的任务是：

（1）使钢液脱氧，尽可能地去除钢液中溶解的氧量（不大于 0.003%）和氧化物夹杂。

（2）将钢中的硫去除至钢种规格要求。

（3）调整钢液合金成分，保证成品钢中所有元素的含量都符合标准要求。

（4）调整炉渣成分，使炉渣碱度合适、流动性良好，有利于脱氧和去硫。

（5）调整钢液温度，确保冶炼正常进行并有良好的浇注温度。

这些任务互相之间有着密切的联系，一般认为：脱氧是核心，温度是条件，造渣是保证。

B 温度控制

还原期的温度控制尤为重要，考虑到出钢到浇注过程中的温度损失，出钢温度应比钢的熔点高出 $100 \sim 140 \text{℃}$。

由于氧化末期控制钢液温度高于出钢温度 $20 \sim 30 \text{℃}$，扒渣后还原期的温度控制实际上是保温过程。如果还原期大幅度升温，一是钢液吸气严重；二是高温电弧加重对炉衬的侵蚀；三是局部钢水过热。为此，应避免还原期进行升温操作。

C 脱氧操作

电炉常用矿氧综合脱氧法，其中还原操作以脱氧为核心，炼钢中常用的复合脱氧剂有硅锰、硅钙、硅锰铝等合金以及炭粉和电石（CaC_2），简述如下：

（1）当钢液的温度、P 含量、C 含量符合要求时，扒渣量大于 95%；

（2）加 Fe-Mn、Fe-Si 块等预脱氧（沉淀脱氧）；

（3）加石灰、萤石或砖块，造稀薄渣；

（4）稀薄渣形成后还原，加炭粉、Fe-Si 粉等脱氧（扩散脱氧），分 $3 \sim 5$ 批，时间为 $7 \sim 10 \text{min/}$ 批（这就是"老三期"炼钢还原期时间长的原因）；

（5）搅拌，取样，测温；

（6）调整成分，即合金化；

（7）加 Al 或 Ca-Si 块等终脱氧（沉淀脱氧）。

D 钢液的合金化

炼钢过程中调整钢液合金成分的过程称为合金化。传统电炉炼钢的合金化可以在装料、氧化、还原过程中进行，也可在出钢时将合金加到钢包里。一般是在氧化末期、还原初期进行预合金化，在还原末期、出钢前或出钢过程中进行合金成分微调。合金化操作主要是指确定合金加入时间与加入数量。

合金元素的加入原则为：根据合金元素与氧的结合能力大小，决定其在炉内的加入时间。对不易氧化的合金元素，如 Co、Ni、Cu、Mo、W 等，多数随炉料装入，少量在氧化期或还原期加入。氧化法加 W 元素时，一般随稀薄渣料加入。对较易氧化的元素，如 Mn、Cr（小于 2%），一般在还原初期加入。钒铁（小于 0.3%）在出钢前 5~8min 加入。对极易氧化的合金元素，如 Al、Ti、B、稀土，在出钢前或在钢水罐中加入。一般来说，合金元素加入量大的应早加，加入量小的宜晚加。

E　出钢操作

传统电炉炼钢工艺中，钢液经氧化、还原后，当其化学成分合格、温度合乎要求、脱氧良好、炉渣碱度与流动性合适时即可出钢。因出钢过程中钢与渣接触可进一步脱氧与脱硫，故要求采取"大口、深冲、钢-渣混合"的出钢方式。

传统电炉"老三期"冶炼工艺操作集熔化、精炼和合金化于一炉，包括熔化期、氧化期和还原期，在炉内既要完成废钢的熔化，钢液的脱磷、脱硫、去气、去夹杂以及升温，又要进行钢液的脱氧、脱硫、合金化以及温度和成分的调整，因而冶炼周期很长。这既难以满足对钢材越来越严格的质量要求，又限制了电炉生产率的提高。

3.4.3　现代电弧炉炼钢技术

3.4.3.1　概述

超高功率电弧炉这一概念，是 1964 年由美国联合碳化物公司的 W. E. Schwabe 与西北钢线材公司的 G. G. Robinson 两个人提出的，并且首先在美国的 135t 电弧炉上进行了提高变压器功率、增加导线截面等一系列改造，目的是利用废钢原料、提高生产率、发展电弧炉炼钢。超高功率简称"UHP"（Ultra High Power）。由于其经济效果显著，使得西方主要产钢国，如联邦德国、英国、意大利及瑞典等纷纷采用 UHP 电弧炉。20 世纪 70 年代，全世界都在大力发展 UHP 电弧炉，几乎不再建造普通功率电弧炉。

在实践过程中，UHP 电弧炉技术得到不断的完善和发展。尤其是 UHP 电弧炉与炉外精炼、连铸相配合，显示出高功率、高效率的优越性，给电弧炉炼钢带来勃勃生机。从此，电弧炉结束了仅仅冶炼特殊钢的使命，成为一个高速熔化金属的容器。

UHP 一般指电弧炉变压器的功率是同吨位普通电弧炉功率的 2~3 倍。由于功率成倍增加等原因，UHP 电弧炉的主要优点有：缩短熔化时间，提高生产率；提高电热效率，降低电耗；易于与炉外精炼、连铸相配合，实现高产、优质、低耗的目标，即生产节奏转炉化。

在电弧炉发展过程中曾出现过许多分类方法，目前许多国家均采用功率水平分类方法。功率水平是电弧炉的主要技术特征，它表示每吨钢占有的变压器额定容量，即：

$$功率水平(kV \cdot A/t) = \frac{变压器额定容量(kV \cdot A)}{公称容量或实际出钢量(t)}$$

以此可将电弧炉分为普通功率（RP）电弧炉、高功率（HP）电弧炉和超高功率（UHP）电弧炉。1981 年，国际钢铁协会（IISI）在巴西会议上提出了具体的分类方法，见表 3-4。

表 3-4　电弧炉的功率水平分类

类　别	RP	HP	UHP
功率水平/kV · A · t⁻¹	<400	400~700	>700

注：1. 表中数据主要指 50t 以上的电弧炉，对于大容量电弧炉可取下限。

　　2. UHP 电弧炉的功率水平没有上限，目前已达 1000kV · A/t 并且还在增加，故出现"SUHP"一说。

但目前我国电弧炉的功率水平普遍低下，由1994年《中国钢铁工业年鉴》的统计结果可知，85%的电弧炉其功率水平在300kV·A/t左右（按出钢量计）。最近几年引进了一些高水平电弧炉，其功率水平较高，如南京钢铁联合公司的70t/60MV·A电弧炉、苏州苏兴特钢公司与江阴兴澄钢铁公司的100t/100MV·A电弧炉等。

3.4.3.2　超高功率电弧炉相关技术

对于UHP电弧炉关键技术的研究，主要是围绕电弧炉输入功率成倍提高后所带来的一系列问题而展开的。

A　合理供电

UHP电弧炉投入初期，由于输入功率成倍提高，耐火材料侵蚀指数R_E达到800～1000MW·V/m²以上，炉衬热点区损坏严重，炉衬寿命大幅度降低。为此，首先要在供电上采用低电压、大电流的粗短弧供电。粗短弧供电的优点有：减少电弧对炉衬的辐射，保证炉衬寿命；增加熔池的搅拌与传热；稳定电弧，提高电效率。当时，把这种粗短弧供电称为超高功率供电或合理供电。

B　短网改造

针对早期超高功率电弧炉供电不足的问题，对短网进行了研究和改造工作，主要围绕以下三个方面：

（1）降低电阻，减少损失功率，提高输入功率，如增加导体截面、减少长度、改善接触等；

（2）降低电抗，增加功率因数，提高功率输入，如增加导体截面、减少长度、合理布线；

（3）改进短网布线，平衡三相电弧功率，如三相导体采用空间三角形布置或修整平面法。

C　提高炉衬寿命

超高功率使炉衬寿命大为降低，要想较好地解决这一问题，必须寻求新的耐火材料，因此水冷炉壁、水冷炉盖应运而生。水冷炉衬是解决超高功率电弧炉炉壁和炉盖寿命问题的关键技术。它的原理是：使用水冷挂渣炉壁开始时，挂渣块表面温度远低于炉内温度，炉渣、烟尘与水冷块表面接触就会迅速凝固，结果就会使水冷块表面逐渐挂起一层由炉渣和烟尘组成的保护层。

水冷炉衬包括水冷炉壁和水冷炉盖两个部分。目前，超高功率电弧炉普遍采用的炉壁水冷面积可达70%～80%，水冷炉壁块的寿命达6000次；炉盖水冷面积可达80%～90%，水冷炉盖块寿命达4000次。炉壁采用水冷后，热点区的问题基本得到解决，炉衬寿命得到一定的提高。虽然冷却水带走一些热量（5%～10%），但由于提高炉衬寿命、减少冶炼时间等，其综合效果明显。

D　氧-燃助熔

炉壁采用水冷后虽然热点问题得到基本解决，但"冷点"问题突出了。大功率供电时废钢熔化迅速，使热点区很快暴露给电弧，而此时冷点区的废钢还没有熔化，炉内温度分布极为不均。为了减少电弧对热点区炉衬的高温辐射，防止钢液局部过烧，被迫降低功率，"等待"冷点区废钢的熔化。

超高功率电弧炉为了解决冷点区废钢的熔化问题，采用氧-燃烧嘴插入炉内冷点区进行助熔，实现了废钢的同步熔化，解决了炉内温度分布不均的问题。

E 泡沫渣埋弧加热技术

采用水冷炉壁、水冷炉盖技术能提高炉体寿命，可其对 400mm 宽的耐火材料渣线来说，作用是有限的。另外，采用"低电压、大电流"的超高功率供电制度后，虽然能保证炉衬寿命、稳弧、增加搅拌与传热，但也严重地降低了短网的电效率，限制了变压器的能力发挥。

采用泡沫渣埋弧加热技术的目的是使超高功率电弧炉在熔池全熔后，防止电弧裸露在炉内而影响炉衬寿命和电弧加热钢液的热量吸收率。采用电弧泡沫渣技术后，炉渣厚度可达 300 ~ 500mm，是电弧长度的 2 ~ 3 倍以上，从而使电弧炉可以实现埋弧操作。电弧炉埋弧操作可解决两方面的问题：一方面，埋弧操作真正发挥了水冷炉壁的作用，提高了炉体寿命；另一方面，埋弧操作时使长弧供电（即大电压、低电流）成为可能。它的优越性在于弥补了早期超高功率供电不足的弊端，具有以下优点：

（1）降低电损失功率，减少电耗；

（2）减少电极消耗；

（3）改善三相电弧功率平衡；

（4）提高功率因数。

F 二次燃烧技术

超高功率电弧炉冶炼过程中采用氧-燃烧嘴助熔、强化吹氧脱碳及泡沫渣操作等，都会直接导致大量碳的不完全燃烧。富含 CO 的高温废气中，只有少量的 CO 被燃烧成 CO_2，而大部分由第四孔排出后与空气中的氧燃烧生成 CO_2。这一方面会增加废气处理系统的负担（在系统内燃烧，并存在爆炸的危险），另一方面则造成大量的能量（化学能）浪费。

为此，在熔池上方采取适当供氧，使生成的 CO 再次燃烧成 CO_2，称为后燃烧或二次燃烧（Post Combustion）。其产生的热量直接在炉内得到回收，同时也减轻了废气处理系统的负担。

G 废钢预热节能技术

20 世纪末，人们全面开发了电弧炉炼钢的节能技术。其中，采用大量吹氧和喷吹燃料助熔、铁水直接入炉以及多元化炉料的方法，使电炉炼钢排出炉外的烟气量和烟气温度大大增加。进入 20 世纪 90 年代中期，由于欧洲严格的环保立法，料篮式废钢预热方法逐步被禁止或者被迫改造，以消除剧毒气体二噁英的生成与排放。因此，冶金工作者不得不重新探索开发节能与环保的废钢预热方法。到目前为止，工业上应用较为普遍的新型废钢预热方式有双壳电弧炉法、康斯迪电弧炉法和竖窑式电弧炉法三种。

a 双壳电弧炉

双壳电弧炉是 20 世纪 70 年代出现的炉体形式，它具有一套供电系统和两个炉体，即"一电双炉"，并通过一套电极升降装置交替对两个炉体进行供热以熔化废钢，如图 3-6 所示。

双壳电弧炉的工作原理是：当熔化炉（1 号电炉）进行熔化时，所产生的高温废气由炉顶排烟孔经燃烧室后，进入预热炉（2 号电炉）中预热废钢，预热（热交换）后的废气由出钢箱顶部排除、冷却与除尘。每炉钢的第一篮（相当于 60%）废钢可以得到预热。

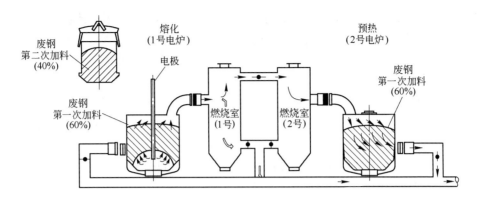

图 3-6　双壳电弧炉工作原理图

双壳电弧炉的主要特点有：

（1）提高变压器的时间利用率，由 70% 提高到 80% 以上；

（2）缩短冶炼时间，提高生产率 15% ~ 20%；

（3）节电 40 ~ 50kW · h/t。

为了增加预热废钢的比例，日本公司（现并入 JEF）采取增加电弧炉熔化室高度的方法，并采用氧-燃烧嘴预热助熔，以进一步降低能耗、提高生产率。

b　康斯迪电弧炉

康斯迪电弧炉（Consteel Furnace）可实现炉料连续预热，其也称为炉料连续预热电弧炉（见图3-7）。炉料连续预热电弧炉是在连续加料的同时，利用炉子产生的高温废气对行

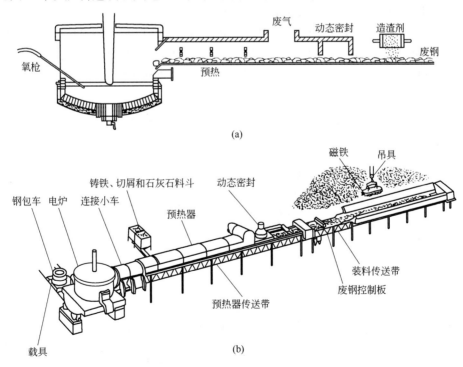

图 3-7　康斯迪电弧炉系统图

（a）连续投料示意图；（b）废钢处理系统

进的炉料进行连续预热，可使废钢入炉前的温度高达500~600℃，而预热后的废气经燃烧室进入余热回收系统。该形式电弧炉于20世纪80年代由意大利德兴公司开发，1987年最先在美国纽柯公司达林顿钢厂进行试生产，获得成功后在美国、日本、意大利等国家推广使用。

炉料连续预热电弧炉由炉料连续输送系统、废钢预热系统、电弧炉熔炼系统、燃烧室及余热回收系统组成。由于其实现了废钢连续预热、连续加料、连续熔化，因而具有如下优点：

（1）提高生产率，降低电耗80~100kW·h/t，减少电极消耗；

（2）减少了渣中的氧化铁含量，提高了钢水的收得率；

（3）由于废钢炉料在预热过程中碳氢化合物全部烧掉，冶炼过程中熔池始终保持沸腾，降低了钢中的气体含量，提高了钢的质量；

（4）变压器利用率高，达90%以上，因而可以降低功率水平；

（5）由于电弧加热钢水，钢水加热废钢，电弧特别稳定，电网干扰大大减少，不需要用"SVC"装置等。

c 竖窑式电弧炉

进入20世纪90年代，德国的Fuchs公司研制出新一代电弧炉——竖窑式电弧炉，简称竖炉。从1992年首座竖炉在英国的希尔内斯钢厂（Sheerness）投产到目前为止，Fuchs公司投产和待投产的竖炉有30多座。竖炉的结构及工作原理如图3-8所示。竖炉炉体为椭圆形，在炉体相当于炉顶第四孔（直流炉为第二孔）的位置配置一竖窑烟道，并与熔化室连通。装料时，先将大约60%的废钢直接加入炉中，余下的部分（约40%）由竖窑加入，并堆在炉内废钢上面。送电熔化时，炉中产生的高温废气（1400~1600℃）直接对竖窑中的废钢料进行预热。随着炉膛中废钢的熔化、塌料，竖窑中的废钢下落，进入炉膛中的废钢温度高达600~700℃。出钢时，炉盖与竖窑一起提升800mm左右，炉体倾动，由偏心底出钢口出钢。

为了实现100%废钢预热，Fuchs竖炉又发展了第二代竖炉（手指式竖炉），它是在竖窑的下部与熔化室之间增加一水冷活动托架（也称指形阀），将竖炉与熔化室隔开。废钢

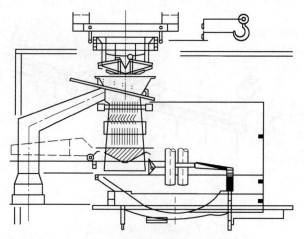

图3-8　竖炉的结构及工作原理

分批加入竖窑中，经预热后打开托架加入炉中，实现100%废钢预热。

手指式竖炉不但可以实现100%废钢预热，而且可以在不停电的情况下，由炉盖上部直接连续加入高达55%的直接还原铁（DRI）或多达35%的铁水，实现不停电加料，进一步减少热停工时间。

竖炉的主要优点是：

（1）节能效果明显，可回收废气带走热量60%以上，节电60kW·h/t以上；

（2）提高生产率15%以上；

（3）减少环境污染。

3.4.3.3 直流电弧炉技术

由于交流电弧每秒过零点100次，在零点附近电弧熄灭，然后再在另一半波重新点燃，因而交流电弧稳定性差。20世纪70年代大型高功率、超高功率电弧炉的出现与发展，使得炼钢电弧炉的功率成倍增加，强大交变电流的冲击加重了电网电压闪烁等电网公害，以致需要采用价格昂贵的动态补偿装置。1982年6月，德国MAN-GHH-BBC公司开发和建造了世界上第一台用于工业生产的12t直流电弧炉，并在施罗曼-西马克公司的克劳茨塔尔·布什钢厂正式投产。随后，瑞典、法国、苏联、日本等国也积极开发。1989年，日本钢管公司制造了当时世界上容量最大的130t直流电弧炉，在东京制铁国内公司的九州工厂投产。迄今为止，全世界已经投产的50t以上的直流电弧炉有100多台，在今后较长一段时间内将与交流电弧炉共存。

A 直流电弧炉的设备特点

直流电弧炉通常是高功率或超高功率电弧炉。在世界各地新投产的直流电弧炉的功率水平大多在700~1000kV·A/t范围内，最高达1100kV·A/t。此外，变压器过载是直流电弧炉的优势之一。直流电弧炉的设备布置见图3-9，基本回路见图3-10。

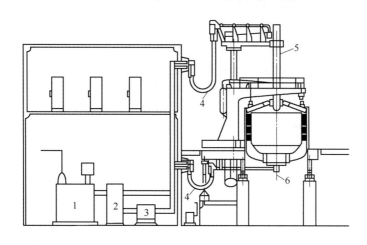

图3-9 直流电弧炉的设备布置

1—整流变压器；2—整流器；3—直流电抗器；
4—水冷电缆；5—石墨电极；6—炉底电极

B 直流电弧炉的优缺点

直流电弧炉具有如下优点：

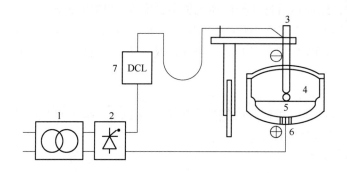

图 3-10　直流电弧炉的基本回路
1—整流变压器；2—整流器；3—石墨电极；4—电弧；
5—熔池；6—炉底电极；7—直流电抗器

（1）对电网冲击小，无需动态补偿装置，可在短路容量较小的电网中使用。采用直流电弧炉时虽然也会有闪烁，但闪烁值仅是三相交流电弧炉的 $1/3 \sim 1/2$ ，可省去昂贵的动态补偿装置。

（2）石墨电极消耗低。直流电弧炉能够大量减少石墨电极的消耗。从绝对消耗量来看，当交流电弧炉的三根石墨电极被直流电弧炉的一根石墨电极代替时，侧面消耗将减少近 $2/3$ ；在相同条件（废钢量、钢种、单位变压器功率、炉子容量等）下，直流电弧炉的电极消耗可比交流电弧炉降低 50% 以上，一般为 $1.1 \sim 2.0\mathrm{kg/t}$ 。

（3）缩短冶炼时间，降低电耗。直流电弧炉用电极由于无集肤效应，电极截面上的电流负载均匀，电极所承受的电流可比交流时增大 $20\% \sim 30\%$ ，因而直流电弧比交流电弧功率大。直流电弧炉与交流电弧炉相比，熔化时间可缩短 $10\% \sim 20\%$ ，电耗可降低 5% 左右；同时可减少环境污染，噪声降低 $10 \sim 15\mathrm{dB}$ 。

（4）降低耐火材料消耗。直流电弧炉无热点且电弧距炉壁远，以致炉壁，特别是渣线处热负荷小且分布均匀，从而降低了耐火材料的消耗。

（5）降低金属消耗。直流电弧炉由于只有一根电极（一般情况下）、一个高温电弧区和一个与大气相通的电极孔，降低了合金元素的挥发与氧化损失，也使合金料及废钢的消耗降低。

直流电弧炉的不足之处有：

（1）需要底电极；

（2）大电流需要大电极（大电极成本高）；

（3）长弧操作需要更多的泡沫渣；

（4）易引起偏弧现象；

（5）留钢操作限制了钢种的更换。

3.5　炉外精炼

3.5.1　炉外精炼的基本手段

到目前为止，为了创造最佳的冶金反应条件，所采用的基本手段不外乎渣洗、搅拌、真空、加热、喷吹及喂丝等几种。目前名目繁多的炉外精炼方法也都是这些基本手段的不同组合。

3.5.1.1 渣洗

渣洗法是在出钢时利用钢流的冲击作用使钢包中的合成渣与钢液混合，以精炼钢液，是最早出现的炉外精炼方法。传统电弧炉还原期早，白渣对钢液进行还原精炼，这就可认为是一种典型的合成渣洗方法。目前渣洗的方法和概念已被广泛用于各种炉外处理中，如钢包底吹型渣洗精炼法（CAS 法）、LF 钢包精炼炉等。

根据合成渣炼制方式的不同，渣洗可分为同炉渣洗和异炉渣洗。同炉渣洗是先将用于渣洗的液渣和钢液在同一容器内炼制，并使钢液具有合成渣的成分和性质，然后通过出钢最终完成渣洗钢液的过程。异炉渣洗是将配比一定的渣料炼制成具有一定成分和冶金性质的液渣，出钢时钢液冲入事先盛有渣的钢包内实现渣洗。

由于炉外精炼方法不同，渣洗的冶金目的和冶金效果也不同，综合起来可达到以下冶金效果：强化脱氧，强化脱硫；去除钢中的夹杂物，部分改变夹杂物的形态；防止钢液吸气；减少钢水温度散失；形成泡沫渣，以达到埋弧加热的目的。

3.5.1.2 搅拌

冶金过程中的绝大多数反应都是由传质控制的，因此为了加快冶金反应的进行，首先要强化钢液搅拌。对钢液进行搅拌是炉外精炼最基本、最重要的手段，其可改善冶金反应动力学条件，强化反应体系的传质和传热，加速冶金反应，均匀钢液的成分和温度，有利于夹杂物的聚合长大和上浮排除。

炉外精炼中的搅拌方式主要有气体搅拌、电磁搅拌、重力或负压驱动搅拌和机械搅拌四类。在炉外精炼的各种搅拌方法中，虽然机械搅拌、电磁搅拌、重力或负压驱动搅拌都有十分成功的应用实例，但却只在少数的炉外精炼中使用，应用最广泛的搅拌方法是各种形式的气体搅拌方法。

（1）气体搅拌。气体搅拌也称为气泡搅拌，通常有如下两种形式：

1）底吹氩。底吹氩大多数是通过安装在钢包底部一定位置的透气砖吹入氩气。这种方法的优点是：均匀钢水温度和成分以及去除夹杂物的效果好；设备简单，操作灵便，不需占用固定操作场地；可在出钢过程或运输途中吹氩。此种方式最为常用。

2）顶吹氩。顶吹氩是将吹氩枪从钢包上部浸入钢水来进行吹氩搅拌，要求设立固定吹氩站。该方法操作稳定，也可喷吹粉剂。但是，顶吹氩的搅拌效果不如底吹氩好。

（2）电磁搅拌。电磁搅拌是利用电磁感应原理，用装置在钢包外的电磁感应搅拌器在钢液中产生一个定向的电磁搅拌力，以达到钢液循环搅拌的目的。为进行电磁搅拌，靠近电磁感应搅拌线圈的部分钢包壳应由奥氏体不锈钢制造。由于其维护困难、制造成本高，目前已经逐渐被淘汰。

（3）重力或负压驱动搅拌。重力或负压驱动搅拌是利用落差使钢水在重力作用下或利用负压在驱动气体作用下，以一定的冲击动能冲入钢包或容器中，以达到搅拌或混合的目的。典型的重力或负压驱动搅拌法有真空浇注法（VC 法），利用重力和负压综合作用而产生搅拌的炉外精炼方法有 RH 法和 DH 法，也有人称其为循环搅拌法。

（4）机械搅拌。机械搅拌是通过叶片或螺旋桨等部件的旋转或旋转、振动、转动容器等机械方法，达到搅拌、混匀物料的目的。在冶金高温体系中，只有很少量的例子采用机械搅拌方式进行搅拌、混匀。

3.5.1.3　真空

真空是钢水炉外精炼中广泛应用的一种重要的处理手段。目前采用的 40 余种炉外精炼方法中，将近 2/3 配置了真空设备。真空对有气体参加的有关反应产生重大影响，其中主要包括溶解于钢液中的碳参与并生成 CO 的反应、气体（H_2、N_2）在钢液内的溶解与脱除反应。在真空下吹氧精炼可提高碳的脱氧能力，从而强化脱碳与碳脱氧反应的进行，用于冶炼低碳及超洁净钢、真空去气、合金元素的挥发、夹杂物的去除等。

向钢液中吹入氩气，从钢液中上浮的每个小气泡都相当于一个小真空室，气泡内 H_2、N_2 及 CO 等的分压接近于零，钢中的 [H]、[N] 以及碳氧反应产物 CO 将向小气泡中扩散并随之上浮排除。因此，吹氩对钢液具有"气洗"作用。例如，电弧炉冶炼不锈钢的返回吹氧法，在 1873K 下很难使 $w[C]$ 降至很低的数值；而在 AOD 法中，向钢液中吹入不断变换 Ar 与 O_2 比例的气体，可以降低碳氧反应中产生的 CO 分压，从而使钢液的碳含量很容易达到超低碳水平。

综合目前各种钢液炉外精炼法的使用情况，钢的真空脱气可分为以下三类：

（1）钢流脱气。钢流脱气是指下落中的钢流被暴露在真空中，然后被收集到钢锭模、钢包或炉内，如真空浇注法（VC 法）等。

（2）钢包脱气。钢包脱气是指钢包内钢水被暴露在真空中，并用气体或电磁搅拌钢水，如 VOD、VD、ASEA-SKF 等方法。

（3）循环脱气。循环脱气是指在钢包内，钢水由大气压力压入真空室内，暴露在真空中，然后流出脱气室进入钢包，如 RH 法等。

3.5.1.4　加热

钢液在进行炉外精炼时，由于有热量损失，造成温度下降。炉外精炼的加热功能可避免高温出钢和保证钢液正常浇注，增加炉外精炼工艺的灵活性，在精炼剂用量、钢液处理最终温度和处理时间方面均可自由选择，以获得最佳的精炼效果。

常用的加热方法有电加热（包括电弧加热、感应加热和电阻加热）、燃料（如 CO、重油、天然气等）燃烧加热和化学加热（化学反应放热，目前常用 Al 作为发热剂）。其中，电弧加热是最重要也是效果最好、最灵活的加热方法。下面介绍电弧加热和化学加热。

A　电弧加热

电弧加热的原理与电弧炉相似，采用石墨电极通电后，在电极与钢液间产生电弧，依靠电弧的高温加热钢液。由于电弧温度高，在加热过程中需要控制电弧长度及造好发泡渣进行埋弧操作，以防止电弧对耐火材料产生高温侵蚀。加热装置的基本组成包括炉用变压器、短网、电极横臂、电极夹持器、电极、电极立柱和电极调节器等，可以是三电极的三相交流（电弧）钢包炉、单电极的直流（电弧）钢包炉，还可以是双电极的直流（电弧）钢包炉。采用电弧加热对钢液无杂质污染，可保证钢水清洁，但可能使钢水增碳。

采用钢包电弧加热可以达到如下冶金目的：

（1）钢水可以在较低的温度下出钢，从而提高了初炼炉耐材的寿命；

（2）可以更精确地控制钢水温度、化学成分和脱硫、脱氧操作；

（3）将带电弧加热的钢包精炼炉作为一个在炼钢炉和连铸机之间运行的缓冲器；

（4）可将初炼炉中的脱硫、脱氧及合金化操作任务移到精炼炉内，从而大大提高了初炼炉的生产率，降低了初炼炉的电耗、电极消耗，大大改善初炼炉的技术经济指标。

炉外精炼工艺中，真空电弧脱气（VAD）、钢包炉（LF）等均采用钢包电弧加热。

B 化学加热

常用的化学加热方法有铝-氧加热法和硅-氧加热法。其中，铝-氧加热法应用最为广泛。它是利用喷枪吹氧使钢水中的溶解铝燃烧，放出大量热能，使钢液升温。该法的优点是：由于吹氧时喷枪浸在钢水中，很少产生烟气；氧气全都与钢水直接接触，可以准确地预测升温结果；对钢包寿命没有影响；设备简单，投资费用低。但如果操作不当，易使钢中氧化物夹杂的总量升高。

需要注意的是：在使用化学加热期间，除了要控制加铝量和吹氧量外，还需要进行吹氩搅拌以均匀温度和成分，否则过热钢水会集中在钢包上部。

3.5.1.5 喷吹和喂丝

炉外精炼中金属液（铁水或钢液）的精炼剂分为两类：一类为以钙化合物（CaO 或 CaO_2）为基的粉剂或合成渣，另一类为合金元素（如 Ca、Mg、Al、Si 及稀土元素等）。将这些精炼剂加入钢液中，可起到脱硫、脱氧、去除夹杂物、进行夹杂物变性处理以及调整合金成分的作用。

喷吹法是用载气（Ar）将精炼粉剂流态化，形成气-固两相流，通过喷枪直接将精炼剂送入钢液内部。由于在喷吹法中精炼粉剂粒度小，其进入钢液后与钢液的接触面积大大增加，因此可以显著提高精炼效果。

喂丝法是将已氧化、密度轻的合金元素置于低碳钢包的芯线中，通过喂丝机将其送入钢液内部。喂丝法的优点是：可防止易氧化元素被空气和钢液面上的顶渣氧化，准确控制合金元素的添加数量，提高和稳定合金元素的利用率；添加过程无喷溅，可避免钢液再氧化；精炼过程温降小；设备投资少，处理成本低。

3.5.2 炉外精炼的主要方法

3.5.2.1 真空脱气法

为了防止大型钢铸锻件产生白点等含氢缺陷，最初真空精炼的主要目的是脱除钢液中的氢，后来又增加了脱氮、真空碳脱氧、真空氧脱碳、改善钢液洁净度及合金化等功能。常见的真空脱气方法主要有真空循环脱气法（RH 法）、钢包真空脱气法（VD 法）等。

A RH 法

a RH 法的工作原理及特点

RH 法是由德国鲁尔公司（Ruhrstahl）和海拉斯公司（Heraeus）于 1956 年前后共同开发的真空精炼方法。其设计的最初目的是用于钢液的脱氢处理。RH 法的工作原理如图 3-11 所示。该法装置由具有吸入钢液和排出钢液的两根浸渍管的真空室及排气装置构成。在进行真空处理时，把真空室的两根浸渍管插入钢包的钢液中，从真空室排气，钢液从两根浸渍管上升到压差高度（约 1.48m）。这时在上升管下部约 1/3 处吹入驱动气体 Ar，则上升管钢液的表观密度比下降管钢液的密度小，钢液就像图 3-11 所示的那样循环运动，并在真空室内脱气。

RH 法具有脱气效果好、处理速度快、处理过程温降小、处理容量大和适用范围广等特点。其适用于大批量的钢液脱气处理，操作灵活，运转可靠。RH 法适用范围广，在转炉大发展时期获得迅速发展，同时与新兴的超高功率大型电弧炉相配套，形成了大批量生产特殊钢的工艺体系。

b　RH 法的精炼效果

（1）脱氢。RH 法的脱氢效果明显，脱氧钢可脱氢约 65%，未脱氧钢可脱氢 70%。处理后钢中的氢含量都降到 2×10^{-6} 以下。如果延长处理时间，氢含量还可以进一步降低到 1×10^{-6} 以下。

（2）脱氮。与其他真空脱气法一样，RH 法的脱氮效果不明显。当原始氮含量较低，如氮含量小于 4×10^{-5} 时，处理前后氮含量几乎没有变化。当氮含量大于 1×10^{-4} 时，脱氮率一般只有 10%～20%。

（3）脱氧。循环处理时碳有一定的脱氧作用，特别是当原始氧含量较高（如处理未脱氧的钢）时，这种作用就更明显。用 RH 法处理未脱氧的超低碳钢时，氧含量可由 $(2\sim5) \times 10^{-4}$ 降到 $(0.8\sim3) \times 10^{-4}$；处理各种碳含量的镇静钢时，氧含量可由 $(0.6\sim2.5) \times 10^{-4}$ 降到 $(2\sim4) \times 10^{-5}$。从获得最低终点氧含量的角度出发，还是以脱氧钢为优。

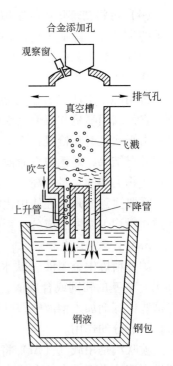

图 3-11　RH 法的工作原理

（4）脱碳。RH 法具有很强的脱碳能力，采取一定的措施后，可以在较短的时间内（20min）脱碳至 10^{-5} 数量级。

（5）钢的质量。钢液经处理后，由于其中氢、氧、氮及非金属夹杂物的减少，使钢的纵向和横向力学性能均匀，伸长率、断面收缩率和冲击韧性得以提高，钢的加工性能和力学性能得到显著改善。RH 法处理的钢种范围很广，包括锻造用钢、高强钢、各种碳素钢和合金结构钢、轴承钢、工具钢、不锈钢、电工钢、深冲钢等各种高附加值产品。

B　VD 法

a　VD 法的工作原理及演变过程

钢包真空脱气法（Ladle Vacuum Degassing Process）在日本称为 LVD 法，在国内称为 VD 法。它是向放置在真空容器中的钢包里的钢液吹氩进行精炼的一种方法，其原理如图 3-12 所示。此方法与 RH 法不同，将充分排除炼钢过程中的渣、只有钢液的钢包放置在真空室内，盖上盖子排气后，通过装在钢包底部的透气砖吹氩搅拌钢液。

早期的钢包真空脱气设备由钢包、真空室、真空系统组成，是一种静态脱气装置，没有氩气和电磁搅拌系统，其主要目的就是使钢液脱气，效果不明显。这种真空脱气设备因为没有加热功能，所以

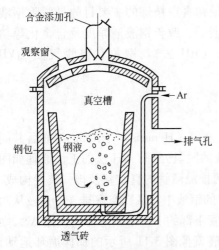

图 3-12　VD 法的工作原理

出钢时要使钢液过热，过热温度根据炉容量的不同而不同。较大的炉子过热温度可以小些，较小的炉子过热温度要大些。现在看来，这种钢液处理设备是比较简单的，但是它却带来了一个炼钢技术的新时代，是人们掌握洁净钢生产技术的开始。

法国在精炼钢包上加一密封盖，并与真空系统连接，在减压下吹氩精炼，称为 Gazad 法。这种方法应用广泛，不仅可以脱气，而且可以进行合金化以生产高合金钢。美国共和钢铁公司在静态真空脱气的基础上附加电磁搅拌，使其成为有效的真空精炼装置，与电弧炉配合可以脱氧、脱气、去除非金属夹杂物及微调成分。

VD 法一般很少单独使用，往往与具有加热功能的 LF 法等双联。由于 VD 法精炼设备能有效地去除气体和夹杂物，而且建设投入和生产成本均远远低于 RH 法及 DH 法，因此，VD 炉具有较明显的优势，广泛用于小规模电炉厂家等进行特殊钢的精炼。

VD 法与喷粉结合的 V-KIP 法（Vacuum-Kimitsu Injection Process），于 1986 年在新日铁君津厂开发出来。此方法是在真空容器中设置钢包，以 Ar 作为载气，通过喷枪把粉粒状的精炼剂喷入钢液，用于脱气、脱硫、控制夹杂物的形态等。

b VD 法的精炼效果

VD 法是减少和控制钢液中气体含量的主要手段之一，同时还具有脱氧、去除夹杂物、调整钢液成分和控制钢液温度的功能。在 VD 炉冶炼过程中，强烈的惰性气体搅拌和熔池反应可确保钢-渣间充分反应，实现钢液脱硫；通过喂丝处理，还可以对硫化物夹杂做变性处理。

以国内某厂 100t VD 炉为例，其取得了以下精炼效果：

（1）67Pa 高真空，时间在 18min 以上，吹氩压力在 0.16MPa 以上，真空处理温降为 2.0℃/min，精炼渣量在 10kg/t 以下，就能使真空脱氢率达 70% 以上。真空脱气后，钢中氢含量最低达到 5×10^{-7}。

（2）碳素钢的真空脱氮趋势要高于含有合金元素的钢种。较小的钢包高径比、合适的吹氩位置和吹氩点以及长的真空处理时间，有利于提高真空脱氮率。真空脱硫率越高，真空脱氮率越低。

（3）GCr15 的真空脱硫率平均达 29%，钢中硫含量可降至 0.01% 以下；中碳钢的真空脱硫在 37% ~ 39% 之间，钢中硫含量可降至 0.01% 以下；低碳钢的真空脱硫率在 42% ~ 46% 之间，钢中硫含量可降至 0.019% 以下。高、中、低碳钢的真空脱硫能力为：高碳钢 > 中碳钢 > 低碳钢。

美国某厂将 90t 电弧炉冶炼的 52110 轴承钢（GCr15）装入具有电磁搅拌功能的真空脱气装置中进行真空处理。处理后钢中的氧含量从 6×10^{-5} 降至 1×10^{-5}。经真空处理后，钢的疲劳寿命提高了 1 ~ 2 倍。

总之，精炼钢的质量比未精炼钢的质量好得多。通过精炼，钢中气体、氧的含量都显著降低，夹杂物评级也都明显降低。

3.5.2.2 有加热功能的钢包精炼法

在炉外处理过程中比较突出的问题是钢液温度不可避免地要降低，使钢水精炼时间和合金加入量都受到一定的限制，浇注温度难以控制，对后续连铸工序的稳定生产和质量控制产生影响。与单纯的真空处理相比，钢包炉精炼法的一个突出特点是具有加热功能，可以对钢包内钢液进行加热，为完成精炼任务的吸热以及在精炼过程中的散热损失均可通过加热得到补偿，这样，钢包炉在钢液温度和精炼时间方面不再依赖于初炼炉的出钢温度，合金加入的种类和数量也大大增加，钢的品种显著增加。

典型的加热钢包炉精炼法有三种，即电弧加热的真空精炼炉法（ASEA-SKF 法）、真空电弧脱气精炼炉法（VAD 法）和电弧加热的钢包吹氩炉法（LF 法）。

A　ASEA-SKF 法

为了进一步扩大精炼功能，克服在冶炼轴承钢时采用电炉钢渣混冲出钢而产生的夹杂问题，瑞典通用电器公司（ASEA）与瑞典滚珠轴承公司（SKF）合作，于 1965 年在瑞典 SKF 公司的海莱伏斯（Hallefors）钢厂建成第一座 30t ASEA-SKF 钢包精炼炉。它具有在钢包内对钢液进行真空脱气、电弧加热、电磁搅拌的功能，是一种万能型的炉外精炼方法，可以进行脱气、脱氧、脱碳、脱硫、加热、去除夹杂物、调整合金成分等操作。

ASEA-SKF 炉可以与电弧炉和转炉配合，几乎能完成炼钢过程的所有任务，因此 ASEA-SKF 炉的结构较复杂。ASEA-SKF 炉的设备主要有盛装钢液的钢包、水冷电磁感应搅拌器及其变频器、电弧加热系统、真空密封炉盖和抽真空系统、合金及渣料加料系统等，有些 ASEA-SKF 炉还配有吹氩搅拌系统和吹氧系统。为了保证钢水成分和温度的目标控制，真空测温、取样以及真空加料设备是十分必要的，但这些功能的无故障实现仍有一定难度。另外，先进的 ASEA-SKF 炉都采用了计算机控制系统。

ASEA-SKF 炉的布置形式分为台车移动式和炉盖旋转式两种。台车移动式较为常见，其结构如图 3-13 所示，由放在台车上的一个钢包、与真空设备连接的真空处理用钢包盖和设置了三相交流电极的加热用钢包盖构成。炉盖旋转式布置的 ASEA-SKF 炉，其处理过程与台车移动式相似，只是钢包放到固定的感应搅拌器内，加热炉盖和真空脱气炉盖能旋转交替使用，其结构如图 3-14 所示。

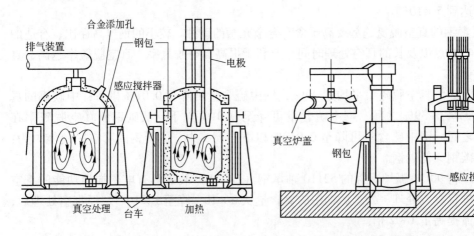

图 3-13　台车移动式布置的 ASEA-SKF 炉　　　　图 3-14　炉盖旋转式布置的 ASEA-SKF 炉

可见，ASEA-SKF 炉具有电弧加热与低频电磁搅拌的功能，是一般真空脱气设备所不具备的。它的主要优点有：

（1）钢液温度能很快均匀，有利于钢洁净度的提高，并可减少耐火材料的消耗；

（2）使加入的合金熔化快，成分均匀、稳定；

（3）电弧加热可提高熔渣的流动性，加快钢-渣反应速度，有利于脱氧、去除夹杂；

（4）电磁搅拌可提高真空脱气的效率。

B　VAD 法

VAD 法即电弧加热钢包脱气法，或称真空电弧钢包脱气法，是用氩气搅拌钢液，并且在真空室的盖子上增设电弧加热装置的钢包精炼法。该法是美国 Finkle & Sons 公司为解决钢包脱气过程中钢水温度下降的问题，与 Mohr 公司合作，于 1967 年开发成功的，因此也称为 Finkle-Mohr 法或 Finkle-VAD 法。VAD 法也可以认为是在 VD 法（钢包脱气法）的基础上增加了电弧加热装置。VAD 精炼装置主要由钢包、真空系统、电弧加热系统和底吹氩气系统等设备组成，其示意图见图 3-15。

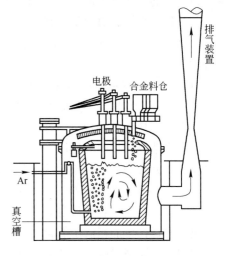

图 3-15　VAD 设备示意图

VAD 法具有电弧加热、吹氩搅拌、真空脱气、钢包内造渣及合金化等多种精炼手段，能对钢液进行脱硫、脱氧、脱氢、脱氮、去夹杂处理。该法具有以下特点：

（1）由于加热是在真空下进行的，可形成良好的还原性气氛，防止钢液在加热过程中的氧化，在加热过程中还可以获得良好的脱气效果；

（2）精炼炉完全密封，加热过程噪声较小，加热过程中几乎无烟尘；

（3）能够准确地调整浇注温度，而且钢包内衬充分蓄热，浇注时温降稳定；

（4）由于精炼过程中搅拌充分，钢液成分均匀、稳定；

（5）可以在真空条件下进行成分微调，可加入大量的合金，能冶炼范围很广的碳素钢和合金钢；

（6）可以在一个工位达到多种精炼目的，可以加入造渣剂和其他渣料进行脱硫和脱碳。

C　LF 法

LF（Ladle Furnace）法是于 1971 年在日本特殊钢（现称大同特殊钢）大森厂开发出来的。它采用氩气搅拌，在大气压力下用石墨电极埋弧加热，再与白渣精炼技术组合而成。LF 法的功能有：用强还原性渣脱硫、脱氧，进而进行夹杂物控制；用电弧加热熔化铁合金；调整成分、温度等。

a　LF 法的设备组成

LF 法的主要设备包括炉体、电弧加热系统、合金及渣料加料系统、喂线系统、底吹氩系统、炉盖及冷却水系统等，参见图 3-16。由于设备简单、投资费用低、操作灵活和精炼效果好，其成为钢包精炼的后起之秀，在冶金行

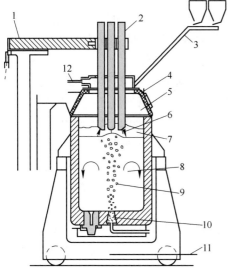

图 3-16　LF 设备示意图

1—电极横臂；2—电极；3—加料溜槽；4—水冷炉盖；
5—炉内惰性气氛；6—电弧；7—炉渣；8—气体搅拌；
9—钢液；10—透气塞；11—钢包车；12—水冷烟罩

业得到广泛的应用和发展，在我国的炉外精炼设备中已占据主导地位。

b LF 法的精炼功能及特点

LF 精炼期间所进行的操作，可以简化为埋弧加热、惰性气体搅拌钢液、造碱性白渣和惰性气体保护。

（1）强还原气氛。LF 本身一般不具有真空系统，精炼时，由于钢包与炉盖密封，可起到隔离空气的作用。加热时石墨电极与渣中 FeO、MnO、Cr_2O_3 等氧化物作用生成的 CO 气体及来自搅拌钢液的氩气，增加了炉气的还原性，这样就阻止了炉气中氧向金属的传递，保证了精炼时炉内的还原气氛。钢液在还原条件下精炼，可以进一步地脱氧、脱硫及去除非金属夹杂物，有利于钢液质量的提高。

（2）惰性气体搅拌钢液。良好的氩气搅拌是 LF 精炼的又一特点。氩气搅拌有利于钢-渣之间的化学反应，它可以加速钢-渣之间的物质传递。吹氩搅拌还有利于钢液脱氧、脱硫反应的进行，可加速渣中氧化物的还原。吹氩搅拌的另一作用是可以加速钢液中温度与成分的均匀，能精确调整复杂的化学组成，而这对优质钢来说又是必不可少的。此外，吹氩搅拌还可以去除钢液中的非金属夹杂物。钢液中的夹杂物靠自然上浮是很困难的，必须采取比较强的搅拌，改善动力学条件，并且要有足够的搅拌时间使夹杂物聚集上浮，达到去除夹杂物、降低氧含量的目的。

（3）埋弧加热。LF 电弧加热类似于电弧炉冶炼过程，是采用三根石墨电极进行加热的。加热时电极插入渣层中，采用埋弧加热法，电极与钢液之间产生的电弧被白渣埋住，这种方法辐射热小，对炉衬有保护作用，与此同时加热的热效率也比较高，热利用率好。浸入渣中的石墨电极在送电过程中会与渣中氧化物发生如下反应：

$$C + (FeO) === [Fe] + CO$$

$$C + (MnO) === [Mn] + CO$$

其结果不仅是使渣中不稳定的氧化物减少，提高了炉渣的还原性，而且还可提高合金元素的收得率，合金元素的收得率比电炉单独冶炼有了较大程度的提高。石墨电极与氧化物作用的另一结果是生成 CO 气体，CO 的生成使 LF 内气氛具有还原性。

（4）造碱性白渣。LF 法是利用白渣进行精炼的，它不同于主要靠真空脱气的其他精炼方法。白渣在 LF 内具有很强的还原性，这是 LF 内良好的还原气氛和氩气搅拌互相作用的结果。一般渣量为钢液量的 2% ~8%。通过白渣的精炼作用，可以降低钢中的氧、硫及夹杂物含量。LF 冶炼时可以不加脱氧剂，而是靠白渣对氧化物的吸附来达到脱氧的目的。造好碱性白渣的前提条件是：控制好钢液成分、温度和熔炼过程参数，前期氧化渣量少（无渣出钢），钢液已经脱氧，钢包内衬为碱性耐火材料，渣应易熔化，渣中 FeO 与 MnO 总含量应低于 1.0%。

LF 四大精炼功能是互相影响、互相依存与互相促进的。炉内的还原气氛以及有加热条件下的钢渣搅拌，提高了白渣的精炼能力，创造了一个理想的炼钢环境，从而能生产出质量和生产率优于普通电弧炉钢的钢种。

3.5.2.3 不锈钢的炉外精炼法

A AOD 法

AOD（Argon Oxygen Decarburization）法为氩氧脱碳法，是美国联合碳化物公司的克里夫斯基的专利发明，是专为冶炼不锈钢而设计的一种钢液炉外精炼方法。1968 年，乔斯林不锈钢公司建成并投产了世界上第一台 15t AOD 炉。1983 年，太原钢铁公司建成了我国第一台 18t 国产 AOD 炉。

AOD 法是以氩、氧的混合气体脱除钢中的碳、气体及夹杂物，可以用廉价的高碳铬铁在高的铬回收率下炼出优质的低碳不锈钢，目前主要用于高铬钢的冶炼，一般用于冶炼不锈钢。这是一种非真空下精炼含铬不锈钢的方法，其原理是：当氩、氧混合气体吹入钢液中，混合气体气泡中的氧在气泡表面与钢中的碳反应生成 CO，由于气泡中存在氩气，其中 CO 分压低，对生成的 CO 来说相当于真空室，因此生成的 CO 立即被气泡中的氩气稀释，降低了碳氧反应所生成的 CO 分压（氩气的稀释作用），从而促使碳氧反应继续进行。

AOD 法的主要优点有：钢的产量高、质量高，铬的回收率高，成本低，投资低；AOD 炉内可造渣脱硫，加上强烈的氩气搅拌，脱硫效果好，硫含量一般可达到 0.005% 以下；由于氩气泡对钢液中的气体来说相当于一个真空室，有明显的去氢效果，钢液中氢含量为 $(1 \sim 4) \times 10^{-6}$，比电弧炉钢低 25% ~ 65%；钢液中夹杂物含量低，而且几乎不存在大颗粒夹杂物。

AOD 法最大的缺点是氩气消耗及 Si-Fe 合金用量大，其成本大约占 AOD 法生产不锈钢成本的 20% 以上。AOD 法冶炼普通不锈钢的氩气消耗为 11 ~ 12m³/t，冶炼超低碳不锈钢时为 18 ~ 23m³/t，用量十分巨大。此外，AOD 炉寿命短，一般只有几十炉，国内最好的 AOD 炉也只有一两百炉。

B VOD 法

VOD 法（Vacuum Oxygen Decarburization）为真空氧气脱碳法，它是将钢包置于一个固定的真空室内，钢包内的钢液在真空减压条件下用顶氧枪进行吹氧气脱碳，同时通过从钢包底部吹氩促进钢液循环，在冶炼不锈钢时能很容易地将钢中碳含量降到 0.02% ~ 0.08% 范围内而几乎不氧化铬。由于对钢液进行真空处理，加上氩气的搅拌作用，对反应的热力学和动力学条件十分有利，能获得良好的去气、去夹杂的效果。该方法主要用于超纯铁素体、超低碳不锈钢及合金的精炼。

VOD 法的设备由钢包、真空罐、抽真空系统、吹氧系统、吹氩系统、自动加料系统、测温取样装置和过程检测仪表等组成。

VOD 法的主要优点有：氩气消耗少（小于 1m³/t）；铬的氧化低、收得率高；在真空下吹炼及精炼，钢的洁净度高，碳、氮含量低，可达到 $w(C) + w(N) \leqslant 0.02\%$；与电弧炉返回吹氧法冶炼相比，可提高生产率 45%，节约电能 30%；由于显著提高了钢质量，降低了钢中气体及夹杂物的含量，消除了锻轧废品。

VOD 法的缺点是：受供氧限制，精炼效率较低，生产率不如 AOD 法高；多了一套真空系统，设备复杂，冶炼费用高；初炼炉需要进行粗脱碳；钢包寿命较短。

3.6 钢的连续浇注

3.6.1 钢的浇注概述

铸坯或铸锭是炼钢产品最终成形的工序，直接关系到炼钢生产的产量和质量。钢的浇注通常采用模铸和连铸两种方法。模铸法生产钢锭已有一百多年的历史，目前在炼钢生产中仍然占有一定的位置。由于我国的钢铁工业起步比较晚，目前国内部分钢铁公司，特别是小型钢铁公司仍在采用模铸法生产钢锭。近年来，随着世界钢铁工业的迅猛发展，连续铸钢法已经逐渐取代模铸法，成为钢液浇注的主要方法。

模铸设备包括钢包、钢锭模、保温帽、底板、中注管等。模铸分为上注和下注两种。

（1）上注法。上注法是指钢液由钢包经中间装置，或由钢包直接从钢锭模上部注入的一种方式。其适用于大型或特殊钢的铸锭。这种方法铸锭的准备工作简单，耐火材料消耗少，钢锭收得率高，成本低。由于浇注时钢锭模内的高温区始终位于钢锭上部，钢锭的翻皮、缩孔、疏松等缺陷有所减少。但是，上注法每次只能浇注 2~4 根钢锭，在开浇时容易产生飞溅而造成结疤、皮下气泡等钢锭表面缺陷。此外，浇注时钢液直接冲刷模底，锭模、底板易被熔蚀，使材料的消耗增加。

（2）下注法。下注法中钢液由钢包流经中注管、流钢砖，再分别由钢锭模底部注入各钢锭模。该法每次可浇注多根钢锭，钢液在模内上升平稳，钢锭质量好，生产效率高。但采用下注法生产钢锭的准备工作复杂，浇注 1t 钢要额外增加 5~25kg 的浇口、流钢通道的钢损耗，金属收得率低，生产成本增加，劳动条件较差。

模铸工艺如图 3-17 所示。模铸法通过采用快速浇注、增大钢锭单重、改进设备，其生产能力有所增大；采用合成固体保护渣、气体保护浇注，显著改善了钢锭质量。

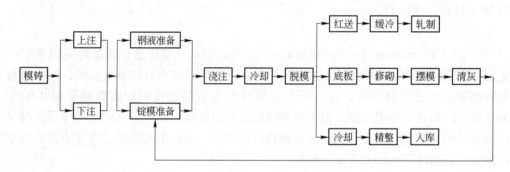

图 3-17　模铸工艺

模铸由于准备工作复杂、综合成材率较低、能耗高、劳动强度大及生产率低，目前已基本上被连铸所取代。

3.6.2　连铸机的机型及特点

连铸是把钢液用连铸机浇注、冷凝、切割，直接得到铸坯的工艺。连铸机的机型直接影响铸坯的产量和质量、基本建设投资及生产成本。从 20 世纪 50 年代连铸工业化以来，经历了 20 多年的发展，连铸机的机型基本上完成了一个由立式、立弯式到弧形的演变过程。

连铸机按结构外形，可分为立式连铸机、立弯式连铸机、多点弯曲的立弯式连铸机、弧形连铸机（分直形结晶器和弧形结晶器两种）、多半径弧形（即椭圆形）连铸机和水平式连铸机等。图 3-18 为这几种用于工业生产的连铸机机型简图。

（1）立式连铸机。立式连铸机的结晶器、二冷段和全凝固铸坯的剪切等设备均设置在

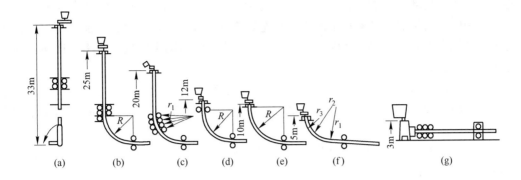

图 3-18 连铸机机型简图

（a）立式连铸机；（b）立弯式连铸机；（c）直形结晶器多点弯曲连铸机；
（d）直形结晶器弧形连铸机；（e）弧形连铸机；
（f）多半径弧形（椭圆形）连铸机；（g）水平式连铸机

一条垂直线上，因而有利于钢水中夹杂物的上浮，铸坯各方向的冷却条件较均匀，并且铸坯在整个凝固过程中不受弯曲、矫直等变形作用，即使裂纹敏感性高的钢种也能顺利地连铸。但其缺点是：铸机设备高，钢水静压力大；设备较笨重，维修也不方便；安装立式连铸机需要很高的厂房或地坑，基建费用也高。

（2）立弯式连铸机。立弯式连铸机是连铸发展过程中的一种过渡机型。其上半部与立式连铸机相同，而在铸坯全凝固后将其顶弯 90°，使铸坯沿水平方向出坯。这样，它既具有立式连铸机夹杂物上浮条件好的优点，又比立式连铸机的高度低，而且水平出坯，铸坯定尺长度不受限制，铸坯的运送也较方便。立弯式连铸机主要适用于小断面铸坯的浇注，对于大断面铸坯来说，全凝固后再顶弯，冶金长度已经很长了，其降低设备高度方面的优势已不明显。此外，该机型铸坯在顶弯和矫直点内部应力较大，容易产生内部裂纹。

（3）弧形连铸机。弧形连铸机是目前国内外最主要的连铸机机型，其又分为直形结晶器和弧形结晶器两种类型。弧形连铸机的主要特点是：

1）由于布置在 1/4 圆弧范围内，其高度低于立式与立弯式连铸机，这就使得它的设备重量较轻，投资费用较低，设备安装与维护方便，因而得到广泛应用。

2）由于设备高度较低，铸坯在凝固过程中承受的钢水静压力相对较小，可减少坯壳因鼓肚变形而产生的内裂与偏析，有利于改善铸坯质量和提高拉速。

3）弧形连铸机的主要问题在于，钢水凝固过程中非金属夹杂物有向内弧聚集的倾向，易造成铸坯内部夹杂物分布不均匀。此外，内外弧易产生冷却不均，造成铸坯中心偏析而影响铸坯质量。

（4）椭圆形连铸机。为了进一步降低连铸机高度，发展了椭圆形连铸机。它是指从结晶器向下圆弧半径逐渐变大，将结晶器和二冷段夹辊布置在 1/4 椭圆弧上，又称为超低头连铸机。这种机型除了弧形区采用多半径、高度有所降低外，其基本特点与弧形结晶器连铸机相同。但是由于椭圆形连铸机是多半径的，其安装、对弧调整均较复杂，弧度的检查和连铸机的维护也比较困难。

（5）水平式连铸机。为了最大限度地降低连铸机高度，将其主要设备（中间包、结晶器、二冷段、拉坯机和切割设备）均布置在水平位置上，这种连铸机称为水平式连铸机。它的中间包与结晶器是紧密相连的，相连处装有分离环。拉坯时，结晶器不振动，而是通过拉坯机带动铸坯做拉、反推、停不同组合的周期性运动来实现。水平式连铸机与弧形连铸机相比，具有以下特点：

1）设备高度低，投资省，建设快，适合于现有炼钢车间的改造。

2）中间包与结晶器全封闭，实现无氧化浇注，铸坯质量好，而且不需要结晶器钢液液面检测和控制系统。

3）铸坯在凝固过程中无弯曲和矫直，对于用弧形连铸机浇注有困难的合金钢和特殊钢，可用水平式连铸机浇注。

4）所有设备均安装在地面上，操作、事故处理和维护都较方便。

水平式连铸机存在的主要问题是：受拉坯时的惯性力限制，所浇注的铸坯断面较小；结晶器的石墨套和分离环价格较高，增加了铸坯成本。

3.6.3 连铸机的主要设备

3.6.3.1 钢包回转台

钢包回转台通常设在钢水接受跨和连铸浇注跨之间。一台连铸机配备一台钢包回转台。回转臂的回转半径必须能从钢水接受跨一侧的吊车接受钢包，旋转180°，停在浇注跨中间包车的上方进行浇注；而另一端则停在钢水接受跨，以更换空钢包。钢包回转台的回转速度一般为 $0.1 \sim 1r/min$，更换钢包时间为 $0.5 \sim 2min$。

采用钢包回转台，占用浇注平台的面积较小，易于定位，钢包更换迅速，发生事故或停电时可用气动或液压电动机迅速将钢包旋转到安全位置，有利于实现多炉连浇和浇钢事故的处理。

3.6.3.2 中间包及其载运设备

中间包是位于钢包与结晶器之间用于钢液浇注的过渡容器装置。它的作用是减小钢水注入结晶器中的冲击力（静压力），稳定钢流，促使钢水温度均匀，有利于钢水中夹杂物的上浮与分离，用于储存钢水以及对钢水分流，多炉连浇时起到承上启下的作用。此外，还有中间包加热、喷吹、过滤、合金微调等新工艺，构成了中间包冶金。

中间包由包体、包盖、塞棒和水口（或滑动水口）等组成。中间包外壳一般用 $12 \sim 20mm$ 厚的钢板焊成，也可用铸钢件，要保证其在高温环境中浇注、清渣、搬运和翻包时不变形。中间包内衬由永久层和工作层组成。工作层的材质有两类：一类用镁质或镁钙质涂料喷涂在永久层上，另一类用绝热板。中间包的塞棒中心常通入压缩空气或氩气冷却，以提高其使用寿命。对于小于 $120mm \times 120mm$ 的小方坯连铸机，应用定径水口。此外，中间包内常加砌挡墙和堤坝，以改善钢水的流场，有利于温度均匀和促使夹杂物上浮分离。

3.6.3.3 结晶器及其振动装置

结晶器是连铸设备中最关键的部件，称为连铸设备的"心脏"，其主要作用是钢液在结晶器内冷却，初步凝固成一定坯壳厚度的铸坯外形，并被连续地从结晶器下口拉出而进入二冷区。对结晶器的要求是：具有良好的导热性和刚性，内表面耐磨，结构简单，质量小，易于制造、安装、调整和维修，造价低。

A 结晶器的结构形式

结晶器的结构一般由铜内壁、水套和冷却水水缝三部分组成，此外，还有进出水管和固定框架等。

结晶器可分为直形和弧形两类。按铸坯断面形状，其可分为方坯、板坯、圆坯和异形坯结晶器；按本身结构，其可分为整体式、管式、组合式和在线调宽结晶器等。

B 结晶器主要参数的选择

（1）结晶器的断面尺寸。由于铸坯在冷凝过程时收缩和矫直时变形等因素，要求结晶器的断面尺寸应比冷铸坯的断面（连铸坯公称断面）尺寸大2%~3%（厚度方向约取3%，宽度方向约取2%）。

（2）结晶器的长度。结晶器的长度是一个非常重要的参数。结晶器越长，在相同的拉速下，出结晶器的坯壳越厚，浇注安全性越好。然而，结晶器过于长的话，冷却效率就会降低。通常采用的结晶器长度为700~900mm。

（3）结晶器的锥度。由于铸坯在结晶器内凝固的同时伴随着体积的收缩，结晶器铜板内腔必须设计成上大下小的形状，以减小气隙、提高导热性能、加速铸坯壳的生成。因此，结晶器内腔尺寸有一个倒锥度，其表示方法为：

$$\nabla = \frac{S_1 - S_2}{S_1 L} \times 100\% \qquad (3-32)$$

式中 S_1，S_2——分别为结晶器上口、下口断面面积，mm^2；

L——结晶器的长度，m。

板坯连铸机的结晶器一般将宽面做成平行的，倒锥度可按结晶器上口、下口的宽度来计算：

$$\nabla = \frac{l_1 - l_2}{l_1 L} \times 100\% \qquad (3-33)$$

式中 l_1，l_2——分别为结晶器上口、下口的宽度，mm。

锥度是连铸机结晶器的重要参数之一。组合式结晶器的倒锥度依钢种而不同，一般取0.4~0.9%/m。

C 结晶器的振动装置

（1）结晶器振动的作用。结晶器振动在连铸过程中扮演着非常重要的角色。结晶器的上下往复运行实际上起到了"脱模"的作用。由于坯壳与铜板间的黏附力因结晶器振动而减小，防止了在初生坯壳表面产生过大应力而导致裂纹的产生或引起更严重的后果。当结晶器向下运动时，因为"负滑脱"（振动过程中结晶器下行速度大于拉坯速度）作用，可"愈合"坯壳表面裂痕，并有利于获得理想的表面质量。

（2）结晶器的振动方式。根据结晶器振动的运动轨迹，可将其振动方式分为正弦振动和非正弦振动两大类。

1）正弦振动。正弦振动是指结晶器的运动速度与时间成正弦规律变化，如图3-19所示，其上下振动时间相等，上下振动最大速度也相同。在振动周期中，铸坯与结晶器之间存在着相对运动，而且由于结晶器运动速度是按正弦规律变化的，其加速度必然按余弦规律变化，因而过渡比较平稳，冲击力较小。正弦振动的一个突出优点是，只需一个简单的偏心机构就可实现，同时，在振动和拉坯之间也不需要严格的速度关系。近年来，正弦振动被国内外在各种断面的连铸机上普遍采用。

2）非正弦振动。正弦振动特性取决于振幅和振动频率，只有两个独立变量，波形调节能力小，而负滑脱时间随振动频率的减小和振幅的增大而增大。但是过高的振动频率和过大的振幅会降低系统的稳定性，增大铸坯与结晶器之间的摩擦力，难以适应高拉速，因而发展了非正弦振动（见图 3-19）。非正弦振动的特点是：负滑脱时间短，有利于减轻铸坯表面的振痕深度；正滑脱时间较长，可增加保护渣耗量，有利于结晶器润滑；结晶器向上运动速度与铸坯运动速度之差较小，可减少结晶器与铸坯之间的摩擦力，即减少了坯壳中的拉应力，从而减少了拉裂。

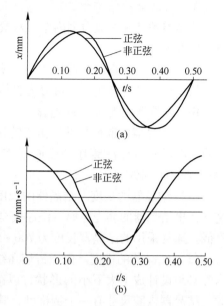

图 3-19   正弦振动和非正弦振动的波形
(a) 振幅与时间的关系；(b) 速度与时间的关系

（3）结晶器的振动参数。结晶器的振动参数主要是振幅 $A(mm)$ 和频率 $f(min^{-1})$。振动曲线半波的行程或上下运行总行程的 $1/2$ 称为振幅。单位时间内振动的次数称为频率。A 小，结晶器内钢液面波动小，浇注时易于控制，可减少坯壳拉裂危险；f 高，铸坯处于较大的动态中，有利于脱模，而且铸坯表面的振痕深度减小。随着连铸技术的进步，拉速的提高要求采用高频率、小振幅。

3.6.3.4   二次冷却装置

二次冷却装置由支撑导向系统、喷水冷却系统和安装底座组成。

二次冷却装置的作用有：

（1）用水或气-水对带液芯的铸坯直接强制冷却，加速凝固，以进入拉矫区。

（2）通过夹辊和侧导辊，对铸坯和引锭杆的运动起导向和支撑作用，以防止铸坯可能产生的鼓肚、菱形、弯曲等变形。

（3）对于带直形结晶器的弧形连铸机，还有对铸坯的顶弯作用；对于超低头连铸机，此区又是分段矫直区。

二冷区的工艺要求如下：

（1）二冷装置在高温铸坯作用下应有足够的强度和刚度；

（2）结构简单，对中准确，调整方便，能适应改变铸坯断面的要求，便于快速更换和维修；

（3）能按要求调整喷水量，以适应铸坯断面、钢种、浇注温度和拉坯速度等变化的要求。

3.6.3.5   拉坯矫直装置

拉坯矫直装置的作用是夹持拉动铸坯，使之连续向前运动，并把弧形铸坯矫直，在浇注准备时还要把引锭杆送入结晶器下口。

对拉坯矫直装置的工艺要求是：

（1）在浇注过程中能克服结晶器和二冷区的阻力，把铸坯顺利拉出；

（2）具有良好的调速性能，以适应改变钢种、断面和上引锭杆等的要求，对自动控制液面的拉坯系统能实现闭环控制；

（3）在保证铸坯质量的前提下，能实现完全凝固或带液芯铸坯的矫直；

（4）结构简单，工作可靠，安装和调整方便。

3.6.3.6 引锭装置

引锭装置包括引锭头、引锭杆和引锭杆存放装置。引锭装置的作用是在开浇时堵住结晶器的下口（通常引锭头伸入结晶器下口内约 200mm，尾部在拉矫机内保持 500 ~ 1000mm 的长度），并使钢水在引锭头处凝固，通过拉辊把铸坯带出，在铸坯进入拉矫机后将引锭杆脱去，进入正常拉坯状态，引锭杆则送入存放装置待下次开浇时使用。

引锭杆按结构形式可分为挠性和刚性两类，按安装方式又分为下装和上装两种。

3.6.3.7 铸坯切割装置

铸坯切割装置的作用是在铸坯前进过程中将其切成所需的定尺长度，其有火焰切割和机械切割两种形式。

一般在板坯、大方坯、圆坯和多流连铸机上多采用火焰切割。它的优点是：设备质量小，不受铸坯温度和断面大小限制，切口较齐，设备的外形尺寸较小。它的缺点是：金属烧损较大，为 1% ~ 2%；对环境有污染，需设置消烟和清渣设备；当切割短定尺时，需增加二次切割设备。

机械切割多用于小方坯连铸机。其剪切速度快，定尺可调，金属损失小；但设备质量大，消耗功率较高，切口附近的铸坯部分易变形。

3.6.4 钢液凝固结晶理论

3.6.4.1 钢液凝固结晶的特点

无论是连铸还是模铸，其工艺实质都是完成钢从液态向固态的转变，也就是钢的结晶过程，也称为钢的凝固。钢的结晶需具备以下两个条件：

（1）一定的过冷度，此为热力学条件；

（2）必要的核心，此为动力学条件。

A 结晶温度范围

钢是合金，含有 C、Si、Mn、P、S 等元素，而且钢的凝固在实际上属于非平衡结晶，因此钢液的结晶具有不同于纯金属的特点。钢液中含有各种合金元素，它的结晶温度不是一点，而是在一个温度区间内，见图 3-20。钢水在 T_l 时开始结晶，到达 T_s 时结晶完毕。T_l 与 T_s 的差值为结晶温度范围，用 ΔT_c 表示：

$$\Delta T_c = T_l - T_s \tag{3-34}$$

由于钢液结晶是在一个温度区间内完成的，在这个温度区间里固相与液相并存。实际的结晶状态如图 3-21 所示。钢液在 S 线左侧完全凝固，在 L 线右侧全部为液相，在 S 线与 L 线之间固-液相并存，称为两相区，S 线与 L 线之间的距离称为两相区宽度 Δx。

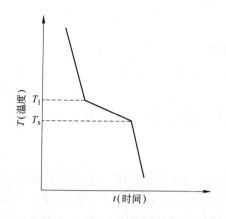

图 3-20　钢水结晶温度变化曲线

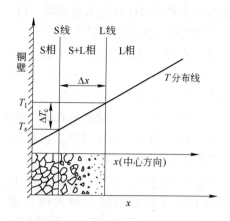

图 3-21　钢水结晶时两相区状态图

从结晶温度范围和两相区宽度的关系中可以看出 ΔT_c 对凝固组织的影响。当 Δx 较大时，晶粒度较大，反之则小。晶粒度大意味着树枝晶发达，发达的树枝晶使凝固组织的致密性变差，易形成气孔，偏析也较严重。

两相区宽度与结晶温度范围和温度梯度有关，可用下式表示：

$$\Delta x = \frac{1}{\mathrm{d}T/\mathrm{d}x} \Delta T_c \tag{3-35}$$

式中　$\mathrm{d}T/\mathrm{d}x$——温度梯度。

可见，当冷却强度大时，温度在 x 方向上变化急剧，温度梯度大，Δx 较小，反之则较大，两相区宽度与冷却强度成反比关系。当 ΔT_c 较大时，Δx 较大，反之则较小，两相区宽度与结晶温度范围成正比关系。较宽的两相区对铸坯质量不利，因此应适当减小两相区宽度。减小两相区宽度应从加强冷却强度入手，并落实到具体的工艺措施之中。

B　化学成分偏析

钢液结晶时，由于选分结晶，最先凝固的部分溶质含量较低，溶质聚集于母液中，浓度逐渐增加，因而最后凝固的部分溶质含量则很高。显然，在最终凝固结构中溶质浓度的分布是不均匀的。这种成分不均匀的现象称为偏析。

在分析一支铸坯或一个晶粒的成分分布时可发现，铸坯中心溶质的浓度较高，而一个晶粒的晶界处溶质的浓度较高。前者为宏观偏析，后者为显微偏析。

a　显微偏析

实际生产中，钢液是在快速冷却的条件下结晶，因而属于非平衡结晶，形成了晶粒内部溶质浓度的不均匀性，中心晶轴处浓度低，边缘晶间处浓度高。这种呈树枝状分布的偏析称为显微偏析或树枝偏析。

显微偏析的大小可用显微偏析度来表示：

$$A = \frac{c_{间}}{c_{轴}} \tag{3-36}$$

式中　A——显微偏析度；

　　　$c_{间}$——晶间处的溶质浓度；

　　　$c_{轴}$——晶轴处的溶质浓度。

当 $A > 1$ 时，称偏析为正，即正偏析；当 $A < 1$ 时，称偏析为负，即负偏析。

b 宏观偏析

钢液在凝固过程中，由于选分结晶，使树枝晶枝间的液体富集了溶质元素，再加上凝固过程中钢液的流动将富集了溶质元素的液体带到未凝固区域，使得铸坯横截面上最终凝固部分的溶质浓度远高于原始浓度。引起钢液流动的因素很多，如注流的注入、温度差、密度差、铸坯鼓肚变形、凝固收缩以及气体、夹杂物的上浮等，均能引起未凝固钢液的流动，从而导致整体铸坯内部溶质元素分布的不均匀性，此即宏观偏析，也称为低倍偏析。可通过化学分析或酸浸显示铸坯的宏观偏析。

宏观偏析的大小可用宏观偏析量来表示：

$$B = \frac{c - c_0}{c_0} \times 100\% \tag{3-37}$$

式中　B——宏观偏析量；

　　　c——测量处的溶质浓度；

　　　c_0——钢水原始溶质浓度。

当 $B > 0$ 时，称偏析为正；当 $B < 0$ 时，称偏析为负。

C 凝固收缩

热胀冷缩现象在钢液凝固过程中表现为凝固收缩。1t 重的液态钢冷却到常温的固态钢，其体积由 $0.145\mathrm{m}^3$ 缩小至 $0.128\mathrm{m}^3$，收缩了近 12%。随成分、温降的不同，其收缩量也有差异。

钢液的收缩随温降和相变可分为如下三个阶段：

（1）液态收缩。钢液由浇注温度降至液相线温度过程中产生的收缩称为液态收缩，即过热度消失时的体积收缩。这个阶段钢保持液态，收缩量为 1%。液态收缩危害并不大，尤其对于连铸坯而言，液态的收缩被连续注入的钢液所填补，对已凝固的外形尺寸影响极小，可以忽略。

（2）凝固收缩。钢液在结晶温度范围内形成固相并伴有温降，这两个因素均会对凝固收缩有影响。结晶温度范围越宽，则收缩量越大，其收缩量约是总量的 4%。由于钢液的连续补充，也可认为凝固过程的收缩对铸坯的结构影响较小。

（3）固态收缩。钢由固相线温度降至室温，钢处于固态，此过程的收缩称为固态收缩。由于收缩使铸坯的尺寸发生变化，故其也称为线收缩。固态收缩的收缩量为总量的 7%~8%。固态收缩的收缩量最大，在温降过程中产生热应力，在相变过程中产生组织应力，应力的产生是铸坯裂纹的根源。因此，固态收缩对铸坯质量影响甚大。

3.6.4.2 连铸坯的凝固结构

连铸坯凝固相当于高宽比特别大的钢锭凝固，且铸坯在连铸机内边运行边凝固，形成了很大的液相穴。一般情况下，连铸坯从边缘到中心也是由激冷层、柱状晶区和中心等轴晶区（锭心区）组成，与钢锭无本质区别。

（1）激冷层。铸坯表皮由细小等轴晶组成，称为激冷层。细小等轴晶区的宽度一般为 2~5mm，它是在结晶器弯月面处冷却速度最高的条件下形成的。其厚度主要取决于钢水过热度，浇注温度越高，激冷层就越薄；浇注温度越低，激冷层就越厚。

（2）柱状晶区。铸坯激冷层形成过程中的收缩，使结晶器弯月面以下 100~150mm 处的器壁产生了气隙，降低了传热速度。同时，钢液内部向外散热使激冷层温度升高，不再产生新的晶核。在钢液定向传热得到发展的条件下，柱状晶区开始形成。靠近激冷层的柱状晶很细，基本上不分叉。从纵断面来看，柱状晶并不完全垂直于表面，而是向上倾斜一定角度（约10°），从外缘向中心，柱状晶的个数由多变少，呈竹林状。柱状晶的发展是不规则的，在某些部位可能会贯穿铸坯中心而形成穿晶结构。对于弧形连铸机，铸坯低倍结构具有不对称性。由于重力作用，晶体下沉，抑制了外弧柱状晶的生长，故内弧侧的柱状晶比外弧侧要长些，且铸坯内裂纹也常常集中在内弧侧。

（3）中心等轴晶区。随着凝固前沿的推移，凝固层和凝固前沿的温度梯度逐渐减小，两相区宽度不断扩大，铸坯芯部钢水温度降至液相线温度后，大量等轴晶产生并迅速长大，形成无规则排列的等轴晶区。中心等轴晶区有可见的、不致密的疏松和缩孔，并伴随有元素的偏析。与钢锭比较，由于连铸坯柱状晶的发展，中心等轴晶区要窄得多，晶粒也细一些。

3.6.5　连铸工艺

在连铸生产过程中，其工艺参数对铸坯的表面质量、内部质量及生产效率产生巨大的影响。连铸工艺参数包括的内容很多，本节仅就拉速、二冷比水量、浇注温度等主要工艺参数的确定做简要介绍。

3.6.5.1　连铸拉速的确定

拉坯速度（简称拉速）是指连铸机每一流单位时间内拉出铸坯的长度（m/min），或每一流单位时间内拉出铸坯的重量（t/min）。它是连铸机重要的工艺参数之一，其大小决定了连铸机的生产能力，同时又直接影响着钢水的凝固速度、铸坯的冶金质量以及连铸过程的安全性。拉速过高会造成结晶器出口处坯壳厚度不足，从而不足以承受拉坯力和钢水静压力，以致坯壳被拉裂而产生漏钢事故。即使不漏钢，当钢水静压力和拉坯力产生的应力超过钢产生裂纹的临界应力时，就会造成铸坯形成裂纹。因此，拉速应以获得良好的冶金质量、连铸过程安全性和连铸机生产能力为前提。通常在一定工艺条件下，拉速有一最佳值，过大或过小都是不利的。

A　满足结晶器出口处坯壳安全厚度的最大拉速的确定

确保铸坯出结晶器时有一个足够的坯壳厚度，以防止漏钢并能承受钢水静压力和拉坯力产生的应力，这个厚度称为安全厚度。根据经验，对于方坯来说，安全厚度与断面的关系见表3-5；对于板坯来说，安全厚度应大于或等于15mm（板坯宽度中间部位）。

表 3-5　不同断面尺寸坯壳要求的最小安全厚度　　　　　　　　（mm）

断面尺寸	137×137	158×158	184×184	217×217	238×238	263×263	296×296
坯壳厚度	11	13	15	17	19	22	25

由凝固定律可知：

$$\delta = k_{结} \sqrt{t_{结}} \tag{3-38}$$

式中　δ——结晶器出口处坯壳厚度，mm；

$k_{结}$——结晶器内凝固系数，$mm/min^{\frac{1}{2}}$，它主要取决于结晶器的冷却条件、断面尺寸、浇注钢种及温度，小方坯的 $k_{结}$ 值取 $28 \sim 31mm/min^{\frac{1}{2}}$，大方坯的 $k_{结}$ 值可取 $24 \sim 26mm/min^{\frac{1}{2}}$，板坯随宽度比的增大 $k_{结}$ 值取小一些；

$t_{结}$——铸坯在结晶器内的停留时间，min。

若在结晶器出口处要求的最小坯壳厚度为 $\delta_{\min}$，结晶器有效长度为 L，则最大拉速 $v_{\max}$ 为：

$$v_{\max} = \left(\frac{k_{结}}{\delta_{\min}}\right)^2 \cdot L \tag{3-39}$$

B 按连铸机冶金长度计算的理论最大拉速

铸坯出拉矫机后即按定尺要求切割，铸坯的液相长度则不能超过冶金长度。由凝固定律，铸坯完全凝固时可得：

$$\frac{D}{2} = k\sqrt{t} = \sqrt{\frac{l}{v_{理论}}} \tag{3-40}$$

式中 D——铸坯厚度，mm；

k——综合凝固系数，$mm/min^{\frac{1}{2}}$，$k = 24 \sim 30mm/min^{\frac{1}{2}}$，它是铸坯在结晶器和二冷区的凝固系数的平均值，主要取决于钢种、断面大小和冷却凝固条件，对于方坯、矩形坯和圆坯取上限，对于板坯取下限；

l——冶金长度或液芯长度，m；

$v_{理论}$——最大理论拉速，m/min。

由式（3-40）得：

$$v_{理论} = 4l\left(\frac{k}{D}\right)^2 \tag{3-41}$$

在实际生产中不存在使用最大理论拉速的必要，因此，在编制技术标准、设定工艺参数时，将可能使用的最大拉速称为最大操作拉速。根据经验，最大操作拉速与最大理论拉速之间的关系是，最大理论拉速是最大操作拉速的 1.1 倍。

3.6.5.2 连铸过程冷却控制

铸坯冷却控制包括结晶器冷却（一次冷却）控制和二冷区（二次冷却）冷却控制两部分。

A 结晶器冷却控制

结晶器冷却的作用是保证坯壳在结晶器出口处有足够的厚度，以承受钢水的静压力，防止拉漏；同时，又要使坯壳在结晶器内冷却均匀，防止表面缺陷的产生。而一次冷却能否满足这些要求，主要是由结晶器的冷却能力、热流分布、参数（长度、锥度、材质、厚度等）以及冷却水的质量、流速、流量等因素来决定的。

（1）冷却水的流量。冷却水的流量越大，冷却强度也越大。但当冷却水的流量增加到一定数值后，冷却强度就不再增加。可按以下经验公式来计算结晶器冷却水的流量：

对方坯连铸机 $\qquad\qquad W = 4a \cdot Q_k \tag{3-42}$

对板坯连铸机 $$W = 2 \times (L + D) \cdot Q_k \qquad (3\text{-}43)$$

式中　W——结晶器冷却水的流量，L/min；

　　　a——方坯边长，mm；

　　　L——板坯宽面尺寸，mm；

　　　D——板坯窄面尺寸，mm；

　　　Q_k——单位时间水流量，L/min，小方坯为 2.5～3L/min，板坯为 2L/min。

（2）冷却水的压力。结晶器冷却水的压力一般控制在 0.4～0.6MPa 范围内。为防止结晶器水缝产生间断沸腾，可提高水压，缩小水缝，以增加水流速，避免结晶器铜管产生热变形。实际生产操作中大多数使水压保持在 0.5MPa 左右，不应低于0.4MPa。

（3）冷却水的温度。生产中要保持结晶器冷却水进出温度差的稳定，以利于坯壳均匀生长。结晶器冷却水进出温度差应小于 10℃，一般控制在 3～8℃之间。

　　B　二冷区冷却控制

铸坯从结晶器拉出后，其芯部仍为液体，为使铸坯在进入矫直点之前或者在切割机之前完全凝固，就必须在二冷区进一步对铸坯进行冷却。为此，在连铸机的二冷区设置有铸坯冷却系统。

（1）确定冷却强度的原则。确定冷却强度时应遵循以下原则：

1）由结晶器拉出的铸坯进入二冷区上段时，内部液芯量大，坯壳薄，热阻小，坯壳凝固收缩产生的应力也小。此时加大冷却强度可使坯壳迅速增厚，即使在较高的拉速下也不会拉漏。当坯壳厚度增加到一定程度以后，随着坯壳热阻的增加，应逐渐减小冷却强度，以免铸坯表面热应力过大而产生裂纹。因此，在整个二冷区应当遵循自上而下、冷却强度由强到弱的原则。

2）为了提高连铸机生产率，应当采取高拉速和高冷却效率。但在提高冷却效率的同时，要避免铸坯表面温度局部剧烈降低而产生裂纹，故应使铸坯表面横向及纵向都能均匀降温。通常铸坯表面冷却速度应小于 200℃/m，铸坯表面温度回升速度应小于 100℃/m。铸坯断面越大，其表面冷却速度及表面温度回升速度应越小。

3）二冷配水应使矫直时铸坯表面温度避开脆性"口袋区"，控制在钢延性最高的温度区。700～900℃的温度范围是铸坯的脆性温度区。对于低碳钢，矫直时铸坯表面温度应高于 900℃；对于含 Nb 的钢，矫直时铸坯表面温度应高于 980℃。此外，为了保证铸坯在二冷区支承辊之间形成的鼓肚量最小，在整个二冷区应限定铸坯表面温度，通常控制在1100℃以下。同时，在铸坯进行热送和直接轧制时，还要控制切割后铸坯表面温度高于1000℃。

4）在确定冷却强度时必须满足不同钢种的需要，特别是裂纹敏感性强的钢种，要采用弱冷。

（2）二冷比水量的确定。二次冷却强度常用"比水量"来表示，是指通过二冷区单位重量铸坯所使用的冷却水量，单位为 L/kg。二冷比水量随着钢种、铸坯断面尺寸、连铸机机型、拉速速度等参数的不同而变化，通常在 0.3～1.51L/kg 之间波动。表3-6列出了不同类别钢种的比水量。

表 3-6 不同类别钢种的比水量　　　　　　　　　　　　　　　（L/kg）

钢种类别	比水量	钢种类别	比水量
普碳钢、低合金钢	1.0 ~ 1.2	裂纹敏感性强的钢	0.4 ~ 0.6
中高碳钢、合金钢	0.6 ~ 0.8	高速钢	0.1 ~ 0.3

具体选择二冷强度时，除考虑钢种、拉速等因素外，还要考虑铸坯矫直温度以及是否热送、直接轧制等。目前，一般采用"热行"，也称软冷却。在整个二冷区铸坯表面温度缓慢下降，在保证铸坯不鼓肚的情况下应尽可能提高出坯温度，以便热送或直接轧制，至少也应做到铸坯矫直以前的表面温度不低于900℃。

3.6.5.3 浇注温度的确定

连铸浇注温度是指中间包内的钢水温度，通常一炉钢水需要在中间包内测3次或4次温度，即在开浇5min、浇注过程中期和浇注结束前5min时均应测温，所测温度的平均值为平均浇注温度。浇注温度的确定可由下式表示：

$$t = t_L + \Delta t \tag{3-44}$$

式中　t——浇注温度，℃；

　　　t_L——液相线温度，℃；

　　　Δt——钢液过热度，℃。

（1）钢液过热度的确定。钢液过热度是根据浇注钢种、铸坯断面、中间包的容量和材质、烘烤温度、浇注过程中的热损失情况、浇注时间等因素综合考虑确定的，但主要是根据铸坯的质量要求和浇注性能来确定。如高碳钢、高硅钢、轴承钢等钢种，钢液的流动性好、导热性较差，凝固时体积收缩较大，应控制较低的过热度。对于低碳钢，尤其是 Al、Cr、Ti 含量较高的一些钢种，钢液发黏，过热度应相对高些。铸坯断面大，过热度可取低些。对于某一钢种来说，液相线温度加上合适的过热度数值即为该钢种的目标浇注温度。表 3-7 所示为中间包钢液过热度的参考值。

表 3-7 中间包钢液过热度的参考值　　　　　　　　　　　　　　（℃）

浇注钢种	板坯和大方坯	小方坯
高碳钢、高锰钢	10	15 ~ 20
合金结构钢	5 ~ 15	15 ~ 20
铝镇静钢、低合金钢	15 ~ 20	25 ~ 30
不锈钢	15 ~ 20	20 ~ 30
硅　钢	10	15 ~ 20

（2）钢液在传递过程中的温度变化。出钢后，钢液进入钢包直到注入结晶器的整个传递过程经历了一系列的温降。过程总温降可用 $\Delta t_总$ 表示：

$$\Delta t_总 = \Delta t_1 + \Delta t_2 + \Delta t_3 + \Delta t_4 + \Delta t_5 \tag{3-45}$$

式中　Δt_1——出钢过程的温降，℃，主要是指钢流的辐射散热、对流散热和钢包内衬吸热所形成的温降，其取决于出钢温度的高低、出钢时间的长短、钢包容量的大小、内衬的材质和温度状况、加入合金的种类和数量等因素，尤其是出钢时间和包衬温度的波动对 Δt_1 影响较大；

Δt_2——从出钢完毕到钢液精炼开始之前的温降，℃，主要是指钢包内衬的继续吸热、钢液面通过渣层的散热、运输路途和等待时间的热损失；

Δt_3——钢液精炼过程的温降，℃，主要依据钢液炉外精炼方式和处理时间而定；

Δt_4——钢液处理完毕至开浇之前的温降，℃，从出钢至钢液精炼这段时间，钢包内衬已充分吸热，钢液与包衬之间的温差很小，几乎达到平衡，因此 Δt_4 主要取决于钢包开浇之前的等待时间，通常温降速度在 $0.5 \sim 1.2$℃/min 之间；

Δt_5——钢液从钢包注入中间包的温降，℃，这一过程的温降与出钢过程相似，包括注流的散热、中间包内衬的吸热及钢液面的散热等，钢包注流的散热温降与注流的保护状况、中间包的容量和内衬材质、是否烘烤和烘烤温度、浇注时间以及液面有无覆盖和覆盖材料等因素有关。

3.6.6 连铸坯的质量

（1）连铸坯表面质量。连铸坯表面质量的好坏决定了铸坯在热加工之前是否需要精整，是影响金属收得率和成本的重要因素，也是铸坯热送和直接轧制的前提条件。表面缺陷主要有各种类型的表面裂纹（表面纵裂纹、表面横裂纹、表面星状裂纹）、深振痕、表面夹渣、皮下气泡与气孔、表面凹坑和重皮。

（2）连铸坯内部质量。连铸坯内部质量是指铸坯是否具有正确的凝固结构、偏析程度、内部裂纹、夹杂物含量及分布状况等。内部缺陷主要有内部裂纹（皮下裂纹、中间裂纹、角部裂纹、矫直裂纹、中心星状裂纹）、中心偏析、中心疏松、中心缩孔。

（3）连铸坯形状缺陷。连铸坯形状缺陷包括脱方（菱形）缺陷和铸坯鼓肚。

思 考 题

3-1 什么是炉渣的氧化性，在炼钢过程中熔渣的氧化性如何体现？

3-2 影响炼钢过程脱磷的因素有哪些？

3-3 影响炼钢过程脱硫的因素有哪些？

3-4 钢液的脱氧方式有哪几种，各有何特点？

3-5 氧气顶吹转炉炼钢过程中元素的氧化、炉渣成分和温度的变化体现出哪些特征？

3-6 简述氧枪的枪位对转炉炼钢冶金过程产生的影响。

3-7 简述电弧炉熔化期、氧化期及还原期的主要任务。

3-8 电炉炼钢废钢预热技术主要有哪几种？简要说出其节能效果。

3-9 简述直流电弧炉的优越性。

3-10 简述 LF 主要的设备构成及功能特点。

3-11 试比较 AOD 与 VOD 炉外精炼法之间的异同。

3-12 简述连铸机的主要设备构成。

3-13 简述连铸坯常见的表面缺陷。

4 有色金属冶金

本章摘要 本章简单介绍了有色金属的分类及其主要冶炼方法，主要介绍了金属铜、锌、铝、镁、钛、钒、金冶炼的原料、基本原理及冶炼工艺。

金属分为黑色金属和有色金属两大类。黑色金属是指铁、铬、锰三种金属。黑色金属的单质为银白色而不是黑色，之所以称其为黑色金属，是由于这类金属及其合金表面常有灰黑色的氧化物。有色金属是指除黑色金属以外的所有金属，其中除少数有颜色（铜为紫红色、金为黄色）外，大多数为银白色。有色金属通常又可分为重金属、轻金属、贵金属和稀有金属四类。

（1）重金属。重金属一般指密度在 $5g/cm^3$ 以上的金属，包括铜、锌、铅、锡、镍、钴、汞等。

（2）轻金属。轻金属一般指密度在 $5g/cm^3$ 以下的金属，包括钠、铝、镁、钾、钙、锶、钡等。

（3）贵金属。贵金属包括金、银和铂族金属（铂、铱、锇、钌、铑、钯），因其在地壳中的含量少、提取困难、价格较高而得名。

（4）稀有金属。稀有金属通常指那些发现较晚、在工业上应用较迟、在自然界中含量少或分散、难以被经济地提取或不易分离成单质的金属，所以含量少并不是稀有金属的共同特征。根据金属的密度、熔点、分布及其他物理化学特性，稀有金属在工业上又可分为以下五类：

1）稀有轻金属，包括锂、铷、铯、铍。其特点是密度小，化学活性大，氧化物和氯化物都很稳定，难以还原成金属，一般都用熔盐电解法或金属热还原法制取。

2）稀有难熔金属，包括钛、锆、铪、钒、铌、钽、钼、钨、铼。其特点是熔点高，抗腐蚀性好。

3）稀散金属，包括镓、铟、铊、锗、硒、碲。其特点是极少独立成矿，在地壳中几乎是平均分布的，一般都是以微量杂质形态存在于其他矿物中。

4）稀土金属，包括钪、钇及镧系等元素。其特点是物理化学性质非常相似，在矿物中多共生，分离困难。

5）稀有放射性金属，包括天然存在的钫、镭、钋和锕系元素中的锕、钍、镤、铀等元素。这类金属的共同特点是具有放射性，它们多共生或伴生在稀土矿物中。

现代冶金中，由于矿石（或精矿）性质和成分、能源、环境保护以及技术条件等情况的不同，实现上述冶金作业的工艺流程和方法是多种多样的。根据各种方法的特点，大体上可将其归纳为三类，即火法冶金、湿法冶金和电冶金。

（1）火法冶金。火法冶金是在高温条件下进行的冶金过程。矿石或精矿中的部分或全部矿物在高温下经过一系列的物理化学变化，生成另一种形态的化合物或单质，分别富集在气体、液体或固体产物中，达到所要提取的金属与脉石及其他杂质分离的目的。火法冶金包括干燥、焙解、焙烧、熔炼、精炼、蒸馏等过程。

（2）湿法冶金。湿法冶金是在溶液中进行的冶金过程。湿法冶金温度不高，一般低于373K，即使在现代湿法冶金的高温、高压过程中温度也不过在473K左右，极个别情况下温度可达573K。湿法冶金包括浸出、净化、制备金属等过程。

（3）电冶金。电冶金是利用电能提取金属的方法。根据利用电能效应的不同，电冶金又分为电热冶金和电化冶金。

4.1　铜　冶　金

铜的断面呈紫红色，熔点为1356.6K，沸点为2840K，常温下密度为$8.96g/cm^3$。纯铜具有良好的延展性、导电性、导热性和耐蚀性，其导电和导热能力在金属中仅次于银，机械加工性能优于铝。

铜在干燥空气中不被氧化，但若放置在含CO_2的潮湿空气中，铜表面会逐渐生成绿色的碱式碳酸铜，俗称"铜绿"。铜在温度高于458K时开始氧化，在温度低于623K时生成红色的氧化亚铜（Cu_2O），在温度高于623K时生成黑色的氧化铜（CuO）。

由于铜及铜合金具有许多优异性能，其现已成为第二大有色金属，是各行业中广泛需求的基础材料，可用于电力、机械制造、金属制品、交通运输、电子和仪器仪表等领域。铜也是国防工业的重要原材料，用于制造各种子弹壳、飞机和舰艇等的零部件。铜的化合物还是农药、医药、杀菌剂、颜料、电镀、原电池、染料和触媒的重要原料。

4.1.1　铜冶金原料

铜在地壳中的相对丰度仅为6.8×10^{-5}，但其能形成比较富的矿床。在各类铜矿床中，铜以各种矿物形态存在，其中大部分为硫化物和氧化物，少量为自然铜。

炼铜原料主要来自硫化矿，少部分来自氧化矿和自然铜。硫化铜矿主要采用火法冶金方法生产铜；氧化铜矿难以选矿富集，一般用湿法冶金提炼铜。

4.1.2　铜的冶炼原理

4.1.2.1　火法炼铜原理

火法炼铜工艺过程主要包括四个主要步骤，即造锍熔炼、铜锍吹炼、粗铜火法精炼和阳极铜电解精炼。火法炼铜的优点是：适应性强，能耗低，生产效率高，金属回收率高。

火法炼铜的原理是：利用铜与硫的亲和力大于铁和一些杂质金属，而铁与氧的亲和力大于铜的特性，在高温及控制氧化气氛条件下，使铁等杂质金属逐步被氧化后进入炉渣或烟尘中而被除去，而金属铜则富集在各种中间产物中并逐步得到提纯。

A　造锍熔炼

造锍熔炼的目的在于，把炉料中的铜尽可能地富集在铜锍中，同时使脉石、氧化物等杂质形成炉渣，然后将铜锍与炉渣分离。为了达到这个目的，造锍熔炼过程必须遵循以下

两个原则:

（1）必须使炉料中有相当数量的硫，以形成铜锍;

（2）使炉渣中二氧化硅的含量接近饱和，以使铜锍和炉渣不致混溶。

造锍熔炼过程中，将硫化铜精矿、部分氧化物焙砂、返料和适量的熔剂等炉料，在1423～1523K 的高温下进行熔炼，产出两种互不相溶的液相（铜锍和熔渣）。其主要反应为:

$$xFeS_{(1)} + yCu_2S_{(1)} \Longrightarrow yCu_2S \cdot xFeS_{(1)}$$

$$2FeO_{(1)} + SiO_{2(s)} \Longrightarrow 2FeO \cdot SiO_{2(1)}$$

铜锍是以 Cu_2S 和 FeS 为主的共价型硫化物熔体，炉渣则是以 $2FeO \cdot SiO_2$（铁橄榄石）为主的离子型硅酸盐熔体，两者互不相溶，且铜锍密度大于熔渣的密度，故铜锍与熔渣可以相互分离。

造锍熔炼可以在不同的设备中进行，传统造锍熔炼设备有反射炉、电炉和密闭鼓风炉，现代强化熔炼设备有闪速炉、诺兰达炉、三菱炉、瓦纽柯夫炉、白银炉以及艾萨炉或澳斯麦特炉。

B　铜锍吹炼

铜锍吹炼的目的是在氧气的作用下，将铜锍中的铁和硫等杂质氧化除去，得到含铜98.5%～99.5% 的粗铜。

吹炼过程分为两个周期进行。第一个周期又称为造渣期，主要是 FeS 的氧化造渣，形成 Cu_2S 熔体，称为白铜锍。主要反应为:

$$2FeS + 3O_2 + SiO_2 \Longrightarrow 2FeO \cdot SiO_2 + 2SO_2$$

第二个周期又称为造铜期，主要是 Cu_2S 被氧化成 Cu_2O，同时 Cu_2O 在熔体中与未氧化的 Cu_2S 作用生成金属铜（粗铜），在此周期内没有炉渣形成。主要反应为:

$$Cu_2S + O_2 \Longrightarrow 2Cu + SO_2$$

吹炼过程中少量挥发性杂质，如铅、锌、锡、砷、锑、铋等也可除去，而贵金属则富集在粗铜中。铜锍吹炼使用卧式碱性转炉或虹吸式转炉。

C　粗铜火法精炼

粗铜火法精炼实质上是在鼓入空气中氧气的作用下，使粗铜中的铁、铅、锌、铋、镍、砷、锑、硫等杂质氧化除去，然后加入还原剂使铜中的氧除去，最后得到化学和物理成分均符合电解精炼要求的阳极铜。

粗铜火法精炼为周期性作业，大多在反射炉或回转精炼炉内进行，一个周期主要包括熔化、氧化、还原和浇注四个阶段，其中氧化和还原阶段为主要阶段。

（1）氧化阶段。在氧化阶段中，首先发生铜的氧化:

$$4Cu + O_2 \Longrightarrow 2Cu_2O$$

生成的 Cu_2O 溶解于铜液中，然后是溶解的 Cu_2O 与铜液中的杂质金属（Me）发生反应:

$$Cu_2O + Me \Longrightarrow 2Cu + MeO$$

为了迅速、完全地除去铜中的杂质，必须使铜液中 Cu_2O 的浓度达到饱和。为了减少铜的损失和提高过程效率，常加入各种熔剂（如石英砂、石灰和苏打等），使各种杂质造渣除去。

（2）还原阶段。还原阶段中可采用重油、天然气、液化石油气、氨和丙烷等作还原剂来还原 Cu_2O：

$$Cu_2O + H_2 \Longrightarrow 2Cu + H_2O$$

$$Cu_2O + CO \Longrightarrow 2Cu + CO_2$$

$$Cu_2O + C \Longrightarrow 2Cu + CO$$

$$4Cu_2O + CH_4 \Longrightarrow 8Cu + CO_2 + 2H_2O$$

D　阳极铜电解精炼

火法精炼得到的铜的品位一般在 99.2% ~99.7% 之间，为了提高精铜质量、达到各种应用的要求，同时回收其中有价的贵金属和稀散金属，应对其进一步电解精炼。

电解精炼过程是以火法精炼生产的铜为阳极，以电解铜的薄片为阴极，电解液由硫酸铜和硫酸水溶液组成。在直流电的作用下，阳极铜溶解，阴极析出纯的金属铜，杂质进入阳极泥和电解液中。

阳极上发生的反应为：

$$Cu - 2e \Longrightarrow Cu^{2+}$$

$$Me - 2e \Longrightarrow Me^{2+}$$

阴极上发生的反应为：

$$Cu^{2+} + 2e \Longrightarrow Cu$$

$$2H^+ + 2e \Longrightarrow H_2$$

根据电化学原理，电极电位较小的物质被氧化，电极电位较大的物质被还原。因此，在阳极上铜被氧化成离子溶解，阴极上主要是铜的析出。电极电位比铜更负的杂质金属进入电解液后，会以离子的形态留在电解液中；而电极电位比铜更正的贵金属和某些化合物在阳极上不发生放电化学溶解，以阳极泥形态沉积于槽底，从而实现了铜与杂质的分离。

4.1.2.2　湿法炼铜原理

湿法炼铜是用溶剂浸出铜矿石或铜精矿，使铜进入溶液，然后从经过净化处理后的含铜溶液中回收铜的方法。其主要用于处理低品位铜矿石、氧化铜矿和一些复杂的铜矿石。目前湿法炼铜在铜生产中所占的比重不大，只占 10% ~20%；但从今后资源发展的趋势来看，随着矿石逐渐贫化，氧化矿、低品位难选矿石和多金属复杂铜矿的利用日益增多，湿法炼铜将成为处理这些原料的有效途径。

4.1.3　铜的冶炼工艺

4.1.3.1　火法炼铜工艺

火法炼铜是当今生产铜的主要方法，其铜产量占铜生产总量的 80% ~90%，主要用于处理硫化矿。以硫化铜精矿为原料生产金属铜的工艺流程，如图 4-1 所示。其工艺过程主要包括四个主要步骤，即造锍熔炼、铜锍吹炼、火法精炼和电解精炼。

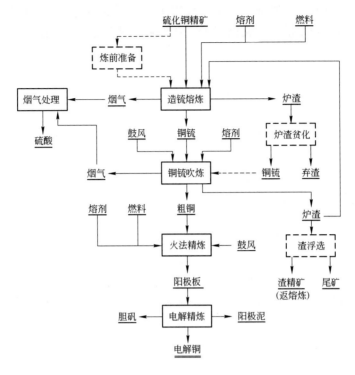

图 4-1 硫化铜矿火法炼铜的工艺流程

4.1.3.2 湿法炼铜工艺

湿法炼铜的铜产量占铜生产总量的 10% ~20%，主要用于处理氧化矿，有的也用于处理硫化矿。氧化铜矿湿法炼铜的工艺流程如图4-2所示。其工艺过程主要包括四个步骤，

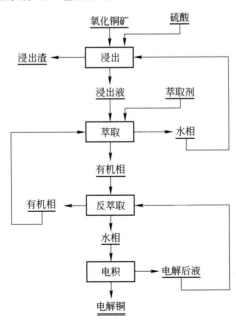

图 4-2 氧化铜矿湿法炼铜的工艺流程

162

即浸出、萃取、反萃取和金属制备（电积或置换）。氧化矿可以直接进行浸出，低品位氧化矿采用堆浸，富矿采用槽浸。硫化矿在一般情况下需要先焙烧后浸出，也可在高压下直接浸出。

4.2 锌 冶 金

锌呈银白色略带蓝灰色，具有金属光泽，熔点为692.7K，沸点为1180K，常温下密度为7.14g/cm³，质软，性较脆，有延展性。

锌的耐腐蚀性能好，常温下在干燥的空气中不易氧化。但在含有CO_2的潮湿空气中，其表面会被逐渐氧化，形成一层灰白色、致密的碱式碳酸锌（$ZnCO_3 \cdot 3Zn(OH)_2$）薄膜，从而阻止内部锌继续被氧化。

由于锌在常温下表面易生成一层保护膜，所以其最大的用途是用于镀锌工业。锌能与许多有色金属形成合金，其中，锌与铝、铜等组成的合金，广泛用于压铸件；锌与铜、锡、铅组成的黄铜，用于机械制造业；含少量铅、镉等元素的锌板，可制成锌锰干电池负极、印花锌板、有粉腐蚀照相制版和胶印印刷版等；此外，锌粉、锌钡白、锌铬黄可作颜料。氧化锌可用于橡胶、陶瓷、造纸、颜料等工业；氯化锌用作木材的防腐剂，硫酸锌用于制革、纺织和医药等工业。

4.2.1 锌冶金原料

锌在地壳中的平均含量为0.005%。锌矿石主要分为硫化矿和氧化矿两大类。锌在硫化矿中主要以闪锌矿（ZnS）的形态存在，在氧化矿中主要以菱锌矿（$ZnCO_3$）、异极矿（$Zn_2SiO_4 \cdot H_2O$）的形态存在。目前炼锌的主要原料是硫化矿。

锌的生产方法分为火法炼锌和湿法炼锌。

4.2.2 锌的冶炼原理

4.2.2.1 硫化锌精矿的焙烧

火法炼锌和湿法炼锌过程中，硫化锌精矿都需先进行焙烧。硫化锌精矿的焙烧主要是在高温下利用空气中的氧进行氧化焙烧，以改变其成分，适应下一步冶金处理的要求。

硫化锌焙烧时发生的主要反应如下：

$$2ZnS + 3O_2 \longrightarrow 2ZnO + 2SO_2$$

$$2ZnO + 2SO_2 + O_2 \longrightarrow 2ZnSO_4$$

$$ZnO + Fe_2O_3 \longrightarrow ZnFe_2O_4$$

焙烧的主要目的是除去硫化锌精矿中的硫，使硫化锌尽量形成氧化锌，同时使铅、镉、砷和锑等杂质形成易挥发的化合物或直接从精矿中挥发除去。

4.2.2.2 火法炼锌原理

火法炼锌主要包括焙烧、还原蒸馏和精馏三个过程。火法炼锌的基本原理是：将氧化锌在高温下用碳进行还原，同时利用锌沸点低的特点，使其以蒸气方式挥发，再冷凝成液态锌。

还原蒸馏过程中，氧化锌被碳还原的主要反应为：

$$2C_{(s)} + O_{2(g)} = 2CO_{(g)}$$

$$ZnO_{(s)} + CO_{(g)} = Zn + CO_{2(g)}$$

$$CO_{2(g)} + C_{(s)} = 2CO_{(g)}$$

$$ZnO_{(s)} + C_{(s)} = Zn_{(g)} + CO_{(g)}$$

还原蒸馏得到的是锌蒸气，必须在冷凝器中使锌蒸气温度降到露点以下，以使其冷凝成为液体锌。此时所得的是粗锌，其中含有铅、镉、铁和铜等杂质，会影响锌的性质，需要对其进行精炼提纯。

目前，粗锌一般采用火法精馏精炼，利用杂质元素与锌的蒸气压和沸点不同，在高温下使它们与锌分离，进行蒸馏提纯，称为锌精馏。锌及常见的杂质元素的沸点如表 4-1 所示。

表 4-1 锌及常见杂质元素的沸点

金 属	Zn	Cd	Pb	Fe	Cu	Sn	In
沸点/K	1180	1040	2017	3008	2633	2533	2343

4.2.2.3 湿法炼锌原理

湿法炼锌过程主要包括焙烧、浸出、净化和电解四个过程。其基本原理是：用稀硫酸将锌焙砂中的锌浸出，得到硫酸锌浸出液，再对此溶液进行净化去杂，然后电解析出锌，将电解锌进行熔铸即可得到锌锭。

A 锌焙砂的浸出

锌焙砂的浸出是用稀硫酸溶液溶解锌焙砂中的氧化锌，硫酸溶液主要来自锌电解车间的废电解液。

整个浸出过程主要分为中性浸出和酸性浸出两个阶段。中性浸出就是用锌焙砂来中和酸性浸出溶液中的游离硫酸，控制一定的酸度（pH = 5.0 ~ 5.4），用水解法除去浸出液中溶解的杂质，得到的中性溶液经净化后电解收锌。中性浸出残渣中还含有大量的锌，需用含酸浓度较高的废电解液再进行酸性浸出，其目的就是使浸出渣中的锌尽可能地完全溶解，提高锌的浸出率。

B 硫酸锌溶液的净化

锌焙砂浸出得到的硫酸锌溶液还含有许多杂质（铜、镉、镍和砷等），会给下一步锌的电解过程带来不利影响。因此，在电解前必须对该溶液进行净化，将浸出过滤后的中性上清液中的有害杂质除至规定的限度以下，以保证电积时得到高纯度的阴极锌及最经济地进行电积，并从各种净化渣中回收有价金属。由于原料成分的差异，各工厂中性浸出液的成分波动很大，因此所采用的净化工艺各不相同。净化方法按原理可分为加锌粉置换法和加特殊试剂沉淀法两类。

C 锌的电解沉积

锌的电解沉积是湿法炼锌的最后一个工序，是用电解的方法从硫酸锌水溶液中提取纯金属锌的过程。

锌的电解沉积是将净化后的硫酸锌溶液（新液）与一定比例的电解废液混合，连续不断地从电解槽的进液端流入电解槽内，用含银 0.5% ~ 1% 的铅银合金板作阳极，以压延铝板作阴极，当电解槽通过直流电时，在阴极铝板上析出金属锌，阳极上则放出氧气，溶液中硫酸再生。电积时总的电化学反应为：

$$ZnSO_4 + H_2O \Longrightarrow Zn + H_2SO_4 + \frac{1}{2}O_2$$

随着电解过程的不断进行，溶液中的锌含量不断降低，而硫酸含量逐渐增加，当溶液中锌含量达 $45 \sim 60g/L$、硫酸含量达 $135 \sim 170g/L$ 时，则作为废电解液从电解槽中抽出，一部分作为溶剂返回浸出；另一部分经冷却后与新液按一定比例混合，返回电解槽循环使用。电解 $24 \sim 48h$ 后将阴极锌剥下，经熔铸后得到产品锌锭。

4.2.3　锌的冶炼工艺

4.2.3.1　密闭鼓风炉炼锌

密闭鼓风炉炼锌法又称为帝国熔炼法或 ISP 法，它合并了铅和锌两种火法冶炼流程，是目前世界上最主要的火法炼锌方法。目前，世界上有 13 台鼓风炉在进行锌的生产。

密闭鼓风炉炼锌直接加热炉料，作为还原剂的焦炭同时又是维持作业温度所需的燃料。在间接加热的蒸馏罐内，炉料中配有过量的炭，出罐气体中 CO_2 的含量小于 1%，可以防止锌蒸气冷凝时被重新氧化。直接加热的鼓风炉炼锌由于焦炭燃烧反应产生的 CO 和 CO_2、鼓入风中的 N_2 以及还原反应产生的锌蒸气混在一起，炉气被大量 CO、CO_2 和 N_2 所稀释，其组成为 $5\% \sim 7\% Zn$、$11\% \sim 14\% CO_2$、$18\% \sim 20\% CO$，而且入冷凝器炉气温度高于 1273K，这使从 CO_2 含量高的高温炉气中冷凝低浓度的锌蒸气存在许多困难。冷凝时，为了防止锌蒸气被氧化为 ZnO，应该采取急冷与降低锌活度的措施。铅雨冷凝器的出现，突破了从 CO_2 含量高、锌含量低的炉气中冷凝锌的技术难关，使鼓风炉炼锌在工业上获得成功，是处理复杂铅锌物料的较理想方法，迅速发展成为一种重要的铅锌冶炼工艺。

铅锌精矿与熔剂配料后在烧结机上进行烧结焙烧，烧结块和经过预热的焦炭一同加入鼓风炉，烧结块在炉内被直接加热到 ZnO 开始还原的温度后，ZnO 被还原成锌蒸气，锌蒸气与风口区燃烧产生的 CO_2 和 CO 一同从炉顶进入铅雨冷凝器。锌蒸气被铅雨吸收而形成 Pb-Zn 合金，从冷凝器放出后经冷却析出液体锌。形成的粗铅、锍和炉渣从炉缸放入电热前床分离，粗铅进一步精炼，炉渣经烟化或水淬后堆存。

密闭鼓风炉炼锌的主要设备包括密闭鼓风炉炉体、铅雨冷凝器、冷凝分离系统以及用于铅渣分离的电热前床，其设备连接图如图 4-3 所示。

由于火法炼锌所得的粗锌中含有 Pb、Cd、Fe、Cu、Sn、As、Sb、In 等杂质（总含量为 $0.1\% \sim 2\%$），这些杂质元素影响了锌的性质，限制了锌的用途，因此必须对粗锌进行精炼以提高锌的纯度。目前，工业上一般采用火法精馏精炼，此外还有熔析法和真空蒸馏精炼。

粗锌的精馏精炼是连续作业，它是在一种专门的精馏塔内完成的。如图 4-4 所示，精馏塔包括铅塔和镉塔两部分，一般是由两座铅塔和一座镉塔组成的三塔型精馏系统构成。铅塔的主要任务是从锌中分离出沸点较高的 Pb、Fe、Cu、Sn、In 等元素，镉塔则实现锌与镉的分离。

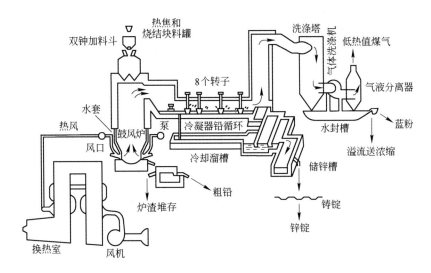

图 4-3　密闭鼓风炉炼锌的设备连接图

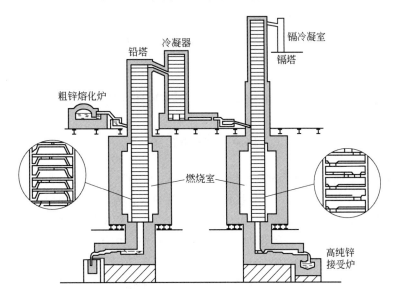

图 4-4　粗锌精馏塔的设备连接图

4.2.3.2　火法炼锌新技术

（1）等离子炼锌技术。等离子发生器将热量从风口输送到装满焦炭的炉子的反应带，在焦炭柱的内部形成一个高温空间，粉状 ZnO 焙烧矿与粉煤和造渣成分一起被等离子喷枪喷入高温带，反应带的温度为 1973～2773K，ZnO 瞬时被还原，生成的锌蒸气随炉气进入冷凝器被冷凝为液体锌。由于炉气中不存在 CO_2 和水蒸气，没有锌的二次氧化问题。

（2）锌焙烧矿闪速还原。该方法包括硫化锌精矿在沸腾炉内死焙烧、在闪速炉内用碳对 ZnO 焙砂进行还原熔炼和锌蒸气在冷凝器内被冷凝为液体锌三个基本工艺过程。

（3）喷吹炼锌。在熔炼炉内装入底渣，用石墨电极加热到 1473～1573K 以使底渣熔化，用 N_2 将小于 0.074mm 的焦粉与氧气通过喷枪喷入熔渣中，与通过螺旋给料机送入的锌焙砂进行还原反应，产出的锌蒸气进入铅雨冷凝器被冷凝为液体锌。

4.2.3.3　湿法炼锌新技术

（1）硫化锌精矿的直接电解。在酸性溶液中，以 70% 硫化锌精矿与 30% 石墨粉为阳极，以铝板为阴极，直接用电解生产锌。阴极和阳极反应为：

$$阳极 \qquad ZnS - 2e \Longrightarrow Zn^{2+} + S$$

$$阴极 \qquad Zn^{2+} + 2e \Longrightarrow Zn$$

阳极电流效率为 96.8% ~ 120%，阴极电流效率为 91.4% ~ 94.8%，阴极锌纯度达 99.99% 以上。

（2）$Zn\text{-}MnO_2$ 同时电解。将锌精矿磨细至 0.074mm，ZnS 与 MnO_2 按化学计量配入并用硫酸进行浸出，浸出液经净化后以铅银合金（1% Ag）为阳极，以铝板为阴极，在硫酸体系中进行电解。电解时阴极和阳极反应为：

$$阳极 \qquad Mn^{2+} + 2H_2O - 2e \Longrightarrow MnO_2 + 4H^+$$

$$阴极 \qquad Zn^{2+} + 2e \Longrightarrow Zn$$

$$总反应 \qquad ZnSO_4 + MnSO_4 + 2H_2O \Longrightarrow Zn + MnO_2 + 2H_2SO_4$$

槽电压为 2.6 ~ 2.8V，阴极电流效率为 89% ~ 91%，阳极电流效率为 80% ~ 85%。阴极电锌中锌含量不低于 99.99%，阳极产出 $\gamma\text{-}MnO_2$，品位高于 91%，产品比 $w(Zn):w(MnO_2) = 1:1.22$。节能 50% ~ 60%，双电解废液再进行锌的单电解，进一步回收锌、锰。

此外，还有溶剂萃取-电解法提锌及热酸浸出-萃取法除铁等湿法炼锌新方法。

4.3　铝 冶 金

铝为银白色的金属。纯度为 99.99% 的铝，熔点为 933.5K，沸点为 2740K，常温下密度为 $2.7g/cm^3$。在室温下，铝的导热系数大约是铜的 1.5 倍，铝线的导电系数大约是铜线的 60%。铝具有良好的延性和展性，可以拉成铝线，压成铝板和铝箔。

铝的化学活性很强，具有与氧强烈反应的倾向。在空气中铝的表面生成一层连续而致密的氧化铝薄膜，其厚度约为 $2 \times 10^{-5}cm$，这层薄膜能起到使铝不再继续氧化的保护作用，这就是铝具有良好抗腐蚀能力的原因。铝粉或铝箔在空气中强烈加热，即燃烧生成氧化铝。

由于铝具有密度小，导热性、导电性、抗蚀性良好等突出优点，又能与许多金属形成优质铝基轻合金，所以铝在现代工业技术上的应用极为广泛。纯铝在电气工业上用作高压输电线、电缆壳、导电板以及各种电工制品，铝合金在交通运输以及军事工业上用作汽车、装甲车、坦克、飞机以及舰艇的部件。此外，铝合金还用于建筑工业制作构架等，轻工业中用纯铝和铝合金制作包装品、生活用品和家具。

氧化铝是一种白色粉末，熔点为 2323K。氧化铝和碱金属氟化物（MeF_x）生成铝氟酸盐，其中，冰晶石型的钠冰晶石（Na_3AlF_6）在氧化铝电解制铝中用作熔剂，通常称为冰晶石。

4.3.1　铝冶金原料

铝在地壳中的含量约为 8.8%，地壳中的含铝矿物约有 250 种，但炼铝最主要的矿石资源只是铝土矿，世界上 95% 以上的氧化铝是用铝土矿生产的。

铝土矿中主要的含铝矿物为三水铝石（$Al_2O_3 \cdot 3H_2O$）、一水软铝石和一水硬铝石，后两种的分子式都是 $Al_2O_3 \cdot H_2O$。其中含有的主要成分是氢氧化铝，它是典型的两性化合物，既溶于无机酸又溶于碱性溶液。

4.3.2 氧化铝生产

根据原料不同，需要使用不同的生产方法。由于氢氧化铝是两性化合物，从矿石中提取氧化铝的方法也分为酸法和碱法两大类。由于酸有腐蚀性，耐酸设备难以解决，因此酸法生产未能在工业中得以应用。目前工业中只有碱法得以应用。碱法又分为拜耳法、碱石灰烧结法和拜耳-烧结联合法，其中以拜耳法为主，目前世界上的氧化铝几乎都是由拜耳法生产的。

4.3.2.1 拜耳法生产氧化铝

自拜耳法发明以来，它一直是氧化铝生产中占绝对优势的一种方法，目前全世界90%的氧化铝是用拜耳法生产的。

拜耳法适于处理高品位铝土矿，具有工艺简单、产品纯度高、经济效益好等优点。拜耳法的生产过程主要包括溶出、分解和煅烧三个阶段。铝土矿经过苛性钠溶液溶出，将其中的氧化铝充分溶解成为铝酸钠溶液，加入晶种（氢氧化铝）并经过搅拌，析出固体氢氧化铝。经过煅烧，使氢氧化铝脱去水，得到不吸水的电解用氧化铝。

拜耳法全流程主要的加工工序为矿石的破碎及湿磨、高温高压溶出、赤泥分离洗涤、晶种分解、母液蒸发及氢氧化铝熔烧。

图 4-5 所示为拜耳法生产氧化铝的工艺流程。

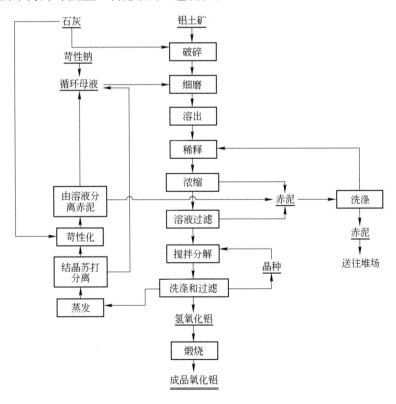

图 4-5 拜耳法生产氧化铝的工艺流程

4.3.2.2 碱石灰烧结法生产氧化铝

碱石灰烧结法是在铝土矿中加入一定量的石灰（或石灰石）、苏打（含大量 Na_2CO_3 的母液）配成炉料，在回转窑内进行烧结，得到可溶于水的固态铝酸钠熟料，再用水浸出得到铝酸钠溶液，最后通入二氧化碳分解铝酸钠溶液，便可以结晶出氢氧化铝。

碱石灰烧结法的基本流程如图 4-6 所示。

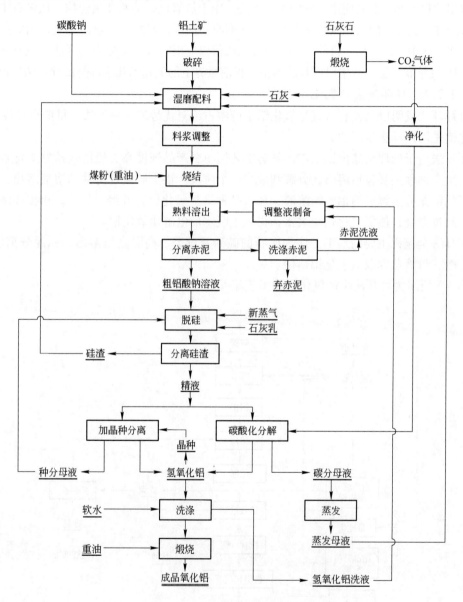

图 4-6　碱石灰烧结法的基本流程

拜耳法流程简单，能耗低，产品质量好，处理优质铝土矿时能获得最好的经济效果；但随着矿石铝硅比的降低，它在经济上的优越性也将下降。烧结法流程比较复杂，能耗大，产品质量一般不如拜耳法好；但烧结法能有效地处理高硅铝土矿（如铝硅比为 3~5），而且所消耗的是价格较低的碳酸钠。一般来讲，当矿石的铝硅比在 7 以下时，拜耳法便劣于烧结法。因此，拜耳法只局限于处理优质铝土矿，其铝硅比至少不应低于 7~8，通常在 10 以上。

4.3.2.3 拜耳-烧结联合法生产氧化铝

实践证明，在某些情况下，采用拜耳法和烧结法的联合生产流程，可以兼收两种方法的优点，取得比单一的拜耳法或烧结法更好的经济效果，同时也使铝矿资源得到更充分地利用。联合法有并联和串联两种基本流程。

通常，在高品位矿石产区总会有一些低品位矿石。为了充分利用资源和降低成本，同时处理这两种矿石是必要的，这就是采用并联联合法的基本原因。此外，并联联合法的烧结系统还不限于处理高硅铝土矿，也可以烧结霞石、黏土等其他铝矿。串联联合法流程最适于处理中等品位铝土矿。我国大多数铝土矿是中等品位的一水硬铝石型矿石，故串联联合法对于我国的氧化铝工业来说是很有意义的方法。

4.3.3 电解铝生产

目前，铝的生产基本上都是采用冰晶石-氧化铝熔盐电解法。电解过程是在电解槽内进行的，直流电经过电解质时使氧化铝分解，在阴极上生成液体铝，在阳极上析出氧，同时氧化炭阳极中的碳，生成气体 CO_2 和 CO 逸出。铝液用真空抬包抽出后，经净化沉清后，浇注成商品铝锭。

4.3.3.1 铝电解槽中的电极过程

（1）阴极过程。电解冶炼铝时，电解槽作为阴极，其上面的铝氧氟络合离子中的 Al^{3+} 放电析出，有时也会有钠析出。阴极电化学反应为：

$$Al^{3+}_{(络合)} + 3e = Al$$

$$Na^+ + e = Na$$

（2）阳极过程。以炭素材料烧结而成的炭块作为阳极，其本身参与电化学反应，同时铝氧氟络合离子中的 O^{2-} 在炭阳极上放电，生成二氧化碳。阳极反应为：

$$2O^{2-}_{(络合)} + C - 4e = CO_2$$

因此，电解铝过程中的总反应式为：

$$2Al^{3+} + 3O^{2-}_{(络合)} + \frac{3}{2}C = 2Al + \frac{3}{2}CO_2$$

（3）阳极效应。阳极效应是指电解过程中发生在阳极上的一种特殊现象。在电解熔盐，特别是电解冰晶石-氧化铝的过程中，阳极周围产生明亮的小火花，并有特别的"噼啪"声。阳极效应的外观特征是：槽电压急剧升高，从正常的 4.5~5V 突然升高到 30~40V（有时高达 60V），在与电解质接触的阳极表面出现许多微小的电弧。一般认为，阳极效应是由电解质对于炭阳极的湿润性的改变而引起的。

4.3.3.2 铝液的净化

利用虹吸法从电解槽抽出来的铝液中，会含有 Fe、Si 以及非金属固态夹杂物、溶解的气体等多种杂质，需要经过净化处理，然后再铸成商品铝锭（99.85% Al）。

铝液净化的方法包括熔剂净化法和气体净化法。熔剂净化法主要是为除去铝液中的非金属夹杂物，熔剂主要使用钾、钠、铝的氟盐和氯盐混合物。气体净化法主要是除去铝液中非金属夹杂物及溶解的氢气，主要应用惰性气体氮气。

4.4　镁　冶　金

镁是有色轻金属，熔点为923K，沸点为1363K，常温下密度为1.74g/cm³。镁的比强度、比刚度高，导热、导电性能好，并具有很好的电磁屏蔽性、阻尼性、减振性、切削加工性，加工成本低，加工能量仅为铝合金的70%，而且易于回收。

纯镁易于氧化，可用于制造许多纯金属的还原剂，也可用于闪光灯、吸气器、烟花、照明弹等。由于耐蚀性能很差，纯镁不能广泛地作为结构材料使用；但改善性能的镁合金质轻且有良好的力学性能，能在飞机、导弹、卫星等航空航天和军工领域中获得广泛的应用。

4.4.1　镁冶金原料

在地壳中，镁的含量约占地壳重量的2.1%。镁只能以化合物形态存在，自然界中有200多种，但只有少部分镁化合物能用来生产金属镁。目前工业中炼镁使用最多的原料为菱镁矿（$MgCO_3$）、白云石（$MgCO_3 \cdot CaCO_3$）、光卤石（$KCl \cdot MgCl_2 \cdot H_2O$）及海水、盐湖水中的$MgCl_2$。

4.4.2　镁的冶炼原理

镁的生产方法有两大类，即氯化镁熔盐电解法和热还原法。

4.4.2.1　氯化镁熔盐电解法原理

氯化镁熔盐电解法是先制备氯化镁，再通过电解含氯化镁的熔盐制取金属镁。制备氯化镁有两种方法：一种是利用菱镁矿进行热分解，加焦炭进行氯化制得；另一种是利用海水或盐湖水经过石灰乳处理，盐酸中和后得到的氯化镁溶液再经浓缩脱水后获取。电解过程总反应为：

$$Mg^{2+} + 2Cl^- === Mg + Cl_2$$

4.4.2.2　热还原法原理

热还原法是在回转窑或竖窑中煅烧白云石获取煅白（$MgO \cdot CaO$），然后在还原罐中加热，利用硅铁还原得到镁。其主要反应为：

$$MgCO_3 \cdot CaCO_3 === MgO \cdot CaO + 2CO_2$$

$$2MgO \cdot CaO + Si === 2Mg + 2CaO \cdot SiO_2$$

4.4.3　镁的冶炼工艺

4.4.3.1　氯化镁熔盐电解法工艺

氯化镁熔盐电解法包括氯化镁的生产及电解制镁两大过程。该方法又可分为以菱镁矿为原料的无水氯化镁电解法和以海水为原料制取无水氯化镁的电解法。其中，后者最大的难点是如何去除$MgCl_2 \cdot 6H_2O$中的结晶水，一般来讲，采用普通的加热法可以去除部分结晶水，生成$MgCl_2 \cdot \frac{3}{2}H_2O$。以海水为原料制取无水氯化镁的具体方法是：将海水与煅烧白云石一起制成泥浆，与盐酸反应，生成氯化镁溶液，将其浓缩并进行干燥处理后生成 $MgCl_2 \cdot \frac{3}{2}H_2O$，将这种原料直接加入电解槽内进行反应，副产物氯气可以回收利用。

电解法生产镁的工艺很多，其中最具代表性的有 DOW 工艺、I. G. Farben 工艺、Magnola 工艺等。

4.4.3.2　热还原法工艺

热还原法生产金属镁是以煅烧白云石为原料，以硅铁为还原剂，以萤石为催化剂，进行计量配料。粉磨后压制成球，称为球团。将球团装入还原罐中，加热到1200℃，内部抽真空至13.3Pa 或更高，则产生镁蒸气。镁蒸气在还原罐前端的冷凝器中形成结晶镁，也称粗镁。粗镁再经熔剂精炼产出商品镁锭，即精镁。

4.5　钛　冶　金

钛的外观与钢相似，为延性银白色金属，熔点为 1933K，沸点为 3560K，常温下密度为 $4.5g/cm^3$。钛是一种对社会经济和国防都具有重要意义的稀有高熔点金属。

钛的性质优良，储量丰富。从工业价值和资源寿命的发展前景来看，它仅次于铁、铝而被誉为正在崛起的"第三金属"。钛具有许多重要的特性，如密度低、比强度高、耐腐蚀、线膨胀系数低、热导率低、无磁性、生理相容性好、表面可饰性强，此外，还具有储氢、超导、形状记忆、超弹和高阻尼等特殊功能。它既是优质的轻型耐腐蚀结构材料，又是新型的功能材料以及重要的生物医用材料。锌的比强度高和耐腐蚀性好，使其应用于航空航天、常规兵器、舰艇及海洋工程、核电及火力发电、化工与石油化工、冶金、建筑、交通、体育与生活用品等领域。

与钢铁及铝合金等量大面广的金属材料相比，钛及钛合金虽然具有很多性能优势，但是制造加工过程比较复杂且成本价格偏高，这导致其生产和应用的规模及发展依然存在一定的限制。

二氧化钛是处理含钛原料获得的重要产品之一。纯二氧化钛呈白色，不溶于水、弱酸和碱溶液，在加热时能溶于浓的硫酸、盐酸、硝酸和氢氟酸。其主要用于颜料工业，称为"钛白"。

四氯化钛是一种无色、透明的液体，在潮湿空气中会遇水发生水解，产生腐蚀性白烟。

钛的碳化物不但熔点高，而且硬度大，是制造钨钛硬质合金的主要成分。

4.5.1　钛冶金原料

钛在地壳中的含量为 0.6%，在海水中的含量为 1×10^{-9}，比铜、镍、锡、铅、锌等常见有色金属的储量都大。目前已知 TiO_2 含量大于 1% 的含钛矿物有 140 多种，其中最有工业意义的是金红石（TiO_2）和钛铁矿（$FeTiO_3$），金红石的精矿品位较高，钛铁矿的精矿品位较低，目前国内外钛冶炼的精矿都是以钛铁矿精矿为主。

4.5.2　钛的冶炼原理

钛精矿一般都是用于生产海绵钛和二氧化钛（钛白和人造金红石），也有一部分钛精矿用于生产钛铁。

工业上常用硫酸分解钛铁矿的方法制取二氧化钛，再由二氧化钛制取金属钛。经过浓硫酸处理磨碎的钛铁矿，得到白色的偏钛酸沉淀，煅烧偏钛酸即制得二氧化钛。将 TiO_2（或天然的金红石）和炭粉混合加热至 1000~1100K，进行氯化处理，并使生成的 $TiCl_4$ 蒸气冷凝得到纯 $TiCl_4$。在 1070K 下用熔融的镁在氩气中还原 $TiCl_4$，可得到多孔的海绵钛。这种海绵钛经过粉碎、放入真空电弧炉里熔炼，最后制成各种钛材。

4.5.3 四氯化钛的冶炼工艺

四氯化钛是金属钛及钛白生产的重要中间产品。它是以富钛物料（高钛渣、金红石、人造金红石等）为原料，经过氯化、冷凝分离和精制等过程制得。

工业生产中有三种氯化方法，即流态化氯化法、熔盐氯化法和竖炉氯化法。

（1）流态化氯化法。此法是在流态化氯化炉中，将细粒富钛物料和碳质还原剂在高温下与氯气作用生成四氯化钛的过程，为四氯化钛制取的主要方法。

（2）熔盐氯化法。此法将细碎的钛渣或金红石和石油焦混合物以高度分散状态悬浮在熔盐介质中，通入氯气制取 $TiCl_4$。熔盐氯化作业一般在 1023~1123K 的温度下进行，采用的设备为熔盐氯化炉。

（3）竖炉氯化法。此法是将含钛物料与石油焦制成团块，将其堆放在竖式氯化炉中与氯气作用生成 $TiCl_4$ 的方法。该方法的优点是氯化设备简单、操作容易控制，缺点是制备团块和焦结工艺设备复杂、生产率低。

4.5.4 金属钛生产

4.5.4.1 海绵钛生产

目前生产实践中采用金属热还原法生产海绵钛，即以活性很大的镁或钠作还原剂，将提纯后的精四氯化钛还原成金属钛。此法得到的产品外观呈海绵状，工业上称为海绵钛，钛含量在 99.6% 以上。在金属钛的生产中，必须防止氧、氮、氢、含碳气体和水蒸气与钛接触，还原过程必须在真空或惰性介质中进行，制取金属钛的原料和还原剂也必须有足够高的纯度，此外生产现场必须干净。图 4-7 为金属钛制备流程图。

（1）镁热还原法生产海绵钛。此法是用镁还原 $TiCl_4$ 制取金属钛的过程。此法于 1940 年由卢森堡科学家克劳尔（W. J. Kroll）研究成功，故又称为克劳尔法。1948 年，美国杜邦公司开始采用这种方法生产商品海绵钛。镁热还原法生产海绵钛的现行工艺流程由镁还原、真空蒸馏分离还原产物中的 Mg 和 $MgCl_2$、成品处理（破碎、分级）等作业组成，还原过程中必须保证有足够量的镁，这样才能使 $TiCl_4$ 的还原反应完全而不会生成钛的低价氯化物。

（2）钠热还原法生产海绵钛。钠热还原法生产海绵钛是用钠还原 $TiCl_4$ 制取金属钛的过程。此法由美国人亨特（M. A. Hunter）于 1910 年研究成功，故又称为亨特法。还原过程在钢制竖式反应罐中进行，用电阻炉加热。反应物经冷却后磨碎，用水和稀盐酸浸洗，洗去 NaCl 和多余的钠，再经烘干即得钛粉。

4.5.4.2 致密钛生产

只有将海绵钛或钛粉制成致密的可锻性金属，才能进行机械加工并广泛地应用于各个

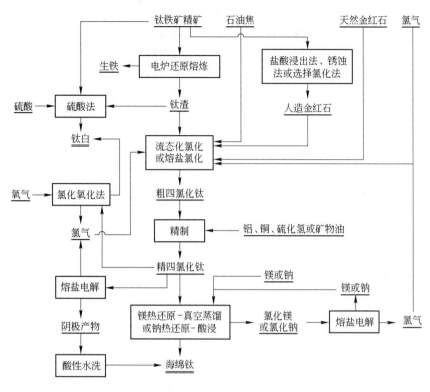

图 4-7　金属钛制备流程图

工业部门，采用真空熔炼法或者粉末冶金方法就可实现这一目的。熔炼法可以制得 3～10t
重的金属钛锭，采用粉末冶金方法只能获得几百千克以下的毛坯。

（1）真空电弧熔炼法生产致密钛。真空电弧熔炼法广泛应用于生产致密的高熔点稀
有金属，这一方法是在真空条件下，利用电弧使金属钛熔化和铸锭的过程。由于熔融钛
具有很高的化学活性，几乎能与所有的耐火材料发生作用而受到污染，因此，在真空电
弧熔炼中通常采用水冷铜坩埚，使熔融钛迅速冷凝下来，大大减少了钛与坩埚的相互
作用。

（2）粉末冶金法生产致密钛。真空电弧熔炼法存在着一些缺点，如成本高、加工复
杂、金属损失大、直收率低，导致熔铸钛部件的价格就很昂贵，这大大限制了钛材的应用
范围。如用粉末冶金法直接以海绵钛生产钛制品，则具有一系列的优越性，特别是在生产
小型钛制件和钛合金制件方面。有些特殊用途的多孔钛制品，只有用粉末冶金法才能生产
出来。钛粉末冶金的流程很简单，包括钛粉末混合、精密压制、烧结、整形精制部件（产
品）等过程。

4.6　钒 冶 金

钒为银白色金属，熔点为 1933K，沸点为 3560K，常温下密度为 4.5g/cm³，有延展
性，质坚硬，无磁性。其在空气中不被氧化，具有耐盐酸和硫酸的能力，但可溶于氢氟
酸、硝酸和王水。

钒主要用于钢铁工业，可提高钢的强度和韧性。钒和钛组成重要的金属合金，用于飞机发动机、宇航船舱骨架、导弹、军舰的水翼和引进器、蒸汽涡轮机叶片、火箭发动机壳等。此外，钒合金还应用于磁性材料、硬质合金、超导材料及核反应堆材料等领域。钒在电池中是以钒氧化物的形式作正极，在化学工业中应用的钒制品可用于催化剂、陶瓷着色剂、显影剂、干燥剂及生产高纯氧化钒或钒铁的原料。此外，钒还在玻璃、陶瓷、医学等方面具有比较广泛的用途。

4.6.1 钒冶金原料

钒在自然界中分布广，但却很分散，在地壳中占 0.02%。它主要是与铁、钛、铀、铅等金属矿和碳质矿、磷矿等形成共生矿，在矾土和石油、煤油、页岩中也含有大量的钒。目前已经发现 70 多种含钒矿物，但只有少数具有开采价值，如钒钛磁铁矿 $(Fe, Ti, V)_3O_4$、钒云母、磷酸盐矿、钒酸钾铀矿、褐铅矿、绿硫钒矿、石煤矿等。我国是钒资源比较丰富的国家，钒矿主要分布在四川的攀枝花和河北的承德，大多数以石煤的形式存在。

金属钒的生产首先是从各种类型的含钒矿石中制取钒的氧化物（V_2O_5），然后再用热还原法还原得到金属钒。

4.6.2 五氧化二钒的制取

4.6.2.1 钒渣苏打焙烧法生产五氧化二钒

含钒矿石经冶炼得到含钒的钒渣，混合钠盐后，在氧化气氛下焙烧生成溶解于水的钒酸钠，然后用稀硫酸浸出，使钒与固相分离，再从溶液中沉淀出钒酸盐，使钒与液相分离，最后经干燥脱去结晶水后得到粉状的五氧化二钒。

4.6.2.2 钒渣石灰焙烧法生产五氧化二钒

石灰提钒法是将钒渣与石灰或石灰石混合，氧化焙烧后得到钒酸钙，然后利用钒酸钙的酸溶性，用稀硫酸浸出，再沉淀出钒酸盐，经熔化后可得片状的五氧化二钒。

4.6.3 金属钒生产

金属钒生产一般是先利用五氧化二钒提取含有一定杂质的粗金属钒，然后进一步提纯得到高纯金属钒。提取粗金属钒的方法有钙热还原法、镁热还原法和真空碳热还原法，生产高纯金属钒采用熔盐电解法、真空熔炼法和碘化物热分解法。

4.6.3.1 粗金属钒生产

（1）钙热还原法。钙热还原法是利用金属钙还原钒的氧化物来生产金属钒，是最早使用的方法。其主要反应为：

$$V_2O_5 + 5Ca =\!=\!= 2V + 5CaO$$

$$V_2O_3 + 3Ca =\!=\!= 2V + 3CaO$$

此反应是放热反应，能自动进行，但氧化钙与金属钒不易分离，冶炼时应添加一定量的氯化钙或碘化硫以形成流动性好的炉渣，使之与金属钒分离。

（2）镁热还原法。镁热还原法是先将钒铁中的钒或五氧化二钒还原得到的低价氧化钒氯化成 VCl_3 或 VCl_2，再用金属镁还原 VCl_3 或 VCl_2 得到金属钒。其主要反应为：

$$V + Cl_2 \longrightarrow VCl_2 /\, VCl_3$$

$$V_xO_y + C + Cl_2 \longrightarrow VCl_2/VCl_3 + CO/CO_2$$

（3）真空碳热还原法。真空碳热还原法的反应过程较为复杂，先用碳将钒氧化物还原成 VO 与 VC，再提高温度利用 VO 与 VC 的相互作用生成金属钒。其主要反应式可表示为：

$$V_2O_5 + 5C \Longrightarrow VC + VO + 4CO$$

$$VC + VO \Longrightarrow 2V + CO$$

4.6.3.2 高纯金属钒生产

热还原法制得的钒还含有少量氧、氮、碳等杂质，不能完全满足用户要求，需要进一步提纯，得到纯度在 99.95% 以上的高纯金属钒，又称塑性钒。

（1）熔盐电解法。熔盐电解法是利用热还原法制得的金属钒作牺牲阳极，以铁棒作阴极，采用溴盐或氯盐为电解质，在惰性气体的保护下电解得到塑性钒。此方法也可以电解 VC 制备高纯钒。

（2）真空熔炼法。真空熔炼法是在真空炉内，于高温、真空条件下脱去粗钒中的氧、氮、碳等杂质，用于制备高纯钒。经过真空感应炉或真空电弧炉提纯的金属钒再经真空电子束炉精炼后，可进一步得到更高纯度的金属钒。

（3）碘化物热分解法。碘化物热分解法也是在真空、高温环境下使粗钒与碘反应生成 VI_2，再于高温钨丝上分解成高纯 V 和 I，I 又继续与粗钒发生反应生成 VI_2，然后再次分解，如此循环制备得到高纯钒。

4.7　金　冶　金

金因其颜色为金黄色，又称为黄金，熔点为 1337K，沸点为 3081K，常温下密度为 $19.3g/cm^3$，具有良好的延展性、极高的抗腐蚀性、良好的导电性和导热性等优良性能。纯金是最好的电子导体材料。金主要用于美术工艺、货币、首饰、科学技术、工业和医疗等方面。其在工业上的用途现在逐年增加，如用于电接触材料、电阻材料、测温材料、焊接材料、氢净化材料、厚膜浆料、催化剂、电镀和宇航工业等。

4.7.1　金冶金原料

由于金的化学惰性，自然界矿石中的金几乎都是以自然金形态存在的。但自然金并不纯，化学成分变化很大，主要杂质有银、铜、铁等。已知金的矿物有 20 余种，但真正具有工业意义的很少。工业中用于提炼金的原料主要是自然金矿，铜、镍、铅、锌矿中常含有金，也是黄金的重要提炼原料，其他还有碲金矿、针碲金矿、碲金银矿和叶碲矿等。

4.7.2　金的冶炼原理

金的冶炼方法可以分为两类：一类是从矿石中直接提取金，采用的方法是混汞法和氰化法；另一类是从有色金属生产中综合回收金，一般是从有色金属电解精炼的阳极泥中提取金。

4.7.2.1 混汞法提取金

混汞法是把富选后的金矿石与汞和水一起细磨，由于汞对金粒有良好的润湿性，它们接触时先形成固溶体，然后形成 Au_3Hg、Au_2Hg、$AuHg_3$ 等化合物，即所谓的金汞膏，加热金汞膏使汞蒸发后即可获得金。

4.7.2.2 氰化法提取金

金在水中不起任何反应，也不溶于强酸或强碱中。因此，要使金成为易溶而又稳定的金离子，必须使它转化为络合物离子。在有氧存在的条件下浸出时，络合能力最强的络合剂是氰化物，其次是硫脲和氯离子，这就是所谓的氰化法、硫脲法和水溶液氯化法，但主要还是采用氰化法。

氰化法的金回收率高，对矿石的适应性强；但氰化物有剧毒，而且提取速度慢，易被其他金属离子干扰。在有氧存在的情况下，氰化法提取金的主要反应为：

$$2Au + 4KCN + H_2O + \frac{1}{2}O_2 = 2KAu(CN)_2 + 2KOH$$

4.7.2.3 从阳极泥中提取金

通常情况下，铜矿含金较多，铅矿含银较多，而镍矿含铂族金属较多。在电解精炼时，这些贵金属都分别进入相应的阳极泥中。

从阳极泥中提取金时，一般先采用硫酸化焙烧法除去其中的铜和硒，然后经还原熔炼除去杂质得到贵铅（Pb-Au-Ag 合金），再将贵铅进行氧化精炼得到含金、银95%以上的金银合金，最后电解精炼得到纯金和纯银。

4.7.3 金的冶炼工艺

提取金采用的工艺流程取决于金的粒度及赋存形态、矿石的物质组成、与金结合的矿物特征、矿石中其他有价成分、使处理工艺复杂化的组成等。从矿石中提取金，一般都需要经过富选使金富集。

混汞法提取金的工艺流程为：先采用内混汞或外混汞法获取金汞膏，然后将金汞膏调稀，用热水反复洗掉其中的矿粒和杂质，并用磁选除去铁质，再用布袋滤出多余的汞液。将此时的金汞膏在密闭蒸馏罐中加热至汞的沸点以上，使汞气化后冷凝回收。将留在蒸馏罐中的金取出，配以苏打、硼砂和硝石等进行熔炼，得到的金液铸成金锭送去精炼，即得高纯金。

氰化法提取金的工艺流程为：采用渗滤法或矿浆搅拌法，利用氰化物溶液浸出金矿，然后将浸出液用锌丝进行金银沉淀得到金泥，再经过酸溶、焙烧和熔炼获得粗金，最后送去电解精炼制备高纯金。

思 考 题

4-1　试从资源综合利用和生产过程对环境的友好两方面，分析火法炼铜和湿法炼铜的主要优缺点。

4-2　密闭鼓风炉炼锌法从低浓度锌蒸气中冷凝锌获得成功的主要措施有哪些？

4-3　电解铝生产过程中的主要污染物有哪些，从工艺上如何减少污染物的排放？

4-4　为什么氯化镁水合物脱水必须分为两个阶段？

4-5　试从钛冶炼的特性解释，为何制取致密钛广泛采用真空电弧熔炼法？

5 金属压力加工

本章摘要 金属压力加工是指借助外力作用使金属坯料（加热的或者不加热的）发生塑性变形，从而获得具有一定形状、尺寸和力学性能的原材料、毛坯或零件的成型工艺方法，也称为金属塑性成型、塑性加工或固态成型。金属压力加工在金属成型方法中占有重要的地位，金属压力加工环节处于冶金工艺流程中的终端，为用户提供所需要的产品与服务。本章主要介绍金属成型方法、金属压力加工基本原理以及轧钢生产工艺与有色金属加工工艺等基本概念、基本理论及生产工艺知识。

金属压力加工是指借助外力作用使金属坯料（加热的或者不加热的）发生塑性变形，从而获得具有一定形状、尺寸和力学性能的原材料、毛坯或零件的成型工艺方法，也称为塑性成型、塑性加工或固态成型。金属压力加工在金属成型方法中占有重要的地位，本章阐述金属压力加工的基本理论、加工工艺与技术。金属压力加工环节处于冶金工艺流程的终端，为用户提供所需要的产品与服务。

5.1 金属成型方法

5.1.1 铸造

铸造是人类掌握比较早的一种金属热加工工艺，已有约 6000 年的历史。我国在公元前 1700 年~公元前 1000 年之间已进入青铜铸件的全盛期，工艺上已达到相当高的水平。商朝的重 875kg 的司母戊方鼎、战国时期的曾侯乙尊盘、西汉的透光镜，都是我国古代铸造的代表产品。我国在公元前 513 年，铸出了世界上最早见于文字记载的铸铁件——晋国铸型鼎，重约 270kg。欧洲在公元 8 世纪前后也开始生产铸铁件。铸铁件的出现扩大了铸件的应用范围，例如在 15~17 世纪，德国、法国等国家先后敷设了不少向居民供应饮用水的铸铁管道。早期的铸件大多是农业生产、宗教、生活等方面的工具或用具，艺术色彩浓厚。那时的铸造工艺是与制陶工艺并行发展的，受陶器的影响很大。18 世纪的工业革命以后，蒸汽机、纺织机和铁路等工业兴起，铸件进入为大工业服务的新时期，铸造技术开始有了大的发展。进入 20 世纪，铸造的发展速度很快，其重要因素之一是产品技术的进步要求铸件具有更好的力学和物理性能，同时还应具有良好的机械加工性能。另一个原因是机械工业本身和其他工业（如化工、仪表等）的发展给铸造业创造了有利的物质条件，如检测手段的发展，保证了铸件质量的提高和稳定，并给铸造理论的发展提供了条件；电子显微镜等的发明，帮助人们深入到金属的微观世界，探查金属结晶的奥秘，研究金属凝固的理论，以指导铸造生产。

铸造是将固态金属熔化为液态并注入具有特定形状的铸型，凝固后获得具有一定形状、尺寸和性能的金属零件毛坯的成型方法。几乎所有金属材料都可铸造成型。铸造包括砂型铸造和特种铸造，砂型铸造的铸型的材料是原砂（原砂包括石英砂、镁砂、锆砂、铬铁矿砂、镁橄榄石砂、蓝晶石砂、石墨砂、铁砂等）、黏土、水玻璃、树脂及其他辅助材料，特种铸造的铸型包括压力铸造、熔模铸造、消失模铸造、金属型铸造、陶瓷型铸造等。铸造毛坯因近乎成型，可达到免去机械加工或少量加工的目的，降低了成本，并在一定程度上减少了制作时间。铸造是现代装置制造工业的基础工艺之一。

铸造是比较经济的毛坯成型方法，对于形状复杂的零件更能显示出它的经济性，如汽车发动机的缸体和缸盖、船舶螺旋桨以及精致的艺术品等。有些难以切削的零件，如燃汽轮机的镍基合金零件，不用铸造方法则无法成型。

另外，铸造的零件尺寸和重量的适应范围很宽，金属种类几乎不受限制；零件在具有一般力学性能的同时，还具有耐磨、耐腐蚀、吸震等综合性能，这是其他金属成型方法（如锻、轧、焊、冲等）所做不到的。因此迄今为止，在机器制造业中用铸造方法生产的毛坯零件在数量和吨位上仍是最多的。

铸造生产具有与其他工艺不同的特点，主要是适应性广、需用材料和设备多、污染环境。铸造生产会产生粉尘、有害气体和噪声，与其他机械制造工艺相比，其对环境的污染更为严重，需要采取措施进行控制。

铸造的种类很多，按造型方法习惯上分为普通砂型铸造和特种铸造。普通砂型铸造又称砂铸、翻砂，包括湿砂型、干砂型和化学硬化砂型三类。特种铸造按造型材料，又可分为以天然矿产砂石为主要造型材料的特种铸造（如熔模铸造、泥型铸造、壳型铸造、负压铸造、实型铸造、陶瓷型铸造、消失模铸造等）和以金属为主要造型材料的特种铸造（如金属型铸造、压力铸造、连续铸造、低压铸造、离心铸造等）两类。

按照成型工艺，铸造可分为重力铸造和压力铸造。重力铸造分为砂铸和硬模铸造，是依靠重力将熔融金属液浇入型腔。压力铸造分为低压铸造和高压铸造，是依靠额外增加的压力将熔融金属液瞬间压入铸造型腔。

按产品的材质，铸造可分为铸铁、铸钢、精密材料铸造和合金铸造。

铸造金属是指铸造生产中用于浇注铸件的金属材料，它是以一种金属元素为主要成分，并加入其他金属或非金属元素而组成的合金，习惯上称为铸造合金，主要有铸铁、铸钢和铸造有色合金。

铸造工艺通常包括铸型准备、铸造金属熔化与浇注以及铸件处理和检验。

（1）铸型（使液态金属成为固态铸件的容器）准备。铸型按所用材料可分为砂型、金属型、陶瓷型、泥型、石墨型等，按使用次数可分为一次性型、半永久型和永久型。铸型准备的优劣是影响铸件质量好坏的主要因素。以应用最广泛的砂型铸造为例，铸型准备包括造型材料的准备和造型、造芯两大项工作。砂型铸造中用来造型、造芯的各种原材料，如铸造原砂、型砂黏结剂和其他辅料以及由它们配制成的型砂、芯砂、涂料等，统称为造型材料。造型材料准备的任务是按照铸件的要求和金属的性质，选择合适的原砂、黏结剂和辅料，然后按一定的比例把它们混合成具有一定性能的型砂和芯砂。常用的混砂设备有碾轮式混砂机、逆流式混砂机和连续式混砂机。后者是专为混合化学自硬砂而设计的，可连续混合，混砂速度快。造型、造芯是根据铸造工艺要求，在确定好造型方法、准备好造型材料的基础上进行的，铸件的精度和全部生产过程的经济效果主要取决于这道工序。在很多现代化的铸造车间里，造型、造芯都实现了机械化或自动化。常用的砂型造型、造芯设备有高、中、低压造型机，气冲造型机，无箱射压造型机，冷芯盒制芯机、热芯盒制芯机，覆膜砂制芯机等。

（2）铸造金属熔化与浇注。铸造金属（铸造合金）主要有各类铸铁、铸钢和铸造有色金属及合金。金属熔炼不仅仅是单纯的熔化，还包括冶炼过程，使浇进铸型的金属在温度、化学成分和洁净度方面都符合预期要求。为此，在熔炼过程中要进行以控制质量为目的的各种检查测试，液态金属在达到各项规定指标后方可允许浇注。有时为了达到更高的要求，金属液在出炉后还要经过炉外处理，如脱硫、真空脱气、炉外精炼、孕育或变质处理等。熔炼金属常用的设备有冲天炉、电弧炉、感应炉、电阻炉、反射炉等。

（3）铸件处理和检验。铸件处理包括清除型芯和铸件表面异物、切除浇口和冒口、铲磨毛刺和披缝等凸出物以及热处理、整形、防锈处理和粗加工等。铸件自浇注冷却的铸型中取出后，带有浇口、冒口、金属毛刺和披缝，砂型铸造的铸件还黏附着砂子，因此必须经过清理工序。进行这种工作的设备有磨光机、抛丸机、浇冒口切割机等。砂型铸件的落砂清理是劳动条件较差的一道工序，所以在选择造型方法时应尽量考虑到为落砂清理创造方便的条件。有些铸件因特殊要求，还要经过铸件后处理，如热处理、整形、防锈处理、粗加工等。借助热处理可以改变或影响铸铁的组织及性质，同时可以获得更高的强度、硬度，从而改善其磨耗抵抗能力等。由于目的不同，热处理的种类非常多，基本上可分成两大类：第一类是组织结构不会因经过热处理而发生变化或者也不应该发生改变的热处理，第二类则是基本组织结构发生变化的热处理。第一类热处理程序主要用于消除内应力，而此内应力是在铸造过程中由于冷却状况及条件不同而引起的，组织、强度及其他力学性质等不因热处理而发生明显变化。对于第二类热处理而言，基本组织发生了明显的改变，可大致分为以下五类：

1）软化退火，其目的主要在于分解碳化物，将其硬度降低，从而提高加工性能。对于球墨铸铁而言，其目的在于获得更多的铁素体组织。

2）正火，其主要目的是获得珠光体和索氏体组织，提高铸件的力学性能。

3）淬火，主要是为了获得更高的硬度或磨耗强度，同时得到甚高的表面耐磨特性。

4）表面硬化处理，主要是为了获得表面硬化层，同时得到甚高的表面耐磨特性。

5）析出硬化处理，主要是为了获得高强度，而伸长率并不因此发生激烈的改变。

5.1.2 压力加工

在塑性成型过程中，作用在金属坯料上的外力主要有冲击力和压力两种。锤类设备产生冲击力使金属变形，轧机与压力机对金属坯料施加压力使金属变形。

钢和大多数有色金属及其合金都具有一定的塑性，因此可以在热态或冷态下进行压力加工。金属在热态下发生再结晶温度以上的温度条件下加工，称为热加工（热变形）；金属在冷态下发生回复温度以下的温度条件下加工，称为冷加工（冷变形）。金属压力加工与金属铸造、切削、焊接等加工方法相比，具有以下特点：

（1）金属压力加工是在保持金属整体性的前提下，依靠塑性变形发生物质转移来实现工件形状和尺寸的变化，不会产生切屑，因而材料的利用率高得多。

（2）塑性加工过程中，除尺寸和形状发生改变外，金属的组织、性能也能得到改善和提高。尤其对于铸造坯而言，经过塑性加工可使其结构致密、粗晶破碎细化和均匀，从而使其性能提高。此外，塑性流动所产生的流线也能使其性能得到改善。

（3）塑性加工过程便于实现生产过程的连续化、自动化，适于大批量生产，如轧制、拉拔加工等，因而劳动生产率高。

（4）塑性加工产品的尺寸精度和表面质量高。

（5）设备较庞大，能耗较高。

金属压力加工由于具有上述特点，不仅原材料消耗少，生产效率高，产品质量稳定，而且还能有效地改善金属的组织和性能。这些技术上和经济上的独到之处和优势，使它成为金属加工中极其重要的手段之一，因而在国民经济中占有十分重要的地位。如在钢铁材料生产中，除了少部分采用铸造方法直接制成零件外，钢总产量的90%以上和有色金属总产量的70%以上，均需经过塑性加工成材才能满足机械制造、交通运输、电力电讯、化工、建材、仪器仪表、航空航天、国防军工、民用五金和家用电器等部门的需要；而且塑性加工本身也是上述许多部门直接制造零件而经常采用的重要加工方法，如汽车制造、船舶制造、航空航天、民用五金等部门的许多零件都需经塑性加工制造。

金属压力加工是具有悠久历史的加工方法。早在两千多年前的青铜时期，我国劳动人民就已经发现铜具有塑性变形的能力，并掌握了锤击金属以制造兵器和工具的技术。近代科学技术的发展，已经赋予塑性加工技术以崭新的内容和涵义。

金属压力加工方法一般分为以下五种：

（1）锻造。锻造是利用锻锤的运动锤击或用压力机的压头压缩工件的塑性加工方法，用于制造各种零件、型材或毛坯。其主要包括两种基本方式，即自由锻造和模型锻造。

1）自由锻造，简称自由锻，见图5-1（a）。自由锻造是使已加热的金属坯料在上下砧之间承受冲击力（自由锻锤）或压力（压力机）而变形，用于制造各种形状比较简单的零件毛坯。

2）模型锻造，简称模锻，见图5-1（b）。模型锻造是使已加热的金属坯料在已经预先制好型腔的锻模间承受冲击

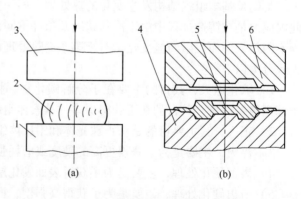

图 5-1　锻造

（a）自由锻；（b）模锻

1—支撑体；2，5—锻件；3—锻锤；4—下模；6—上模

力（自由锻锤）或压力（压力机）而变形，成为与型腔形状一致的零件毛坯，用于制造各种形状比较复杂的零件。

（2）轧制（或称压延加工，见图5-2）。轧制是使金属坯料通过一对回转轧辊之间的空隙而受到压延，使其断面减小、形状改变、长度增长的过程。轧制包括冷轧（金属坯料

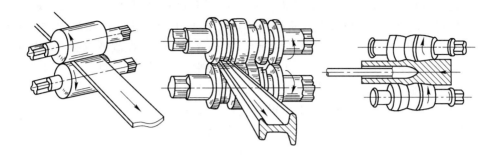

图 5-2 轧制

不加热）和热轧（金属坯料加热），用于制造板材、棒材、型材、管材等。图 5-3 为轧制产品截面形状图。

轧制用主体设备称为轧机。它是实现金属轧制过程的设备，泛指完成轧材生产全过程的装备，包括主要设备、辅助设备、起重运输设备和附属设备等。但一般所说的轧机往往仅指主要设备。据说轧机起源于 14 世纪的欧洲，但有资料记载的是意大利人达·芬奇（Leonardo Da Vinci）于 1480 年设计出轧机的草图。1553 年，法国人

图 5-3 轧制产品截面形状图

布律列尔（Brulier）轧制出金、银板材，用以制造钱币。此后在西班牙、比利时和英国相继出现轧机。1728 年，英国设计出生产圆棒材用的轧机，并于 1766 年生产出串列式小型轧机，19 世纪中叶，第一台可逆式板材轧机在英国投产，并轧出了船用铁板。1848 年，德国发明了万能式轧机。1853 年，美国开始用三辊式的型材轧机，并用蒸汽机传动的升降台实现了机械化。接着，美国出现了劳特式轧机，于 1859 年建造了第一台连轧机。万能式型材轧机是在 1872 年出现的。20 世纪初制成半连续式带钢轧机，由两架三辊粗轧机和五架四辊精轧机组成。图 5-4 所示为轧机的传动与组成。现代轧机发展的趋向是连续化、自动化、专业化，产品质量高，消耗低。20 世纪 60 年代以来，轧机在设计、研究和制造方面取得了很大的进展，使带材冷热轧机、厚板轧机、高速线材轧机、H 型

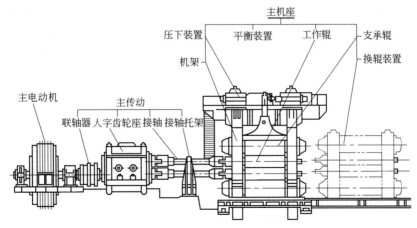

图 5-4 轧机的传动与组成

材轧机和连轧管机组等的性能更加完善，并出现了轧制速度高达 115m/s 的线材轧机、全连续式带材冷轧机、5500mm 宽厚板轧机和连续式 H 型钢轧机等一系列先进设备；轧机用的原料单重增大，液压 AGC、板形控制、电子计算机程序控制及测试手段越来越完善，轧制品种不断扩大；一些适用于连续铸轧、控制轧制等的新轧制方法，以及适应新的产品质量要求和提高经济效益的各种特殊结构轧机都在发展中。

（3）挤压（见图 5-5）。挤压是把放置在模具容腔内的金属坯料从模孔中挤出来，使其成型为零件的过程，包括冷挤压、热挤压和复合挤压。挤压可获得各种复杂截面的型材或零件，适用于低碳钢、有色金属及其合金的加工，如采取适当的工艺措施，还可对合金钢和难熔合金进行加工。图 5-6 为挤压产品截面形状图。

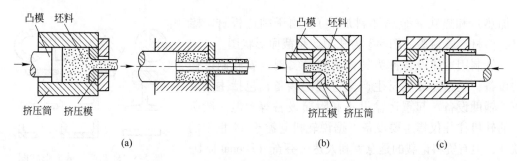

图 5-5　挤压
（a）正挤压；（b）反挤压；（c）复合挤压

（4）冲压（见图 5-7）。冲压是使金属板坯在冲模内受到冲击力或压力而成型的过程，分为冷冲压与热冲压。板料冲压是将金属板料放在冲压模中，施加作用力，使板料产生切离或变形的加工方法，常用的方法有剪切、冲裁、拉深、弯曲等，用于各种板材零件的成批生产。

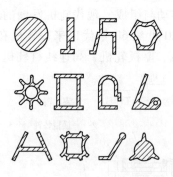

图 5-6　挤压产品截面形状图

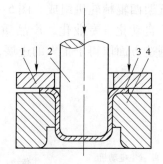

图 5-7　冲压
1—压块；2—冲头；3—冲压件；4—凹模

（5）拉拔（见图 5-8）。拉拔是将金属坯料拉过模孔以缩小其横截面的过程，分为冷拉拔和热拉拔。拉拔工艺主要用于制造各种细线材（如电缆等）、薄壁管和特殊几何形状的型材（见图 5-9），多数情况下是在冷态下进行的，所得到的产品精度高，故常用于对轧制件的再加工，以提高产品质量。低碳钢和大多数有色金属及其合金都可以经拉拔成型。

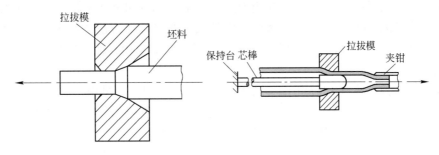

图 5-8　拉拔

5.1.3　焊接

焊接是将两种或两种以上同种或异种材料，通过原子或分子之间的结合和扩散连接成一体的工艺过程。促使原子和分子之间产生结合和扩散的方法是加热或加压，或同时加热又加压。

焊接技术是随着铜、铁等金属的冶炼生产和各种热源的应用而出现的。古代的焊接方法主要是铸焊、钎焊、锻焊、铆焊。我国商朝制造的铁刃铜钺就是铁与铜的铸焊件，其表面铜与铁的熔合线曲折，接合良好。

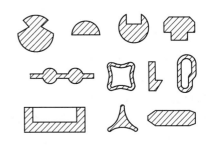

图 5-9　拉拔产品截面形状图

春秋战国时期曾侯乙墓中的建鼓铜座上有许多盘龙，是经分段钎焊连接而成的。经分析，其所用的材料与现代软钎料成分相近。战国时期制造的刀剑，刀刃为钢，刀背为熟铁，一般是经过加热锻焊而制成的。据明朝宋应星所著《天工开物》一书记载，我国古代将铜和铁一起入炉加热，经锻打制造刀、斧；用黄泥或筛细的陈久壁土撒在接口上，分段锻焊大型船锚。中世纪，在叙利亚大马士革也曾用锻焊制造兵器。

古代焊接技术长期停留在铸焊、锻焊、钎焊和铆焊的水平上，使用的热源都是炉火，温度低，能量不集中，无法用于大截面、长焊缝工件的焊接，只能用以制作装饰品、简单的工具、生活器具和武器。19 世纪初，英国的戴维斯发现电弧和氧乙炔焰两种能局部熔化金属的高温热源。1885~1887 年，俄国的别纳尔多斯发明碳极电弧焊钳。1900 年，又出现了铝热焊。

20 世纪初，碳极电弧焊和气焊得到应用，同时还出现了薄药皮焊条电弧焊，电弧比较稳定，焊接熔池受到熔渣保护，焊接质量得到提高，使手工电弧焊进入实用阶段。电弧焊从 20 年代起成为一种重要的焊接方法，也成为现代焊接工艺的发展开端。在此期间，美国的诺布尔利用电弧电压控制焊条送给速度，制成自动电弧焊机，从而成为焊接机械化、自动化的开端。1930 年，美国的罗宾诺夫发明使用焊丝和焊剂的埋弧焊，焊接机械化得到进一步发展。20 世纪 40 年代，为适应铝、镁合金和合金钢焊接的需要，钨极和熔化极惰性气体保护焊相继问世。

1951 年，苏联的巴顿电焊研究所创造电渣焊，成为大厚度工件的高效焊接法。1953 年，苏联的柳巴夫斯基等人发明二氧化碳气体保护焊，促进了气体保护电弧焊的应用和发展，如出现了混合气体保护焊、药芯焊丝气渣联合保护焊和自保护电弧焊等。1957 年，美国的盖奇发明等离子弧焊。20 世纪 40 年代，德国和法国发明电子束焊，并在 50 年代得到实用和进一步发展。60 年代随着等离子、电子束和激光焊接方法的出现，标志着高能量密度熔焊的新发展，大大改善了材料的焊接性，使许多难以用其他方法焊接的材料和结构得以焊接。

其他的焊接技术还有 1887 年由美国汤普森发明的电阻焊，可用于薄板的点焊和缝焊。缝焊是压焊中最早的半机械化焊接方法，随着缝焊过程的进行，工件被两滚轮推送前进。20 世纪 20 年代，开始使用闪光对焊方法焊接棒材和链条。至此，电阻焊进入实用阶段。1956 年，美国的琼斯发明超声波焊，苏联的丘季科夫发明摩擦焊。1959 年，美国斯坦福研究所研究成功爆炸焊。20 世纪 50 年代末，苏联又制成真空扩散焊设备。

金属的焊接按其工艺过程的特点，分有熔焊、压焊和钎焊三大类。

（1）熔焊。熔焊是在焊接过程中将工件接口加热至熔化状态，不加压力完成焊接的方法。熔焊时，热源将待焊两工件的接口处迅速加热熔化，形成熔池。熔池随热源向前移动，冷却后形成连续焊缝而将两工件连接成为一体。在熔焊过程中，如果大气与高温的熔池直接接触，大气中的氧就会氧化金属和各种合金元素。大气中的氮、水蒸气等进入熔池，还会在随后的冷却过程中在焊缝中形成气孔、夹渣、裂纹等缺陷，恶化焊缝的质量和性能。为了提高焊接质量，人们研究出了各种保护方法。例如，气体保护电弧焊就是用氩、二氧化碳等气体隔绝大气，以保护焊接时的电弧和熔敷率（熔敷率指有效附着在焊接部的金属重量占熔融焊条、焊丝重量的比例）；又如钢材焊接时，在焊条药皮中加入与氧亲和力大的钛铁粉进行脱氧，这样就可以保护焊条中有益元素锰、硅等免于氧化而进入熔池，冷却后获得优质焊缝。

（2）压焊。压焊是在加压条件下使两工件在固态下实现原子间结合，又称固态焊接。常用的压焊工艺是电阻对焊，当电流通过两工件的连接端时，该处因电阻很大而使温度上升，当加热至塑性状态时，在轴向压力作用下连接成为一体。各种压焊方法的共同特点是，在焊接过程中施加压力而不加填充材料。多数压焊方法（如扩散焊、高频焊、冷压焊等）都没有熔化过程，因而没有像熔焊那样的有益合金元素烧损和有害元素侵入焊缝的问题，从而简化了焊接过程，也改善了焊接安全卫生条件。同时，由于加热温度比熔焊低、加热时间短，因而热影响区小。许多难以用熔焊焊接的材料，往往可以用压焊焊成与母材同等强度的优质接头。

（3）钎焊。钎焊是使用比工件熔点低的金属材料作钎料，将工件和钎料加热到高于钎料熔点、低于工件熔点的温度，利用液态钎料润湿工件、填充接口间隙并与工件实现原子间的相互扩散，从而实现焊接的方法。

焊接时形成的连接两个被连接体的接缝称为焊缝。焊缝的两侧在焊接时会受到焊接热作用而发生组织和性能变化，这一区域称为热影响区。焊接时因工件材料、焊接材料、焊接电流等不同，焊后在焊缝和热影响区中可能产生过热、脆化、淬硬或软化现象，使焊件性能下降，恶化焊接性。这就需要调整焊接条件，焊接前对焊件接口处预热、焊接时保温和焊接后热处理可以改善焊件的焊接质量。

另外，焊接是一个局部的迅速加热和冷却过程，焊接区由于受到四周工件本体的拘束而不能自由膨胀和收缩，冷却后在焊件中便产生焊接应力和变形。重要产品焊后都需要消除焊接应力，矫正焊接变形。

现代焊接技术已能焊出无内外缺陷、力学性能等于甚至高于被连接体的焊缝。被焊接体在空间的相互位置称为焊接接头，接头处的强度除受焊缝质量影响外，还与其几何形状、尺寸、受力情况和工作条件等有关。接头的基本形式有对接头、搭接头、丁字接头（正交接头）和角接头等。

（1）对接头。对接头焊缝的横截面形状，取决于被焊接体在焊接前的厚度和两接边的坡口形式。焊接较厚的钢板时，为了焊透而在接边处开出各种形状的坡口，以便较容易地送入焊条或焊丝。坡口形式有单面施焊的坡口和两面施焊的坡口。选择坡口形式时，除保证焊透外，还应考虑施焊方便、填充金属量少、焊接变形小和坡口加工费用低等因素。厚度不同的两块钢板对接时，为避免截面急剧变化而引起严重的应力集中，常把较厚的板边逐渐削薄，达到两接边处等厚。对接头的静强度和疲劳强度比其他接头高。在交变、冲击载荷下或在低温、高压容器中工作的连接，常优先采用对接头的焊接。

（2）搭接头。搭接头的焊前准备工作简单，装配方便，焊接变形和残余应力较小，因而在工地安装接头时和不重要的结构上常被采用。一般来说，搭接头不适于在交变载荷、腐蚀介质、高温或低温等条件下工作。

（3）丁字接头。采用丁字接头和角接头通常是由于结构上的需要。丁字接头上未焊透的角焊缝的工作特点与搭接头的角焊缝相似，当焊缝与外力方向垂直时便成为正面角焊缝，这时焊缝表面形状会引起不同程度的应力集中。焊透的角焊缝的受力情况与对接头相似。

（4）角接头。角接头承载能力低，一般不单独使用，只有在焊透或内外均有角焊缝时才有所改善，多用于封闭型结构的拐角处。

焊接产品比铆接件、铸件和锻件重量轻，对于交通运输工具来说，可以减轻自重、节约能量。焊接的密封性好，适于制造各类容器。发展联合加工工艺，使焊接与锻造、铸造相结合，可以制成大型、经济合理的铸焊结构和锻焊结构，经济效益很高。采用焊接工艺能有效利用材料，焊接结构可以在不同部位采用不同性能的材料，充分发挥各种材料的特长，达到经济、优质。焊接已成为现代工业中一种不可缺少且日益重要的加工工艺方法。

在近代的金属加工中，焊接与铸造、金属压力加工相比发展较晚，但发展速度很快。焊接结构的重量约占钢材产量的45%，铝和铝合金焊接结构的比重也在不断增加。

未来的焊接工艺，一方面要研制新的焊接方法、焊接设备和焊接材料，以进一步提高焊接质量和安全可靠性，如改进现有的电弧、等离子弧、电子束、激光等焊接能源，运用电子技术和控制技术改善电弧的工艺性能，研制可靠、轻巧的电弧跟踪方法。另一方面，要提高焊接的机械化和自动化水平，如实现焊机程序控制、数字控制，研制从准备工序、焊接到质量监控全部过程自动化的专用焊机；在自动焊接生产线上推广、扩大数控的焊接机械手和焊接机器人，可以提高焊接生产水平，改善焊接卫生安全条件。

5.1.4 材料成型新技术

5.1.4.1 粉末冶金

粉末冶金是用金属粉末或金属粉末与非金属粉末的混合物作为原料，经过成型和烧结，制造金属材料、复合材料以及各种类型制品的工艺技术。粉末冶金法与生产陶瓷的方法有相似的地方，因此，一系列粉末冶金新技术也可用于陶瓷材料的制备。由于粉末冶金技术的优点，它已成为解决新材料问题的关键，在新材料的发展中起着举足轻重的作用，可用于制作汽车、摩托车、纺织机械、工业缝纫机、电动工具、五金工具、电器及工程机械等各种粉末冶金（铁铜基）零件。

粉末冶金材料分为粉末冶金多孔材料、粉末冶金减摩材料、粉末冶金摩擦材料、粉末冶金结构零件、粉末冶金工模具材料、粉末冶金电磁材料和粉末冶金高温材料等。

粉末冶金的生产过程为：

（1）生产粉末。粉末的生产过程包括粉末的制取、粉料的混合等步骤。为改善粉末的成型性和可塑性，通常加入汽油、橡胶或石蜡等增塑剂。

（2）压制成型。粉末在 500~600MPa 的压力下，被压成所需形状。

（3）烧结。烧结在保护气氛的高温炉或真空炉中进行。烧结不同于金属熔化，烧结时至少有一种元素仍处于固态。烧结过程中，粉末颗粒间通过扩散、再结晶、熔焊、化合、溶解等一系列的物理化学过程，成为具有一定孔隙率的冶金产品。

（4）后处理。一般情况下，烧结好的制件可直接使用。但对于某些要求尺寸精度高且具有高硬度、高耐磨性的制件，还要进行烧结后处理。后处理包括精压、滚压、挤压、淬火、表面淬火、浸油及熔渗等。

5.1.4.2 压力加工新技术

近年来在压力加工生产中出现了许多新工艺、新技术，如零件的挤压成型、零件的轧制成型、精密模锻、多向模锻、液态模锻、超塑性成型以及高能高速成型等。这些压力加工新技术尽量使锻压件的形状接近零件的形状，达到少或无切削加工的目的，从而可以节省原材料和切削加工工作量，具有更高的生产率；同时，得到合理的纤维组织，提高零件的力学性能和使用性能。

（1）零件的挤压成型。挤压是施加强大压力作用于模具，迫使放在模具内的金属坯料产生定向塑性变形并从模孔中挤出，从而获得所需零件或半成品的加工方法。其特点是：挤压时金属坯料在三向受压状态下变形，因此可提高金属坯料的塑性，可以挤压出各种形状的复杂、深孔、薄壁、异形截面的零件；零件精度高，表面粗糙度低；提高了零件的力学性能；节约了原材料。零件挤压成型的类型具体如下：

1）按金属流动方向和凸模运动方向分类。

①正挤压。正挤压为金属流动方向与凸模运动方向相同的挤压工艺。

②反挤压。反挤压为金属流动方向与凸模运动方向相反的挤压工艺。

③复合挤压。复合挤压过程中，坯料上一部分金属的流动方向与凸模运动方向相同，而另一部分金属的流动方向与凸模运动方向相反。

④径向挤压。径向挤压为金属运动方向与凸模运动方向成 90°角的挤压工艺。

2）按金属坯料所具有的温度分类。

①热挤压。热挤压为坯料变形温度高于材料再结晶温度（与锻造温度相同）的挤压工艺。热挤压的变形抗力小，允许每次变形程度较大，但产品的表面粗糙。

②冷挤压。冷挤压为坯料变形温度低于材料再结晶温度（经常在室温下）的挤压工艺。冷挤压的变形抗力比热挤压高得多，但产品表面光洁，而且产品内部组织为加工硬化组织，从而提高了产品的强度。

③温挤压。温挤压为坯料温度介于热挤压和冷挤压之间的挤压工艺，即将金属加热到

再结晶温度以下的某个合适温度（100～800℃）进行挤压。温挤压零件的精度和力学性能略低于冷挤压件。

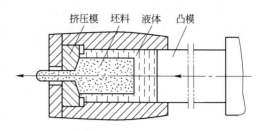

图 5-10 静液挤压示意图

除了上述挤压方法外，还有一种静液挤压方法，如图 5-10 所示。静液挤压时凸模与坯料不直接接触，而是给液体施加压力（压力可达 304MPa），再经液体传给坯料，使金属通过凹模而成型。静液挤压由于在坯料侧面无通常挤压时存在的摩擦，变形较均匀，可提高一次挤压的变形量，挤压力也较其他挤压方法小 10%～50%。

（2）零件的轧制成型。轧制方法除了可生产型材外，还可生产各种零件，在机械制造业中得到了越来越广泛的应用。零件的轧制有一个连续静压过程，没有冲击和振动。根据轧辊轴线与坯料轴线的不同，轧制分为纵轧、横轧、斜轧等几种。

1）纵轧。纵轧指轧辊轴线与坯料轴线互相垂直的轧制方法，包括各种型材与板带材轧制、辊锻轧制、辗环轧制等。辊锻轧制是把轧制工艺运用到锻造生产中的一种新工艺，它是使坯料在通过装有圆弧形模块的一对相对旋转的轧辊时受压而变形，如图 5-11 所示。目前，成型辊锻适用于生产三种类型的锻件，即扁截面的长杆件，如扳手、活动扳手、链环等；带有不变形头部而沿长度方向横截面面积递减的锻件，如叶片等；连杆成型辊锻件。

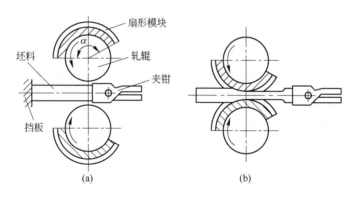

图 5-11 辊锻轧制示意图

2）横轧。横轧指轧辊轴线与轧件轴线平行，而且轧辊与轧件做相对转动的轧制方法。它包括齿轮横轧、螺旋横轧与楔横轧。

①齿轮横轧。齿轮横轧是使带齿形的轧辊与圆形坯料在对滚中实现局部连续成型，轧制成齿轮。这种横轧的变形主要在径向进行，轴向变形很小。齿轮横轧既有热轧也有冷轧。此方法还可以轧制链轮、花键轴等。

②螺旋横轧。螺旋横轧又称螺纹滚压，是将两个带螺纹的轧辊（滚轮）以相同的方向旋转，带动圆形坯料旋转，其中一个轧辊径向进给，将坯料轧制成螺纹。这种横轧的变形主要在径向进行。

③楔横轧。楔横轧是将两个带楔形模具的轧辊以相同的方向旋转，带动圆形坯料旋

转，坯料在楔形轧辊的作用下被轧制成各种形状的台阶轴。这种横轧的变形主要为径向压缩和轴向延伸。图5-12为楔横轧原理图。楔横轧工艺主要适用于带旋转体的轴类零件的生产，如汽车、拖拉机、摩托车、内烧机等变速箱中的各种齿轮轴，发动机中的凸轮轴、球头销等。它不仅可以代替粗车工艺来生产各种轴类零件，而且可以为各种模锻零件提供精密的模锻毛坯。

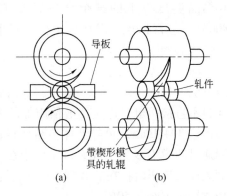

图5-12　楔横轧原理图

3）斜轧。斜轧指轧辊相互倾斜配置、以相同方向旋转，轧件在轧辊的作用下反向旋转，同时还做轴向运动，即螺旋运动的轧制方法。

（3）精密模锻。精密模锻是在模锻设备上锻造出形状复杂、锻件精度高的锻件的模锻工艺。例如，精密模锻伞齿轮，其齿形部分可直接锻出而不必再经切削加工。模锻件的尺寸精度可达IT12～IT15，表面粗糙度 $R_a = 3.2 \sim 1.6\mu m$。精密模锻的主要工艺特点有：

1）需要精确计算原始坯料的尺寸，严格按坯料质量下料，否则会增大锻件尺寸公差，降低精度。

2）精密模锻的锻件精度在很大程度上取决于锻模的加工精度，因此，精锻模膛的精度必须很高。

3）精密模锻一般都在刚度大、精度高的模锻设备上进行。

（4）多向模锻。多向模锻是将坯料放于锻模内，用几个冲头从不同方向同时或先后对坯料加压，以获得形状复杂的精密锻件的模锻工艺。多向模锻能锻出具有凹面、凸肩或多向孔穴等复杂形状的锻件，而不需要模锻斜度。多向加压改变了金属的变形条件，提高了金属的塑性，适宜于塑性较差的高合金钢的模锻。多向模锻是近几十年发展起来的一种模锻新工艺，它克服了老式模锻设备加工的局限性，改变了一般锻件"肥头大耳"的落后状况，更重要的是它能锻出其他设备难以锻造的形状复杂的锻件。由于多向模锻在实现锻件精密化和改善锻件品质等方面具有独特的优点，它在工业发达国家已被广泛采用。

（5）液态模锻。液态模锻的实质是把金属液直接浇到金属模内，然后在一定时间内以一定的压力作用于液态（或半液态）金属上使之成型，并在此压力下结晶和产生局部塑性变形。它是在压力铸造的基础上逐渐发展起来的、类似于挤压铸造的一种先进工艺。液态模锻实际上是铸造与锻造的组合工艺，它既有铸造工艺简单、成本低的优点，又有锻造产品性能好、品质可靠的优点。因此，在生产形状较复杂且在性能上又有一定要求的工件时，液态模锻更能发挥其优越性。液态模锻基本上是在液压机上进行的。摩擦压力机因为压力和速度无法控制，冲击力很大，而且无法保持恒压，故很少使用。液压机的速度和压力可以控制，操作容易，施压平稳，不易产生飞溅现象，故使用较多。

（6）超塑性成型。超塑性是指金属或合金在特定条件（即低的变形速率、一定的变形温度（约为熔点的1/2）和均匀的细晶粒度）下，其相对伸长率超过100%以上的特性。超塑性状态下的金属在拉伸变形过程中不产生缩颈现象，变形应力仅为常态下金属变形应力的几分之一至几十分之一。因此，该种金属极易成型，可采用多种工艺方法制出复杂零件。目前常用的超塑性成型材料主要是锌合金、铝合金、钛合金及某些高温合金。

（7）高能高速成型。高能高速成型是一种在极短时间内释放高能量而使金属变形的成型方法。高能高速成型的历史可追溯到一百多年前，但当时由于成本太高及工业发展的局限，该工艺并未得到应用。随着航空及导弹技术的发展，高能高速成型方法才进入生产实践中。高能高速成型主要包括利用高压气体使活塞高速运动来生产动能的高能成型、利用火药爆炸产生化学能的爆炸成型、利用电能的电液成型以及利用磁场力的电磁成型。这里主要介绍爆炸成型。爆炸成型是利用爆炸物质在爆炸瞬间释放出巨大的化学能，对金属坯料进行加工的高能高速成型工艺。爆炸成型不仅具有高能高速成型方法共有的特点，即模具简单、零件精度高、表面品质高，可提高材料的塑性变形能力，利于采用复合工艺，它还具有设备简单、适于大型零件成型的特点。爆炸成型主要用于板材的拉深、胀形、校形，还常用于爆炸焊接、表面强化、管件结构装配、粉末压制等。

5.1.4.3 焊接新技术

（1）数字化焊接电源技术。所谓数字化焊接电源，是指焊接电源的主要控制电路由数字技术代替传统的模拟技术，控制电路中的控制信号也随之由模拟信号过渡到 0/1 编码的数字信号。焊接电源实现数字化控制的优点，主要表现在灵活性好、稳定性强、控制精度高、接口兼容性好等几个方面。焊接电源向数字化方向发展，包含两方面的内容：一个是主电路的数字化，另一个是控制电路的数字化。

1）主电路的数字化。主电路的数字化中，变压器的设计是关键，主要采用开关式焊机（如逆变电源），见图 5-13、图 5-14。焊接电源主电路的数字化使得焊接电源的功率损耗大大减少，随着工作频率的提高，回路输出电流的波纹更小，响应速度更快，焊机能够获得更好的动态响应特性。

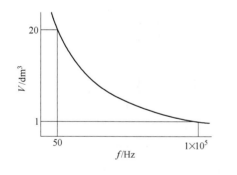

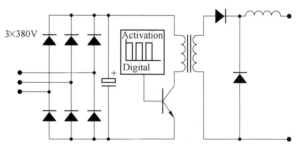

图 5-13　变压器体积 V-工作频率 f 关系曲线　　　　图 5-14　逆变式电源主电路框图

2）控制电路的数字化。控制电路的数字化主要采用数字信号处理技术，由模拟信号的滤波、模/数转化、数字化处理、数/模转化、平滑滤波等环节组成，最终输出模拟控制量，从而完成对模拟信号的数字化处理。数字化逆变弧焊电源的控制系统原理框图见图5-15。

（2）激光复合焊接技术。激光作为一个高能密度的热源，具有焊接速度高、焊接变形小、热影响区窄等特点。但是激光也有缺点，如能量利用率低、设备昂贵，对焊前的准备工作要求高，对坡口的加工精度要求高，从而使其应用受到限制。近年来，激光电弧复合热源焊接得到越来越多的研究和应用，从而使激光在焊接中的应用得到了迅速的发展。激

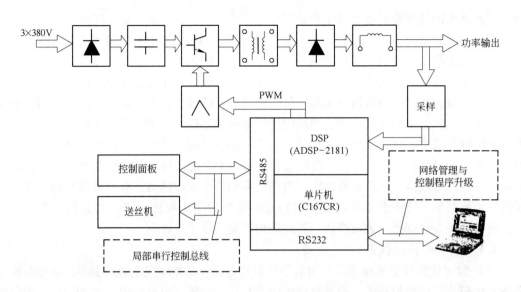

图 5-15　数字化逆变弧焊电源的控制系统原理框图

光复合焊的主要方法有电弧加强激光焊接、低能激光辅助电弧焊接和电弧激光顺序焊接等。

1）电弧加强激光焊接。图 5-16、图 5-17 所示为两种电弧加强激光焊接的方法，其中，图 5-16 所示为旁轴电弧加强激光焊接，图 5-17 所示为同轴电弧加强激光焊接。在电弧加强激光焊接中，焊接的主要热源是激光，电弧起辅助作用。

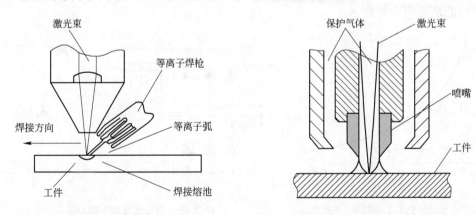

图 5-16　旁轴电弧加强激光焊接　　　　　图 5-17　同轴电弧加强激光焊接

2）低能激光辅助电弧焊接。在低能激光辅助电弧焊接中，焊接的主要热源是电弧，而激光的作用是点燃、引导和压缩电弧，如图 5-18 所示。

3）电弧激光顺序焊接。电弧激光顺序焊接主要用于铝合金的焊接。在前面两种电弧和激光的复合焊接方法中，激光和电弧是作用在同一点的。而在电弧激光顺序焊接中，两者的作用点并非一点，而是相隔有一定的距离，这样做的目的是提高铝合金对激光能量的吸收率，如图 5-19 所示。

（3）搅拌摩擦焊接技术。搅拌摩擦焊接（friction stir welding）是英国焊接研究所 TWI

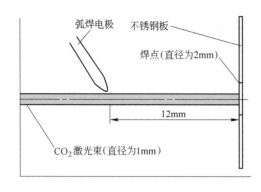

图 5-18　激光辅助电弧焊接

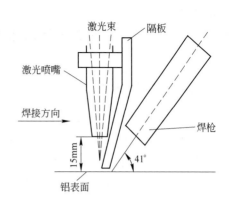

图 5-19　电弧激光顺序焊接

（The Welding Institute）提出的专利焊接技术，与常规摩擦焊接一样，搅拌摩擦焊接也是利用摩擦热作为焊接热源。不同之处在于，搅拌摩擦焊接过程是由一个圆柱体形状的焊头（welding pin）伸入工件的接缝处，通过焊头的高速旋转，使其与焊接工件材料摩擦，从而使连接部位的材料温度升高而软化，同时对材料进行搅拌摩擦来完成焊接的。搅拌摩擦焊接过程如图 5-20 所示。在焊接过程中，工件要刚性固定在背垫上，焊头在高速旋转的同时沿工件的接缝与工件相对移动。焊头的突出段伸进材料内部进行摩擦和搅拌，焊头的肩部与工件表面摩擦生热，并用于防止塑性状态材料的溢出，同时可以起到清除表面氧化膜的作用。

通过搅拌摩擦焊接接头的金相分析及显微硬度分析可以发现，搅拌摩擦焊接接头的焊缝组织可分为四个区域，如图 5-21 所示，A 区为母材区，无热影响也无变形；B 区为热影响区，没有受到变形的影响，但受到从焊接区传导过来的热量的影响；C 区为变形热影响区，既受到塑性变形的影响，又受到焊接温度的影响；D 区为焊核，是两块焊件的共有部分。

搅拌摩擦焊接是一种固相连接工艺。与熔焊相比，焊接铝合金时，搅拌摩擦焊接有以下几个突出优点：焊接中厚板时，焊前不需要开 V 形或 U 形上坡口，也不需进行复杂的焊前准备；焊后试件的变形和内应力特别小；焊接过程中没有辐射、飞溅及危害气体的产生；焊接接头性能优良，焊缝中无裂纹、气孔及收缩等缺陷，可实现全方位焊接；搅拌摩擦焊接最大的优点是，可焊接那些不推荐用熔焊焊接的高强铝合金。通过人们的不断努力，搅拌摩擦焊接的局限性在不断减小，但还存在一些不足的地方，如焊速比熔焊要慢；焊接时焊件必须夹紧，还需要垫板；焊后的焊缝上留有锁眼。

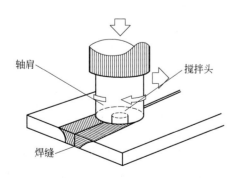

图 5-20　搅拌摩擦焊接过程示意图

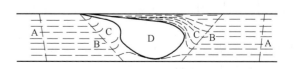

图 5-21　搅拌摩擦焊接焊缝分区示意图

5.2　金属压力加工的基本原理

5.2.1　金属塑性变形的物理本质

　　金属及合金材料由多晶体构成，多晶体是由许多结晶方向不同的晶粒所组成。每个晶粒可看成是一个单晶体，晶粒之间存在厚度相当小的晶界。金属塑性变形是指每个晶粒的变形和晶间变形。每个晶粒的变形相当于单晶体变形，在外力作用下，通过位错的移动，晶体发生滑移和孪生，从而实现金属的塑性变形。而多晶体变形时，除晶内变形外，晶界也发生变形，这类变形不仅与位错运动有关，而且扩散过程也起着很重要的作用。

　　滑移是指晶体在外力的作用下，其中一部分沿着一定晶面和在这个晶面上的一定晶向，对另一部分产生的相对移动（如图5-22所示）。此晶面称为滑移面，此晶向称为滑移方向。滑移面和滑移方向总是沿着原子密度最大的晶面和晶向发生的，这是因为原子密度最大的晶面原子间距小、原子间的结合力强；同时其晶面间的距离较大，即晶面与

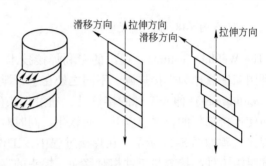

图 5-22　滑移示意图

晶面间的结合力较弱。滑移面与滑移方向数值的乘积称为滑移系（见表5-1）。

表 5-1　金属的主要滑移面、滑移方向和滑移系

晶　格	体心立方晶格		面心立方晶格		密排六方晶格	
滑移面	$\{110\} \times 6$		$\{111\} \times 4$		$\{0001\} \times 1$	
滑移方向	$\langle 111 \rangle \times 2$		$\langle 110 \rangle \times 3$		$\langle 100 \rangle \times 3$	
滑移系	$6 \times 2 = 12$		$4 \times 3 = 12$		$1 \times 3 = 3$	

　　滑移过程是在其局部区域首先产生滑移并逐步扩大，直至最后整个滑移面上都完成了滑移，而不是沿着滑移面上所有原子同时产生刚性的相对滑移。此局部区域之所以首先产生滑移，是因为在该处存在着位错，并引起很大的应力集中，虽然在整个滑移面上作用的应力较低，但在此局部区域内应力已大到足够引起物体的滑移。在滑移过程中，当一个位错沿滑移面移动过后，使晶体产生一个原子间距大小的位错。若使晶体产生一个滑移带的位移量，则需上千个位错产生移动。同时，当位错移至晶体表面产生一个原子间距大小的位移后，位错便消失，如图5-23所示。但在塑性变形过程中，为保证塑性变形的不断进行，必须有大量新的位错出现，这些新的位错的产生即指位错理论中位错的增殖。因此可认为，晶体滑移过程的实质是位错的移动和增殖的过程。

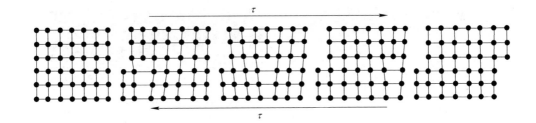

图 5-23　滑移机理示意图

τ —切应力

金属的塑性变形除以滑移方式进行外，孪生也是其重要方式之一。孪生是指晶体在切应力的作用下，其一部分沿某一定晶面和晶向，按一定的关系发生相对的位向移动，其结果是使晶体的一部分与原晶体的位向处于相互对称的位置，其晶面和晶向分别为孪生晶面和晶向，如图 5-24 所示。

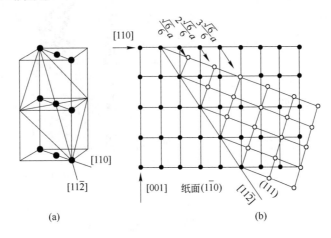

图 5-24　面心立方晶体的孪生过程

（a）切变前原子位置；（b）切变后原子位置

5.2.2　金属塑性变形对材料组织性能的影响

5.2.2.1　冷变形金属与合金中组织与性能的变化

A　冷变形金属与合金中组织的变化

a　晶粒形状变化

金属冷变形中，随外形改变，内部晶粒形状也发生相应变化。晶粒变化趋势是沿最大主变形的方向被拉长、拉细或压扁，若变形程度很大，则晶粒呈现出一片纤维状条纹，如图 5-25 所示。在晶粒被拉长的同时，金属中的夹杂物和第二相也在延伸方向上拉长或拉伸，呈链状排列，这种组织称为纤维组织。变形程度越大，纤维组织越明显。纤维组织的存在使变形后的金属横向与纵向不同，一般垂直于纤维方向的横向力学性能降低。

b　晶粒内出现亚结构

多晶体塑性变形时，各晶粒由于取向不同而变形，相互阻碍又相互促进，一般刚开始

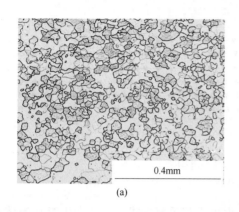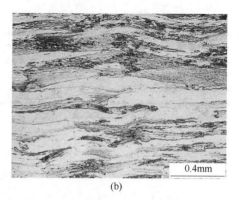

图 5-25　冷轧前后金属晶粒形状的变化

（a）变形前退火组织；（b）变形后冷轧变形组织

塑性变形时就开始多系滑移，形成分布杂乱的位错缠结，在这些缠结区域的内部位错密度很低，晶格的畸变很小。每个小区域称为晶胞，相邻晶胞的边界称为胞壁，其位错密度很大。胞壁是平行于低指数晶面排列的。变形量越大，晶胞的尺寸越小。这些小晶胞称为亚晶，这种组织称为亚结构，如图5-26所示。

图 5-26　塑性变形亚结构

　　这种位错分布是储存能的主要形式。冷变形过程中，位错密度增加的过程即为加工硬化过程，如图 5-27 所示。

　　金属在变形过程中为了继续形变，必须增加应力。这种金属因形变而使其强度升高、塑性降低的性质，称为加工硬化。加工硬化可以使金属得到截面均匀一致的冷变形，这是因为哪里有变形，哪里就有硬化，从而使变形分布到其他暂时没有变形的部位上去。这样反复交替的结果就是使产品截面的变形趋于均匀。加工硬化可以改善金属材料性能，特别是对那些用一般热处理手段无法使其强化的无相变的金属材料，形变硬化是更加重要的强化手段。但加工硬化也有缺点，在冷加工过程中，由于变形抗力的升高和塑性的下降，往往使继续加工发生困难，需在工艺过程中增加退火工序，如冷轧、冷拔等。

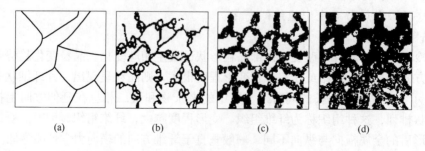

　　　　　（a）　　　　　（b）　　　　　（c）　　　　　（d）

图 5-27　冷变形过程中位错密度和分布的变化

（a）无变形；（b）变形程度 10%；（c）变形程度 50%；（d）变形程度 200%

c 晶粒位向改变

如图 5-28 所示，金属的多晶体是由许多排列不规则的晶粒所组成。但在加工变形过程中，当达到一定的变形程度以后，由于在各晶粒内晶格取向发生了转动，使特定的晶面和晶向趋于排成一定方向，从而使原来位向紊乱的晶粒出现有序化，并有严格的位向关系。金属在冷变形条件下所形成的有序排列的组织结构，称为变形织构。变形方向一致时，变形程度越大，位向表现得越明显。

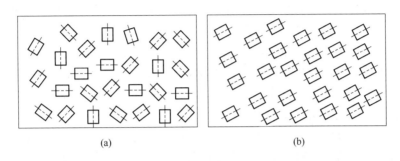

(a)   (b)

图 5-28 多晶体晶粒的排列
(a) 晶粒的紊乱排列；(b) 晶粒的整齐排列

B 冷变形金属与合金中性能的变化

a 力学性能改变

变形中产生晶格畸变、晶粒的拉长和细化、出现亚结构以及产生不均匀变形等，使金属的变形抗力指标（比例极限、弹性极限、屈服极限、强度极限、硬度等）随变形程度的增加而升高；又由于变形中产生晶内和晶间的破坏以及不均匀变形等，会使延伸率、断面收缩率等金属塑性指标随变形程度的增加而降低。

b 物理化学性质改变

（1）在冷变形过程中，由于晶内和晶间物质的破碎，在变形金属内产生大量的微小裂纹和空隙，使变形金属的密度降低。例如，退火状态钢的密度为 $7.865g/cm^3$，而经冷变形后则降低至 $7.78g/cm^3$。

（2）金属的导电性一般是随变形程度的改变而变化的，特别是当变形程度不大时尤为显著。例如，赤铜的拉伸程度为 4% 时，其单位电阻增加 1.5%；而当拉伸变形程度达40% 时，单位电阻增加 2%；继续增大变形程度至 85% 时，此数值变化甚小。

（3）冷变形使金属导热性降低，如铜的晶体在冷变形后，其热导率降低了 78%。

（4）冷变形可改变金属的磁性。磁饱和基本上不变，矫顽力和磁滞可因冷变形而增加2~3 倍，而金属的最大磁导率则降低了。对于某些抗磁性金属，如铜、银、铅及黄铜等，冷变形可提高其对磁化的敏感性，这时铜及黄铜甚至可由抗磁状态转变为顺磁状态；对于顺磁金属，冷变形将降低其对磁化的敏感性；而对于像金、锌、钨、钼、锌、白钢这样一些金属的磁性，实际上不受冷变形的影响。

（5）冷变形会使金属的溶解性增加和耐蚀性降低。例如，黄铜经冷变形后，其在空气中被阿摩尼亚气体侵蚀的速度加快。关于耐蚀性降低的原因，有的认为是由于残余应力的影响，残余应力越大，则金属的溶解性越大，耐蚀性越差；有的认为，溶解性变大，耐蚀性变小，这是由于原子处于畸变状态、原子势能增加的缘故。

（6）金属与合金经冷变形后所出现的纤维组织及织构，均会使变形后的金属与合金产生各向异性，即材料在不同方向上具有不同的性能。

5.2.2.2 冷变形金属在加热时的组织与性能变化

冷塑性变形后的金属加热时，通常是依次发生回复、再结晶和晶粒长大三个阶段的变化。这三个阶段不是决然分开的，常有部分重叠。

回复是指经冷塑性变形的金属在加热时，在光学显微组织发生改变前（即在再结晶晶粒形成前）所产生的某些亚结构和性能的变化过程。

将经过大量冷形变的金属加热到大约 $0.5T_{熔}$（$T_{熔}$ 为金属熔点）的温度，经过一定时间后，会有晶体缺陷密度大为降低的新等轴晶粒在冷形变的基体内形核并长大，直到冷形变晶粒完全耗尽为止，这个过程称为再结晶。再结晶过程完成后，这些新晶粒将以较慢的速度合并而长大，这就是晶粒长大过程。

冷塑性变形后的金属加热时，其组织和性能最显著的变化是在再结晶阶段发生的。再结晶是消除加工硬化的重要软化手段，也是控制晶粒大小、形态、均匀程度，获得或避免晶粒的择优取向的重要手段。通过各种影响因素对再结晶过程进行控制，将对金属材料的强韧性、热强性、冲压性和电磁性等产生重大的影响。

5.2.2.3 金属在热变形过程中的回复及再结晶

金属在热加工过程中或热变形终止后也会发生回复和再结晶。金属在塑性变形过程中，一般都伴随有加工硬化现象，有加工硬化的金属在高温下就会发生回复或再结晶。就热加工过程而言，变形温度高于再结晶温度，因此在变形体内，加工硬化与回复或再结晶软化过程总是同时存在的。就回复或再结晶发生的状态来看，其可分为五种形态，即静态回复、静态再结晶、动态回复、动态再结晶以及亚动态再结晶。

热加工后的静态回复或静态再结晶是在塑性变形终止后，利用热加工后的余热进行的。动态回复和动态再结晶是在塑性变形过程中发生的，而不是在变形停止之后。亚动态再结晶是指在热变形的过程中中断热变形，此时动态再结晶还未完成，遗留下来的组织将继续发生无孕期的再结晶。图5-29为回复和再结晶动静态概念示意图。从回复和再结晶的本质来讲，动态回复和动态再结晶与静态没有什么不同，热加工过程中的动态回复和动态再结晶都能使热变形金属软化。

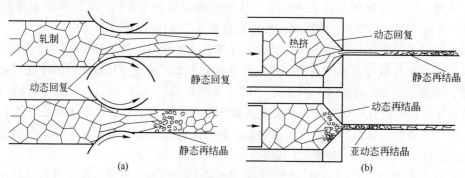

(a)　　　　　　　　　　　　(b)

图5-29　回复和再结晶动静态概念示意图

（a）变形率为50％；（b）变形率为99％

A 动态回复时的组织变化

a 位错密度及分布的变化

第一阶段中,位错密度由 $10^{10} \sim 10^{11} mm^{-2}$ 增至 $10^{11} \sim 10^{12} mm^{-2}$。在第二阶段,位错密度由 $10^{11} \sim 10^{12} mm^{-2}$ 增至 $10^{14} \sim 10^{15} mm^{-2}$,这一阶段出现位错缠结,开始形成亚结构。第三阶段中,由于动态回复的缘故,产生位错的速度(它是应变速度及温度的函数,而与形变量无关)与位错相消的速度(它是位错密度及回复机制发生难易程度的函数)相等,因此位错密度保持不变。

b 亚晶的变化

位错密度的增大导致回复过程发生,位错消失的速率随应变的增大而不断增大,最后终于达到位错增殖与消失达到平衡、不再发生加工硬化的稳态流变阶段。在这个阶段,亚晶的一些主要特征,如胞壁之间的位错密度、胞壁的位错密度、位错密度之间的平均距离、胞状亚结构之间的取向差始终保持不变。亚晶的完整程度、尺寸以及相邻亚晶粒的位向差,取决于金属种类、应变速率和形变温度。此外,虽然晶粒的形状随工件外形的改变而改变,亚晶粒却始终保持为等轴状,即使形变量很大也是如此。

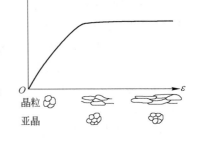

图 5-30 动态回复的应力-应变 σ-ε 曲线及各阶段晶粒和亚晶的变化

c 晶粒随变形量的增加而不断被拉长

图 5-30 所示为动态回复的应力-应变曲线及各阶段晶粒和亚晶的变化。

热加工动态回复避免了冷加工效应积累,因而形变金属达不到冷加工的位错密度,动态回复不能看成冷加工静态回复。动态回复产生亚晶,不能靠冷加工静态回复得到。

B 动态再结晶

a 发生动态再结晶时的应力-应变曲线

与静态下的情况相似,动态再结晶温度比动态回复温度高。如图 5-31 所示为动态再结晶开始与完成时应力-应变曲线流变应力的变化。动态再结晶开始时,流变应力逐渐下降;动态再结晶结束时,新的加工硬化开始出现,流变应力重新上升。

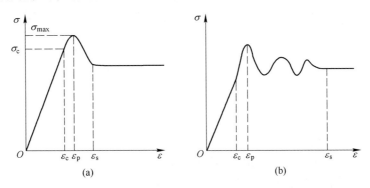

图 5-31 动态再结晶过程在应力-应变曲线上的反映

(a)连续动态再结晶;(b)间断动态再结晶

b 动态再结晶时组织结构的变化

根据动态再结晶应力-应变曲线的形态，可将其分为三个阶段（如图 5-32 所示），即加工硬化阶段（$0 < \varepsilon < \varepsilon_c$）、动态再结晶初始阶段（$\varepsilon_c \leqslant \varepsilon < \varepsilon_n$）和稳态流变阶段（$\varepsilon \geqslant \varepsilon_n$）。其中，$\varepsilon_p$ 为对应峰值应力 σ_{max} 的应变；ε_c 为开始动态再结晶的临界应变，$\varepsilon_c = (0.6 \sim 0.8)\varepsilon_p$ 的应变；ε_n 为从动态再结晶开始到动态再结晶完成 95% 的应变。稳态流变应力 σ_n 小于峰值应力 σ_p，高于屈服应力 σ_s。

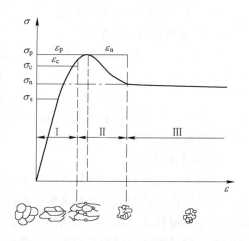

图 5-32 动态再结晶应力-应变曲线
I —加工硬化阶段；II —动态再结晶
初始阶段；III —稳态流变阶段

动态再结晶的组织特点如下：

（1）晶粒保持为等轴状；

（2）晶粒大小很不均匀；

（3）晶粒呈现不规则的凹凸状；

（4）即使是易于形成退火孪晶的金属，动态再结晶后退火孪晶也很少见。

C 亚动态再结晶

在形变中形核、在形变结束后再长大的再结晶过程，称为亚动态再结晶。亚动态再结晶同样会引起金属的软化。因为这类再结晶在热变形中已形成晶核且没有孕育期，所以变形停止后进行得非常迅速，比传统的静态再结晶要快一个数量级。

5.2.2.4 金属在热变形过程中的组织与性能变化

热加工变形可认为是加工硬化和再结晶两个过程的相互重叠。在此过程中，金属的组织与性能发生以下变化：

（1）铸态金属组织中的缩孔、疏松、空隙、气泡等缺陷得到压密或焊合。金属在变形中由于加工硬化所造成的不致密现象，也随着再结晶的进行而恢复。

（2）在热加工变形中可使晶粒细化和夹杂物破碎。铸态金属中，柱状晶和粗大的等轴晶粒经锻造或轧制等热加工变形后，加上再结晶的同时作用，可变成较细小的等轴晶粒。在实际生产中往往发现，热轧后的金属组织并非完全由细小的等轴晶粒所组成，存在拉长的大晶粒，在其周围有程度不同的小晶粒。这可能是由于变形金属在高温下停留时间较短，使再结晶进行得不完全；变形程度分布不均，夹杂物分布不均等因素的影响所造成。热变形除可使晶粒细化外，还会使夹杂物和第二相破碎，这一作用对改善金属的组织和性能也颇为有益。如在滚珠钢、高速钢等钢种中，均要求碳化物细小且均匀地分布。为达到这一目的，在热加工变形中提高压缩比对粉碎碳化物是有利的。压缩比越大，碳化物越细小，分布得越均匀。

（3）形成纤维组织也是热加工变形的一个重要特征。铸态金属在热加工变形中所形成的纤维组织，与金属在冷加工变形中由于晶粒被拉长所形成的纤维组织不同。前者是由于铸态组织中晶界上的非溶物质的拉长所造成。在铸态金属中存在粗大的一次结晶的晶粒，在其边界上分布有非金属夹杂物的薄层。在变形过程中这些极大的晶粒遭到破碎，并在金属流动最大的方向上被拉长。与此同时，含有非金属夹杂物的晶间薄层在此方向上也被拉长。当变形程度足够大时，这些夹杂物可被拉成细条状。在变形过程中由于完全再结晶的结果，被拉长的晶粒可变成许多细小的等轴晶粒，而位于晶界和晶内的非溶物质却不因再结晶而改变，仍处于拉长状态，形成纤维状的组织。由于纤维组织的出现，使变形金属在纵向和横向具有不同的力学性能。此外，随着变形程度的增加，沿纵向（纤维方向）截取试样的塑性指标增加，但增加的程度逐渐减小。在锻压比 $F_0/F_1 \leqslant 4$（F_0、F_1 分别为变形前、后的断面积）以前，变形程度增大时，塑性指标迅速增加；在 $4 < F_0/F_1 \leqslant 10$ 区间内，变形程度增大时，塑性指标增加得比较缓慢；在 $F_0/F_1 \geqslant 10$ 之后，再继续增大变形程度时，塑性指标维持不变。沿横向截取试样的塑性指标则随变形程度的增大而降低。当 $F_0/F_1 \leqslant 6$ 时，塑性指标随着变形程度的增大而迅速下降；继续增大变形程度时，塑性指标下降缓慢。强度指标在纵向和横向上相差不大，继续增大变形程度时，实际上对其值也不产生影响。

（4）金属在热变形过程中产生带状组织。这种带状组织可表现为晶粒带状和夹杂物带状两种形式。如图 5-33 所示，钒氮钛微合金化钢在热变形中有时会出现珠光体，呈带状排列。这是因为热加工时夹杂物排列成纤维状，缓慢冷却后，铁素体首先在夹杂物的周围析出而排列成行，珠光体也随之成行析出，形成带状组织。热加工后被破碎了的碳化物颗粒沿钢材的延伸方向排列，从而形成碳化物带状组织，钢材中出现的带状组织也会影响钢材的力学性能。

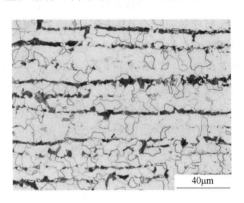

图 5-33 钒氮钛微合金化钢中的带状组织

5.2.3 金属塑性流动规律

5.2.3.1 体积不变定律

在金属塑性变形时，当忽略材料在加工过程中的密度变化时，一般认为材料变形前后的体积保持不变。图 5-34 所示为金属材料轧制变形前后的尺寸。

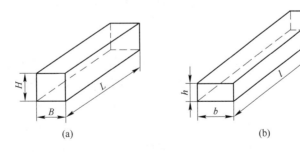

图 5-34 金属材料轧制变形前后的尺寸

（a）轧前；（b）轧后

H，B，L—轧制变形前高、宽、长；h，b，l—轧制变形后高、宽、长

塑性变形前，变形体的体积为：

$$V_1 = H \cdot B \cdot L$$

塑性变形后，变形体的体积为：

$$V_2 = h \cdot b \cdot l$$

当体积不变时，有：

$$V_1 = V_2$$

体积不变定律在塑性加工方法中，用于推断成品的长度尺寸。

5.2.3.2   最小阻力定律

在塑性成型中，当金属质点有向几个方向移动的可能时，它向阻力最小的方向移动。这实际上是力学的普遍原理，它可以用来定性地确定金属质点的流动方向。

当接触表面存在摩擦时，棱柱体镦粗时的流动模型如图5-35所示。压板作用于坯料端面的摩擦力为 τ。因为接触面上质点向自由表面流动的摩擦阻力与质点离自由表面的距离成正比，所以距离自由边界越近，阻力越小，金属质点必然沿这个方向流动。这样就形成了四个流动区域，以四个角的二等分线和长度方向的中线为分界线，这四个区域内的质点到各自边界线的距离都是最短距离。这样流动的结果是，宽度方向流出的金属少于长度方向，因此镦粗后的断面成椭圆形。可以想象，不断镦粗必然趋于达到各向摩擦阻力均相等的断面——圆形为止。因此，最小阻力定律在镦粗中也称为最小周边定则。

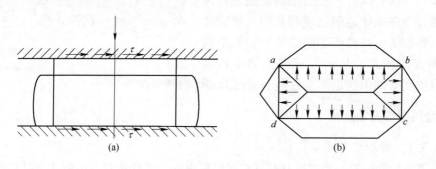

图 5-35   棱柱体镦粗时的流动模型

τ—压板作用于坯料端面的摩擦力

5.2.3.3   不均匀变形

若变形区金属各质点处（或各微小体积内）的变形状态相同，即在它们相应的各个轴向向上，变形的发生情况、发展方向及变形量的大小都相同，则这个体积内的变形可视为均匀的，并且认为该物体所处变形状态是均匀的。否则，统称为不均匀变形。塑性成型时，由于金属本身性质的不均匀、摩擦和工具形状的影响、不同变形区之间的相互制约，实际上都是不均匀变形。如图5-36所示，板带材轧制时，在变形区内，沿轧件宽度上金属质点的运动速度分布是不均匀的，从而引起不均匀变形。

金属塑性加工时，当坯料径高比（圆柱试件）或宽厚比（矩形试件）大、接触表面摩擦力较小、变形程度甚小时，常易产生双鼓形的高向上明显的不均匀变形。这时接触表面层附近的金属产生明显的塑性变形，而中心层变形很小甚至不变形，形成很突出的表面变形，如图5-37所示。

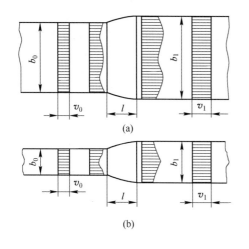

图 5-36　沿带材宽度金属质点运动的速度分布图
(a) 宽板；(b) 窄板

b_0，b_1—带材轧制变形前、后的宽度；v_0，v_1—带材轧制
变形前、后金属质点的运动速度；l—接触弧长度

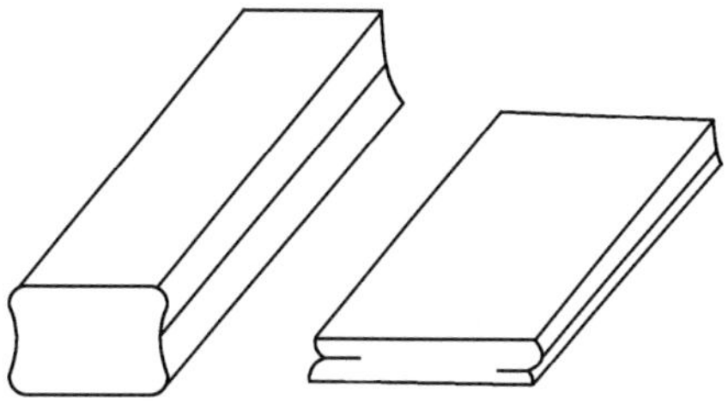

图 5-37　轧制时轧件侧面的双鼓形及折叠形
(a) 双鼓形；(b) 折叠形

5.2.4　金属塑性变形时的塑性与变形抗力

5.2.4.1　金属的塑性

所谓金属的塑性，是指金属在外力作用下发生永久变形而不破坏其完整性的能力。金属塑性的大小，可用金属在断裂前产生的最大变形程度来表示。它反映了塑性加工时金属塑性变形的限度，所以也称为"塑性极限"，一般通称为"塑性指标"。

金属塑性不是固定不变的，同种材料在不同变形条件下会有不同的塑性，如三向拉伸时材料的塑性变形程度低于三向压缩。

对金属与合金塑性的研究，是塑性加工理论与实践上的重要课题之一，研究的目的在于选择合适的变形方法，确定最好的变形温度、速度条件以及许用的最大变形量，以便使低塑性难变形的金属与合金顺利实现成型过程。

由于变形力学条件对金属的塑性有很大影响，目前还没有某种实验方法能测出可表示所有塑性加工方式下金属的塑性指标，每种实验方法测定的塑性指标仅能表明金属在该变形过程中所具有的塑性。但是各种塑性指标仍有相对的比较意义，因为通过这些试验可以得到相对的和比较的塑性指标。这些数据可以定性地说明，在一定变形条件下，哪种金属塑性高、哪种金属塑性低；或者对于同一金属，哪种变形条件下塑性高、哪种变形条件下塑性低等。这对正确选择变形的温度、速度范围和变形量都有直接参考价值。测定金属塑性的方法，最常用的有力学性能试验法和模拟试验法（即模仿某加工变形过程的一般条件，在小试样上进行试验的方法）两大类。

A　力学性能试验法

a　拉伸试验

拉伸试验一般是在材料试验机上进行的。如果要求得到更高或变化范围更大的变形速度，则需设计制造专门的高速形变机。伸长率 A 和断面收缩率 Z 是表示材料塑性的两个重要指标，这两个指标越高，说明材料的塑性越好。

在拉伸试验中，试样拉断后其标距所增加的长度与原始标距长度的百分比称为伸长率，以 A 表示。其计算公式为：

$$A = \frac{L_1 - L_0}{L_0} \times 100\%$$

式中　L_0——试样原始标距长度，mm；

　　　　L_1——试样拉断后的标距长度，mm。

在拉伸试验中，试样拉断后其缩径处横截面积的最大缩减量与原始横截面积的百分比称为断面收缩率，以 Z 表示。其计算公式如下：

$$Z = \frac{S_0 - S_1}{S_0} \times 100\%$$

式中　S_0——试样原始横截面积，mm^2；

　　　　S_1——试样拉断后缩径处的最小横截面积，mm^2。

伸长率 A 和断面收缩率 Z 这两个指标只能表示在单向拉伸条件下的塑性变形能力。

伸长率 A 作为塑性指标时，必须把计算长度固定下来才能互相比较。对于圆柱形试样，规定有 $L_0 = 10d$ 和 $L_0 = 5d$ 两种标准试样（d 是试样的原始直径）。

断面收缩率也仅反映在单向拉应力和三向拉应力作用下的塑性指标，但与试样的原始计算长度无关。因此，在塑性材料中用 Z 作塑性指标可以得出比较稳定的数值，具有优越性。

　　b　扭转试验

扭转试验是在专用的扭转试验机上进行的。试验时将圆柱形试样一端固定，另一端扭转，用破断前的扭转转数 n 来表示塑性的大小。该试验可在不同的温度和速度条件下进行。对一定尺寸的试样来说，n 越大，其塑性越好。在这种测定方法中，试样受纯剪力，切应力在试样断面中心为零而在表面有最大值。纯剪时，一个主应力为拉应力，另一个主应力为压应力。因此，这种变形过程所确定的塑性指标，可反映材料受数值相等的拉应力和压应力同时作用时的塑性。

　　c　冲击弯曲试验

冲击韧性 α_k 不完全是一种塑性指标，它是弯曲变形抗力和试样弯曲挠度的综合指标。冲击韧性的测定方法是将材料制成带有缺口的标准试样，把试样放在摆锤式冲击试验机的支座上，使重摆从一定高度落下将试样冲断。其计算公式为：

$$\alpha_k = \frac{A_k}{F}$$

式中　A_k——由试验机测出的试样所吸收的能量，J；

　　　　F——试样缺口处的横截面积，mm^2。

α_k 越大，材料抵抗冲击的能力越强。α_k 与试样的尺寸、缺口的形状有关，故试验时必须制成标准试样才能比较。同样的 α_k 值，其材料塑性可能很不相同。有时由于弯曲变形抗力很大，虽然破断前的弯曲变形程度较小，但 α_k 值可能很大；反之，虽然破断前弯曲变形程度较大，但变形抗力很小，α_k 值也可能较小。试样有切口（切口处受拉应力作用）并受冲击作用，因此所得的 α_k 值可比较敏感地反映材料的脆性倾向，如果试样中有组织结构的变化、夹杂物的不利分布、晶粒过分粗大和晶间物质熔化等，α_k 会有所降低。例如，在合金结构钢中，二次碳化物由均匀分布状态变为沿晶界呈网状形式分布，对于此种变化，在拉伸试验中塑性指标 A 和 Z 并不改变，而在冲击弯曲试验中却使 α_k 值降低为原来的 1/2 左右。某些合金钢中脱氧不良会使塑性降低，而 A 和 Z 值反映不明显，但 α_k 值却降低为原来的 1/4～1/2。

由于塑性急剧变化会引起 α_k 值的急剧变化，一般可配合参考在该试验条件下抗拉强度（R_m）的变化情况。当 R_m 变化不大或有所降低而 α_k 值显著增大时，说明这是由塑性急剧增高而引起的；在 α_k 值较高的温度范围内 R_m 值很高，则不能证明在此温度范围内塑性最好。因此，按 α_k 值来决定最好的热加工温度范围时要加以具体分析，否则会得出不正确的结论。

B　模拟试验法

a　顶锻试验

顶锻试验也称镦粗试验，是将圆柱形试样在压力机或落锤上镦粗，当试样侧面出现第一条用肉眼能看到的裂纹时，将对应的变形量作为塑性指标，即：

$$\varepsilon = \frac{H - h}{H} \times 100\%$$

式中　H——试样的原始高度，mm（一般 $H = 1.5d$，d 为试样的原始直径）；

$\quad\quad$ h——试样变形后的高度，mm。

$\varepsilon \geqslant 60\%$，为高塑性；$\varepsilon = 40\% \sim 60\%$，为中塑性；$\varepsilon = 20\% \sim 40\%$，为低塑性；$\varepsilon \leqslant 20\%$，塑性差，该材料难以锻压成型。

镦粗试验时，由于试样表面受接触摩擦的影响而出现鼓形，试样中部受三向压应力作用；当鼓形较大时，侧面受环向拉应力作用。此种试验方法可反映应力状态与此相近的锻压变形过程（自由锻、冷镦等）的塑性大小。在压力机上镦粗时，一般变形速度为 $10^{-2} \sim 10 s^{-1}$，相当于液压机和初轧机上的变形速度，而落锤试验则相当于锻锤上的变形速度。因此，在确定压力机和锻锤上锻压变形过程的加工温度范围时，最好分别在压力机和落锤上进行顶锻试验。

实验资料显示，同一金属在一定的温度和速度条件下进行镦粗时，可能得出不同的塑性指标，其原因是接触表面上外摩擦的条件和试样的原始尺寸不同。因此，顶锻试验应定出相应的规程，同时说明试验完成的具体条件，使所得结果能够进行比较。镦粗试验的缺点是在高温下，塑性较高的金属即使是在很大的变形程度下，其试样侧表面上也不出现裂纹，因而得不到塑性极限。

b　楔形轧制试验

楔形轧制试验有两种不同的做法。一种是在平辊上将楔形试样轧成扁平带状，轧后测量首先发生裂纹处的压缩率，此压缩率即表示塑性的大小。此种方法不需要制备特殊的轧辊，但确定极限变形量比较困难，因为试样轧后高度是均匀的，而伸长后原来一定高度的位置发生了变化，除非在原试样的侧面上刻竖痕，否则轧后便不易确定原始高度的位置，因而也就不好确定极限变形量。

另一种方法是在偏心辊上将矩形轧件轧成楔形件，同样用最初出现目视裂纹的压缩率来确定其塑性的大小。偏心辊将平轧件轧成楔形轧件的优点是，可准确地确定极限压缩率，同时免除了楔形轧件加工方面的麻烦。偏心轧辊有单辊刻槽的偏心轧辊和双辊刻槽的偏心轧辊两种方式，如图 5-38 和图 5-39 所示。采用单辊刻槽的偏心轧辊时，上下辊面之间必然产生轧制速度差，这种线速度差可能导致轧件表面损坏，同时也使变形力学条件发生一定变化，这对测定结果会产生一定的影响。双辊刻槽的偏心轧辊则可以克服这些缺点。偏心轧辊试验条件可以很好地模拟轧制的情况，一次试验就可以得到相当大的压缩率范围，所以，往往只需进行一次实验就可以确定极限压缩率。

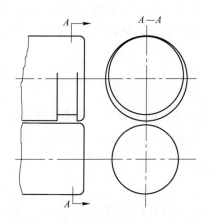

图 5-38　单辊刻槽的偏心轧辊

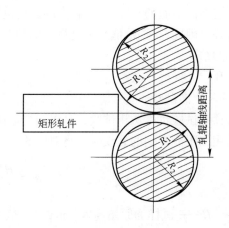

图 5-39　双辊刻槽的偏心轧辊

R_1—轧辊槽口半径；R_2—轧辊槽底半径

　　c　杯突试验

杯突试验是一种胀形试验，常用于模拟板料成型性能，如图 5-40 所示。试验时将试样置于凹模与压力圈之间夹紧，球状冲头向上运动使试样胀成凸包，直到凸包产生裂纹为止，测出此时的凸包高度 IE 记为杯突试验值。由于试验过程中试样外轮廓不收缩，板料的胀出部分承受两向拉应力，其应力状态和变形特点与冲压工序中的胀形、局部成型等相同，因此，该 IE 值即可作为这类成型工序的成型性能指标。

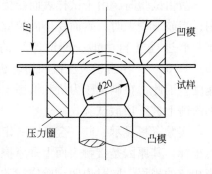

图 5-40　杯突试验

板料成型性能的模拟实验除胀形实验外，还有扩孔试验、拉深试验、弯曲试验和拉深-胀形复合试验等。通过这些试验，可以获得评价各相关成型工序的板料成型性能的指标。

　　C　塑性图

以不同温度时得到的各种塑性指标（A、Z、n、α_k 等）为纵坐标、以温度为横坐标绘成的函数曲线构成塑性图。完整的塑性图应包括材料拉伸时的强度极限 R_m。塑性图有很大的实用意义，由热拉伸、热扭转等力学性能试验法测绘的塑性图，可确定变形温度范围；而顶锻和楔形轧制塑性图，不仅可以确定变形温度范围，还可分别确定锻造和轧制时的许用最大变形量。图 5-41 为 W18Cr4V 高速钢的塑性图，显然，该钢种在 900 ~ 1200℃范围内具有最好的塑性，因此可将加工前钢锭加热的极限温度确定为 1230℃。超过此温度，钢坯可能产生轴向断裂和裂纹。变形终了温度不应低于 900℃，因为在较低的温度下钢的抗拉强度显著增大。

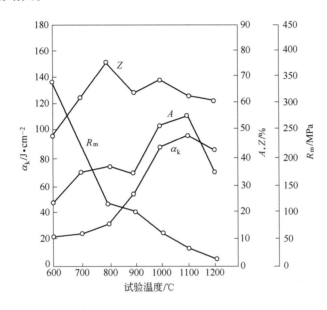

图 5-41　W18Cr4V 高速钢的塑性图

为了确定变形温度范围，仅有塑性图是不够的，因为许多钢或合金的加工不仅要保证顺利实现成型过程，还必须满足钢材的某些组织和性能方面的要求。因此在确定变形温度时，除了塑性图之外，还需要配合合金状态图和再结晶图以及必要的显微组织检查。

5.2.4.2　变形抗力与屈服条件

变形抗力是指材料在工具及支撑体的外力作用下发生塑性变形时，材料抵抗这种变形的力。描述变形抗力大小的物理量称为变形抗力指标。塑性加工力学理论中的应力状态研究，实际上就是反映材料的变形抗力大小；工程应用上可通过实验方法测量材料的变形抗力，如在拉伸试验中可以确定两个变形抗力指标——屈服极限（R_e）与强度极限（R_m），还有杯突试验中测量材料的硬度值也可间接反映材料的变形抗力大小。把这些指标一并绘制到塑性图（见图 5-41）中，也可成为制订材料塑性加工工艺的依据。

柔软性反映金属的软硬程度，它也用变形抗力大小来衡量。但是，不能认为变形抗力小的金属塑性就好，或是与此相反。例如，室温下奥氏体不锈钢的塑性很好，可经受很大的变形而不被破坏，但其变形抗力却很大；过热和过烧的金属与合金塑性很小，甚至完全失去塑性变形能力，而其变形抗力也很小；也有些金属塑性很高，变形抗力又小，如室温下的铅等。

材料变形时，若发生弹性变形，外力或应力消失，变形也消失，物体的形状及尺寸回复到变形前的状态。当由弹性状态进入塑性状态时，材料发生不可逆转的变形，即使外力或应力消失后，物体的形状与尺寸也不可能回到原来的状态，这种不可逆转的变形称为屈服。当物体内任一质点处于单向应力状态下，只要单向应力达到材料的屈服点，则该点由弹性变形状态进入塑性变形状态，该屈服点的应力称为屈服应力 R_e。在多向应力状态下，显然不能用一个应力分量的数值来判断受力物体内的质点是否进入塑性变形状态，而必须同时考虑所有的应力分量。实验研究表明，在一定的变形条件下，只有当各应力分量之间符合一定关系时，质点才开始进入塑性变形状态，这种关系称为屈服准则，也称为塑性条件或屈服条件。其一般表示为：

$$f(\sigma_{ij}) = C$$

式中　　$f(\sigma_{ij})$——应力分量的函数；

　　　　C——给定材料下的某一常数。

5.3　轧钢生产工艺

5.3.1　钢材品种的分类

钢材品种按钢种可分为碳素钢、低合金钢与合金钢，按产品断面形状可分为板带钢、型钢与钢管等。

（1）板带钢的分类。板带钢产品的外形扁平，断面呈矩形，宽厚比大。板带钢产品分类时，一般将单张供应的称为钢板，将成卷供应的称为带钢。

1）按产品尺寸规格，板带钢一般可分为厚板（包括中板和特厚板）、薄板和极薄带材（箔材）三类。厚板中，中板的厚度为 $3.0 \sim 20\text{mm}$，厚板的厚度为 $20 \sim 60\text{mm}$，特厚板的厚度大于 60mm，最厚可达 500mm。薄板的厚度为 $3.0 \sim 0.2\text{mm}$，常规热轧薄板的厚度为 1.2mm，超薄带钢则生产到 0.8mm。极薄带材的厚度小于 0.2mm，目前箔材最薄可达 0.001mm。

2）按用途，板带钢可分为造船板、锅炉板、桥梁板、压力容器板、汽车板、镀层板（镀锡板、镀锌板等）、电工钢板、屋面板、深冲板、焊管坯、复合板以及不锈、耐酸、耐热等特殊用途钢板等。

（2）型钢的分类。

1）按断面形状，型钢可分为简单断面和复杂断面两类。简单断面型钢没有明显的凸凹分肢部分，外形比较简单，包括方钢、圆钢、扁钢及六角钢等。简单断面型钢又称为棒材。复杂断面（或异形）型钢有明显的凸凹分肢部分，成型比较困难，包括槽钢、工字钢及其他异形钢等。周期断面型钢的断面形状和尺寸呈周期性沿钢材纵轴方向变化，可用纵轧、斜轧、横轧或楔横轧方法生产。

2）按使用部门，型钢可分为铁路用型钢（钢轨、鱼尾板、道岔用轨、车轮、轮箍）、汽车用型钢（轮箍、轮胎挡圈和锁圈）、造船用型钢（L 型钢、球扁钢、Z 字钢、船用窗框钢）、结构和建筑用型钢（H 型钢、工字钢、槽钢、角钢、吊车钢轨、窗框和门框用钢、钢板桩等）、矿山用钢（U 型钢、π 型钢、槽帮钢、矿用工字钢、刮板钢）、机械制造用异型钢材等。

3）按断面尺寸和单位长度，型钢可分为钢轨、钢梁、大型材、中小型材。

（3）钢管的分类。钢管是指两端开口并具有中空断面，而且其长度与断面周长之比较大的钢材。钢管占全部钢材总量的 8% ～15%，在国民经济中应用范围极为广泛。

1）按断面形状，钢管可分为圆形管与异形管。

2）按生产方法，钢管可分为焊管和无缝管，其产品主要用于石油工业、天然气输送、城市输气、电力和通信管网、工程建筑和汽车、机械等制造业。

钢铁工业作为原材料制造工业，既是制造业的基础，又是国家重要支柱产业，钢铁工业的进步是衡量国民经济和社会发展的重要标志。我国钢铁工业发展迅猛，生产工艺和设备装备水平、新产品研发能力以及产品质量显著提高，粗钢产量连续多年居世界首位，粗钢产能现占世界总产能的 40% 以上。据中国社会科学院发布的《产业蓝皮书：中国产业竞争力报告（2010）》，2009 年我国粗钢产量达 56800 万吨，是排在我国后面四位的日本、俄罗斯、美国和印度粗钢产量之和的 2.2 倍，进一步确立了中国是世界钢铁大国的地位。我国钢铁工业的发展带动了基础设施、房地产、机械、汽车、造船、家电、集装箱等相关产业的进步，为国民经济和社会发展做出了巨大贡献。

5.3.2 板带钢生产工艺

板带钢生产工艺按生产方法及产品品种的不同，分为中厚板生产、热轧带钢生产与冷轧带钢生产。

5.3.2.1 中厚板生产工艺

中厚板是一个国家国民经济发展所依赖的重要钢铁材料，是工业化进程和发展过程中不可缺少的钢铁品种。它主要用作机械结构、建筑、车辆、压力容器、桥梁、造船、输送管道用钢。

中厚板生产的工艺流程具体如下：

（1）板坯的准备。板坯上料是根据轧制计划表中所规定的顺序，由起重机吊到上料辊道上，再由上料人员负责根据计划核对板坯，并通过相应的指令完成对板坯的识别。

（2）板坯的加热。板坯由原料输送辊道输送到炉后，由推钢机推进加热炉。原料加热的目的是，使原料在轧制时有好的塑性和低的变形抗力。中厚板生产常用的加热炉有三种，即连续式加热炉、室式加热炉和均热炉。

（3）除鳞。由加热炉出来的坯料，通过输送辊道送入除鳞箱进行除鳞。除鳞的目的是将坯料在加热时产生的氧化铁皮通过高压水的作用去除干净，以免压入钢板表面而造成表面的缺陷。

（4）粗轧。板坯经过可逆式粗轧机进行反复轧制。粗轧阶段的主要任务是将板坯展宽到所需的宽度和得到精轧机所需的中间坯厚度，粗轧后中间坯的宽度和厚度由测宽仪和测厚仪来测得。粗轧阶段，在满足轧机的强度条件和咬入条件的情况下应尽量采用大压下，以此来细化晶粒，提高产品的性能。

（5）中间坯水幕冷却。对于一些有特殊性能要求的板材，需要严格控制其精轧的开、终轧温度，此时需要用水幕冷却对中间坯进行降温。

（6）精轧。中间坯经过高压水除去二次氧化铁皮后，进入精轧机进行轧制。精轧机一般采用低速咬入、高速轧制、低速抛出的梯形速度制度。精轧机出口处设有测厚仪和测温仪，以便精确控制产品的质量。精轧阶段的主要任务是质量控制，包括厚度、板形、表面质量和性能控制。

（7）矫直。热矫直是使板形平直、保证板材表面质量不可缺少的工序。现代中厚板厂都采用四重式 9~11 辊强力矫直机，矫直终了温度一般在 600~750℃。若矫直温度过高，则矫直后钢板在冷床上冷却时可能会发生翘曲；若矫直温度过低，则矫直效果不好，矫直后钢板表面的残余应力高，降低了钢板的性能。

（8）冷却。钢板轧后冷却可分为工艺冷却和自然冷却。工艺冷却即强制冷却，通过层流冷却、水幕式或汽雾的方式来降低钢板的温度。自然冷却是使钢板在冷床上于空气中自然冷却。

（9）精整。精整工序包括钢板的表面质量检查、划线、切割、打印等。钢板的切割通过双边剪或圆盘剪切边，而切头尾与定尺可通过定尺剪来实现。

（10）热处理。当然，大多数产品通过轧制或在线控制轧制与轧后控制冷却可以达到性能要求。当对中厚板的性能有特殊要求或中厚板轧后的有关性能达不到用户要求时，通常需要将成品钢板装入辊底式常化炉进行处理，以提高产品的综合力学性能等。

某中厚板生产车间的平面布置示意图如图 5-42 所示。

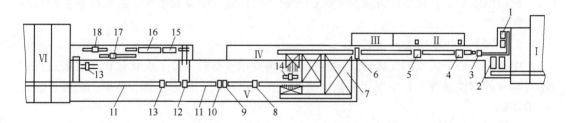

图 5-42　某中厚板生产车间的平面布置示意图

Ⅰ—板坯场；Ⅱ—主电室；Ⅲ—轧辊间；Ⅳ—轧钢跨；Ⅴ—精整跨；Ⅵ—成品库；

1—室状炉；2—连续式炉；3—高压水除鳞；4—粗轧机；5—精轧机；6—热矫机；7—冷床；

8—切头剪；9—双边剪；10—纵剪；11—堆垛机；12—端剪；13—超声波擦伤；

14—压力矫直机；15—淬火机；16—热处理炉；17—涂装机；18—喷丸机

5.3.2.2　热轧带钢生产工艺

自从 1924 年第一台带钢热连轧机投产以来，连轧带钢生产技术取得了很大的进步。现代化的带钢热连轧机以高产、优质、低耗、自动化程度高等特点，代表了当今轧制技术的新发展与进步。20 世纪 90 年代末又出现了薄板坯连铸连轧生产技术，使炼钢连铸与轧制技术融为一体，出现了短流程的生产模式，这使传统的冶金工艺流程面临新的挑战。新的生产工艺更为节能、更具成本优势，可生产出更薄的热轧带钢产品品种。

传统的热轧带钢生产工艺过程，主要包括原料准备、加热、粗轧、剪切、精轧、冷却及卷取等。

（1）原料准备与加热。热轧带钢生产所用原料一般采用连铸板坯，经修磨或热装进入连续步进式加热炉加热。连铸板坯的尺寸较大，厚度多为 150 ~ 250mm，长度甚至达到 12000 ~ 15000mm，增大坯重可提高产量与成材率。目前热轧带钢单位宽度的板卷重量达到 30kg/mm 以上。为提高加热强度，炉子采用多点（6 ~ 8 点）供热方式。为保证坯料加热质量，采用连续步进式加热炉。

（2）粗轧。粗轧前原料表面要进行高压水除鳞，以提高钢板表面质量，防止氧化铁皮压入。粗轧机的构成决定了带钢热连轧机组的形式。半连续式热带轧机的粗轧机组，由一架或两架可逆式轧机组成，与中厚板轧机的构成相同；3/4 连续式热带轧机的粗轧机组，是在半连续式热带轧机的粗轧机组上增加一组连轧机组（两架）。目前新建的热带轧机多为半连续式布置。粗轧机上除水平辊外还设有立辊机架，构成万能轧机。立轧的目的是为了控制板坯的宽展及带钢宽度精度。

（3）精轧。精轧前设有转筒式飞剪与除鳞箱等设备。飞剪剪切带坯头部的目的是，使带坯正确喂入精轧机组且冷头不易划伤轧辊表面；飞剪剪切带坯尾部的目的是，使卷取后的带钢尾部不会因出现飞边而妨碍在运输链上的运输。精轧机组一般由 6 架或 7 架连轧机架组成。轧制时各架之间形成连轧关系，带钢进入热输出辊道后与地下卷取机相连。

（4）冷却及卷取。带钢出精轧机组后，需要对带钢温度进行控制，以使带钢头部在进入卷取机前完成相组织转变而进行卷取，以保证带钢的综合力学性能等。带钢温度控制多采用层流冷却装置以实现精确控温。卷取机的卷取操作必须与热输出辊道及精轧机架同步运行，以保证高速稳定地轧制与卷取。卷取后的热轧带卷通过运输传送至中间库冷却，除供冷轧带钢厂作原料外，还通过精整作业线加工成商品板或卷。

某 2050mm 热轧带钢生产车间的平面布置图见图 5-43。

5.3.2.3 冷轧带钢生产工艺

冷轧带钢生产是利用热轧带钢作原料，在室温条件下经冷加工变形生产出尺寸更薄、尺寸精度更高的产品。与热轧带钢产品相比，冷轧带钢产品的厚度更薄，尺寸精度和板形质量更高，产品性能的均匀性因为不受加工变形温度的影响而更好，其由于具有高深冲性能以及可通过表面处理提高抗腐性能而获得更广泛的应用。

冷轧带钢生产工艺流程主要包括酸洗、冷轧、退火、平整及精整等工序。

（1）酸洗。冷轧带钢表面氧化物的去除过程称为除鳞。除鳞的方法有酸洗、碱洗及机械除鳞等。采用较多的是酸洗方法，碱洗常用于特殊钢种的除鳞。

（2）冷轧。除鳞后的板带坯在冷轧机上轧制到成品的厚度，一般不经中间退火。冷轧分为单片轧制和成卷轧制。

（3）退火。退火的目的在于消除冷轧加工硬化，使钢板再结晶软化，从而具有良好的塑性。

（4）平整。平整是指以 0.5% ~ 4% 的压下率轻微冷轧。平整的目的是：防止带钢拉伸发生明显的屈服台阶，并得到必要的力学性能；改善带钢的板形；达到所要求的表面粗糙度。

（5）精整。一般冷轧板带经平整后送剪切机组剪切。纵剪用于剪边或按需要的宽度分条，横剪是将板带按需要的长度切成单张板。剪切后的成品板带经检验分类后（或在线自动化分选包装），涂防锈油包装出厂。

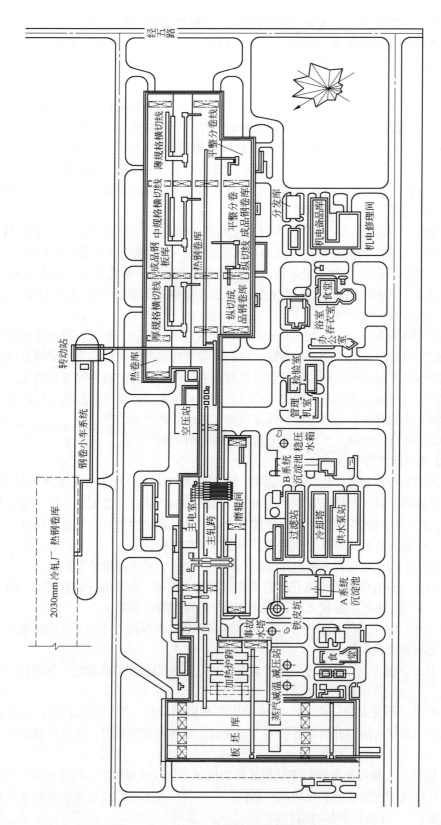

图 5-43　某 2050mm 热轧带钢生产车间的平面布置图

典型的冷轧板带生产工艺流程，如图 5-44 所示。

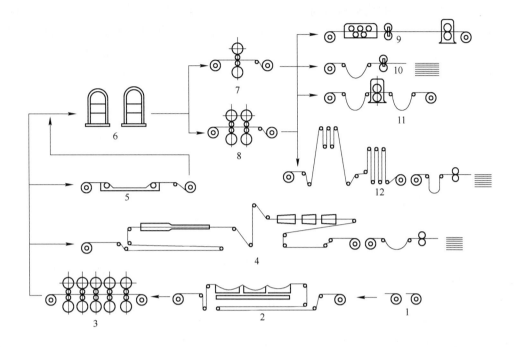

图 5-44　典型的冷轧带钢生产工艺流程

1—热轧带卷；2—连续酸洗；3—冷连轧；4—连续热镀锌；5—电解清洗；

6—罩式退火炉；7—单机架平整；8—双机架平整；9—重卷；

10—横剪；11—纵剪；12—连续电镀锡

5.3.3　型钢生产工艺

型钢生产具有以下特点：

（1）产品的断面比较复杂。除方钢、圆钢、扁钢等简单断面产品外，型钢大多数为异形断面产品，这就给轧制生产带来了很大的影响。由于轧件断面形状多样，轧制型材，特别是异形钢时，必然产生严重的不均匀变形，因而带来相应的不良后果。轧件各部的温度、变形程度、轧辊直径的不同，使型钢生产中前滑、宽展、力能参数的计算要比钢板生产中困难得多。此外，严重的不均匀变形，对轧制产品的质量、能耗、轧辊消耗、导卫设计与安装、孔型的调整、轧机的产量等都有不利影响，组织连轧生产、轧后产品的矫直也具有较大困难。

（2）产品的品种多。除少数专业化型钢轧机外，大多数型钢轧机生产的产品品种和规格繁杂多样，因而造成坯料的品种规格多、轧辊储备量大、导卫装置数量多，使生产管理工作极为复杂；并且换辊次数频繁，轧机安装调整技术要求较高，从而大大影响了轧机有效生产时间。因此对于多品种型钢车间来说，如何加强孔型和备件的共用性；如何加强管理；如何调配生产计划，实现快速换辊；如何使精整工艺流程合理，使各品种精整流线互不干扰，实现机械化代替繁重的体力劳动，这些都是型钢生产正在不断完善的地方。

（3）轧机的结构和类别多。型钢的品种和规格很多，尺寸相差很大，加上各自生产要求不同，使得型钢轧机的结构和类别很多，包括各种轧机类型和布置形式。在轧机结构形式上，有二辊式轧机、三辊式轧机、四辊万能孔型轧机、多辊孔型轧机、Y型轧机、45°轧机和悬臂式轧机等。在轧机布置形式上，有横列式轧机、顺列式轧机、棋盘式轧机、半连续式轧机和全连续式轧机等。

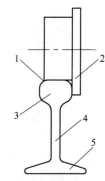

图 5-45　钢轨的横截面形状
1—踏面；2—车轮；3—轨头；
4—轨腰；5—轨底

下面以重轨为例，介绍型钢生产工艺流程。钢轨是铁路运行轨道的重要组成部分，是仅 Y 轴对称的异形断面钢材。其横截面可分为轨头、轨腰和轨底三部分。轨头是与车轮相接触的部分，轨底是接触轨枕的部分。世界各国对钢轨的技术条件有不同的要求，但钢轨的横截面形状都是一致的，如图 5-45 所示。

钢轨的规格以每米长的重量来表示。普通钢轨的重量范围为 5 ~ 78kg/m，起重机轨的重量可达 120kg/m。钢轨常用的规格有 9kg/m、12kg/m、15kg/m、22kg/m、24kg/m、30kg/m、38kg/m、43kg/m、50kg/m、60kg/m、75kg/m。通常将 30kg/m 以下的钢轨称为轻轨，将 30kg/m 以上的钢轨称为重轨。轻轨主要用于森林、矿山、盐场等工矿内部的短途、轻载、低速的专线铁路，重轨主要用于长途、重载、高速的干线铁路，也有部分钢轨用于工业结构件。

图 5-46 所示为重轨生产工艺流程。图 5-47 所示为轧制重轨的孔型系统。

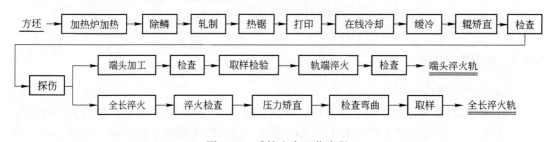

图 5-46　重轨生产工艺流程

5.3.4　钢管生产工艺

5.3.4.1　热轧无缝钢管生产工艺

热轧无缝钢管是将实心管坯穿孔并轧制成符合产品标准的钢管。其生产工艺流程包括管坯轧前准备、管坯加热、管坯穿孔、轧管、钢管定径与减径（包括张力减径）、钢管冷却、钢管切头尾、分段、矫直、探伤、人工检查、喷标打印、打捆包装等基本工序，主要有管坯穿孔、轧管以及钢管定径与减径三个变形工序。

（1）管坯轧前准备。管坯有圆形、方形、多边形等断面形状。压力穿孔选用方形、带波浪边的方形或多边形管坯；斜轧穿孔则受变形条件限制，需选用圆形管坯。

（2）管坯加热。管坯加热的目的是为了提高管坯塑性，降低变形抗力，有利于塑性变形和降低加工能耗；使碳化物溶解和非金属相扩散，改善钢的组织性能。管坯加热时要防

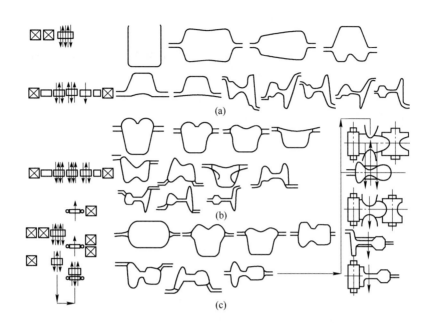

图 5-47 轧制重轨的孔型系统

（a）斜轧孔型系统；（b）直轧孔型系统（c）万能孔型系统

止管坯表面氧化、脱碳、增碳、过热和过烧等缺陷，还需保证加热温度准确且均匀、烧损少等基本要求。管坯加热炉的形式有环形炉、步进炉、斜底炉和感应炉等。现代热轧无缝钢管机组大多采用环形加热炉。

（3）管坯穿孔。管坯穿孔是将实心管坯穿制成空心毛管的工艺过程，是热轧无缝钢管生产中最重要的变形工序。常见的管坯穿孔方法有斜轧穿孔（二辊式穿孔、立式大导盘（狄舍尔）穿孔、锥形辊（菌式）穿孔和三辊式穿孔）、压力穿孔和推杆穿孔（PPM）三种，如图5-48所示。

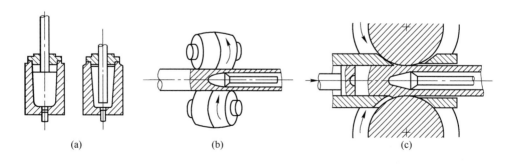

图 5-48 穿孔方法示意图

（a）压力穿孔（b）斜轧穿孔（c）推杆穿孔

（4）轧管。轧管是将空心毛管轧成接近成品尺寸的荒管。常见的轧管机分类如图5-49所示。

```
                    ┌ 自动轧管机组
                    │                ┌ 全浮动芯棒连轧管机(MM,Mandrel Mill)
                    │ 连轧管机组 ┤ 限动芯棒连轧管机(MPM,Multi-stand Pipe Mill)
                    │                └ 半限动芯棒连轧管机
                    │ Accu-Roll 轧管机组(A-R 轧管机)
  常用的轧管机分类 ┤ 三辊式斜轧管机
                    │ 周期式轧管机(皮尔格轧管机)
                    │ 狄舍尔轧管机
                    │ 顶管机(或 CPE 顶管机组)
                    │ 三辊式联合穿轧机
                    └ 钢热挤压机
```

图 5-49　常用的轧管机分类

（5）钢管定径与减径。钢管定径、减径和张力减径均为无芯棒连轧空心管体的过程，是热轧无缝钢管生产中最后的热变形工序，也称为热精整。定径的主要任务是控制成品管的外径精度和真圆度，机架数一般为 3~12 架。减径除了起定径作用外，还使管径减小，机架数一般为 9~24 架。直径小于 60mm 的钢管一般需经过减径加工。张力减径除具有减径作用外，还通过机架间建立张力实现减壁，机架数一般为 12~24 架，最多达 28 架。目前常用的有二辊式、三辊式和四辊式定（减）径机，如图 5-50 所示。二辊式前后相邻机架的轧辊轴线互垂 90°，三辊式轧辊轴线互错 60°。定（减）径机有微张力定（减）径机和张力定（减）径机两种基本形式。

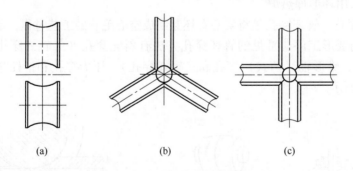

(a)　　　　　　　　(b)　　　　　　　　(c)

图 5-50　定（减）径机按辊数分类
(a) 二辊式；(b) 三辊式；(c) 四辊式

（6）钢管精整。钢管精整包括钢管冷却、切头尾、分段、矫直、探伤、人工检查、喷标打印、打捆包装等基本工序。

5.3.4.2　焊管生产工艺

焊管生产方法的实质是：将管坯（钢板或带钢）用不同的成型方法弯曲成所需的管筒形状，然后采用不同的焊接方法将其接缝焊合而使其成为管材。焊管的尺寸范围广泛，直径为 $\phi 5 \sim 4500mm$，壁厚为 $0.5 \sim 25.4mm$，直径与壁厚之比可达 80 以上，长度可达数百米。

成型和焊接是焊管生产的基本工序。焊管的成型方法有直缝焊管生产、螺旋缝焊管生产和 UOE 成型焊管生产。目前焊管的焊接方法大多采用电焊法，其中包括各种电阻焊、感应焊、电弧焊和闪光焊等。

电焊管生产的实质是：采用不同的方法使管坯成型，然后使用电热方法使管筒接缝边缘处加热升温至焊合温度，而后加压焊合；或者是加热至熔化温度，使金属熔合而形成焊缝。

连续冷弯辊式成型机实际上是一套水平辊和立辊交替布置的二辊式连续冷弯型钢机组，是焊管应用最为普遍的成型机，如图 5-51 所示。

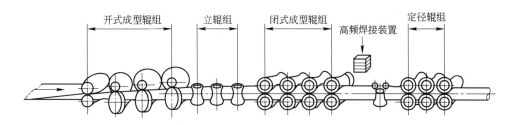

图 5-51　连续冷弯辊式成型机

螺旋焊管机组是生产大直径焊管的主要方式之一，使用同一宽度的带钢能够生产出不同直径的钢管，尤其是可用窄带钢生产大直径的钢管。其生产工艺过程如图 5-52 所示。

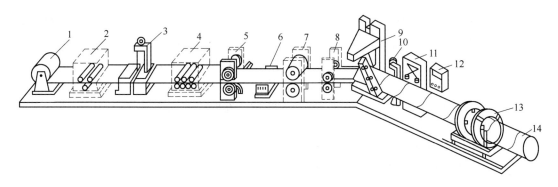

图 5-52　螺旋焊管机组生产工艺流程
1—拆卷机；2—端头矫平机；3—对焊机；4—矫平机；5—切边机；6—刮边机；7—递送辊；8—弯边机；
9—成型机；10—内焊机；11—外焊机；12—超声波探伤机；13—走行切断机；14—焊管

5.4　有色金属加工工艺

5.4.1　铝材加工工艺

1854 年，法国化学家德维尔把铝矾土、木炭、食盐混合，通入氯气后加热得到 NaCl，$AlCl_3$ 复盐，再将此复盐与过量的钠熔融，得到了金属铝。这时的铝十分珍贵，据说在一次宴会上，法国皇帝拿破仑三世独自使用铝制的刀叉，而其他人均使用银制的餐具。泰国当时的国王曾用过铝制的表链。1955 年的巴黎国用博览会上展出了一小块铝，标签上写着"来自黏土的白银"，并将它放在最珍贵的珠宝旁边。直到 1889 年，伦敦化学会还把铝和金制的花瓶和杯子作为贵重的礼物送给门捷列夫。1886 年，美国的豪尔和法国的海朗特分别独立地电解熔融的铝矾土和冰晶石的混合物，制得了金属铝，奠定了今天大规模生产铝的基础。

在近一个世纪的历史进程中，铝的产量急剧上升，到了 20 世纪 60 年代，铝产量在全世界有色金属产量的排行上超过了铜而位居首位。这时的铝已不再单独属于皇家贵族所有，它的用途涉及许多领域，大至国防、航天、电力、通信等，小到锅碗瓢盆等生活用品。铝的化合物用途非常广泛，在医药、有机合成、石油精炼等方面发挥着重要的作用。因此，铝是国民经济中不可缺少的基础原材料。

5.4.1.1　铝板带加工工艺

铝板带加工工艺具体如下：

（1）坯料选择。铝板带生产采用半连续铸造、铸轧以及连铸连轧提供坯料。半连续铸造生产规模较小，以纯铝和部分软铝合金为主的铝板带厂采用铸轧供坯，连铸连轧可用于具有较大规模、产品品种比较单一的生产模式。

（2）铸锭表面处理。铸锭表面处理包括铸锭铣面、铣边与包铝处理。铸锭铣面、铣边量应以铣去粗晶层和表面缺陷为准。包铝处理可分为防腐包铝、复合钎焊包铝及工艺包铝。包铝用包覆板和被包覆的铸锭在包覆前应进行表面处理，可采用蚀洗槽组蚀洗、专用洗液清洗和喷砂等方式进行。

（3）铸锭加热。大批量生产宜采用立推式铸锭加热（均匀化）炉加热。不会因铸造应力等因素导致锯切和铣面时开裂的铸锭，要求在加热炉内进行均匀化处理。

（4）热轧。根据生产规模和产品需要，可选择单机架热轧、热粗轧＋热精轧或热粗轧＋多机架热精轧的生产模式。热轧机的宽度应满足生产的合金品种、规格范围以及生产规模的需要，并应计算热轧过程中的宽展量、辊边量、卷取前的切边量，按倍尺生产的可能性选择热轧机的宽度。

（5）冷轧。冷轧机组的机型，按辊系可分为二辊式、四辊式和六辊式，按机架数可分为单机架、二机架和多机架等。现代化的冷轧机组宜采用四辊和六辊单向不可逆形式的轧机。

（6）热处理和精整。热处理和精整工艺应根据产品的质量要求选择，热处理的炉型和精整设备的机型应根据生产规模选择，热片处理设备和精整设备的能力应与产品方案相适应并与主机相配套，装备水平也应与主机协调。

5.4.1.2　铝管棒型线材加工工艺

铝管棒型线材加工工艺具体如下：

（1）坯料准备。坯料的化学成分和组织应符合国家现行有关标准的规定，必要时应对坯料进行组织检查和缺陷探伤。坯料均匀化热处理应根据需要进行。

（2）挤压。热挤压（正挤压、反挤压）用于生产各种铝合金的挤制管材、棒材、型材及线材，也可为各种铝合金的轧制管、拉拔管、拉制棒及拉制铝合金线材提供坯料。挤压机的结构形式和能力应根据产品方案和生产工艺选择。挤压机应选择独立油压驱动型，选用多台挤压机时机组应合理配置。

（3）轧制与拉伸。轧制或拉制无缝管，宜采用热挤压供坯，硬合金中小规格薄壁管材，宜采用轧制、整径拉伸成型工艺；软合金管材和壁厚较厚的硬合金管材，宜采用拉伸成型工艺；铝合金线材，宜采用热挤压供坯的卷盘一次或多次连续拉伸成型工艺。冷轧管机一般采用二辊式、三辊式或多辊式配置，其规格尺寸应根据产品方案和生产工艺合理选择。冷轧管机的操作采用可编程序控制和无级调速，轧制过程实现管坯自动间断或连续进料与轧制变形操作自动化等。直管拉伸选用链式或液压拉伸机。中小型拉伸机宜采用双链自动落料的拉伸机，较大型拉伸机宜选用单链拉伸机，短料和尺寸精度要求高的拉伸机宜选用液压拉伸机。盘管拉伸应选用圆盘拉伸机。当生产规模及管卷较大时，宜采用倒立式连续落料的圆盘拉伸机。合金线材拉伸，应选用一次或多次圆盘拉伸机。

（4）精整。精整包括锯切、矫直、表面处理等。表面处理包括表面氧化作色与喷涂等处理。

（5）热处理。热处理包括淬火、时效等。

（6）检验与包装。检验包括尺寸、外形、表面质量与性能检验等。

5.4.2 铜材加工工艺

铜是与人类关系非常密切的有色金属，它具有导电性、耐蚀性、装饰性和结构强度，被广泛用于电气、轻工、机械制造、建筑工业、国防工业等领域。铜在我国有色金属材料的消费中仅次于铝。

5.4.2.1 铜及铜合金板带材加工工艺

铜及铜合金板带材的生产方法大体有四种，即铸锭热轧开坯法、水平连铸带坯法、铸锭冷轧开坯法和热挤压开坯法，而后续的加工方法则是相同的，其生产工艺流程见图5-53。

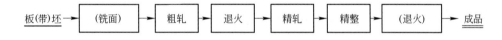

板（带）坯 → （铣面） → 粗轧 → 退火 → 精轧 → 精整 → （退火） → 成品

图 5-53　铜及铜合金板带材生产工艺流程

铸锭热轧开坯法是将铜及铜合金铸锭或锻坯加热到再结晶温度以上，并在热加工塑性区的温度范围内轧制板（带）坯。铜及铜合金的加热温度范围一般为 800～900℃。热轧塑性区的温度范围一般在 500℃以上。目前 90% 及以上的铜及铜合金带坯都是通过热轧开坯生产的。

大中型热轧机热轧后的热轧带坯厚度一般为 6.5～18mm，轧制后采用双面铣削法去除表面氧化皮和表面缺陷。

热轧后的冷轧铜板带材是在常温下进行的。冷轧同样引起加工硬化，在最终轧制没有完成前，有时需要再结晶退火以消除加工硬化。因此，轧制程序有时分为粗轧与精轧阶段。

精轧后的精整包括表面清理、拉弯矫直、分剪、包装等工序。

5.4.2.2 铜及铜合金管棒型材加工工艺

铜及铜合金管材生产可分为管坯制造和管材冷加工。无缝管材生产采用挤压、斜轧穿孔、水平连铸或上引连铸等方法供坯，有缝管材生产采用钢带材冷弯成型后焊接成管坯。冷加工采用冷轧或拉伸方法。

一般铜及铜合金管材生产工艺流程如图 5-54 所示。

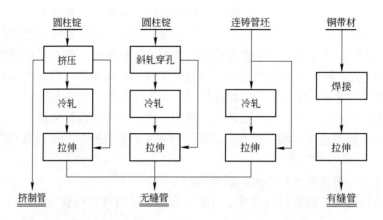

图 5-54　铜及铜合金管材生产工艺流程

铜及铜合金型棒材生产可分为棒坯制造和型棒材冷加工。棒坯生产采用热挤压、孔型轧制、水平连铸等方法供坯。冷加工采用冷轧或拉伸的方法。铜及铜合金型棒材生产工艺流程如图 5-55 所示。

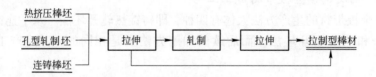

图 5-55　铜及铜合金型棒材生产工艺流程

思 考 题

5-1　什么是金属压力加工，金属压力加工方法有哪些？

5-2　材料成型新技术有哪些？试举例说明。

5-3　金属塑性变形的物理本质是什么？

5-4　金属冷、热塑性变形时，材料组织性能如何变化？

5-5　什么是体积不变定律？

5-6　什么是最小阻力定律？

5-7　什么是不均匀变形？

5-8　什么是金属的塑性与变形抗力，塑性指标与变形抗力指标有哪些？

5-9　按品种说明钢材生产工艺流程。

5-10　按品种说明铝材或铜材加工工艺流程。

6 环境保护及资源综合利用

本章摘要 本章主要介绍了冶金工业排放到环境中的废气、废水、固体废物的来源、种类、特性及危害，并对大气污染、水污染以及固体废物污染的各种具体治理技术和方法进行了较为详细的描述。其目的是增强冶金工作者对如何将这些污染物实现减量化、资源化、无害化的认识，增强冶金过程环保和资源综合利用意识。

冶金工业是国民经济发展的基础产业，其生产过程中消耗大量的能源和资源，同时也产生大量的副产品（主要为废气、废水、固体废物），这些副产品如果不进行处理就直接排放，将对环境产生影响，同时造成资源的浪费。我国冶金工业需要走一条自然资源消耗低、环境污染小、二次资源和能源得到充分利用的可持续发展之路，这也是我国冶金工业面临的挑战。

6.1 冶金工业废气的污染与治理

6.1.1 冶金工业废气的分类

6.1.1.1 有色冶金工业废气的分类

有色冶金工业废气（简称废气）是指在有色金属采矿、选矿、冶炼和加工生产及其相关过程中，因凿岩、爆破，矿石破碎、筛分和运输，金属冶炼和加工，燃料燃烧等产生的含污染物质的有毒有害气体。

有色冶金工业废气按其所含主要污染物的性质，大体上可分为三大类：第一类为主要含工业粉尘的采矿和选矿工业废气，第二类为主要含有毒有害气体（含氟、硫、氯）与烟尘的有色金属冶炼废气，第三类为主要含酸、碱和油雾的有色金属加工工业废气。

6.1.1.2 钢铁冶金工业废气的分类

钢铁冶金工业开发的主要对象是多种黑色金属和非金属矿物。钢铁厂的烧结、球团、炼焦、炼铁、炼钢、轧钢、锻压以及金属制品与铁合金、耐火材料、炭素制品和动力等生产环节，拥有排放大量烟尘的各种窑炉。冶炼加工过程中，消耗大量的矿石、燃料和其他辅助原料，每生产 1t 钢需要消耗 6~7t 原料，其中包括铁矿石、燃料、石灰石、锰矿等，这些原料中的 80% 变为废物。全国钢铁企业每年废气排放量可达 $1.2 \times 10^{12} \, \mathrm{m}^3$ 左右，二氧化硫排放量仅次于电力工业，居全国第二位。因此，钢铁工业在各工业部门中是废气污染环境的大户之一。

钢铁企业排放的废气大体可分为三类：第一类是生产工艺过程中化学反应排放的废

气，如冶炼、烧焦、化工产品和钢材酸洗过程中产生的烟尘和有害气体；第二类是燃料在炉窑中燃烧产生的烟气和有害气体；第三类是原料和燃料运输、装卸及加工等过程中产生的粉尘。

我国钢铁企业所在地区的大气质量近年来虽有所改善，但仍有不少企业的烟尘污染严重，影响附近地区居民、职工的健康和农作物的生长。

钢铁厂的烟尘一般多为极细的微粒，具有很强的吸附力，很多有害气体（如二氧化硫、氟等）都能以烟尘微粒为载体被带入人的肺部，沉积于肺泡中或被吸收到血液、淋巴液中，促使急性或慢性病发生。危害更严重的是采矿、选矿、耐火材料、铁合金、铸造等车间所排出的含游离二氧化硅的粉尘，人在这种环境中长期工作易患"矽肺"，仅钢铁企业内部，每年就要增加矽肺病患者 1800～2000 人，死亡人数每年达数百人，高于同期生产事故死亡人数。

由含硫矿石和含硫燃料的冶炼及燃烧过程中产生的二氧化硫，形成硫酸雾和硫酸盐，直接危害人体健康和农作物生长，并腐蚀金属器材和建筑物。目前，钢铁企业二氧化硫的排放量呈上升趋势。

钢铁企业排放的致癌物质，如多环芳烃，主要来自焦化厂、炭素厂、炼钢厂的焦油砖车间、叠轧薄板厂及焦油加工、沥青加工等生产过程。经常接触煤焦油、沥青和某些焦化溶剂等物质的人，患皮肤癌、阴囊癌、喉癌、肺癌的比率相当高。

氟污染主要来自矿石和萤石，氟由废气排放进入大气后，对附近地区的植物生长、牲畜和人体骨骼都会产生不良影响。包钢的白云鄂博铁矿，其矿石氟含量高达 4% 左右，冶炼过程中排出大量氟化氢和尘氟，对当地大气有较大影响。

6.1.2　冶金工业废气的特点

6.1.2.1　有色冶金工业废气的特点

（1）排放量较大，污染面较广。遍布在全国各地的有色金属冶炼厂，其生产过程中释放的废气量 1990 年为 $2.97 \times 10^{12} m^3$，占全国工业废气总排放量的 11%。这类企业规模较大，设备比较集中，大型企业方圆 5～10km、中小型企业方圆 1～2km 范围内，人、畜、植被和土壤等都会受到有害废气的污染。

（2）废气成分复杂，治理难度较大。有色金属产品的种类繁多，生产工艺各不相同，废气中所含的污染物各种各样、性质非常复杂，因而给治理（技术上、资金投入上）带来许多困难。例如，现有有色金属企业大部分采用的是传统生产工艺和作业方法，设备陈旧，操作控制水平低，许多生产装置上的污染治理设施不配套、不完善，单位产品产量的废气排放量比较大，所含污染物浓度低。这类性质的废气，如低浓度的含硫或含氟烟气，回收利用价值低，治理所需费用高，获得的经济效益很难抵偿资金的投入。

（3）废气中污染物以无机物为主，环境污染具有潜在的影响。有色金属生产所需的原料、能源以及添加的辅助材料以无机物为主（如酸、碱、盐类），产品是有色金属及其合金制品，所有这些因素导致废气中所含污染物主要是以无机物的形态排入大气。汞、镉、铅、砷等金属（或半金属）通常与其他有色金属伴生，在冶炼过程中经过高温氧化、挥发或与其他物料相互反应，被载体吸附进入大气。这类污染物颗粒细，能在空中飘浮较长时间，还可能成为吸附其他有害气体（如二氧化硫、氟等）的载体，最终沉积到植物表面或土壤中，积累到一定程度也会造成污染。

6.1.2.2 钢铁冶金工业废气的特点

（1）废气排放量大，污染面广。钢铁企业的废气污染源集中在炼铁、炼钢、烧结、焦化等冶炼工业窑炉，设备集中，规格庞大，废气排放量大。

（2）烟尘颗粒细，吸附力强。钢铁企业冶炼过程中排放的多为氧化铁烟尘，其粒度在$1\mu m$以下的部分占多数。由于尘粒细、比表面积大、吸附力强，其易成为吸附有害气体的载体。

（3）烟气温度高，治理难度大。由于烟气温度高，对管道材质、构件结构以及净化设备的选择均有特殊要求；烟气的冷却技术难度大，设备投资高；高温烟气中含有硫、水、和一氧化碳，使烟气在净化处理时必须妥善处理好"露点"及防火、防爆问题，所有这些特点构成了高温烟气治理的艰巨性和复杂性。

（4）烟气挥发性强，无组织排放多。

（5）废气具有回收价值。钢铁生产排出的废气中，高温烟气的余热可以通过热能回收装置转换为蒸汽或电能。炼焦及炼铁、炼钢过程中产生的煤气，已成为钢铁企业的主要燃料，并可外供使用。各废气净化过程中所收集的尘泥，绝大部分含有氧化铁成分，可采用各种方式回收利用。

6.1.3 冶金工业废气的治理

6.1.3.1 冶金工业废气的治理方法

各种生产工艺过程和人们日常生活中排出的废气含有某些污染物，所采用的净化技术基本上可以分为两大类，即分离法和转化法。分离法是利用外力等物理方法，将污染物从废气中分离出来。转化法是使废气中的污染物发生某些化学反应，然后使其分离或转化为其他物质，再用其他方法进行净化。

对于烟尘、雾滴之类的颗粒状污染物，可利用其质量较大的特点，用各种除尘器、除雾器使之从废气中分离出去。

对于气态污染物，可利用其不同的理化性质，采用冷凝、吸收、吸附、燃烧、催化转化等方法进行净化处理。

A 冷凝法

冷凝法是利用不同物质在同一温度下具有不同的饱和蒸气压，以及同一物质在不同温度下具有不同的饱和蒸气压这一性质，将混合气体冷却或加压，使其中某种或几种污染物冷凝成液体或固体，从而由混合气体中分离出来。

冷凝净化法可用于回收高浓度的有机蒸气和汞、砷、硫、磷等，通常用于高浓度废气的一级处理以及除去高湿废气中的水蒸气。

当气体中含有较多具有回收价值的有机气态污染物时，通过冷凝来回收这些污染物是最好的方法。当尾气被水饱和时，为了消除白烟，有时也用冷凝的方法将水蒸气冷凝下来。但是通过冷凝往往不能将污染物脱除至规定的要求，除非使用冷冻剂。

B 吸收法

吸收法是净化气态污染物最常用的方法，可用于净化含有 SO_2、NO_x、HF、SiF_4、HCl、NH_3 的气态污染物以及汞蒸气、酸雾、沥青烟和多种组分有机物蒸气。常用的吸收剂有水、碱性溶液、酸性溶液、氧化溶液和有机溶剂。

吸收法是用适当的液体吸收剂处理气体混合物，以除去其中一种或多种组分的方法，通常按吸收过程是否伴有化学反应，将吸收分为化学吸收和物理吸收两大类，前者比后者复杂。

吸收设备的主要作用是使气、液两相充分接触，以便很好地进行传递。常见的吸收设备与湿式除尘设备是基本相似的，主要有空塔、板式塔、气泡塔和湍球塔。各种吸收装置的优缺点列于表 6-1 中。

表 6-1　各种吸收装置的优缺点

名　称	特　性	优　点	缺　点
填料塔	气体的空塔速度为 0.3 ~ 1m/s； 液气比为 1 ~ 10L/m³； 塔高 2 ~ 5m； 压力损失为 50Pa/m； 喷淋速度为 15 ~ 20t/(m² · h)	（1）水量适当时，效果比较可靠； （2）气量变动时，适应性较强； （3）压力损失不大； （4）用耐腐蚀材料制造，比较简单	（1）气体速度大时发生液泛，以致不能操作； （2）吸收液含有固体或在吸收过程中生成沉淀时，操作将发生困难； （3）填料价格很高
空　塔	气体的空塔速度为 0.2 ~ 1m/s； 液气比为 0.1 ~ 1L/m³； 压力损失为 267 ~ 2670Pa	（1）构造简单； （2）设备费用比填料塔简单； （3）压力损失小； （4）适于生成沉淀的吸收及同时除尘	（1）喷雾动力消耗大； （2）喷头容易堵塞； （3）容易发生偏流，气、液均匀接触有困难； （4）效果不够可靠； （5）液体容易被气体带走
旋风洗涤器	入口气速为 15 ~ 35m/s； 空塔速度为 1 ~ 3m/s； 液气比为 0.5L/m³； 压力损失为 7 ~ 40kPa	（1）可处理大容量气体； （2）带走的液体量少； （3）构造比较简单； （4）对易溶性气体有效	（1）直径大时效果下降； （2）喷头容易堵塞； （3）必须采用高水压
文丘里洗涤器	喉管处气速为 30 ~ 100m/s； 液气比为 0.3 ~ 1.2L/m³； 压力损失为 40 ~ 120kPa	（1）小设备可以处理大容量的气体； （2）吸收效率较好，几乎可达平衡状态； （3）适合吸收阻力由气膜控制的气体	（1）气体的压力损失大，因而动力费用高； （2）雾沫夹带严重
板式塔	空塔速度为 0.3 ~ 1.0m/s； 板间距为 40cm； 液气比为 1 ~ 10L/m³	（1）有比较少的液体即可操作； （2）如增加塔板数，用一台设备即可处理浓度高的气体	（1）气量急剧变动时不能操作； （2）构造复杂，大型设备的价格很高； （3）吸收的板效率为 10% 左右或更低，效率较低
湍球塔	气速为 1 ~ 5m/s； 液气比为 1 ~ 10L/m³； 压力损失为 8 ~ 11kPa	（1）塔体小而轻，塔径为填料塔的 1/2 以下，填料量为其 1/20 以下； （2）塔不易堵塞； （3）压力损失小	（1）气流速度减小至球开始滚动的速度以下时，即不能发挥应有的效能； （2）气流速度过大，超过了终端速度，则变为输送状态，效果降低； （3）处理大量气体时，比填料塔费用高

续表6-1

名 称	特 性	优 点	缺 点
气泡塔	空塔速度为 30～100m/h（0.01～0.3m/s）；操作时存在于塔内的气体量为 0.04m³；液体流速为 50m/h；气体的压力损失为2～15kPa	（1）液膜吸收系数比填料塔高数倍，适用于液膜控制的吸收；（2）构造简单，容易用耐腐蚀材料制造；（3）在塔内容易安装加热或冷却蛇管	（1）压力损失大；（2）不适于处理大量气体

C 吸附法

吸附法主要用于净化废气中的低浓度污染物质，并用于回收废气中的有机蒸气及其他污染物。

（1）基本原理。吸附法是使废气与多孔性固体（吸附剂）接触，使其中的污染物（吸附质）吸附在固体表面上而从气流中分离出来。当吸附质在气相中的浓度低于吸附剂上的吸附质平衡浓度时，或者有更容易被吸附的物质到达吸附剂表面时，原来的吸附质会从吸附剂表面上脱离而进入气相，这种现象称为脱附。失效的吸附剂经过再生可重新获得吸附能力，再生后的吸附剂可重新使用。

（2）吸附剂。工业吸附剂应满足以下要求：

1）比表面积和孔隙率大；

2）吸附能力强；

3）选择性好；

4）粒度均匀，有较好的机械强度、化学稳定性和热稳定性；

5）使用寿命长，易于再生；

6）制造简单，价格便宜。

（3）吸附催化和吸附浸渍。

1）吸附催化。吸附剂能同时将气体中两种以上的吸附质浓集在其表面上，使吸附质之间更易进行化学反应，称为吸附催化。例如，活性炭可将 SO_2 与氧都吸附在其表面上，发生氧化作用生成 SO_3，在同时有水蒸气存在的条件下，可生成 H_2SO_4、SO_3 和 H_2SO_4，它们都可用水洗法从活性炭表面上除去。

2）吸附浸渍。吸附剂先吸附一种物质，然后再用这种处理过的吸附剂去吸附特定的某种物质，使两者在吸附剂表面上发生化学反应，该处理过程称为吸附浸渍。例如，用吸附了氯气的活性炭去净化含汞废气，使两者生成氯化汞而使含汞废气达到净化。

（4）吸附流程。吸附流程分为间歇式、半连续式和连续式，三种流程的比较如表6-2所示。

表6-2 三种吸附流程的比较

流 程	特 点	应 用
间歇式吸附流程	（1）吸附剂达到饱和后即从吸附装置中移走，或弃置不用，或集中再生；（2）吸附装置本身不设吸附剂再生部分，装置简单，操作方便；（3）吸附质一般不回收	用于小剂量或低浓度废气间断排出以及污染物不需回收的场合

流　程		特　点	应　用
半连续式吸附流程		（1）用两台以上吸附器交替吸附与再生，气体可连续通过吸附器，每台吸附器间断进行吸附与再生； （2）吸附剂反复多次使用； （3）可回收吸附质	用于废气连续排出及污染物需要回收的场合，无论气量大小、浓度高低均可应用
连续式吸附流程	回转床	（1）吸附剂床不断回转，吸附剂在一定部位进行吸附，在另一些部位进行脱附再生； （2）吸附和再生均连续进行，可回收吸附质	用于废气连续排出以及污染物浓度较大、需要回收的场合，用于小气量或中等气量
	输送床	（1）粉状吸附剂加入废气流中吸附污染物，吸附后的吸附剂由除尘器补集； （2）吸附剂一般不再生	用于被吸附的污染物以及吸附后的吸附剂可同时被利用的场合，无论气量大小均可应用

半连续式吸附流程采用两台以上的固定床吸附器。当一台吸附器中的吸附剂达到饱和时，废气就切换到另一台吸附器进行吸附，达到饱和的吸附剂床则进行再生，这样可使吸附净化连续进行，并可回收吸附质。连续式吸附流程则是指吸附剂处于连续运转状态，如移动床吸附器。

（5）吸附设备。根据吸附器内吸附剂床层的特点，可将气体吸附器分为固定床、移动床和流化床三种类型。固定床吸附器可以是单层、双层或四层。一般在一个系统中均有两台或三台吸附器，可轮流进行吸附和再生。移动床吸附器是气、固两相均以恒定速度通过的设备，气体与吸附剂保持连续接触。一般多采用逆流操作，也可采用错流操作。

　　D　燃烧法

燃烧法是通过燃烧将废气中的污染物（可燃气体、有机蒸气、微细的尘粒等）转变成无害物质或容易除去的物质。由于这种方法常常放在所有工艺流程的最后，又称为后烧法，所用设备称为后烧器。与其他处理方法相比，燃烧法的特点是可以处理污染物浓度很低的废气，净化程度很高。可燃废气根据其浓度和氧含量的不同，采用不同方法进行净化。

根据燃烧方式的不同，可将燃烧法分为直接燃烧法、焚烧法和催化燃烧法。

（1）直接燃烧法。直接燃烧法又称直接火焰后烧法，其中包括火炬燃烧法，是将废气直接在密闭或露天的情况下于空气中进行燃烧。直接燃烧法用于处理含有足够可燃物的废气，这些废气不需要助燃而能自身燃烧，这就要求可燃物的浓度必须高于最低发火极限。对于烃类混合物来说，处于最低发火极限的发热量为 1925kJ/m³ 左右。但这种气体的燃烧很不稳定，也不安全。通常为了正常地进行燃烧，直接燃烧法要求废气的发热量在 3347kJ/m³ 以上。如将废气预热至 350℃ 左右，发热量尚可降低。这类废气与普通的气体燃料相近，用一般气体燃料的燃烧装置即可处理。此法可用于处理高浓度的硫化氢、氰化氢、一氧化碳、有机蒸气等废气。硫化氢燃烧后产生的二氧化硫，可用于制造硫酸和亚硫酸钠。直接燃烧法只适用于发热量较高的废气，而不能用于处理污染物浓度很低的废气。对于后一种废气，必须采用焚烧法或催化燃烧法。这两种方法在大气污染控制中获得了比较广泛的应用。

（2）焚烧法。焚烧法是利用燃料燃烧产生的热量将废气加热至高温，使其中所含的污染物分解和氧化。此法一般将废气加热至700℃左右，可处理发热量约达753kJ/m³的废气。焚烧法必须保证燃烧完全，否则将形成燃烧的中间产物，其危害可能比原来的污染物还大。为了保证完全燃烧，必须有过量的氧和足够高的温度，在此温度下要停留足够长的时间，并且要有高度的湍动以保证污染物与氧的充分混合。总之，温度、时间和湍动是保证完全燃烧的三个要素。

（3）催化燃烧法。催化燃烧法是利用催化剂，使废气中的污染物在较低温度下氧化。近年来，催化燃烧法在消除空气污染方面的应用日益广泛。工业废气中的低浓度有机蒸气和恶臭物质，几乎都能用适当的催化剂使之氧化破坏而被除去。虽然直接燃烧法和焚烧法也能达到同一目的，但必须在700～1100℃的温度下进行才能使燃烧完全，因而要消耗大量燃料。催化燃烧法的特点是可使燃烧反应在较低温度下进行，一般为250～500℃，同时可利用热交换器回收热量，这样就有可能使燃烧过程的热量自给或只需少量补充。当废气中的可燃物含量较高时，此法还可以对催化燃烧所产生的热气体的热量加以利用。

E 催化转化法

催化转化法（催化燃烧法实质也属于催化转化法）就是利用催化剂的催化作用，将废气中的污染物转化成无害的化合物或者比原来存在状况更易除去的物质。因工作原理不同，催化转化法可分为催化氧化法和催化还原法。

催化转化法所用的催化剂应具备很好的活性和选择性、足够的机械强度和良好的热稳定性。通过催化剂床层的气体，应无粉尘及其他可使催化剂中毒的物质。

催化剂一般由活性物质载于载体上组成。有些催化剂中还加入助催化剂，以改善催化剂性能。

6.1.3.2 二氧化硫烟气的净化回收

硫是构成地壳和生物界的一个重要元素，大气中含有一定数量的、极低浓度的硫化合物是必要的。在远离人类活动的地方，生物过程、海水飞溅和火山活动等自然现象排放的硫化物量，均能适应地壳构成和生物界的需要，并处于自然平衡状态中。

另外，由于工业的迅速发展，人为排放的硫化物量，尤其是SO_2量，破坏了自然界大气硫化合物的自然平衡。所以，对人为排放SO_2的控制已成为人们十分关注的问题。

SO_2是一种无色、具有令人窒息的刺鼻气味和强烈涩味的气体，其化学性质非常活泼，具体表现如下。

（1）与水反应。SO_2溶解在水中形成亚硫酸，呈酸性反应：

$$H_2O + SO_2 \Longrightarrow H_2SO_3 \Longrightarrow H^+ + HSO_3^- \Longrightarrow 2H^+ + SO_3^{2-}$$

（2）与碱反应。SO_2溶于水后极易与碱性物质发生化学反应，形成亚硫酸盐；碱过剩时，生成正盐；SO_2过剩时，生成酸式盐。

$$2MeOH + SO_2 \Longrightarrow Me_2SO_3 + H_2O$$

$$Me_2SO_3 + SO_2 \Longrightarrow Me_2S_2O_5$$

$$Me_2SO_3 + SO_2 + H_2O \Longrightarrow 2MeHSO_3$$

$$MeHSO_3 + MeOH \Longrightarrow Me_2SO_3 + H_2O$$

（3）与氧化剂反应。SO_2 与氧化剂的反应有：

1）催化氧化。

$$SO_2 + \frac{1}{2}O_2 + H_2O \xrightarrow{\text{催化剂}} H_2SO_4$$

2）光化学氧化。SO_2 在波长为 290～400nm 的光的作用下，可发生光化学氧化反应，形成 SO_3。

$$SO_2 \xrightarrow{\text{hr}} SO_2^*$$

$$SO_2^* + \frac{1}{2}O_2 = SO_3$$

式中　hr——紫外光量子；

SO_2^*——激发态的 SO_2。

（4）与还原剂反应。SO_2 在各种还原剂的作用下，可被还原成元素硫或硫化氢。

（5）与金属氧化物反应。金属氧化物对 SO_2 具有吸收能力。

从排烟中去除 SO_2 的技术简称为"排烟脱硫"。对高浓度 SO_2 烟气，可用接触法自热生产硫酸，而低浓度 SO_2 烟气的处理则比较复杂。据统计，目前排烟脱硫方法已有 80 多种。

A　高浓度二氧化硫烟气的净化回收

凡是能满足接触法自热生产硫酸的 SO_2 烟气（SO_2 的浓度达 2% 以上），均称为高浓度 SO_2 烟气。此类烟气常采用接触法生产硫酸。

高浓度 SO_2 烟气接触法生产硫酸的基本流程如图 6-1 所示。

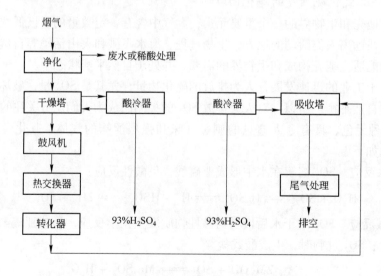

图 6-1　高浓度 SO_2 烟气接触法生产硫酸的基本流程

B　低浓度二氧化硫烟气的净化回收

凡是不能满足接触法自热生产硫酸的 SO_2 烟气（SO_2 的浓度在 2% 以下），均称为低浓

度 SO_2 烟气。其控制方法通常包括采用低硫燃料、烟气脱硫和烟气的高烟囱排放稀释等方法。

（1）采用低硫燃料。人为排放的 SO_2 中，约 2/3 来自煤的燃烧，约 1/5 来自石油的燃烧。可见，采用低硫燃料对减少 SO_2 排放起到重要作用。由于低硫燃料的资源有限，一些国家不得不研究燃料脱硫，力图将燃料硫含量降至 0.5% 以下。目前燃料脱硫的基本状况是技术趋于成熟，但脱硫率低、费用高，要在工业上应用，仍需做出巨大的努力。

（2）烟气脱硫。烟气脱硫的方法可分为湿法和干法两种。用水或水溶液作吸收剂吸收烟气中 SO_2 的方法，称为湿法脱硫；用固体吸收剂或吸附剂吸收或吸附烟气中 SO_2 的方法，称为干法脱硫。此外，根据工艺过程原理，烟气脱硫方法又可分为吸收法（湿法或干法）、吸附法（干法）和氧化法（干法）等。除此之外，还有催化氧化法、SO_2 直接催化还原法、电子束烟气脱硫等技术。干法脱硫处理过程的优点是：不产生废水、废渣；可同时脱硫、脱硝，并可达到 90% 以上的脱硫率和 80% 以上的脱硝率；系统简单，操作方便，过程易于控制；对于不同硫含量的烟气和烟气量的变化，有较好的适应性和负荷跟踪性；副产品为硫铵和硝铵混合物，可用作化肥；脱硫成本低于常规方法。

6.1.3.3 含氟烟气的处理

A 环境中氟化物的来源

氟元素位于周期表中第二周期第ⅦA族，发现于 1813 年。1886 年，首次成功地在白金容器中对熔融的酸性氟化钾电解，并在阳极分离得到了气体氟。氟的外层电子构型为 $2s^2 2p^5$，电负性极强，很容易从其他元素获得一个电子而成为 -1 价氧化态氟离子 F^-，也可与另一个原子的未成对电子配对形成共价键。

氟化物的溶解度差别很大。20℃时，氟化钙的溶解度只有 40mg/L，氟磷灰石为 200~500mg/L，而氟化钠则高达 40540mg/L。氟化物的较高溶解度使它广泛存在于土壤、水体和动植物体内，是生物的必需微量元素。当其浓度超过一定的临界浓度时，就会成为生物的有毒污染元素。

工业生产过程中排放的含氟"三废"，主要是使用冰晶石（Na_3AlF_6）、萤石（CaF_2）、磷矿石（$3Ca(PO_4) \cdot 2CaF_2$）和 HF 的企业排放的。电解铝企业以冰晶石为电解质，以 NaF、CaF_2、AlF_3 为添加剂，在高温下，电解过程中产生 HF 和 SiF_4 气体及含氟粉尘，每生产 1t 铝要排放 15kg HF、8kg 氟尘和 2kg SiF_4。某些稀有金属生产过程中也存在氟污染问题，氟和氟化物主要来自精矿中所含的氟以及采用氢氟酸作为反应剂的过程，如包头精矿氯化废气中含氟 $6.45kg/m^3$；包头稀土精矿用硫酸焙烧时，焙烧窑尾产生的含氟废气中氟含量达 $14g/m^3$。在钽铌冶炼厂中，氟化氢是主要的废气污染物。有些金属矿石也含有氟，它们在选矿、烧结及冶炼过程中也要排放氟。煤中氟含量为 $0.034~0.26mg/m^3$，有的高达 $1.19mg/m^3$，煤燃烧时 78%~100% 的氟排出来，所以大量耗煤的工业部门也可成为重要的氟污染源。

氟化氢对人体的危害比 SO_2 大 20 倍，当空气中氟化物超过 $1mg/m^3$ 时，对人的眼睛、皮肤和呼吸器官产生直接危害。

B 含氟烟气的净化技术

目前常用的含氟烟气处理方法如表 6-3 所示。

表6-3 含氟烟气处理方法

处理方法	要 点	优 缺 点
稀释法	向有含氟气体的厂房送进新鲜空气或将含氟烟气从高空排放以扩散稀释	优点：投资和运行费低廉，管理方便
		缺点：在不利的气象条件下，有时会把污染物转移他处
除尘法	用除尘方法把烟气中的固态氟颗粒和粉尘分离出去	优点：处理工艺简单，运行比较可靠
		缺点：对气态氟几乎没有净化效果
吸收法（湿法）	用水、碱性溶液或某些盐类溶液吸收烟气中的氟化物	优点：净化设备体积小，易实现净化工艺过程的连续操作和回收各种氟化物，净化效果较高
		缺点：湿法会造成二次污染，在寒冷地区需保温
吸附法（干法）	以粉状或粒状吸附剂吸附烟气中的氟化物	优点：进化效率高，工艺简单，便于管理，没有水的二次污染，不受各种气候的影响

铝电解生产过程所排出的工业废气中，气态氟化物和固态氟化物的比率视槽型不同而不同。自焙槽的污染物中，气态占60%～90%；预焙槽中，气态污染物约为50%。一般规定每吨铝的污染物排放量不得超过1kg。含氟烟气的净化技术有湿法和干法两种。

　　a　含氟烟气的湿法净化

湿法净化电解铝车间烟气的工艺流程，分为地面排烟净化系统和天窗排烟净化系统。地面排烟净化系统是净化电解槽上方由集气罩抽出的含氟化物多的烟气，而天窗排烟净化系统是净化由于加工操作或集气罩等装置不够严密而泄露在车间的含氟化物烟气。

地面排烟净化系统是以水或氢氧化钠水溶液为吸收剂来吸收烟气中的氟化物。若以氢氧化钠溶液为吸收剂，在吸收氟化物的溶液中加入偏铝酸钠（$NaAlO_2$）可回收冰晶石（Na_3AlF_6）；若以水为吸收剂，在吸收氟化物的水溶液中加入氧化铝可回收氟铝酸，加入碱可回收冰晶石。冰晶石是炼铝不可缺少的原料。

天窗排烟净化系统的装置通常安装在厂房顶上，为减少排烟阻力，在排风机后直接安装喷射洗涤吸收器和除雾器。地面排烟净化系统的氟化物去除率达90%～95%，天窗排烟净化系统的氟化物去除率为70%～90%。

　　b　铝电解烟气的干法净化

干法净化就是用铝电解槽的原料氧化铝作吸附剂，吸附烟气中的HF并截留烟气中的粉尘，吸附了HF的氧化铝仍为电解的原料。氧化铝对HF的吸附主要是化学吸附，在吸附过程中，氧化铝表面生成单分子层吸附化合物，1mol氧化铝吸附2mol HF，这种表面化合物在300℃以上转化成AlF_3分子，即：

$$Al_2O_3 + 6HF = 2AlF_3 + 3H_2O$$

这一过程的进行速度极快，在0.25～1.5s内即可完成，其吸附效率可达98%～99%。铝工业用的氧化铝因焙烧温度不同，其比表面积和表面活性有所差别，使它对HF的吸附性能也有所不同。用于干法净化的氧化铝，要求其比表面积大于$35m^2/g$，且α-Al_2O_3含量不应超过35%，对砂状氧化铝的比表面积和α-Al_2O_3含量的要求就是根据这种需要提出的。干法净化比较适于预焙槽的烟气净化。

干法净化具有流程短、设备简单、净化效率高、没有废液（相对湿法净化）需要再处

理且载氟 Al_2O_3 又可返回电解槽等优点，故被铝厂广泛采用。其主要缺点是烟气粉尘中的杂质，如铁、硅、硫、钒、磷等化合物也被返回电解槽，并且会在循环中不断富集，对铝的质量和电流效率产生不利的影响。

自焙槽的烟气中含有焦油，所以必须预先除去焦油（焚烧）才能采用此法。

c 含氟铁矿烧结厂和铁合金厂含氟烟气的净化

含氟铁矿烧结厂采用的含氟烟气净化方法，是用石灰水洗涤和中和烟气中的氟，泥渣送尾矿库，水循环使用。实际生产证明，该法除氟效率达90%以上，除氟尘效率达75%以上，系统阻力不超过40kPa，洗涤塔操作正常。

铁合金厂排出的含氟废气目前采用湿法净化。矿热炉排放出的含氟烟气用烟罩集中，经风机送到洗涤塔。酸性吸收液用石灰中和，循环使用，沉渣经压滤后供进一步处理。

6.1.3.4 含铅烟气的净化技术

铅加热熔化时产生大量铅蒸气，它在空气中可生成铅的氧化物微粒。废气中含有铅蒸气及细小的氧化铅微粒，称为铅烟。铅的氧化物包括一氧化二铅、一氧化铅、二氧化铅、三氧化二铅和四氧化三铅。

A 铅烟的污染原因和来源

铅造成空气污染的主要原因是人类活动所产生的铅烟、铅尘，它们的污染原因和来源列于表6-4中。

表6-4 铅烟的污染原因和来源

污染原因	(1) 含铅矿石的开采和冶炼使烟尘、铅烟进入空气； (2) 燃烧煤和油所产生的飘尘中含铅约万分之一； (3) 铅的二次熔化和加工产生铅烟、铅尘； (4) 燃烧汽油时将所含的烷基铅排入大气； (5) 含铅油漆、涂料在生产与使用中产生烟尘，油漆脱落会使铅进入空气； (6) 铅化合物与铅合金生产中产生含铅飘尘
来源	(1) 铅、锌、银及其他含铅金属矿山和冶炼厂； (2) 电厂锅炉、各种燃煤及燃油的工业炉窑； (3) 熔制铅锭、铅条、铅板、铅管的铅制品厂； (4) 铅合金厂、蓄电池厂、印刷厂及含铅合金轴瓦的制造过程； (5) 汽车及其他燃油车辆； (6) 含铅油漆、涂料的生产厂，使用含铅油漆涂料的陶瓷厂、搪瓷厂； (7) 铅化合物的生产厂，使用铅化合物的塑料厂、橡胶厂、化工厂； (8) 铅制品及铅合金制品的焊接和熔割过程； (9) 使用含铅油漆的机器、设备、家具、建筑

B 铅烟的净化技术

对铅烟的净化可以采用高效除尘器，也可以采用化学吸收。化学吸收对铅烟中的微细颗粒和铅蒸气有较好的净化效果。

（1）稀醋酸吸收法。该法通常采用两级净化：第一级用袋滤器除去较大颗粒，第二级用化学吸收（斜孔板吸收塔兼有除尘和净化作用）。吸收剂为 0.25% ~ 0.3% 的稀醋酸，吸收产物为醋酸铅。稀醋酸吸收法可净化氧化铅和蓄电池生产中所产生的铅烟、铅尘，也可用于净化熔化铅合金时产生的含铅烟气。主要化学反应为：

$$2Pb + O_2 \Longrightarrow 2PbO$$

$$Pb + 2CH_3COOH \Longrightarrow Pb(CH_3COO)_2 + H_2$$

$$PbO + 2CH_3COOH \Longrightarrow Pb(CH_3COO)_2 + H_2O$$

该法的优点是：装置简单，操作方便，净化效率高，生成的醋酸铅可用于生产颜料、催化剂和药剂等。其缺点是：吸收剂（醋酸）腐蚀性强，对设备的防腐蚀要求较高。

（2）氢氧化钠溶液吸收法。吸收剂为 NaOH 溶液，吸收产物为亚铅酸钠。主要化学反应为：

$$PbO + 2NaOH \Longrightarrow Na_2PbO_2 + H_2O$$

该法的优点是：在同一净化器内进行除尘和吸收，设备简单，操作方便，净化效率较高。其缺点是：气相接触时间较短，当烟气中铅含量小于 $0.5mg/m^3$ 时，净化效率较低（低于80%）；吸收液未利用，有二次污染问题。

6.1.3.5　汞及其化合物的净化技术

汞在常温下即可蒸发。空气中的汞包括汞蒸气和含汞化合物的粉尘。

自然界中汞的总量虽大，但由于分布均匀、浓度较低，一般不会对环境造成危害。汞造成环境污染的主要原因是由于人类活动而将其带入环境。

含汞粉尘可用各种除尘器除去，汞蒸气的净化方法列于表6-5中。

表6-5　汞蒸气的净化方法

净化方法		要点
冷凝法	常压冷凝法	常压下冷却降温，使高浓度汞蒸气降温冷凝成液体
	加压冷凝法	加压至20MPa，两级冷却至4℃
吸附法	活性炭吸附法	以活性炭作吸附剂，或用充氯、充碘化钾的活性炭吸附剂，或将金、银、铝、铅等负载在活性炭上作吸附剂
	阿莱德化学公司法	在熔融氧化铝上载10%左右的金属银作吸附剂
	科德罗矿业公司法	将金、银载于玻璃丝、镍丝、粒状氧化铝或多孔陶瓷上作吸附剂
	分子筛吸附法	用分子筛作吸附剂
吸收法	高锰酸钾吸收法	用高锰酸钾溶液作吸收剂，用斜孔板塔、填料塔或文氏管和填料塔两级吸收汞蒸气，吸收效率较高
	过硫酸铵-文氏管吸收法	用过硫酸钠作吸收剂，以文氏管为吸收设备
	多硫化钠吸收法	用多硫化钠作吸收剂，在焦炭作填料的填料塔中进行吸收
	硫酸-软锰矿吸收法	用软锰矿与硫酸配成吸收液进行吸收
	次氯酸钠吸收法	次氯酸钠有效氯含量为 $0.02 \sim 25g/L$，$pH = 9 \sim 10.5$
气相反应法	碘升华法	利用结晶碘升华成碘蒸气，与汞蒸气发生气相反应，生成碘化汞沉淀

冷凝法适用于对高温的高浓度汞蒸气进行冷凝净化，但净化后的气体中汞含量还较

高，往往需要再用吸收法或吸附法对含汞气体进行二级或三级净化。

（1）冷凝吸附法。此法一级净化设备用列管式冷凝器（用水冷却），二级净化设备用吸附器（用活性炭）。净化装置由焙烧炉、冷凝器、吸附器、集汞槽、真空泵等组成，系统在负压下操作。冷凝法的优点是：装置简单，操作容易，可以净化汞浓度高的废气，可回收汞。其缺点是：冷凝后汞浓度仍然很高，吸附剂的吸附容量较小，有时达不到排放标准。

（2）高锰酸钾吸收法。本法用于净化锌-汞电池作业中所产生的含汞废气，吸收剂为高锰酸钾溶液，吸收产物为氧化汞、汞与二氧化锰的络合物。其工艺流程为：含汞废气在斜孔板吸收塔内用高锰酸钾溶液进行循环吸收，净化后的气体排空；断续地向吸收液中补加高锰酸钾，以维持高锰酸钾溶液的浓度。吸收后产生的氧化汞和汞-锰络合物可用絮凝沉淀法使其沉降分离，含汞废渣积累起来用焙烧法进行处理。主要化学反应为：

$$2KMnO_4 + 3Hg + H_2O = 2KOH + 2MnO_2 + 3HgO$$

$$MnO_2 + 2Hg = Hg_2 \cdot MnO_{2(络合物)}$$

高锰酸钾吸收法的优点是：装置简单，加工和安装容易，净化效率高；吸收设备用斜孔板吸收塔，比填料塔或文氏管的吸收效果好。其缺点是：应用于汞浓度高的废气时，需经常补加高锰酸钾，操作复杂，净化效率也下降。

（3）液体吸收-充氯活性炭吸附法。此法一级净化设备用填料塔（用硫酸-软锰矿或硫酸-多硫化钠作吸收剂），二级净化设备用固定床吸附器（用充氯活性炭作吸附剂），可净化火法炼汞产生的高浓度含汞废气。液体吸收-充氯活性炭吸附法的优点是：能净化高浓度含汞废气，净化效率高，可以使气体中的汞含量达到卫生标准；能够回收废气中的汞，回收汞的价值大于净化费用。其缺点是装置较复杂。

6.1.3.6 沥青烟气的净化技术

沥青为固态、棕黑色的多组分混合物，断裂处有光泽。按来源，其可分为石油沥青、煤焦沥青和木焦沥青、天然沥青和页岩沥青等。

石油沥青的含量随原油品种和加工方法的不同波动很大。煤焦沥青占煤焦油的55%左右，占整个炼焦用煤的2%左右。沥青中含有26.1%~40.7%的游离碳，其余为烃类及其衍生物。沥青加热与含沥青物质燃烧时，均可产生沥青烟气。

沥青的组分相当复杂。煤焦沥青中含有几十种乃至上百种的物质，其中含有吖啶类、酚类、吡啶类、蒽类等对人体有害的有机物。

长时期在沥青烟雾下作业的工人，由于受到沥青有害组分的刺激作用，对肌体可引起急性或慢性伤害。一般初次接触高浓度沥青烟雾或对沥青敏感的人，最易引起急性伤害。通常以面颊、手背、前臂、颈项等裸露部位受到的伤害最为明显，最常见的症状为日光性皮炎、痤疮性皮炎、毛囊炎、疣状赘生物等。因此，沥青烟气对人体的影响不应忽视。

A 沥青烟气产生的原因及来源

凡是生产与使用沥青的过程均可产生沥青烟气，含沥青物质在热燃烧时也会产生沥青烟气。

铝电解生产中需用的炭素材料主要有三种，即阳极糊、预焙阳极块和阴极炭块。前两种分别用作电解槽的阳极材料，它是不断消耗的；阴极炭块是电解槽内衬材料，同时也充当阴极。

　　铝电解厂采用的阳极或阳极糊一般都用煤焦沥青作黏结剂，其组分为18%～25%的游离碳、60%～70%的挥发分、不大于5%的水分以及少量灰分。预焙阳极内的沥青挥发分，一部分在阳极焙烧炉内燃烧掉，另一部分经捕集回收利用。因此预焙电解厂的烟气组分中，一般不存在沥青挥发物。目前我国大多数铝厂都采用侧插槽和上插槽，添加到阳极箱内的阳极糊利用电解过程产生的热量连续焙烧，此时阳极糊内的沥青挥发物就大量逸出，成为自焙阳极铝电解厂烟气组分中的一种主要污染物质。

　　生制品焙烧工序的焙烧炉是主要污染源，排放的沥青烟气含有3,4-苯并芘等致癌物，受到人们关注。此外，沥青熔化和混捏成型工序也产生少量沥青烟气。

　　B　沥青烟气的治理

　　沥青烟气中既有由沥青挥发组分凝结成的固体和液体微粒，又有蒸气状态的有机物，其净化方法列于表6-6中。

表6-6　沥青烟气的净化方法

净化方法	处理对象	要　　点
静电捕集法	电极焙烧炉废气	用立式同心圆电除雾器捕集沥青烟气
冷凝法	喷涂沥青废气	喷水雾直接冷凝，沉降分离
燃烧法	耐火砖涂沥青废气	引入烘焙炉烟道内燃烧
冷凝-燃烧法	氧化沥青废气	先冷凝回收焦油，未凝部分引入加热炉内燃烧
冷凝-吸附法	沥青砖拌砂工序废气	先冷凝出部分液体后，用白云石粉或细炭粒作吸附剂，在输送床吸附器内吸附沥青烟气，然后用袋滤器回收吸附剂
	炭素焙烧沥青烟气	
吸附法	混捏锅烟气	以活性炭作吸附剂，用固定床吸附器吸附
吸收法	焦化厂废气	用洗油作吸收剂，在填料塔内吸收
机械分离法	沥青砖拌砂工序废气	废气中含粉尘和沥青烟气，向其中喷蒸气增大烟气颗粒直径，然后在沉降室与旋风除尘器中使气体与颗粒分离

　　（1）密闭式焙烧炉烟气的治理。我国钢铁工业主要使用石墨电极，大多采用密闭式焙烧炉，排放烟气中焦油浓度高、轻馏分多，若将烟气温度控制在沥青软化点附近，则净化捕集物可呈现较好的流动性。由于电收尘净化效率高、能耗低，又不存在炭粉吸附法中将杂质带入生产系统的问题，故国内一直采用干式电收尘器净化这种烟气。

　　（2）敞开式焙烧炉烟气的治理。我国铝工业生产预焙阳极块大多采用敞开式焙烧炉，排放烟气温度高、粉尘多且焦油成分中轻馏分少。此外，阳极配料中掺有22%的含氟电解残极，所以烟气中还含有这种有害气体。若采用干式电收尘器，捕集物的流动性不好，清理有困难，同时对氟也没有净化效果。目前国内有湿法捕集和干法吸附两种净化技术。

　　1）湿法捕集。以贵州铝厂于20世纪70年代引进的阳极焙烧炉烟气净化系统为代表，其工艺流程示意图如图6-2所示。该法用NaOH稀溶液循环洗涤烟气中的HF和少量SO_2，排出的洗涤液（含NaF和Na_2SO_4）用$CaCl_2$处理生成CaF_2和$CaSO_4$，再加PA-322絮凝剂，使焦油和粉尘一起沉淀过滤后（干渣）弃去。湿法捕集的缺点是：工艺流程比较复杂，需要有配套的水处理设施；pH值控制要求高，否则会引起设备腐蚀。

图 6-2　湿法捕集净化工艺流程示意图

2) 干法吸附。以青海铝厂和包头铝厂于 20 世纪 80 年代引进的美国 PEC 和法国 AIE 公司干法净化技术为代表，其工艺流程示意图如图 6-3 所示。此工艺流程很简单，将 Al_2O_3 加入到经全蒸发冷却塔降温后的烟气中，吸附烟气中的氟和沥青焦油，用布袋除尘器进行气固分离，吸附后的 Al_2O_3 返回电解槽使用，净化后的烟气排入大气。干法吸附的优点是：冷却水全部蒸发，没有废水外排；由电解残极带来的氟被吸附后又送回电解使用，化害为利；同时，水滴运动到塔壁前全部蒸发掉，没有腐蚀问题；排放指标先进，远低于国家排放标准。

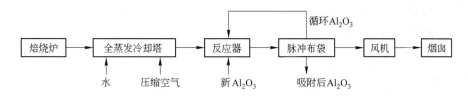

图 6-3　干法吸附净化工艺流程示意图

（3）沥青熔化和混捏成型烟气的治理。这类沥青烟气排出的焦油总量小，但有时瞬时浓度很高、波动较大，目前国内处理技术分为水洗法和炭粉吸附法两类。

6.1.3.7　酸雾及含氯废气的净化技术

酸雾指雾状的酸类物质，常见的有盐酸雾、硫酸雾、硝酸雾、氢氰酸雾和铬酸雾。可生成酸雾的物质很多。液态酸蒸发时可形成酸雾，某些气体与空气中的水蒸气作用也可生成酸雾，如氯化氢和水蒸气生成盐酸雾、三氧化硫和水蒸气生成硫酸雾等。氯气可与空气中的水蒸气反应生成次氯酸和氯化氢，进而也可生成酸雾。

在有色金属冶炼过程中常排出含氯废气，如采用克劳尔法生产海绵钛或海绵锆的工厂、采用氯化法生产钛白的工厂以及采用氯化焙烧的稀土工厂，都排出含氯废气。镍和钴在冶炼生产中也排出含氯废气。

氯气是剧毒物质，氯气治理方法视其浓度高低而定。当氯气含量大于 1% 时应采用回收方法，具体办法是：采用水、四氯化碳或一氯化硫等吸收剂进行吸收，然后将吸收液送解吸塔，用加热、吹脱或减压方法解吸并回收氯。当氯气浓度低时则应采用净化方法，通常用氢氧化钠水溶液或石灰乳中和，也可以用二氯化铁净化氯气。

酸雾和含氯废气多用液体吸收法进行净化，净化效果和经济效益主要取决于吸收剂和净化设备的选择。

（1）在克劳尔法生产海绵钛的过程中，钛精矿经氯气氯化后，气体产物经收尘和冷凝得到粗四氯化钛，再经精制除硅、钒等杂质，精四氯化钛用镁还原后，真空蒸馏除去氯化镁，最终得到海绵钛产品。海绵钛厂的氯气污染除来自其氯化过程外，还来自其为利用副产物氯化镁在生产中实现氯、镁循环而设置的镁电解车间。含氯废气主要来自氯化炉生产前期和后期因反应不正常而产生的尾气、氯化炉排渣时带出的烟气、四氯化钛收尘和冷凝后排放的废气。其组成除氯外，还含有光气（$COCl_2$）、四氯化钛、四氯化硅以及由于氯水解而产出的氯化氢。氯气的净化一般采用氯化亚铁吸收法，即用稀盐酸溶解铁屑得到氯化亚铁溶液，与废气中的氯反应生成氯化高铁而使氯被溶液吸收。一般来讲，采用三级串联的喷淋塔时，氯的净化效率可达90%左右，副产物为氯化高铁。

（2）氯化法生产钛白的工厂具有与海绵钛厂氯化、精制基本相同的车间。在氯化法生产钛白的工厂中，精制后的四氯化钛加入氧化反应器中被氧化成二氧化钛，分离出的氯气返回利用；而在生产系统开、停时，氯浓度低的氧化尾气则经处理后排放。处理此种氯气也有采用石灰乳吸收法的，废气经石灰乳两段循环淋洗吸收后，经烟囱排放。

（3）稀土冶炼厂的含氯废气主要来自稀土精矿的氯化以及混合氯化稀土的熔盐电解等过程，如包头精矿的氯化，从氯化炉排出的废气中含氯 $17.36g/m^3$、含氟 $6.45g/m^3$，用稀氢氧化钠溶液三级循环淋洗吸收后，氯的净化率可达95%以上。用混合氯化稀土熔盐电解生产稀土金属时，从电解槽上部排出含氯废气，氯浓度低（$0.2g/m^2$）而废气量大，用稀氢氧化钠溶液进行两段循环淋洗吸收后，氯的净化率可达95%左右。

6.1.3.8　除尘技术

A　烟尘对人体健康的影响

长期在含尘环境中从事生产劳动，粉尘会给人体健康带来不同程度的危害。粉尘的分散度、化学组分、溶解度及吸入数量等，是人体受害的主要因素。通常悬浮在生产车间空气中的尘粒直径大都在 $10\mu m$ 以下，其中小于 $2\mu m$ 者占 40% ~ 90%。这样大比例的微小尘粒长时间地悬浮在空气中，被人体吸入的机会较多，给人体带来的危害也较大。

除一些属于工业性毒物的粉尘以外，就一般惰性粉尘而言，尘粒的化学组分及其在水中的溶解度对人体的危害有重要意义。一般来说，尘粒在水中的溶解度越大，对人体潜在的危害越大。

B　烟尘的来源

有色金属冶金生产中的很多工序都产生大量烟尘。氧化铝厂的废气和烟尘，主要来自熟料窑、焙烧窑、水泥窑等生产设备。物料破碎、筛分、运输等加工过程也会散发大量粉尘，包括矿石粉、熟料粉、氧化铝粉、碱粉、煤粉和煤粉灰等。

电解铝厂散发的最主要的污染物是氟化物，其次是氧化铝卸料、输送过程中产生的各类粉尘。铝电解槽排放的氟化物有两种形态：一种是气态氟化物，它是由氟化盐水解产生的，主要成分是氟化氢，其次是四氟化碳、四氟化硅；另一种是固态氟化物，包括电解质挥发、氟化铝升华的凝聚物和含氟粉尘，其中 10% ~ 20% 可溶于水，这种可溶性氟比不溶性氟危害更大。自焙槽用的阳极糊因含水分和碳氢化物，故烟气中气氟含量比预焙槽高。氟化氢占氟化物总量的比例，自焙槽约为 2/3，预焙槽只有 1/2 左右。

电解车间粉尘的散发量取决于槽型、工作制度、原料储运方式及其物理性质。三种主要槽型中，侧插自焙槽的粉尘散发量最大；而上插自焙槽因为打壳加料均在裙式集气罩的外面进行，粉尘大部分散发到车间里；中间打壳加料型预焙槽的粉尘散发量很小。

C　烟尘的净化技术

a　尘粒的排放系数及其性质

冶金工业中的各种污染源因生产工艺、设备和规模不同，所排放尘粒的性质和数量也各异。一般为了粗略估计，可利用"排放系数"这一参数。排放系数是指在一定的原料和生产工艺条件下，采用或不采用污染控制设备时，与单位数量产品或单位数量原料所对应的尘粒排放量。

对于尘粒，可以用影响分离机理的几种物理特性进行描述。这些性质中最重要的是粒子尺寸和密度，此外，还有电阻率、附着性、粒子形状、亲水性、腐蚀性、毒性、爆炸性等。由于尘粒常常是由大小不等的粒子所组成的，为了表示它的特性，还要知道它的粒径分布。粒径分布指的是各种粒径的粒子在全部粒子中的分级分布率。尘粒的密度对于除尘装置的性能影响很大，密度越大，对除尘越有利。特别是对于利用重力、惯性力或离心力的机械除尘装置，密度的影响更大。粉尘常常是粒子的集合体，粒子之间有很多间隙，因而粉尘的体积密度要比真密度小得多。间隙体积占粉尘总体积之比称为孔隙率。孔隙率越大，则体积密度越小，粉尘的捕集就越困难。对于真密度与体积密度之比超过 10 的粉尘，要特别注意防止发生再飞扬现象。

b 除尘装置的分类

尘粒的电阻率对于电除尘和过滤除尘装置的性能有很大影响。一般来说，工业尘粒的电阻率介于 10^{-14}（炭黑）$\sim 10^{-3} \Omega \cdot cm$ 之间。电阻率太低或太高的尘粒均不适于采用电除尘器，最适宜的电阻率范围是 $10^4 \sim 2 \times 10^{10} \Omega \cdot cm$。在此范围之外，可对尘粒进行适当处理以改变其电阻率。

根据各种除尘装置的除尘机理，可将其主要分为四大类，即机械除尘器、湿式除尘器、电除尘器和过滤除尘器。各种除尘装置的除尘机理和适用范围如表 6-7 所示。

表 6-7 各种除尘装置的除尘机理和适用范围

除尘装置	除尘机理								适用范围
	沉降	离心作用	静电吸引	过滤	碰撞	声波吸引	折流	凝集	
沉降室	○	—	—	—	—	—	—	—	燃煤烟通气除尘，水泥、磷酸盐、石膏、氧化铝、石油加工时的除尘，石油精制氧化剂的回收，喷雾干燥等
挡板式除尘器	—	—	—	—	○	—	●	●	
旋风除尘器	—	○	—	—	●	—	—	●	
湿式除尘器	—	●	—	—	○	—	●	●	石灰窑、磷酸盐与石膏加工时的除尘，硫铁矿焙烧及硫酸、磷酸、硝酸生产的除尘等
电除尘器	—	—	○	—	—	—	—	—	燃煤（或油）烟通气除尘，石灰窑及磷酸盐、石膏、氧化铝加工时的除尘，磷酸雾的清除，石油裂化催化剂的回收等
过滤除尘器	—	—	—	○	●	—	●	●	磷酸盐、石膏、氧化铝加工，杀虫剂与杀菌剂生产，二氧化钛加工，炭黑生产和喷雾干燥等方面的除尘
声波除尘器	—	—	—	—	●	○	●	●	

注：○为主要机理，●为次要机理。

6.1.3.9　氮氧化物的净化技术

氮氧化物包括 N_2O、NO、NO_2、N_2O_3、N_2O_4 和 N_2O_5，总称氮氧化物，用 NO_x 表示。

造成空气污染的氮氧化物主要是 NO 和 NO_2，它们大部分来源于矿物燃料的燃烧过程（包括汽车及一切内燃机所排放的 NO_x），有的也来自生产或使用硝酸的工厂排放的尾气，还有的来自氮肥厂、有机中间体厂、黑色及有色金属冶炼厂等。

氮氧化物浓度高的气体呈棕黄色，从工厂烟囱排放出来的氮氧化物气体称为"黄龙"。

一般空气中的 NO 对人体无害，但当它转变为 NO_2 时就具有腐蚀性和生理刺激作用，因而有害。此外，NO_2 还能降低远方物体的亮度和反差，是形成化学烟雾的主要因素之一。

NO_2 的危害具体如下：

（1）毁坏棉花、尼龙等织物，破坏染料使其褪色，并腐蚀镍青铜材料。

（2）损坏植物。NO_2 浓度在 $1.02mg/m^3$ 以下持续 35 天，能使柑橘落叶和发生萎黄病；在 $0.51mg/m^3$ 以下 8 个月，柑橘即减产。

（3）一般城市空气中的 NO_2 浓度能引起急性呼吸道病变。试验证明，在每天 NO_2 浓度为 $0.13\sim0.18mg/m^3$ 的条件下，经 6 个月，儿童的支气管炎发病率有所增加。

从燃烧装置排出的氮氧化物主要以 NO 形式存在。NO 比较稳定，在一般条件下，它的氧化还原速度比较慢。从排烟中去除 NO_x 的过程简称"排烟脱氮"（或称"排烟脱硝"）。它与排烟脱硫相似，也需要应用液态或固态的吸收剂或吸附剂来吸收或吸附 NO_x，以达到脱氮的目的。NO 不与水反应，几乎不会被水或氨所吸收。例如，当 NO 和 NO_2 以等物质的量存在时（相当于无水亚硝酸 N_2O_3），则容易被碱液吸收，也可被硫酸吸收，生成亚硝酰硫酸（$NOHSO_4$）。

由于排烟中的 NO_x 主要是 NO，在用吸收法脱氮之前需要将 NO 进行氧化。关于 NO 的氧化方法各国都做了许多研究工作，如用臭氧将 NO 氧化成 NO_2 的研究工作，虽然其早就在进行，但是直到现在还没有很好地投入实际应用。

目前排烟脱氮的方法有非选择性催化还原法、选择性催化还原法、吸收法和吸附法等。

A　非选择性催化还原法

非选择性催化还原法是应用铂作催化剂，以氢或甲烷等还原性气体作还原剂，将烟气中的 NO_x 还原成 N_2。所谓非选择性，是指反应时的温度条件不仅仅控制在使烟气中的 NO_x 还原成 N_2，而且在反应过程中还能有一定量的还原剂与烟气中的过剩氧作用。此法选取的温度范围为 $400\sim500℃$。

该法所用的催化剂除铂等贵金属外，还可使用钴、镍、铜、铬、锰等金属的氧化物。

在非选择性催化还原法脱氮的实际装置中，要有余热回收装置。

B　选择性催化还原法

选择性催化还原法是以贵金属铂或铜、铬、铁、钒、钼、钴、镍等的氧化物（以铝矾土为载体）为催化剂，以氨、硫化氢、氯-氨及一氧化碳等为还原剂，选择最适宜的温度范围进行脱氮反应。这个最适宜的温度范围随着所选用的催化剂、还原剂以及烟气流速的不同而不同，一般为 $250\sim450℃$。

根据所选用还原剂的不同，选择性催化还原法可分为氨催化还原法、硫化氢催化还原法、氯-氨催化还原法及一氧化碳催化还原法等。

C 吸收法

按所使用吸收剂的不同，吸收法可分为碱液吸收法、熔融盐吸收法、硫酸吸收法、氢氧化镁吸收法及氧化吸收法等。

（1）碱液吸收法。该法也可同时除去烟气中的 SO_2。当烟气中 $n(NO)/n(NO_2) = 1$（N_2O_3）时，即 NO 和 NO_2 是等物质的量存在时，碱液的吸收速度比只有 1% NO 时的吸收速度快大约 10 倍，通常是采用 30% 的氢氧化钠溶液或 10% ~15% 的碳酸钠溶液作为吸收液。其主要反应为：

$$2MOH + N_2O_3(NO + NO_2) =\!=\!= 2MNO_2 + H_2O$$

$$2MOH + 2NO_2 =\!=\!= MNO_2 + MNO_3 + H_2O$$

式中，M 代表 Na^+、K^+、NH_4^+、Ca^{2+} 等。

（2）熔融盐吸收法。该法是以熔融状态的碱金属或碱土金属的盐类吸收烟气中的 NO_x 的方法。此法也可同时除去烟气中的 SO_2，其主要反应为：

$$M_2CO_3 + 2NO_2 =\!=\!= MNO_2 + MNO_3 + CO_2$$

$$2MOH + 4NO =\!=\!= N_2O + 2MNO_2 + H_2O$$

$$4MOH + 6NO =\!=\!= N_2 + 4MNO_2 + 2H_2O$$

式中，M 代表 Li^+、Na^+、K^+、Rb^+、Cs^+、Sr^+、Ba^{2+} 等。

（3）硫酸吸收法。该法也可同时除去烟气中的 SO_2，其主要反应为：

$$SO_2 + NO_2 + H_2O =\!=\!= H_2SO_4 + NO$$

$$NO + NO_2 + 2H_2SO_4 =\!=\!= 2NOHSO_4 + H_2O$$

$$2NOHSO_4 + H_2O =\!=\!= 2H_2SO_4 + NO + NO_2$$

$$3NO_2 + H_2O =\!=\!= 2HNO_3 + NO$$

$$NO + \frac{1}{2}O_2 =\!=\!= NO_2$$

（4）氢氧化镁吸收法。该法就是用 $Mg(OH)_2$ 脱除烟气中 SO_2 的方法，其主要反应为：

$$Mg(OH)_2 + SO_2 =\!=\!= MgSO_3 + H_2O$$

$$Mg(OH)_2 + NO + NO_2 =\!=\!= Mg(NO_2)_2 + H_2O$$

（5）氧化吸收法。鉴于 NO 很难被吸收，因而提出用氧化剂将 NO 先氧化为 NO_2，然后再吸收下来的方法。所用的氧化剂有亚氯酸钠、次氯酸钠、高锰酸钾、臭氧等。日本的 NE 法采用碱性高锰酸钾溶液作为吸收剂，NO_x 的去除率达 93% ~98%。这类方法去除 NO_x 的效率较高，但运转费用也较高。

D 吸附法

用于脱除氮氧化物的吸附剂有活性炭、硅胶和分子筛等。这些吸附剂都是将 NO 氧化成 NO_2 后，以 NO_2 的形式加以吸附。活性炭对 NO_x 的吸附容量仅为吸附 SO_2 的几分之一，因而所需活性炭的数量太多，实用上有困难。以硅胶和分子筛吸附 NO_x 的效果较好，加热再生时得到 NO_2，可以利用。但如废气中含有水分，则必须先除去水分，所以吸附法对于含大量水分的烟道气并不适用。

目前，人们对脱除烟气中的 SO_2 已有足够的认识，但同时也应清醒地意识到，只进行烟气 SO_2 脱除还不足以很好地保证环境空气质量。从发展趋势来看，由于在脱除 NO_x 方面给予的重视相对较少，使 NO_x 可能取代 SO_2 成为大气酸雨的主要来源。因此，必须加强对 NO_x 脱除工艺的开发和研究，发展脱硫、脱硝一体化工艺。

6.1.3.10 焦化厂、炼铁厂、炼钢厂及铁合金厂废气的治理

A 焦化厂废气的治理

焦化生产是将经过洗选、含水量约为 10% 的炼焦煤粉碎到规定的粒度（一般小于 3mm 的粒级比例大于 80%），从焦炉顶部装入炭化室，经高温干馏而得到焦炭。近 1000℃ 的红焦用机械从炭化室推出，卸在特定的接焦车上，用水淋熄或在密闭的槽内由循环惰性气体冷却。

一座焦炉通常由 20~70 孔炭化室组成，炭化室顶部有装煤孔、导出荒煤气的上升管，炭化室两侧各有用来推出焦炭的炉门。

炼焦过程产生的荒煤气从炭化室导出，经冷却、净化后供工业使用或民用。煤气冷却、净化过程还可得到氨、煤焦油、苯类等产品，这些产品还可以进一步精制得到多种化学产品。

a 焦化厂废气的来源

焦化生产是钢铁联合企业中最大的废气发生源之一。焦化生产过程加热用的燃料有焦炉煤气、高炉煤气或发生炉煤气等气体燃料，燃烧产生的废气与其他燃烧煤气的工业窑炉废气性质相同，目前均用高烟囱直接排放，下文提到的废气均不包括这部分废气。

焦化生产排放的废气按其工艺过程，又可分为炼焦生产产生的废气以及煤气净化和化学产品精制产生的废气两大类。前者以烟尘（含扬尘）为主，后者以各类气体（含产成品的挥发物）为主。

炼焦生产中，随各厂工艺装备和操作管理水平的不同，每吨装炉煤可产生烟尘几千克至几十千克不等。焦炉排放的烟尘是一种复杂的多成分混合物，如包含煤焦油沥青挥发物在内的多种多环芳烃、煤、焦的颗粒物，微量元素及其他有促进致癌作用的化合物。炼焦生产产生的主要废气有：

（1）焦炉装煤时，从装煤孔、上升管及平煤孔等处逸散的烟尘；

（2）焦炉推焦时，从炉门、拦焦车、熄焦车及上升管等处逸散的烟尘；

（3）采用湿法熄焦时由熄焦塔产生的含尘及挥发物的蒸气，采用干法熄焦时在干熄焦槽顶、排焦口及风机放散管等处产生的烟尘；

（4）炼焦时，焦炉本体的装煤孔盖、炉门及上升管盖等处泄漏的烟气；

（5）散落在焦炉顶部的煤受热分解而产生的烟气；

（6）煤料在破碎和储运以及焦炭在筛分、破碎和储运过程中产生的扬尘；

（7）在停电或发生事故时，由焦炉放散管放散的荒煤气。

煤气净化和化学产品精制产生的废气主要有：

（1）氨的脱除及回收过程中产生的含硫化氢、氰化氢和氨等的废气；

（2）苯的脱除、回收、精制及储运过程中产生的硫化氢、二硫化碳及苯类产品蒸气；

（3）焦油精制及焦油类产品储运过程中产生的焦油（沥青）类蒸气；

（4）主要配套工段，如机械化澄清槽、凉水架、污水处理等处产生的氨、硫化氢、氰化氢、苯类及焦油类气体。

b　焦化厂废气的特点

焦化厂废气的特点有：

（1）含污染物种类繁多。废气中含有煤尘、焦尘等多种化学物质，其中，无机类的有硫化氢、氰化氢、氨、二硫化碳等，有机类的有苯类、酚类、萘、蒽等多环和杂环芳烃等。

（2）危害性大。无论是无机类还是有机类污染物，大多数都属于有毒、有害物质，特别是以苯并芘为代表的苯可溶物，大都是强致癌物质。而细微的煤尘和焦尘都有吸附苯可溶物的性能，从而增大了这类废气的危害性。

（3）污染发生源多、面广且分散，连续性和阵发性并存。

（4）部分逸散物，如荒煤气、苯类及焦油类产品蒸气属于有用物质，控制和回收这些逸散物，不仅有利于减轻对大气的污染，还有较大的经济效益。

c　焦化厂废气的治理方法

（1）烟尘控制。焦炉的装煤、推焦、熄焦过程及炉体各部位泄漏的烟尘，是焦化生产各类废气中危害最大、数量最多的。对于这部分烟尘的控制技术，经过 20 世纪 80 年代大量的工作已有相当的改进，取得了一定的治理效果。

1）装煤烟尘控制。20 世纪 70 年代后期新建或大修的焦炉较普遍地采用双集气管，配以高压氨水或蒸气喷射、顺序装煤，可使烟尘发生量减少 60% ~80%。

2）连续泄漏烟尘控制。对装煤孔座及装煤孔盖的设计做了改进，并推行装煤孔盖浇泥密封措施。上升管盖由铁-铁接触密封改为水封，在严格管理条件下可做到无泄漏。桥管承插由石棉绳填料密封改为内水封，可实现无泄漏。改进炉门密封刀边、加压结构等，减轻了炉门冒烟。

3）湿法熄焦烟尘控制。在采取加高熄焦塔并增设挡尘板、加强冲淋等措施后，可减少外排尘量 60% ~80%。

4）焦炭筛分和储运系统烟尘控制。通过设置密闭罩收集含尘气体，经水幕式湿法除尘装置净化，基本可以满足要求。

5）生产工艺过程中放散的氨、沥青烟等废气，采取增设废气集中装置，用水或油清洗吸收的措施来控制。

6）对易挥发的成品槽罐顶，采用氮封、浮动顶及活性炭吸附等措施。

（2）进行工艺改造，减少污染物的排放。煤气净化系统增加脱硫化氢、氰化氢工艺，减少煤气中硫化氢和氰化氢的含量，可以取得以下效果：煤气燃烧产生的二氧化硫量减少；煤气直接冷却水的硫化氢、氰化氢含量降低，可减少冷却水在凉水架中氰化氢的排放以及污水生化处理系统中硫化氢、氰化氢的排放。

（3）存在的主要问题

1）装煤烟尘控制还不彻底，由于高压氨水喷射技术还不配套，消烟效果还不理想。

2）推焦除尘技术问题尚未解决。

3) 虽然连续泄漏的炉门、装煤孔盖问题得到一定程度的解决, 但维护、管理工作量大。

4) 煤气脱硫工艺虽有国内自主开发和引进的技术, 但应用推广面还比较小。

d　国内外焦化厂废气治理的动态及其发展趋势

(1) 对装煤、推焦除尘技术, 各工业发达国家有不同的开发, 目前已有多种成熟、有效的措施, 烟尘排放量都能控制在 $50mg/m^3$ 以下。

(2) 控制焦炉炉体泄漏的重点是炉门, 工业发达国家对炉门本体结构、密封刀边形状和弹簧加压系统等都做了研究和改进, 有很多专利。

(3) 干法熄焦技术以其节能、环保和改善焦炭质量等显著优势, 近年来越来越受到焦化行业的关注。用干法熄焦替代传统的湿法熄焦工艺, 可回收红焦约80%的显热, 还能改善焦炭质量, 具有明显的经济效益和社会效益, 已被焦化行业普遍认可。

(4) 煤气脱硫工艺也很完善, 可适应不同煤气质量的要求。工业发达国家焦炉煤气脱硫已被列为煤气净化的必需工艺。

B　炼铁厂废气的治理

a　炼铁厂废气的来源

铁是炼钢的主要原料。炼铁工艺是利用铁矿石(烧结矿等)、燃料(焦炭, 有时辅以喷吹重油、煤粉、天然气等)及其他辅助原料, 在高炉炉体中经过炉料的加热、分解、还原、造渣、脱硫等反应, 生产出成品铁水和炉渣、煤气两种副产品。

炼铁厂的污染源主要有:

(1) 高炉的原料、燃料以及辅助原料在运输、筛分和转运过程中产生的粉尘;

(2) 高炉出铁场作业时产生的烟尘和有害气体, 污染物主要是粉尘和一氧化碳、二氧化硫、硫化氢等气态有害物;

(3) 高炉煤气的放散;

(4) 铸铁机浇注铁水时产生的烟尘, 污染物主要是粉尘、石墨炭等。

b　炼铁厂废气的特点

炼铁厂废气的特点有:

(1) 散发污染物量大, 影响面广。炼铁厂是钢铁企业中主要散发污染物的车间之一, 冶炼每吨铁水可产生 9~12kg 烟尘。炼铁厂的扬尘点多面广, 特别是中小高炉的原料矿槽及出铁场, 机械化、自动化水平较低, 缺少除尘设施, 在厂区形成一片烟尘, 是钢铁厂重点污染源之一。

(2) 烟尘、有害物多, 危害性较大。炼铁厂的粉尘中含有氧化铁、二氧化硅及石墨炭等成分, 其中, 氧化铁的铁含量可达48%~55%, 二氧化硅含量为2%~12.77%, 石墨炭含量为15%~35%。烟气中还含有 CO、SO_2、HF 等有害物质。一般出铁场内, 每冶炼 1t 铁水可散发 2kg 一氧化碳, 并有高温辐射。据统计, 国内部分高炉出铁场内有害物浓度的散布情况为: 粉尘 $9~81mg/m^3$, CO $60~213mg/m^3$, SO_2 $98~185mg/m^3$, 辐射强度为 $2.5~9.4J/(cm^2 \cdot min)$, 车间温度高达 $40~60℃$。

(3) 污染物的综合利用潜力大。高炉冶炼过程中产生的高炉煤气, 已成为钢铁厂的主要燃料, 是钢铁厂燃料平衡的要素。炼铁厂生产过程中, 如原燃料运输、处理、高炉装料、出铁过程中所产生的烟尘铁含量较高, 可通过净化、回收并进行处理后, 实现综合利用，回收大量含铁粉尘和高炉煤气。

c 炼铁厂废气的治理方法

出铁场除尘主要包括对各产尘点设置局部除尘的一次除尘系统，以及控制二次烟尘的二次除尘系统。

一次除尘系统主要解决出铁口、出渣口、主沟、撇渣器、铁沟、渣沟、残铁罐、摆动流嘴等部位产生的烟尘，一次除尘是在对上述部位严格密闭加罩的基础上，进行局部抽风。由于各扬尘点的密闭抽风，使出铁场的辐射强度、粉尘及有害气体得到有效控制，显著地改善了出铁场内的劳动环境。

二次除尘系统主要解决开、堵铁口时从出铁口突然冲出的大量烟尘。设置二次除尘时，出铁场必须采用封闭式外围结构，以防周围横向气流的干扰，确保二次除尘的排烟效果。

在高炉出铁场除尘中，平均每冶炼 1t 铁水约产生 2.5kg 烟尘，其中，一次除尘占87%，二次除尘占13%。但是，由于二次除尘的排烟量极大，系统设备需要较多投资。

现代高炉炉顶压力高达 0.15~0.25MPa，炉顶煤气中存有大量势能。炉顶余压透平发电技术(TRT)就是利用炉顶煤气剩余压力，使气体在透平内膨胀做功，推动透平转动，带动发电机发电。根据炉顶压力的不同，每吨铁可发电 20~40kW·h。如果高炉煤气采用干法除尘，发电量还可增加 30% 左右。一般 1000m³ 以上的高炉，炉顶压力高于 0.12MPa。炉子越大，炉顶压力越高，投资回收期越短。

d 国外炼铁厂废气治理的动态及其发展趋势

国外炼铁厂烟尘控制也是在 20 世纪 60 年代随着高炉大型化发展而逐步完善的，在高炉大型化技术方面，日本居世界领先地位，世界上 4000m³ 级以上的 24 座高炉中，日本占14 座。经过几十年来的不断改革，目前日本已为大型高炉的烟尘控制总结出了一套较成熟的除尘经验，并被世界各国广为效仿。

国外炼铁厂烟尘控制主要采取以下措施：

(1) 提高工艺设备的机械化、自动化程度，加强烟尘控制设备与工艺设备之间的联锁，从而为提高烟尘控制效果创造了条件。

(2) 采取集中、大风量系统。这种系统的抽风点多达 90 多个，抽风量达 100 多万立方米，便于管理与工艺设备之间的联动。

(3) 高炉煤气净化技术，从过去以湿式文丘里洗涤器或湿式电除尘器为主，逐步向以袋式除尘器或静电除尘器为主过渡，以提高热的利用效率及解决污泥处理问题。

(4) 炼铁厂烟尘控制净化设备基本上以袋式除尘器为主，个别国家的高炉也采用电除尘器。袋式除尘器均采用负压式。在高炉出铁场系统中，由于烟尘浓度小、粒度细，在没有烧结或矿石粉尘的条件下，允许采用正压式袋式除尘器。

(5) 积极采取风机调速节能措施。

(6) 积极开展烟尘的综合利用，回收铁含量高的烟尘，经处理后作烧结原料使用。

C 炼钢厂废气的治理

炼钢分为平炉、转炉、电炉三大冶炼工艺。为了强化冶炼、缩短冶炼周期，三大工艺中都采用了吹氧冶炼技术。

技术的进步已使平炉炼钢相形见绌，西方工业发达国家已关闭了许多平炉。1975 年以后新建的钢铁厂中，已无平炉。

近 20 年来，转炉炼钢发展迅速，世界上转炉钢产量的比重占钢总产量的 60% 以上。

电炉炼钢由于有其自身的特色，近几十年来，采用电炉冶炼的企业有明显增长的趋势。电炉炼钢法被大多数小型钢厂所采用。近年来，发展以直接还原法生产的海绵铁作原料的炼钢、在钢包中精炼的二次炼钢，都与电炉紧密相关。

a 炼钢厂废气的来源

炼钢厂废气主要来源于冶炼过程铁水中碳的氧化，尤其是吹氧冶炼期。

转炉炼钢已成为钢铁企业的主要炼钢工艺，炼钢时为了强化冶炼，通常向炉内熔池中吹入纯氧。吹氧主要有顶吹、底吹、顶底复合吹三种方式。吹氧的目的主要是最大限度地除去铁水中含有的碳。由于在高温下鼓入大量氧气，铁水中的碳迅速被氧化成 CO，故炉气中的主要成分是 CO，但也有少量碳与氧直接作用生成 CO_2，或 CO 从液面逸出后再与氧作用生成 CO_2。同时在高温熔融状态下，还有少量的化合物蒸发气化，与 CO、CO_2 等形成大量烟气。该烟气从熔化状态的铁水中冒出时，因物理夹带也要带出少量的物质微粒。在高温下蒸发的物质，离开熔池后不久便冷凝成固体微粒。

由于炼钢烟气中粉尘浓度高，CO 等有毒气体的浓度也高，其危害很大，对大气及车间环境污染严重。

b 炼钢厂污染物的特点及其技术参数

炼钢厂污染物的技术参数见表 6-8。

表 6-8 炼钢厂污染物的技术参数

技 术 参 数	电 炉	转 炉
烟气量/$m^3 \cdot (h \cdot t)^{-1}$	800	570
烟气温度/℃	1250 ~ 1450	1400 ~ 1600
烟尘浓度/$g \cdot m^{-3}$	12 ~ 15	180 ~ 120
烟尘成分/%	TFe 占 40 ~ 60	
烟尘粒度分布	<10μm 占 82%	<10μm 占 5.6%
烟气成分/%	CO 占 48	CO 占 85

炼钢厂污染物的特点有：

(1) 烟气中粉尘浓度高、粒度细，污染严重；

(2) 由于烟气中含有大量 CO，烟气毒性大；

(3) 烟气温度高，增加了废气治理工艺的复杂性；

(4) 炼钢废气治理中的热能、CO 以及烟尘中的含铁物质，均具有回收和综合利用的条件。

c 炼钢厂废气的治理方法

(1) 电炉。目前，国内外电炉烟气治理技术已日臻完善。其主要治理工艺是：用大密闭罩集烟，或用炉内第四孔与屋顶罩相结合集烟；采用废钢预热装置回收电炉烟气中的显热，使废钢在入炉之前就能达到一定的温度；然后对烟气进行除尘净化，除尘大多数采用袋式除尘器，也有采用电除尘器的。

(2) 转炉。由于转炉烟气中 CO 浓度最高可达 85%，大多数工业发达国家（美国除外）将其作为优质能源回收利用。在世界范围内存在以下两种相互竞争的先进的净化回收技术：

1）日本开发的 OG 湿法回收技术。转炉烟气经转炉炉口的微差压裙罩集烟，进入余热锅炉以回收烟气中的显热，然后经两级文丘里除尘器洗涤净化，将 CO 含量高的烟气送入煤气储罐，供给用户作能源使用；对于 CO 含量低的烟气，则送向烟囱燃烧后排放。

2）德国开发的干式静电除尘净化回收法，也称 LT 法。其主要工艺是：烟气经炉口活动烟罩进入冷却烟道（包括余热锅炉），然后进入蒸发冷却器，再进入圆形静电除尘器，适合作能源的煤气入储气柜，低热值的烟气导入烟囱燃烧后排放。

LT 法与 OG 法相比具有如下优点：设备比较简单，无需废水处理设施和污泥脱水设备等，投资省，占地面积小；回收的煤气粉尘浓度低，只有 $10mg/m^3$，而 OG 法则为小于或等于 $100mg/m^3$。

目前，国内尚无采用 LT 法净化回收转炉煤气的转炉。

D 铁合金厂废气的治理

a 铁合金厂废气的来源

铁合金是钢铁企业中冶炼各类钢种不可缺少的还原剂和主要合金源。铁合金冶炼生产一般有电热法（埋弧电炉-矿热电炉法）、电硅热法（明弧电炉法）、铝热法（炉外法）以及湿法四大类。矿热电炉是钢铁冶炼所需大量铁合金品种的主要冶炼炉型。

铁合金厂的废气主要来自矿热电炉、精炼电炉、焙烧回转窑和多层机械焙烧炉等的持续排放，此外还包括铝热法熔炼炉瞬时阵发性排放的废气。

b 铁合金厂废气的特点及其技术参数

（1）铁合金厂产生的废气量大且粉尘浓度高。对于半封闭式矿热电炉，废气量为 $55000m^3/t$，粉尘浓度为 $5.5g/m^3$；对于封闭式电炉，废气（煤气）量一般为 $700 \sim 1200m^3/t$；其他窑炉的废气量从 $5000m^3/h$ 至 $100000m^3/h$ 不等，其粉尘浓度为 $1.2 \sim 10g/m^3$。

（2）废气的烟尘危害性较大。矿热电炉的烟尘中 SiO_2 占烟尘总量的 90%，其中 10% 以上为游离 SiO_2，其烟尘粒度为 $0.02 \sim 0.25\mu m$ 的部分占 95%，危害职工与居民健康。废气中还含有 SO_2、Cl_2、NO_x、CO 等有害气体，随铁合金品种的不同，排放废气中其含量也不同。

（3）烟尘有较高的回收利用价值，净化回收铁合金烟尘有显著的经济效益和社会效益。钨铁电炉烟尘中，WO_3 含量约为 45%；钼铁多层机械焙烧炉和熔炼炉烟尘中，含 MoO 12% ~ 15%；钒铁焙烧回转窑和熔炼炉烟尘中，含 V_2O_5 15% ~ 20%；铬金属熔炼炉烟尘中，含 Cr_2O_3 约 60%；硅铁（75%）电炉烟尘中，含 SiO_2 约 90%。它们大部分可回炉重炼，以提高资源的利用率。含硅粉尘是水利部门水工构筑物和交通部门水泥路面大量需求的添加剂。目前，尚有许多铁合金品种的烟尘有待开发综合利用。

c 铁合金厂废气的治理方法

我国拥有 450 多座铁合金窑炉，矿热电炉占绝大多数。矿热电炉配备的变压器容量为 $400 \sim 30000kV \cdot A$，其中 $6000kV \cdot A$ 以上的大中型矿热电炉约占 15%，大部分设有废气净化设施。绝大多数小容量矿热电炉是高烟罩敞口式，大多无废气治理设施，废气治理任务极为艰巨。

非热能回收型、6000kV·A 以下的半封闭式矿热电炉，烟气混野风后，进入大型机械回转反吹清灰扁袋除尘器净化。

6000kV·A 以上的大中型半封闭式矿热电炉，烟气采用 U 形列管冷却器冷却后，进入大型低气布比反吹风袋式除尘器。

热能回收型半封闭式矿热电炉，如 1984 年将唐山钢铁公司铁合金厂的 1800kV·A 硅铁（75%）7 号矿热电炉改造为半封闭式时，采用立式四室余热锅炉和 340m² 机械回转反吹扁袋除尘器，其 1985 年投产以来运转正常，1986 年通过冶金部部级鉴定。

封闭式矿热电炉，以吉林铁合金厂 12500kV·A 高碳铬铁封闭式矿热电炉为代表，从 1970 年投产采用两塔一文湿法净化工艺流程以来，连续运行稳定，净化效率高，清洁煤气含尘量小于 $80mg/m^3$、CO 含量为 75%、发热值为 $9618.6kJ/m^3$，可作工业燃料使用。目前国际上关注开发干法净化工艺流程，我国已有突破性进展。

实践证明，我国在开发铁合金矿热电炉废气的治理技术中，虽然起步比西欧及日本、美国等晚十几年，但目前治理技术的发展基本上与国际趋势相一致，差距正在缩小。

d   国外铁合金厂废气治理的动态及其发展趋势

近 20 年来，虽然国际上铁合金的主要生产工艺没有大的变化，但由于各种科学技术的迅猛发展，铁合金工业取得了巨大的发展与进步，生产大宗产品的矿热电炉发展尤为突出。

关于矿热电炉的结构形式，在冶炼过程中需做料面操作（捣炉、拨料）的，采用半封闭式矿热电炉；在冶炼过程中不需做料面操作的，采用封闭式矿热电炉，可实现封闭冶炼工艺。

6.2   冶金工业废水的污染与治理

地球上约有 $13.4 \times 10^{17} m^3$ 的水，其中咸水占 97.3%，淡水仅占 2.7%。尽管水资源可以通过水的循环和更新加以补充，但由于过度地开采利用和不断被污染，可供使用的水资源日益枯竭。目前，世界上许多国家，甚至是拥有 9% 的世界水流量而人口仅为世界 0.7% 的加拿大，都感到供水紧张，水荒已经成为严重的社会问题。

自然水体受到来自废水、大气、固体废料中污染物的污染，称为水污染。废水对水体、大气、土壤、生物的污染，称为废水污染。

6.2.1   冶金工业废水的分类

（1）根据污染程度，废水可分为净废水和污水两种。有相当数量的生产排水其实并不脏（如冷却水），因而用"废水"一词统称所有的排水比较合适。在水质污浊的情况下，"废水"与"污水"两种术语可以通用。

（2）根据来源，废水可分为生活污水和工业废水两大类。生活污水是指人们生活过程中排出的废水，主要包括粪便水、洗浴水、洗涤水和冲洗水等。工业废水是指工业生产中排出的废水。由城镇排出的废水称为城市废水，包括生活污水和工业废水。

（3）根据污染物的化学类型，废水可分为有机废水和无机废水两种。前者主要含有机污染物，具有生物降解性；后者主要含无机污染物，无生物降解性。

（4）根据毒物的种类不同，也可把废水分为含酚废水、含汞废水、含氰废水等。应当注意，含汞废水仅表明其中主要毒物是汞，但并不意味汞含量最多或者汞是唯一的污染物。

此外，还可以根据产生废水的部门或生产工艺来命名，例如冷却废水、电镀废水等。

6.2.2　冶金工业废水的污染

随着现代工业的发展，工业废水已成为主要污染源。

有色冶金工业排出的废水中含有多种重金属，是水体金属的主要来源。冶炼过程产生的熔渣和浸出渣以及矿山产出的尾矿，经雨水淋溶，将各种重金属带入地表水和地下水中。

某些重金属及其化合物能在鱼类及其他水生物体内以及农作物组织内积累富集，从而造成危害。人通过饮水和食物链作用，会使重金属物质在体内累积富集而中毒致死。

6.2.3　冶金工业废水的治理

6.2.3.1　物理方法

A　重力沉降法

在重力作用下，废水中密度大于1的悬浮物下沉，使其从废水中去除，这种方法称为重力沉降法。重力沉降法既可分离废水中原有的悬浮固体（如泥砂、铁屑、焦粉等），又可分离在废水处理过程中生成的次生悬浮固体（如化学沉淀物、化学絮凝体以及微生物絮凝体等）。由于这种方法简单、易行、分离效果较好，而且分离悬浮物又往往是水处理系统不可缺少的预处理或后续工序，因此应用十分广泛。

a　沉降类型

根据废水中可沉物质的浓度高低和絮凝性能的强弱，沉降有下述四种基本类型：

（1）自由沉降。自由沉降也称离散沉降，是指一种无絮凝倾向或有弱絮凝倾向的固体颗粒在稀溶液中的沉降。由于悬浮固体浓度低，而且颗粒间不发生融合，因此在沉降过程中颗粒的形状、粒径和密度都保持不变，各自独立地完成沉降过程。颗粒在泥沙池及初次沉淀池内的初期沉淀即属于自由沉降。

（2）絮凝沉降。絮凝沉降是指一种絮凝性颗粒在稀悬浮液中的沉降。虽然废水中的悬浮固体浓度不高，但在沉降过程中各颗粒之间互相黏合成较大的絮体，因而颗粒的物理性质和沉降速度不断发生变化。初次沉淀池内的后期沉淀及二次沉淀池内的初期沉降即属于絮凝沉降。

（3）成层沉降。成层沉降也称集团沉降。当废水中的悬浮物浓度较高、颗粒彼此靠得很近时，每个颗粒的沉降都受到周围颗粒作用力的干扰，但颗粒之间相对位置不变，成为一个整体的覆盖层共同下沉。此时，水与颗粒群之间形成一个清晰的界面，沉降过程实际上就是这个界面的下沉过程。由于下沉的覆盖层必须把下面同体积的水置换出来，两者之间存在着相对运动，水对颗粒群形成不可忽视的阻力，因此成层沉降又称为受阻沉降。化学混凝中絮体的沉降及活性水淤泥在二次沉淀池中的后期沉降即属于成层沉降。

（4）压缩。当废水中的悬浮固体浓度很高时，颗粒之间便互相接触、彼此支承。在上层颗粒的重力作用下，下层颗粒间隙中的水被挤出界面，颗粒相对位置发生变化，颗粒群被压缩。活性污泥在二次沉淀池泥斗中及浓缩池内的浓缩即属于压缩。

　　b　沉淀池

　　用重力沉降法分离水中悬浮固体的设备称为沉淀池。沉淀池有普通沉淀池和斜板、斜管沉淀池之分。

　　（1）普通沉淀池。根据水在沉淀池内的流向，普通沉淀池又分为平流式、辐流式和竖流式三种。

　　1）平流式沉淀池。其平面呈矩形，废水从池首流入，水平流过池身，从池尾流出。池首底部设有储泥斗，集中排除刮泥设备刮下的污泥。刮泥设备有链带刮泥机、桥式行车刮泥机等。此外，也可以采用多斗重力排泥。

　　2）竖流式沉淀池。其平面一般呈圆形或正方形，废水由中心筒底部配入，均匀上升，由顶部周边排出。池底锥体为储泥斗，污泥靠水的静压力排除。

　　3）辐流式沉淀池。池体平面以圆形为多，也有方形的。废水自池中心进水管进入池内，沿半径方向向池周缓缓流动。悬浮物在流动中沉降，并沿池底坡度进入污泥斗，澄清水从池周溢流出水渠。但也有周边进水、中心排出的辐流式沉淀池。

　　（2）斜板（斜管）沉淀池。在沉淀池澄清区设置平行的斜板（斜管），以提高沉淀池的处理能力。

　　c　含铁皮废水处理实例

　　（1）废水特性。含铁皮废水主要来自轧钢、连续铸锭等车间。这类废水中除含有大量铁皮外，还含有各种润滑油及其他杂质。废水数量和废水中所含成分的变化范围较大，这取决于工艺设备性能、操作情况、维护水平和管理经验等。轧钢废水含铁皮 $1000 \sim 8000mg/L$，含油 $30 \sim 1200mg/L$；连铸废水含铁皮 $50 \sim 2000mg/L$，含油 $5 \sim 40mg/L$。轧钢废水中铁皮颗粒的大小随轧钢种类等因素的不同而不同，大的从几厘米到几十厘米，小的仅几微米；连铸废水中铁皮的粒度也随连铸机种类、铸坯尺寸的不同而不同，大的在 $5mm$ 以上，小的仅几微米。铁皮的密度，一般为 $5 \sim 5.3t/m^3$。

　　（2）处理方法。目前国内外处理含铁皮废水常用的方法有以下四种：

　　1）第一种方法如图 6-4 所示，在国内现有大中型轧机上采用得较多。废水在一次沉淀池内停留 $1 \sim 2min$，沉淀效率达 $60\% \sim 75\%$；在二次平流沉淀池内停留 $40 \sim 60min$，出水水质一般仅能达到 $100 \sim 200mg/L$。这种方式的优点是设备少、操作简单，其缺点是占

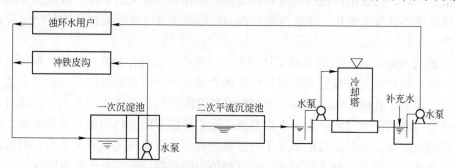

图 6-4　含铁皮废水处理流程

地面积大、清渣困难、处理水质较差。为了提高出水水质，保证更高的循环率，可采用两种改进方式。其一是在二次沉淀池后增设过滤器，此时处理水质一般可达 10mg/L 左右。过滤装置可采用重力滤池或压力快速过滤器，后一种形式采用较多。其二是二次沉淀池改用混凝沉淀方式，其优点是适应性强、出水水质好，缺点是运行费较高、管理麻烦。

2）第二种方法以旋流沉淀池代替一次沉淀池和二次沉淀池。旋流沉淀池比平流沉淀池效率高，可达 95% 左右。在单位面积负荷较大的情况下，旋流沉淀池与两次平流沉淀池相比，出水水质好，投资节省 40%，经费减少 35%，占地面积仅为平流沉淀池的 15% 左右，清渣方便。由于旋流沉淀池具有上述优点，目前其已广泛用于轧钢车间含铁皮废水的处理。近年来，趋向于采用下旋式旋流沉淀池，这就避免了上旋式旋流沉淀池因进水管过深而容易堵塞的缺点。旋流沉淀池出水经压力过滤器处理，出水水质可降到 10mg/L 左右。

3）第三种方法以高梯度磁过滤器代替上述方法中的压力快速过滤器，滤速更快，效率更高。高梯度磁过滤在国外部分工厂已用于有关废水的处理，但国内尚处于生产试用阶段。根据国内某轧钢厂的试验资料，用高梯度磁过滤处理轧钢含铁皮废水的效果较好。进水悬浮物含量为 150~350mg/L，磁场强度为 2000Gs，滤速为 500m/h，出水悬浮物含量低于 20mg/L，净化效率达 97%，过滤周期为 45~60min，冲洗时间约为 1.5min，冲洗水占处理水的比率为 1.8%~2.7%。这种方法的优点是处理效率高、占地面积小，但进水悬浮物含量不宜过高。

4）第四种方法在国外称为 DSD 废水处理设备，国内某厂引进连铸车间废水处理系统即采用这种方法。其优点是：可以提高旋流沉淀池负荷，缩小旋流沉淀池的直径；虽然相应地降低了出水水质（出水悬浮物含量为 300~400mg/L），但通过压力式水力旋流器处理，出水悬浮物含量可达到 100mg/L 左右，仍可满足压力过滤器对进水水质的要求。其主要缺点是设备增多、操作管理较复杂。

应根据工艺条件，因地制宜地通过技术经济比较来确定处理含铁皮废水的方法。目前国内外对含铁皮废水的处理，一般趋向于不用凝聚而多用自然沉淀和高速过滤相结合的办法。

d 高炉煤气清洗废水处理实例

（1）废水特性。高炉煤气清洗废水的成分很不稳定，主要取决于原料和燃料的成分以及冶炼操作条件。在煤气清洗过程中，由于气体和 CaO 尘粒易溶于水中，暂时硬度升高。每清洗煤气一次，废水中钙、镁硬度均增加。具有增加硬度的现象是这种废水的重要特点。

（2）处理方法。由于这类废水循环使用后容易结垢，因此在处理方法中，不仅应有去除悬浮物的设施，而且应有控制结垢的措施。常用的处理方法有以下三种：

1）自然沉淀法。某厂高炉煤气发生量约为 $6.8 \times 10^5 m^3/h$，煤气清洗设备有洗涤塔和文氏管（处理水量为 4000m³/h），设有直径为 30m 的辐流式沉淀池四座、400m² 双曲线自然通风冷却塔两座、直径为 12m 的带斜板的浓缩池两座、18m² 盘式真空过滤机四台（处理能力为 700m³/h，占总水量 17.5%）、石灰软化站一座、加二氧化碳气的装置一组及其他辅助配套设备。投产后运行情况较好，其主要技术指标为：循环率 $P_1 > 94\%$，排污率 $P_2 < 1.76\%$，浓缩倍数 $n \geq 1.88$；沉淀池表面负荷为 1.93m³/(m³·h)；进口悬浮物含量为 400~4000mg/L，出口悬浮物含量小于 100mg/L；循环水水温，夏季冷却塔进口为 55℃左右，出口为 40℃左右；石灰软化设施可降低暂时硬度（当量）2~3mg/L；加烟井，出水

CO_3^{2-} 浓度为零，游离 CO_2 浓度为 $1 \sim 3mg/L$；盘式真空过滤机处理负荷为 $0.2 \sim 0.35t/(m^2 \cdot h)$，脱水前泥浆浓度为 $35\% \sim 55\%$，脱水后滤饼含水率为 20% 左右。该系统采用石灰-碳化法进行水质稳定，基本上实现了循环利用，每年可节约用水 1500 万吨，回收泥渣约 4 万吨。

2）混凝沉淀法。高炉煤气清洗废水混凝沉淀法，以聚丙烯酰胺单独使用或与三氯化铁复合使用的效果较好，出水悬浮物浓度可降到 $50mg/L$ 以下。单独使用时，聚丙烯酰胺投加量为 $0.3mg/L$，处理 $1m^3$ 废水需药剂费约 0.006 元；复合使用时，聚丙烯酰胺投加量为 $0.2mg/L$，三氯化铁投加量为 $1.5mg/L$，处理 $1m^3$ 废水需药剂费约 0.007 元。混凝沉淀法增加的药剂费用不多，但给废水循环利用、确保生产带来很大好处。

3）渣滤法。渣滤法用高炉水渣作滤料来过滤高炉煤气清洗废水，滤过水的一部分经凉水池降温后，循环使用；另一部分与粪便水混合，在生物滤塔中脱氰，出水供冲渣用或者排放。生产实践表明，渣滤法具有以下优点：去除悬浮物的效果良好，滤后水中悬浮物的浓度一般小于 $50mg/L$；碱性渣（$w(CaO)/w(SiO_2) > 1$）有软化效果，一般可降低水中暂时硬度 $2 \sim 5°$（德国度 $1°$ 即 $1L$ 水中含 $10mg$ CaO）；当水温高于 $30℃$ 时，暂时硬度下降明显；去除氰、酚等有毒物质有一定效果；将瓦斯泥掺入水渣中，随渣去做水泥，得到了合理利用；利用水渣滤池来处理高炉煤气清洗废水，可以节省一套煤气清洗废水处理构筑物和泥渣处理设施，因此占地面积小，基建投资和经营费用低。

B 过滤法

（1）筛滤。通过网目状和格子状设备（如格栅或筛子等）进行液固分离的方法，称为筛滤。格栅是由一组平行的钢质栅条制成的框架，倾斜架设在废水处理构筑物前或水泵站集水池进口处的渠道中，用以拦截废水中的大块漂浮物，以防阻塞构筑物的孔洞、闸门和管道或损坏水泵等机械设备。因此，格栅实际上是一种起保护作用的安全设施。格栅的栅条多用扁钢或圆钢制成。扁钢大多采用 $50mm \times 10mm$ 或 $40mm \times 10mm$ 的断面，其特点是强度大、不易弯曲变形，但水头损失较大。圆钢直径多用 $10mm$，其特点恰好与扁钢相反。栅条间距随欲拦截的漂浮物尺寸而定，大多在 $15 \sim 50mm$ 之间。被拦截在栅条上的栅渣有人工和机械两种清除方法。一般日截渣量大于 $0.2m^3$ 时，采用机械清渣。对日截渣量大于 $1t$ 的格栅，常附设破碎机以便将栅渣粉碎，再用水力输送到污泥处理系统进行处理。

（2）粒状介质过滤。废水通过粒状滤料（如石英砂）床层时，其中的悬浮物和胶体就被截留在滤料的表面和内部空隙中，这种通过粒状介质层分离不溶性污染物的方法称为粒状介质过滤。它既可用于活性炭吸附和离子交换等深度处理过程之前作为预处理，也可用于化学混凝和生化处理之后作为最终处理过程。过滤工艺包括过滤和反洗两个基本阶段。过滤即截留污染物；反洗即把污染物从滤料层中洗去，使之恢复过滤能力。从过滤开始到结束所延续的时间称为过滤周期（或工作周期），从过滤开始到反洗结束称为一个过滤循环。粒状介质滤池的种类很多，按过滤速度，可分为慢滤池（滤速为 $0.04 \sim 0.4m^3/(m^2 \cdot h)$）、快滤池（滤速为 $4 \sim 8m^3/(m^2 \cdot h)$）和高速滤池（滤速为 $10 \sim 16m^3/(m^2 \cdot h)$）三种；按作用水头（即过滤推动力），分为重力式滤池（作用水头 $4 \sim 5m$）和压力式滤池作用水头（$15 \sim 20m$）两类；按水的流动方向，又分为下向流滤池、上向流滤池和双向流滤池三种。

C 浮力上浮法

借助于水的浮力，使废水中密度小于1或接近于1的固态或液态原生悬浮污染物浮出水面而加以分离，也可以分离密度大于1而在经过一定的物理化学处理后转为密度小于1的次生悬浮物，这种处理方法称为浮力上浮法。一般浮力上浮法分为三种，即自然上浮法、气泡上浮法和药剂浮选法。

D 离心分离法

物体做高速旋转时将产生离心力。在离心力场内，所有质点都将受到比其本身重量大许多倍的离心力的作用。用这一离心力分离废水中悬浮物的方法，称为离心分离法。

在转速一定的条件下，离心力场内质点所受到的离心力的大小取决于质点的质量。所以，当含悬浮物的废水做高速圆周运动时，由于悬浮物的质量与水不同，它们受到的离心力也不相同，质量比水大的悬浮物固体被甩到外围，而质量比水小的悬浮物（如乳化油）则被推向内层。这样，如果适当地安排悬浮物和水的各自出口，就可以使悬浮物与水分离。可见，在离心力场中能够进行离心沉降和离心浮升两种操作。

按产生离心力方式的不同，离心分离设备可分为两大类：一类是水旋分离设备，其特点是容器固定不动，而由沿切向高速进入器内的废水本身旋转来产生离心力；另一类是器旋分离设备，其特点是由高速旋转的容器带动器内废水旋转来产生离心力，这类设备实际上就是各种离心机。

E 磁力分离法

磁力分离法是借助外加磁场的作用，将废水中具有磁性的悬浮固体吸出的方法。此法具有处理能力强、效率高、能耗少、设备紧凑等优点，可用于高炉煤气洗涤水、炼钢烟尘净化废水、轧钢废水和烧结废水的净化。

6.2.3.2 物理化学方法

A 吸附法

吸附法是利用多孔性固体吸附剂的表面，吸附废水中一种或多种污染物溶质的方法。对溶质有吸附能力的固体物质称为吸附剂，而被吸附的溶质称为吸附质。这种方法常用于低浓度工业废水的处理。

常用的吸附剂有活性炭、沸石、硅藻土、焦炭、木炭、木屑、矿渣、炉渣、矾土、大孔径吸附树脂以及腐殖酸类吸附剂等，其中以活性炭使用最为广泛。经过活性炭吸附处理后废水，可以不含色度、气味、泡沫和其他有机物，能达到水质排放标准和回收利用的要求。

a 吸附过程的机理

在废水处理中，吸附发生在液-固两相界面上，由于固体吸附剂表面力的作用，才产生对吸附质的吸附。目前对表面力的性质还不是十分清楚，因此吸附的本质尚在进一步研究中。有人用表面能来解释，吸附剂要使其表面能减少，只有通过表面张力的减少来达到。也就是说，吸附剂之所以能吸附某种溶质，是因为这种溶质能降低吸附剂的表面张力，所以，吸附剂的表面可以吸附那些能降低其表面张力的物质。

吸附剂和吸附质之间的作用力可分为三种，即分子间力、化学键力和静电引力。通过分子间的引力（即范德华力）而产生的吸附，称为物理吸附。由于分子引力是普遍存在于各种吸附剂与吸附质之间的力，物理吸附无选择性。物理吸附的吸附速度和解吸速度都较快，易达到平衡状态。一般在低温下进行的吸附主要是物理吸附。如果吸附剂与吸附质之间产生了化学反应，生成化学键而引起吸附，这种吸附称为化学吸附。由于生成了化学键，化学吸附是有选择性的，而且不易吸附和解吸，达到平衡慢，化学吸附放出的热量也大（40～400kJ/mol），与化学反应相近。化学吸附随温度的升高而增加，所以，化学吸附常在较高温度下进行。如果一种吸附质的离子由于静电引力，被吸附在吸附剂表面的带电点上，由此产生的吸附称为离子交换吸附。在这种吸附过程中，伴随着等当量离子的交换。如果吸附质的浓度相同，离子带的电荷越多，吸附就越强。对于电荷相同的离子，水化半径越小，越能紧密地接近吸附点，越有利于吸附。这三种吸附随着外界条件的改变可以相伴发生，由于综合因素的影响，在一个系统中可能表现出某种吸附起主导作用。在废水处理中，大部分的吸附是几种吸附的综合表现，其中主要是物理吸附。

b   吸附工艺过程

吸附操作分为静态间歇式和动态连续式两种，也称为静态吸附和动态吸附。废水处理是在连续流动条件下的吸附，因此主要是动态吸附。静态吸附一般仅用于实验研究或小型废水处理。动态吸附有固定床吸附、移动床吸附和流化床吸附三种方式，其中，固定床吸附是废水处理工艺中最常用的一种方式。

c   活性炭再生

在活性炭本身结构不发生或极少发生变化的情况下，用特殊的方法将其上被吸附的物质从活性炭的孔隙中去除，以便活性炭重新具有接近新活性炭的性能，称为活性炭再生。活性炭再生的方法主要有水蒸气吹脱法，溶剂再生法，酸、碱洗涤法以及焙烧法。

d   影响吸附的主要因素

影响吸附的主要因素如下：

（1）吸附剂本身的性质。吸附剂应满足吸附容量大、吸附速率高、机械耐磨强度高和使用寿命长的要求。

（2）废水中污染物性质的制约。例如，污染物在水中溶解度越小，越容易被吸附，越不易解吸。有机物的溶解度随分子链长的增加而减少。

e   吸附法在冶金中的应用

（1）用腐殖酸吸附剂处理锌沸腾焙烧炉烟气洗涤水。某炼锌厂的生产工艺流程为：硫化锌精矿→沸腾焙烧→竖罐蒸馏→精馏生产精锌。其中废水主要来自沸腾焙烧炉烟气洗涤水，除含硫酸外，还含有多种重金属。应用石灰中和腐殖酸煤吸附处理制酸废水，pH 值可控制在 7.3～11 之间，废水中 Pb、Zn、Cd、Hg 等重金属离子基本达到排放标准。但该法不能除去废水中的砷，因为砷在水中以砷酸根离子（AsO_4^{3-}）的形式存在，而腐殖酸煤对阴离子无吸附作用。如含砷高，需采用其他方法(如氧化水解法)脱砷。

（2）用活性炭吸附剂处理高浓度铀、钍等放射性元素废水。某厂用独居石（铈组稀土金属磷酸盐，含 ThO_2 4%～12%、Y_2O_3 5%以下）精矿和离子型稀土矿为原料，生产放射性产品硝酸钍、重铀酸铵、稀土氧化物及各种稀土金属。高浓度铀、钍废水来自铀、钍萃取剂（TBP）的治理废水、硝酸钍结晶工序少量地面水及沉铀废液。经过中和沉淀、活性炭吸附后，废水中放射性元素的浓度接近排放标准，再与废水站其他废水一起处理。首先在集水池中去除油类后，由泵送入废水缓冲池混合，定量加入氯化钡除镭。废磷碱液用氢氧化钠调节至 pH = 8～9，沉降 4h 后，占废水量 1/2～2/3 的上清液流入清水池排放。

污泥由泵送入悬浮澄清器，投加絮凝剂，上清液在悬浮澄清器顶部流入清水池。污泥从悬浮澄清器底部送至板框压滤机压滤，滤液返回缓冲池，滤渣送入废渣库。治理后，废水中铀、钍、镭的含量低于国家排放标准。

B 离子交换法

利用离子交换剂，等当量地交换废水中离子态污染物的方法称为离子交换法。能置换阳离子的离子交换剂称为阳离子交换剂，能置换阴离子的离子交换剂称为阴离子交换剂。工业应用的离子交换剂包括有机离子交换剂（如磺化煤和离子交换树脂）和无机离子交换剂（如沸石、磷酸锆等）。无机离子交换剂的颗粒结构致密，仅能进行表面交换，交换容量小，应用不多。有机离子交换剂中，磺化煤是最初使用的交换剂，它是利用煤质本身空间结构为骨架，用硫酸进行磺化，引入活性基因制得。磺化煤成本低、价格便宜，但易粉碎、化学稳定性差，所以被离子交换树脂所取代。在工业中应用最广泛的还是离子交换树脂。离子交换树脂的结构如图6-5所示，其由骨架和活性基团两部分组成。骨架又称为母体，是一种线型结构的高分子有机化合物，再加上一定数量的交联剂，通过横键架桥作用构成不溶性有机高聚物，具有立体网状结构形式。

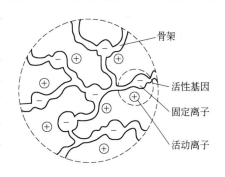

图6-5 离子交换树脂的结构示意图

树脂母体上有很多活性基团，活性基团由固定离子和活动离子（也称反离子或交换离子）组成。固定离子固定在树脂骨架上，活动离子则依靠静电引力与固定离子结合在一起，两者电性相反、电荷相等，处于电中和状态。

离子交换法可用于处理电镀厂含铬废水。某电镀厂废水来源是镀铬工件的漂洗水及电镀母液，其中主要含有 Cu^{2+}、Fe^{3+}、Cr^{3+} 等其他金属离子。漂洗水含 Cr^{6+} $50 \sim 100mg/L$（最高达 $200mg/L$）；电镀母液虽然浓度高，但为定期治理，调整其浓度至 $200mg/L$ 左右。治理含铬废水的工艺流程如图6-6所示。

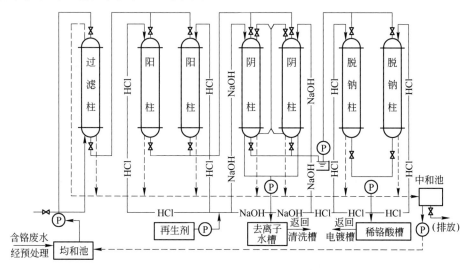

图6-6 治理含铬废水的工艺流程

（1）离子交换树脂。阳柱为 001×7 型强酸阳离子交换树脂，阴柱为 D301 型弱碱大孔阴离子交换树脂。

（2）预处理。废水在车间内先经格栅、格网处理，进行必要的浓度调整后，由泵送入过滤柱，进一步去除悬浮物。

（3）交换过程。经预处理后的含铬废水流入阳柱，去除其中的 Fe^{3+}、Cr^{3+}、Cu^{2+}、Na^+ 等金属离子，出水带酸性，水中含 $Cr_2O_7^{2-}$ 及 SO_4^{2-} 等阴离子，然后流入 1 号阴柱。由于 $Cr_2O_7^{2-}$ 与阴树脂有很强的亲和力，因而 $Cr_2O_7^{2-}$ 被优先吸附交换在阴树脂上，同时排斥其他阴离子，使 1 号阴柱被 $Cr_2O_7^{2-}$ 所饱和，其他阴离子被 2 号阴柱所吸附，从而提高了树脂对 Cr^{6+} 的交换容量，这就是所谓的"双阴柱串联全饱和流程"，出水为去离子水。

（4）再生与回收。从 2 号阴柱流出的去离子水，由泵送至二楼去离子水高位槽，用作镀铬间清洗槽的补充水。阴柱用浓度为 8%~10% 的 NaOH 再生，再生液 $Na_2Cr_2O_7$ 通过脱钠柱得到较纯净的稀铬酸，由泵送至二楼稀铬酸高位槽，返回电镀槽配液用。阳柱用 1mol 的 HCl 再生，再生废液和各交换柱的排水流入室外中和池，检验合格后排放。

C 液膜分离法

液膜分离法实质上是一种除盐的方法。在降低溶液中盐的总含量的同时，可以得到一种盐的浓缩液。在废水处理中主要应用的方法有四种，即反渗透、超滤、电渗析和新近发展起来的液膜分离法。

液膜分离法的特点是：设备结构比较简单，操作方便，可以在周围环境温度下工作，过程能连续，便于实现自动化；但主要缺点是，要解决生成的浓缩液（盐水）的处理问题。

实践证明，含有各种不同的流动载体（液态离子交换剂）的液膜系统，能从废水中有效地去除和回收各种重金属离子。间歇实验结果表明：处理时间为 10min 时，料液中汞浓度由 $1100\mu g/L$ 降至 $0.2\mu g/L$，铬浓度由 $400\mu g/L$ 降至接近零，镉浓度由 $50\mu g/L$ 降至 $0.5\mu g/L$，铜浓度由 $50\mu g/L$ 降至 $0.3\mu g/L$。在连续流动条件下进行液膜分离，同样可以使这些金属离子降至 $1\mu g/L$ 以下。

6.2.3.3 化学方法

A 混凝沉淀法

对废水中可能用自然沉降法除去的细微悬浮物和胶体污染物，通过投加混凝剂来破坏细微悬浮颗粒和胶体在水中形成的稳定分散系，使其聚集为具有明显沉降性能的絮凝体，然后通过重力沉降法予以分离的方法，称为混凝沉淀法。

混凝沉淀法在工业废水处理中的应用十分广泛，在冶金废水治理中也是十分重要的方法。该法除应用于预处理、中间处理和污泥处理外，在深度处理方面也是重要方法之一；除了用于除色、除浊之外，还可以去除高分子物质、动植物纤维物质、各种有机物、焦油、石油和其他油脂、微生物、氮磷等富营养物质、农药毒物以及汞、镉、铅等重金属毒物和放射性物质。

混凝沉淀法的优点是设备费用低、处理效果好、操作管理简便、间歇和连续运行均可，因而其得到普及。但该法存在的问题是需要不断投加混凝剂，经常性运行费用较高。

国内常用的混凝剂为硫酸铝、聚合氯化铝、硫酸亚铁和聚丙烯酰胺。助凝剂常采用活化硅胶和骨胶。助凝剂可以单独使用，但一般与铁、铝盐混凝剂合用。

B　中和法

中和法是处理酸性废水和碱性废水的主要方法。冶金工业生产中会排放出大量酸性废水和碱性废水。尤其是酸性废水，不仅量大，而且往往含有许多重金属离子。中和法不仅能降低废水中的酸、碱度，也能使多种金属离子以氢氧化物沉淀的形式被除去。

a　酸性废水中和处理

冶金工业中酸性废水的来源十分广泛。采矿废水主要来源于地下水和地表降水，这种废水量大，每开采 1t 矿石约排出 $1m^3$。矿山开采完毕后，这些水仍然流出，若不加治理，将会长期污染水源。采矿废水大多数呈酸性，并含有多种金属离子。特别是硫化物的金属矿，在水中溶解氧和细菌的作用下，硫化铁被氧化、分解成硫酸，这些含硫酸的采矿酸性废水使矿石中的有色金属溶入水中，形成含多种金属的酸性废水。我国有色金属矿山酸性废水的处理方法，主要有石灰中和法、置换-中和法及离子交换法等。

b　碱性废水中和处理

含碱废水不经处理就排灌农田，会使土壤盐碱化、土质板结，影响农作物生长，对渔业和环境也会造成危害；而且废水中的碱大量流失，增加了单位产品的成本，所以必须进行处理。

碱性废水一般采用中和法处理，可用酸、碱废水相互中和，或加酸中和，或用烟道气中和。普遍采用的方法是加硫酸进行中和，硫酸价格较便宜，用盐酸中和时，反应产物溶解度大，泥渣少，但出水中的溶解固体浓度高。

C　氧化还原法

通过氧化剂或还原剂将废水中的有害物质氧化或还原为无毒或微毒物质的方法，称为氧化还原法。

影响水溶液中氧化还原反应速度的因素有：

（1）氧化剂和还原剂的本性。不同的氧化剂和还原剂，其反应机理和活化能各不相同，反应速度也不一样。

（2）反应物的浓度。一般反应物的浓度越高，反应速度越快，可根据实验观测确定。

（3）温度。对于多数反应，升温 10℃，反应速度可增加 2~3 倍。

（4）催化剂及不纯物的存在。催化剂及不纯物对氧化还原反应速度的影响很大。催化剂的加入（或某些不纯物的存在）能使反应沿活化能较低的途径进行，使反应速度加快。如用空气曝气法除 Fe^{2+} 时，Cu^{2+}、Co^{2+} 等重金属离子对该反应有催化作用，但除去它们也很困难。活性炭、黏土、金属氧化物等固体，对水溶液中许多氧化还原反应有明显的催化作用，称为异相催化，受到人们关注。

（5）溶液的 pH 值。溶液的 pH 值对氧化还原反应速度的影响极大，可以通过不同途径起作用，H^+ 或 OH^- 可直接参与反应，也可起到催化剂作用。pH 值决定了溶液中许多物质的存在状态和相对数量。

常用的氧化剂主要有空气、纯氧气、液态氧、氯气、氯的含氧酸、氯的钠盐和钙盐、二氧化氯、臭氧（O_3）等。

（1）重金属离子的脱除。用石灰石除去污水中的重金属离子是一种经济的方法，但若pH 值调节不当，则金属氢氧化物返溶，如增大石灰用量，则污泥增多、处理困难。将石灰与臭氧并用，使 pH 值保持在中性附近，即可取得良好的效果。例如对于锰和铅，当 pH = 7时，单独用石灰的去除率分别为6%和64%；如与臭氧并用，则去除率分别提高至99.1%和99.5%。

（2）金属还原法去除 Cr^{6+}。废水中具有剧毒的 Cr^{6+}，可用还原剂还原成毒性极微的 Cr^{3+}。常用的还原剂有硫酸亚铁、二氧化硫、亚硫酸钠、亚硫酸氢钠等。$Cr(OH)_3$ 呈两性，在 pH = 8 ~ 9 时溶解度最小。因此，要严格控制石灰投量，应保持最佳的 pH 值条件。采用硫酸亚铁作还原剂时，理论用量为 $c(Cr^{6+}):c(FeSO_4 \cdot 7H_2O) = 1:16$，但实际投药量要大。当 Cr^{6+} 浓度分别为20mg/L 以下、20 ~ 25mg/L、50 ~ 100mg/L、100mg/L 以上时，$c(Cr^{6+}):c(FeSO_4 \cdot 7H_2O)$ 的值依次为1:50、1:30、1:25、1:16。硫酸亚铁呈酸性，当硫酸亚铁投量多时可不加硫酸，仍能保证反应在酸性条件下进行。

（3）电沉积法回收废水中的有价金属离子。采用电解还原的方法，可以通过电解槽阴极沉积来回收废液中的有价金属。铜的冶炼、加工（如酸洗及电镀）过程中会产生大量含铜废水，铜以 $CuSO_4$ 形式存在于水中，通过电沉积方法可回收铜，反应式如下：

$$CuSO_4 + H_2O \xrightarrow{\text{电沉积}} Cu_{(g,\text{阴极})} + H_2SO_4 + \frac{1}{2}O_{2(\text{阴极})}$$

采用电沉积法处理含 Cu 3.36g/L 的废水时，电流密度为 300A/m²，槽压为 10V，经 10min 电沉积后，水中铜含量可降至 0.01mg/L 以下。废水中的许多其他重金属离子，如 Cr^{3+}、Ni^{2+}、Cd^{2+}、Hg^{2+}、Sn^{2+}、Zn^{2+}、Pb^{2+} 等，都可用电沉积法去除和回收。

D　有机溶剂萃取法

将有机溶剂加入到水溶液中，使其中一个或多个组分转入有机相的分离溶液组分的方法，称为有机溶剂萃取法，简称萃取法。由于有机溶剂萃取法具有选择性高、工艺简单、便于连续化生产、无需过滤、不需要升温等优点，其被广泛应用于有色冶金工业中，也可应用于废水处理方面。

萃取过程分为三个工序，即混合、分离和回收。按萃取剂（或称有机相）与废水（或称水相）接触方式的不同，萃取作业可分为间歇式和连续式两种。

国内某铜矿采矿废石场酸性废水，采用萃取-电沉积法从其中回收铜，萃余液经中和，可从中回收铁红（含 Fe_2O_3 95.5%）。废石场废水在含 Cu 0.9 ~ 4.0g/L、含 Fe 2.5 ~ 15g/L、pH ≈ 2 的条件下，用 N510 萃取其中的铜，萃取率可达96% ~ 99%。

（1）萃取的主要工艺条件。

有机相溶液：由羟肟萃取剂 N510 与磺化煤油配制而成，N510 浓度为 100 ~ 108g/L。

反萃取剂：始配硫酸溶液10%（体积）：废电解液（含 H_2SO_4 100 ~ 140g/L、Cu 25 ~ 35g/L、Fe 3 ~ 14g/L）。

四级萃取：相比（水相/有机相）A/O = (1 ~ 1.5)/1，水流量为 20 ~ 21L/min，有机相流量为 14 ~ 20L/min。

三级反萃：相比（有机相/水相）O/A = (2 ~ 2.5)/1，有机相流量为 14 ~ 20L/min，反萃剂流量为 7 ~ 8L/min。

混合室停留时间：萃取 7min，反萃取 10min。

搅拌涡轮转速：452 ~ 500r/min。

最终澄清室比流量：萃取，有机相为 22.2L/(min·m²)，水相为 9.26L/(min·m²)；

反萃，有机相为 7.94L/(min·m²)，水相为 3.70L/(min·m²)。

温度：室温（20～30℃）。

（2）电沉积的工艺条件。

阴极电流密度：150A/m²；

同极距：120mm；

槽电压：2V；

电解液温度：25～35℃；

电解液循环速度：8L/min；

进液方式：上进下出。

（3）除铁-中和工艺。经 N510 萃取铜后的余液中铁含量仍然很高，用氨水以黄铁矾沉铁，条件为：90～95℃，$NH_3/Fe = 0.4$（按溶液的总铁量计），3h。铁矾沉淀经过滤、烘干，在 750～800℃下煅烧成铁红。氨水除铁的效率为 78.4%～80.9%。除铁后的废水中仍有铜、镉等有害元素，应进一步中和处理。先用石灰粉将 pH 值提高到 4.5，然后进一步加石灰调到 pH = 8～8.5。在此条件下，由于废水中还含有大量的铁离子，生成 $Fe(OH)_3$ 沉淀物吸附共沉，使 Cd^{2+} 达到排放标准。之后再加未经中和的废水，调 pH 值到 6.5～7.0 除 Cu^{2+}，使废水中的铜也达到排放标准。

E 化学沉淀法

化学沉淀法是向废水中投加某些化学药剂，使其与废水中的污染物发生直接的化学反应，形成难溶的固体生成物（沉淀物），然后进行固液分离，从而除去水中污染物的方法。

化学沉淀法是废水处理的传统方法，也是处理冶金工业废水最普通、最实际的办法。虽然废水处理的新方法、新工艺层出不穷，但化学沉淀法仍不失其重要地位。冶金工业废水中的重金属离子（如 Hg^{2+}、Cd^{2+}、Pb^{2+}、Zn^{2+}、Ni^{2+}、Cu^{2+}、Cr^{2+}）、碱土金属离子（如 Ca^{2+}、Mg^{2+}）以及非金属（As、Cl、S、B 等）均可通过化学沉淀法去除。尤其是当上述污染物浓度高时，此法更显得必要。

化学沉淀法主要包括氢氧化物沉淀法、硫化物沉淀法、铁氧体沉淀法及其他化学沉淀法。其中，硫化物沉淀法在废水处理中的应用仅次于氢氧化物沉淀法。氢氧化物沉淀法可除去废水中的多数重金属离子，可将其净化到 10^{-7}～10^{-5} mol/L；但对 Pb^{2+}、As^{3+}、Hg^{2+}、Cu^{2+} 等的去除效果较差，难以达到排放标准。而硫化物沉淀法却很有效。汞的排放标准很严格，只能采用硫化物沉淀、离子交换或活性炭吸附等特殊方法去除。

6.2.3.4 生物化学法

废水的生物化学法（简称生化法），是利用自然界大量存在的各种微生物来分解废水中的有机物和某些无机毒物（如氰化物、硫化物等），通过生物化学过程使之转化为较稳定的、无毒的无机物，从而使废水得到净化。目前，生化法主要用来去除废水中呈胶体状态和溶解状态的有机物以及现有物理法不可能去除的细小悬浮颗粒。采用生化法处理废水，不仅比化学法效率高，而且运行费用低。除可用于城市污水处理外，生化法也可广泛应用于炼油、石油化工、合成纤维、焦化、煤气、农药、纺织印染、造纸等工业废水的处理，因此，其在废水处理中十分重要。

在冶金工业生产过程中，选矿生产用水量较大，一般处理 1t 矿石需用的水量为：浮选 4～6m³，重选 20～26m³，浮-磁联选 23～27m³，重-浮联选 20～30m³。其中，重选、磁选的废水回水率高，排放的废水量较小；目前浮选的废水回水率一般只有30%～60%，排放废水量较大。

根据国内选矿废水的调查，应用最普遍的处理方法是自然净化法。这是因为自然净化法的构筑物主要是各矿山因地制宜修建的各类沉淀池和尾矿库。它们的功能是相同的，尾矿库作为选矿厂必不可缺的最末一个工段，实质就是一个废水处理站。其主要的净化作用是：

（1）稀释作用。天然降雨和库区溪水具有稀释净化作用。

（2）水解作用。选矿药剂黄药等与氰化物在库水中极易水解，自净率达17%～100%。

（3）沉淀作用。废水排入尾矿库中，按密度和固体颗粒大小做规律性运动，尾矿水在库内停留时间越长，其沉淀效率越高。通常尾矿水在库内停留1～3个昼夜，澄清水中的悬浮物浓度均低于国家标准。

（4）生化作用。尾矿库既是一个沉淀池又是一个自然曝气氧化塘，不仅能降解废水中的各种有机物，而且能吸收并浓缩废水中有害的重金属元素。例如，铅锌矿选厂的尾矿水在尾矿库内澄清后，有害成分的含量降低，铜和铅的含量为30%，氰化物的含量为15%～20%，黄药、黑药的含量为50%～60%，酚的含量为60%～80%，净化的效果与环境温度、时间及空气接触条件有关。经过尾矿库自然净化后的水质，多数可以达到工业废水排放标准。有的选厂充分利用和发挥尾矿库的自净能力，实现废水回用，基本达到"零"排放，既解决了矿区用水困难的问题，又降低了生产成本。

6.3　冶金工业固体废物的污染与治理

6.3.1　冶金工业固体废物的分类

固体废物也称为废物，一般是指人类在生产、加工、流通、消费以及生活等过程中，提取目的组分后弃去的固状物质或泥浆状物质。

冶金固体废物是指在冶金生产过程中所排放的、暂时没有利用价值而被丢弃的固体废物，包括采矿的废石，选矿的尾矿，钢铁厂和有色金属冶炼厂的各种熔炼渣、浸出渣、烟尘、粉尘、废屑及废水处理后的残渣污泥等。因此，冶金工业固体废物种类繁多、数量可观。冶金固体废物按来源，可分为矿业固体废物、钢铁冶金工业固体废物、有色冶金工业固体废物。

（1）矿业固体废物。矿业固体废物主要指开采金属矿时从主矿上剥离下来的各种围岩，这类废石数量巨大，从工业应用角度来看，利用价值不大，多在采矿现场就地堆放。其次是尾矿，尾矿是选矿过程中经过提取精矿后剩余的尾渣，数量也相当大，一般选厂都专门设置尾矿库堆放。有色金属矿精选后的尾矿中还含有 Cu、Ni、Zn、Pb 等有价金属以及硫、各种有用的氧化物等，可以回收利用。

（2）钢铁冶金工业固体废物。钢铁冶金工业固体废物除包括采矿和选矿生产过程中产出的废石和尾矿外，主要是指炼铁、炼钢冶炼过程中排出的废渣，这些废渣可以统称为冶金渣，主要包括高炉渣、钢渣。此外，还有在生产过程中产生的烟尘。

1）高炉渣。按冶炼生产方法其可分为铸造生铁矿渣、炼钢生铁矿渣、特种生铁矿渣；

按化学成分，其可分为碱性矿渣（$R > 1$）、中性矿渣（$R = 1$）、酸性矿渣（$R < 1$），$R = \dfrac{w(\mathrm{CaO}) + w(\mathrm{MgO})}{w(\mathrm{SiO_2}) + w(\mathrm{Al_2O_3})}$；按物理性质及形态，其可分为粒状矿渣、浮石状或球状矿渣、块状矿渣、粉状矿渣。

2）钢渣。按冶炼方法，其可分为平炉钢渣、转炉钢渣、电炉钢渣。按化学成分，其可分为低碱度（$R < 1.8$）钢渣、中碱度（$R = 1.8 \sim 2.5$）钢渣、高碱度（$R > 2.5$）钢渣。按物理形态，其可分为水淬粒状钢渣、块状钢渣、粉状钢渣。

3）烟尘。在钢铁冶炼过程中，冶金炉排出的高温烟气中含有大量烟尘。例如，高炉每炼 1t 铁要产出 50 ～ 100kg 含铁烟尘，转炉每炼 1t 钢要产生 15 ～ 20kg 含铁烟尘。用湿法除尘（高炉、转炉）或干法除尘（平炉）收集的烟尘统称为尘泥。按生产方法，其可分为转炉尘泥、平炉尘泥和高炉尘泥。这些尘泥中，铁和碱性氧化物含量较多，有害杂质含量少，接近铁矿粉，有很大的利用价值。

（3）有色冶金工业固体废物。有色金属种类多，生产方法也多，在有色金属生产过程中产出的固体废物成分也比较复杂。有色冶金工业固体废物主要指各种有色冶金炉产出的炉渣、湿法冶金中产出的浸出渣以及电解过程中产出的阳极泥等。此外，还有各种收尘器捕集的烟尘。有色冶金工业固体废物一般按生产方法分类，例如，铜渣按生产方法可分为铜反射炉炉渣、铜密闭鼓风炉炉渣、铜闪速炉炉渣、铜电炉炉渣、铜转炉炉渣、铜精炼炉炉渣；在湿法冶金，如氧化铝生产中，按生产方法将产出的赤泥分为烧结法赤泥、拜耳法赤泥和联合法赤泥；在有色冶炼中产出的烟尘，也按生产来源分为铜烟尘、铅烟尘、锌烟尘等。

6.3.2 冶金工业固体废物的污染

冶金工业固体废物对人类环境造成的危害主要表现在以下几方面：

（1）侵占土地。冶金工业固体废物如不加以利用就要占地堆放，而且堆积量越大，占地也就越多，严重破坏了土地资源。全国工业废渣的利用率约为 24%，有 76% 以上的废渣堆放在城镇郊区、工矿区或排入江河湖海，既大量占用了土地资源，又污染了土壤、大气、水体。

（2）污染土壤。冶金工业固体废物中的有害组分容易污染土壤，还会破坏土壤中的生态平衡。冶金工业固体废物经过风化、雨淋，产生高温、毒水或其他反应，能杀灭土壤中的微生物，使土壤丧失腐解能力，导致土地贫瘠、寸草不生。某些有色冶金工业固体废物中的有害物质进入土壤后还可能在土壤中积累，给农作物的生长带来危害；并被植物吸收，进而通过食物进入人体，给人带来疾病。

（3）污染水体。冶金工业固体废物引起水体污染的途径有：随天然降水流入河流、湖泊，或由于颗粒较小，随风飘迁而落入河流、湖泊，污染地面水；随渗沥水渗透到土壤中，进入地下水，使地下水污染；废渣直接排入河流、湖泊或海洋，造成污染。

（4）污染大气。冶金工业固体废物一般通过下列途径使大气受到污染：在适宜的温度和湿度下，有些无机物发生化学分解，释放出有害气体；细粒粉末随风迁移，加重了大气的粉尘污染；在运输和处理固体废物的过程中也难免产生有害气体和粉尘，使空气受到污染。

6.3.3　冶金工业固体废物处理的原则和综合利用的意义

冶金工业固体废物是各种污染物的终态。人们往往对这类污染物不太注意，因为其会给人一种稳定、呆滞的错觉，以为不会像废气、废水那样直接危害人体健康，所以使堆存的固体废物处理不及时。而这些固体废物在自然条件的影响下，同样会扩散到大气中或渗透到地下，对土壤和水体造成长期危害，因此必须引起高度重视。

对冶金工业固体废料处理的原则是：首先要实现固体废物排放量的最佳控制，把排放量降到最低程度。其次，必须排放的固体废物要进行综合利用，使它们成为二次资源加以利用；在现有条件下不可能利用的要进行无害化处理，最后合理地还原于自然环境中。对必须排放的固体废物应妥善处理，使其安全化、稳定化、无害化，并尽可能减少其数量。为此，对固体废物要采取物理的、化学的和生物的方法进行处理，在处理和处置过程中，要注意防止二次污染的产生。

随着工业的发展、人口的剧增、生活水平的提高，废物量猛增，在郊区可处理废物的场地越来越少，处置费用越来越高，从而引起工业发达国家对固体废物污染控制的重视。美国于1965年制定了《固体废物处置法》。20世纪70年代以后，英国、法国、日本、德国、荷兰、瑞典等国家制定了管理法规。随着70年代中期出现的世界性石油危机以及人们对固体废物利用认识的深入，对待固体废物的方针也从消极处置转为积极利用，开始把废物视为一种可以循环利用的资源。1970年，美国将1965年通过的《固体废物处置法》修订为《资源回收法》，并于1976年进一步修订为《资源保护回收法(RCRA)》，明确提出把固体废物作为二次资源进行回收，将其同样视为国家的资源予以保护。

目前，世界各国在从固体废物中回收材料与资源方面均有迅速发展。对于工业废渣，大多将其作为资源开展综合利用。美国自20世纪70年代以来，将每年排出的4000多万吨钢铁渣全部加工利用，英国、法国、日本、德国、瑞典、比利时等国家的高炉渣也已全部利用。此外，丹麦、日本的煤灰渣已全部利用。

我国与世界发达国家在固体废物综合利用方面的差距还较大，但也在积极开展化害为利、综合利用的工作，取得了良好的经济效益和社会效益。太原、湘潭、马鞍山等钢铁厂利用硫、磷含量低的电炉、转炉钢渣代替石灰作炼铁和烧结矿熔剂，使用后可提高烧结矿强度、降低焦比，具有良好的经济效益。

6.3.4　冶金工业固体废物的治理

6.3.4.1　废石和尾矿的处理

A　废石的处理方法

废石是矿山作业中主要的固体废物。矿山从基建、生产到闭坑的整个过程中，都有废石需要排弃。一般情况下，露天矿所产生的废石量要远远多于坑内矿山。

目前对废石场的主要处理方法还是复土造田，以恢复原来的农业生态环境。同时，要加强对废石场的科学管理，提高废石场的稳定性，尽可能地充分利用废石资源作建筑材料或用浸出法回收废石中的有价金属。

(1) 土地复垦，恢复自然生态环境。土地复垦本身是指把被占用并被破坏了的土地恢复过来，供其他国民经济部门使用的过程。因此，根据每个地区的特点和社会经济合理性，土地复垦可以分为农业复垦、林业复垦、自然保护区复垦、水利复垦和建筑复垦等。土地复垦的价值除了在经济上取得应有的效果外，更深远的意义在于改善自然环境、造福于人类。

（2）对固体放射性废物的处理。铀矿山的废石和表外矿石要尽量回填利用，不能回填利用的应堆放于专用废石场。废石场设在山谷中时，要修筑石坝以防废石流失；废石场设在平地上时，一般用矸石山堆存。在矿石周围应设防护区，废石场废弃前在其四周进行复土植被，做无害化处理。铀水冶厂的尾矿渣送尾矿库存放。尾矿库的初期坝用当地的土、石筑成，然后用推土机把沉积在坝内的尾矿渣筑成坝，达到一定高度时，为防止雨水冲刷和风把细粒吹走，一般用泥土草皮和石块覆盖。铀元件加工厂产生的金属（铀切屑）是易燃固体废物，通常装在桶内回收，废弃的设备、管道、工具等送废物场储存。一些可燃性废物可以烧掉，灰渣用桶储存或经水泥固化后储存。反应堆和后处理厂房产生的固体放射性废物，经过详细分类后，送往不同的废物库储存或经水泥固化或沥青固化后储存。可燃性废物可以焚烧，灰渣固化后装桶储存。某些低水平放射性废物，可就地做浅地层埋藏。

B　尾矿的处理方法

按我国现有铜、镍、钼等有色金属矿山的实际情况，一般矿石地质品位只有0.1%～1%，在选矿作业中，除少量有价元素被选出外，其余大量废弃物将送往尾矿坝堆存。选厂排弃的尾矿量通常占选厂处理原矿的80%以上，这样就带来尾矿排放、堆存和处理等一系列问题。

由矿石破碎、研磨成的细矿粉，经过重选、磁选、浮选等精选方式选出精矿粉后剩余的废渣，称为尾矿。尾矿一般以矿浆状或干砂状排出。尾矿处理有湿式、干式以及介于两者之间的混合式，大多数选矿采用湿式尾矿处理。湿式尾矿处理设施一般包括水力输送、尾矿库和回水三个部分。

（1）尾矿的稳定方法。尾矿库为堆存尾矿的场地，由堤坝围筑而成，其中设有排水构筑物，以排出库中的尾矿澄清水和雨水。排出的澄清水可供生产循环使用。当排放的水中有害成分超过排出标准时，则应进行净化处理。

（2）尾矿的综合利用。

1）尾矿制砖。尾矿砖是以尾矿粉为主要原料，以粉煤灰、磨细石灰、石膏为激发剂，经搅拌、轮碾、成型、蒸气养护而制成的一种墙体材料。

2）制尾矿加气混凝土。尾矿加气混凝土是以水泥、水渣、尾矿粉等为原料，与加气剂按一定比例配制而成的一种轻质多孔的建筑材料。它具有容量轻、保温性能好等特点。尾矿加气混凝土制品可用作一般工业和民用建筑的围护结构和间隔墙。地下建筑及潮湿部位不宜使用。

3）尾矿作井下充填料。用尾矿与废石和水泥胶结，作为井下采空区的充填料。

4）从铜尾矿砂中回收硫。

6.3.4.2　冶金渣的处理和利用

A　高炉矿渣的综合利用

我国高炉矿渣大部分接近中性矿渣，高碱性及酸性高炉渣数量较少。由于矿石的品位和冶炼生铁的种类不同，高炉矿渣的化学成分波动范围很大。

高炉矿渣的综合利用技术在我国已有几十年的历史，高炉矿渣的利用率已达到90%以上。其中90%冲成水淬矿渣，大部分用作水泥的混合原料和无熟料水泥的原料，少部分用来生产矿渣砖瓦等，其余用作道路路基渣、铁路道砟、混凝土骨料以及生产矿渣棉、膨胀矿渣珠等。

B　钢渣的综合利用

一般每冶炼1t钢产生200~300kg的钢渣。钢渣可以返回，供烧结、炼铁、炼钢使用，也可用于公路路基、水泥、铁路道砟、沥青拌和料和农肥等方面。

（1）钢渣在烧结生产中的应用。在烧结矿中配入5%~10%的小于8mm的钢渣代替熔剂使用，可利用渣中钢粒及其有益成分，显著改善烧结矿的宏观及微观结构，提高了转鼓指数及结块率，使风化率降低、成品率增加。高炉使用配入钢渣的烧结矿，可使高炉操作顺行，产量提高，焦比降低。

（2）钢渣可以作为熔剂使用。含磷低的钢渣可作为高炉、化铁炉的熔剂，也可返回转炉利用。钢渣返回高炉，既可节约熔剂（石灰石、白云石、萤石）消耗，又可利用其中的钢粒和氧化铁成分，还可改善高炉渣的流动性。用转炉钢渣代替化铁炉石灰石和部分萤石熔剂，效果也比较好。

（3）从钢渣中提取稀有元素，发挥二次资源的利用价值。用化学浸取的办法可以提取钢渣中的铌、钒等稀有金属。

（4）钢渣制砖。钢渣砖是以粉状钢渣或水淬钢渣为主要原料，掺入部分高炉水渣（或粉煤灰）和激发剂（石灰、石膏粉）加水搅拌，经轮碾、压制成型、蒸养而制成的建筑用砖。钢渣砖可用于民用建筑中砌筑墙体、柱子构造等。

（5）制作钢渣矿渣水泥。钢渣矿渣水泥在我国已形成一种新的水泥系列，包括钢渣矿渣水泥、钢渣浮石水泥、钢渣粉煤灰水泥等，其生产工艺和主要性能大致相近。

（6）钢渣在农业中的应用。采用中、高磷铁水炼钢时，在不加萤石造渣的情况下回收初期含磷渣，将其直接破碎、磨细可制成钢渣磷肥。此外，钢渣中如含钙和硅较多，可作钙硅肥料。钢渣中所含有的铁、铝、锰、钒等元素，也是植物所需的养分。

C　铜渣的综合利用

火法炼铜中，不同的熔炼方式可产出不同的熔炼渣，如反射炉炉渣、密闭鼓风炉炉渣、电炉炉渣、闪速炉炉渣、诺兰达炉炉渣、瓦纽柯夫炉炉渣等。铜渣是否可以废弃取决于渣中的铜含量。

（1）铜密闭鼓风炉水淬渣在公路建设中的应用。采用铜渣作公路基层材料时，必须掺配一定量的石灰、石灰渣或电石渣等胶结材料，不能单独使用。铜渣基层具有较高的强度和较好的水稳定性。由于铜渣颗粒均匀、质地坚硬、表面粗糙且多棱角、不易吸水、施工方便、不受雨天和工序间隔的影响，一经压实即可开放交通，不会发生弹簧翻浆的现象。

（2）铜矿渣作铁路轨道底渣。沈阳、上海、武汉等铁路局铁路铺设轨道时，曾广泛使用铜矿渣作为底渣，其稳定好，强度高。

（3）用铜渣生产粒铁。克虏伯炼钢法是利用回转窑的方法炼铜，用此法可以处理铜密闭鼓风炉水淬渣。将铜渣和铁精矿等量混合，配入焦粉或无烟煤作还原剂，并加入适量熔剂。炉料经过良好的混合后装入回转窑（单位时间的装料量根据窑的倾斜度及转速而定），用重油或粉煤加热，使炉料缓慢地经过窑的预热带、还原带和粒铁带。还原带必须维持在

600~1100℃，使铁的氧化物能够还原成海绵铁，并使海绵铁在粒铁带形成粒铁，这样，海绵铁能与半熔融状态的炉渣分离，然后从窑内排出。熔融体首先经过快速冷却，随后再经粉碎和磁选分离，得到粒铁。最终炉渣、原料中的锌等在窑内挥发，并在沉降室和布袋收尘器中回收。粒铁送去炼钢，而炉渣送去制水泥。

（4）焙烧法处理铜渣。铜渣经过球磨机细磨到小于 0.074mm 粒级占 80% 后，配入适量石灰，再进行混合、配料、造球、干燥等过程，然后进行强氧化焙烧。焙烧的目的是改变铜渣熔点低、难还原的性质，并除去渣中的硫。焙烧好的物料配入适量焦粉或无烟煤，经过配料后均匀混合，加入到另一回转窑中使其还原生成粒铁。从窑内产出的渣和铁水淬成小粒，破碎并进行磁选分离。粒铁再用于炼钢。

（5）用铜渣生产铸石。前苏联、波兰、德国很早就用铜渣生产铸石。德国早在 100 多年以前就用铜渣为荷兰生产铸石，用来做海堤石。国外用铜渣生产铸石的方法有熔铸法和烧结法。

1）熔铸法。炼铜时为了提高铜的回收率，必须使熔渣过热，这样会使铜渣不易结晶，也就不适宜制造耐磨材料。为此，国外采用在浇注铜渣耐磨制品时以过量的熔渣包住铸模的方法，延长矿渣在结晶温度（800~1080℃）内停留的时间。铜矿渣浇注温度为 1200℃ 左右。用铜渣浇注熔铸管、弯管、泵零件等耐磨材料制品时，其工艺流程为：将熔渣（1200℃左右）全部浇入铸槽，经过 2~3 天的退火清除过剩矿渣，然后使铸件脱模，经检验合格后即为成品。

2）烧结法。用铜矿渣生产烧结铸石制品的主要困难是烧结温度范围狭窄，只有10℃。如果采用水淬铜渣代替结晶态铜渣，特别是采用还原焙烧时，烧结温度范围可扩大至 25℃，有利于铜矿渣烧结铸石制品的生产。烧结铜渣铸石的工艺是：先将水淬铜渣磨细后成型，再进行焙烧。成型方法有干法（在 20MPa 压力下压制成型）和喷注法（用铸模机压入铸模中成型）。铜渣铸石是一种高耐磨、高耐压和具有抗酸性能的良好材料。

（6）用铜渣生产矿渣棉。将铜渣与电厂水淬成粒状玻璃态的煤渣（即液态渣）混合配料，在池窑内熔化，焙熔体经离心机甩成矿渣棉。用铜渣生产的矿渣棉比一般矿渣棉细长而柔软，其平均粒度为 4~5μm，渣球含量为 7% 左右，堆积密度为 0.1t/m³，导热系数为 0.28kJ/（m·h·℃）。

D 铅烟化炉水淬渣的综合利用

烧结焙烧-鼓风炉还原熔炼是火法炼铅的传统流程，也是生产铅的主要方法。鼓风炉产出的粗铅经过脱铜炉熔析脱铜，制成阳极片，经过电解精炼产出阴极铅，熔化铸锭后即成为商品铅。鼓风炉产出的炉渣常含有 6%~17% 的锌和 1%~3% 的铅及其他有价金属，必须进行处理，尽可能地回收有价金属。处理铅鼓风炉渣的方法很多，如鼓风炉、转炉和电炉熔炼法、悬浮熔炼法、氯化挥发法、回转窑挥发法、烟化法以及湿法碱处理等。但目前大多数工厂都采用烟化法处理，因为烟化法的生产能力大，金属回收率高，可用低级煤作燃料，燃料消耗少，易于实现机械化和自动化，废热可以利用。

E 赤泥的综合利用

赤泥是用碱浸出铝土矿后所得的浸出渣。根据矿石品位的不同，生产 1t 氧化铝会排出 0.3~2t 赤泥。目前，我国每年排放 100 多万吨赤泥，全世界每年排放 2000 多万吨。

赤泥的化学成分变动范围为：三氧化二铁 30%~60%，氧化铝 10%~20%，二氧化硅3%～20%，氧化钠2%～10%，氧化钙2%～8%，二氧化钛0～30%。世界各国对赤泥的利用都十分重视，做了不少研究工作，提出了几十种综合利用的方法，但大规模利用的较少，大部分是在低洼地堆存，或花费巨额投资，稍经干燥后倒入海中。由于赤泥含碱，长期堆放会使堆场附近的土地碱化，倒入海中则会污染海域。

我国利用赤泥生产水泥很有成效，目前可生产普通硅酸盐水泥、油井水泥、赤泥硫酸盐水泥三种水泥。综合利用赤泥生产水泥，从根本上解决了氧化铝生产工业废渣赤泥对环境的污染，更充分地利用了铝矿资源。事实说明，用烧结法或联合法生产氧化铝，在赤泥利用方面要优于拜耳法，从而使我国以碱石灰烧结法处理低品位铝土矿来生产氧化铝的综合技术经济效果更为显著。

国外还研究了从赤泥中回收碱、铝、铁、铱、镓、钒等有价金属。赤泥的其他应用还包括：用作制取炼铁球团矿的熟结剂、炼钢助熔剂，制砖，烧制轻骨料混凝土，作耐火材料，与热塑树脂复合建筑材料，用作气体吸收剂、冷水剂、活性剂，用作橡胶填料、颜料、触媒填料以及土壤改良剂等。

6.3.4.3　冶金粉尘的处理和利用

冶金生产过程中产生的机械性粉尘，如破碎过程产生的粉尘、加料或物料运输过程产生的粉尘等，在生产过程中不发生物理化学变化，其成分基本上与成尘前的物料成分相同。为了提高冶金企业内部的资源循环利用率，通常将这类粉尘作为返粉，返回主体冶炼流程以回收其中的有价金属。

在冶金生产过程中产生的挥发性烟尘，是由于发生氧化、还原、升华、蒸发和凝固等过程而形成的。其在成尘过程中发生了物理化学变化，其成分与成尘前的物料成分不一定相同。在成尘过程中进入烟尘的有价金属常常富集到相当多的数量，必须予以回收。特别是稀散金属，在自然界中没有可供提取该金属的单独矿物，只能从富集有该金属的烟尘或其他物料中提取，所以，烟尘的综合利用具有特别重要的意义。

A　从含锗氧化锌烟尘中提锗

处理氧化锌矿生产1t电解锌，可从烟化炉烟尘中回收0.3～0.5kg的金属锗。烟化炉挥发出的氧化锌烟尘含锗0.018%～0.042%，用电解锌的废电解液作溶剂浸出烟尘。在浸出过程中，锗和锌溶解进入溶液，与不溶的硫酸铅和其他不溶杂质分离。然后，将浸出液进行丹宁沉淀，使锗从硫酸锌溶液中分离出来。硫酸锌溶液送去提锌。产出的丹宁酸锗渣饼进行浆化洗涤，过滤后烘干，再将其加入电热回转窑灼烧，最后得到锗精矿。从含锗溶液中提取锗的方法除上述外，还可采用离子交换法。

B　从炼锡反射炉烟尘中提铟

从含铟的氧化锌烟尘、炼铅鼓风炉烟尘、炼锡反射炉烟尘、炼铜转炉烟尘等烟尘中，均可提取铟。下面以炼锡反射炉烟尘提取铟为例，说明从烟尘中提铟的方法。

炼锡反射炉烟尘的铟含量可达0.02%，是回收铟的重要原料之一。从此类烟尘中提取铟的工艺方法的要点是，将烟尘集中配料后加入反射炉熔炼。其目的有两方面：一方面是充分回收金属锡；另一方面是使铟等有价金属进一步挥发富集，同时使下一步湿法处理烟尘时的溶剂消耗量减少。熔炼得到的二次烟尘用硫酸浸出，使铟转入溶液中；含铟浸出渣再用盐酸浸出，铟以及镓、锗、镉等便以氯化物形态进入溶液。这种溶液用丹宁酸沉淀分离锗以后，用苏打中和至pH=4.8～5.5，便可获得铟精矿。

C 含铁尘泥的利用

在钢铁冶炼过程中，冶金炉排出的高温烟气中含有大量烟尘。例如，转炉每冶炼1t钢要产生15~20kg的含铁烟尘，高炉每冶炼1t铁要产生50~100kg的含铁烟尘。为防止大气污染并利用烟气中的可燃成分，一般采用湿法除尘或干法除尘。这种由湿法除尘排出的污水经处理后产生的污泥和干法除尘收集的烟尘，统称为含铁尘泥（在废水处理工艺中称为泥渣）。

a 含铁尘泥的化学成分、矿物组成及物理性质

（1）含铁尘泥的化学成分。含铁尘泥的主要成分是铁和铁的氧化物以及氧化钙、二氧化硅等，其化学成分如表6-9所示。

表6-9 含铁尘泥的化学成分 （%）

名　称	TFe	FeO	Fe_2O_3	CaO	SnO_2	Al_2O_3	MgO	P	S	MnO
转炉尘泥	50~62	36~65	13~16	8~14	2~5	0.6~1.3	1~6	0.55	0.2~0.5	0.8~3
高炉尘泥	30~40	5~10	40	8~12	10~15	5~7	2~3	0.4~0.5		

（2）含铁尘泥的矿物组成。平炉烟尘的矿物组成大部分为赤铁矿，其次为磁铁矿和金属铁。其在显微镜下呈圆形或环状，包裹着金属。转炉尘泥的矿物组成主要为磁铁矿（大多呈圆形，有少量磁铁矿被铁包裹着）和无规则形状的赤铁矿。

（3）含铁尘泥的物理性质。含铁尘泥的堆积密度为1.25~2t/m³，其粒度组成如表6-10所示。

表6-10 含铁尘泥的粒度组成

名　称	计重粒径分布（粒度以 μm 表示）/%					
	>40	40~30	30~20	20~10	10~5	<5
转炉烟尘	20~30	约15	20~30	5~10	约3	10~35

名　称	粒度（以 mm 表示）/%									
	>1.19	0.50	0.25	0.177	0.147	0.125	0.105	0.08	0.07	0.06	<0.06
转炉烟尘	8.16	10.67	16.24	5.64	4.5	3.35	4.83	3.58	2.4	2.66	37.97

注：烟尘均为在气体中取样的分析结果。

b 含铁尘泥的利用

含铁尘泥中铁和碱性氧化物的含量较多，有害杂质的含量少，成分接近铁矿粉，有很大的利用价值。

（1）含铁尘泥球团在转炉炼钢中的应用。将氧气顶吹转炉除尘污泥配加碱性物料，制成 FeO-CaO 混合系渣料，在低温下固结造块，直接返回转炉。含铁尘泥处理及成球工艺为：将沉淀池的泥浆送至泥浆分配槽后，经过滤机脱水，使尘泥含水率降到25%~30%。然后将其与废石灰粉在搅拌机内强制混合消化，使泥料水分控制在18%~20%，并静放使水分降至15%以下。再由压球机压制成球，成品球经低温（150~250℃）固结，含水率小于1%。含铁尘泥球团返回转炉作造渣剂和冷却剂，取得了化渣快、脱磷好和操作稳定的冶炼效果。

（2）含铁尘泥在烧结厂中的应用。将含水25%~30%的含铁尘泥与烧结厂的返矿混

合成球（含水率小于10%），然后加入烧结料中配料，既提高了混合料的透气性，又改善了烧结过程。

思 考 题

6-1 冶金生产过程常见的污染物有哪几大类？

6-2 冶金工业废气的危害性是什么？

6-3 冶金工业废气常见的处理方法有哪些？

6-4 水污染和废水污染的区别是什么？

6-5 冶金工业废水常见的处理方法有哪些？

6-6 冶金工业固体废物的污染危害性有哪些？

6-7 冶金固体废物处理的原则是什么？

6-8 冶金粉尘处理和利用的意义是什么？

参 考 文 献

[1] 王庆义，等. 冶金技术概论[M]. 北京：冶金工业出版社，2006.

[2] 包燕平，等. 钢铁冶金学教程[M]. 北京：冶金工业出版社，2008.

[3] 王明海. 钢铁冶金概论[M]. 北京：冶金工业出版社，2001.

[4] 刘树立. 国外铁矿石直接还原厂[M]. 北京：冶金工业出版社，1990.

[5] 李慧. 高炉炼铁基础知识[M]. 北京：冶金工业出版社，2005.

[6] 万新. 炼铁设备及车间设计[M]. 北京：冶金工业出版社，2004.

[7] 任贵义. 炼铁学[M]. 北京：冶金工业出版社，1996.

[8] 万新. 炼铁厂设计[M]. 北京：冶金工业出版社，2008.

[9] 罗吉敖. 炼铁学[M]. 北京：冶金工业出版社，1996.

[10] 杨绍利. 冶金概论[M]. 北京：冶金工业出版社，2008.

[11] 任贵义. 炼铁学（上册）[M]. 北京：冶金工业出版社，2007.

[12] 王悦祥. 烧结矿与球团矿生产[M]. 北京：冶金工业出版社，2008.

[13] 王筱留. 钢铁冶金学（炼铁部分）[M]. 北京：冶金工业出版社，2006.

[14] 傅菊英. 烧结球团学[M]. 长沙：中南工业大学出版社，1996.

[15] 贾艳，李文兴. 铁矿粉烧结生产[M]. 北京：冶金工业出版社，2007.

[16] 龙红明，袁晓丽，刘自明. 铁矿粉烧结原理与工艺[M]. 北京：冶金工业出版社，2010.

[17] 薛正良. 钢铁冶金概论[M]. 北京：冶金工业出版社，2008.

[18] 李慧. 钢铁冶金概论[M]. 北京：冶金工业出版社，2002.

[19] 张训鹏. 冶金工程概论[M]. 长沙：中南大学出版社，2005.

[20] 张理全. 链箅机-回转窑球团操作技能[M]. 重庆：重庆市大渡口区春园工贸公司出版社，2008.

[21] 傅菊英，朱德庆. 铁矿氧化球团基本原理、工艺及设备[M]. 长沙：中南大学出版社，2005.

[22] 朱苗勇. 现代冶金学（钢铁冶金卷）[M]. 北京：冶金工业出版社，2006.

[23] 傅杰. 现代电炉炼钢理论与应用[M]. 北京：冶金工业出版社，2009.

[24] 王新江. 现代电炉炼钢生产技术手册[M]. 北京：冶金工业出版社，2009.

[25] 成国光. 钢铁冶金学[M]. 北京：冶金工业出版社，2006.

[26] 武钢第二炼钢厂. 复吹转炉溅渣护炉实用技术[M]. 北京：冶金工业出版社，2004.

[27] 曲英. 炼钢学原理[M]. 北京：冶金工业出版社，1980.

[28] 贺道中. 连续铸钢[M]. 北京：冶金工业出版社，2007.

[29] 陈建斌. 炉外处理[M]. 北京：冶金工业出版社，2009.

[30] 周孝信. 冶金与材料制备工程科学[M]. 北京：科学出版社，2006.

[31] 傅崇说. 有色冶金原理[M]. 北京：冶金工业出版社，2004.

[32] 彭容秋. 重金属冶金学[M]. 长沙：中南大学出版社，2003.

[33] 杨重愚. 轻金属冶金学[M]. 北京：冶金工业出版社，2010.

[34] 徐日瑶. 金属镁生产工艺学[M]. 长沙：中南大学出版社，2002.

[35] 徐春，张弛，阳辉. 金属塑性成形理论[M]. 北京：冶金工业出版社，2009.

[36] 阳辉. 轧钢厂设计原理[M]. 北京：冶金工业出版社，2011.

[37] 朗晓珍，杨毅宏. 冶金环境保护及三废治理技术[M]. 沈阳：东北大学出版社，2002.

[38] 李光强，朱诚意. 钢铁冶金的环保与节能[M]. 北京：冶金工业出版社，2006.

[39] 陈津，王克勤. 冶金环境工程[M]. 长沙：中南大学出版社，2009.

冶金工业出版社部分图书推荐

书　名	作　者	定价(元)
物理化学(第4版)(本科国规教材)	王淑兰	45.00
冶金物理化学研究方法(第4版)(本科教材)	王常珍	69.00
冶金与材料热力学(本科教材)	李文超	65.00
热工测量仪表(第2版)(国规教材)	张　华	46.00
冶金物理化学(本科教材)	张家芸	39.00
冶金宏观动力学基础(本科教材)	孟繁明	36.00
相图分析及应用(本科教材)	陈树江	20.00
冶金原理(本科教材)	韩明荣	40.00
冶金传输原理(本科教材)	刘　坤	46.00
冶金传输原理习题集(本科教材)	刘忠锁	10.00
钢铁冶金原理(第4版)(本科教材)	黄希祜	82.00
耐火材料(第2版)(本科教材)	薛群虎	35.00
钢铁冶金原燃料及辅助材料(本科教材)	储满生	59.00
现代冶金工艺学——钢铁冶金卷(本科国规教材)	朱苗勇	49.00
钢铁冶金学(炼铁部分)(第3版)(本科教材)	王筱留	60.00
炼铁工艺学(本科教材)	那树人	45.00
炼铁学(本科教材)	梁中渝	45.00
炼钢学(本科教材)	雷　亚	42.00
热工实验原理和技术(本科教材)	邢桂菊	25.00
炉外精炼教程(本科教材)	高泽平	40.00
连续铸钢(第2版)(本科教材)	贺道中	30.00
复合矿与二次资源综合利用(本科教材)	孟繁明	36.00
冶金设备(第2版)(本科教材)	朱　云	56.00
冶金设备课程设计(本科教材)	朱　云	19.00
硬质合金生产原理和质量控制	周书助	39.00
金属压力加工概论(第3版)	李生智	32.00
轧钢加热炉课程设计实例	陈伟鹏	25.00
物理化学(第2版)(高职高专教材)	邓基芹	36.00
特色冶金资源非焦冶炼技术	储满生	70.00
冶金原理(高职高专教材)	卢宇飞	36.00
冶金技术概论(高职高专教材)	王庆义	28.00
炼铁技术(高职高专教材)	卢宇飞	29.00
高炉炼铁设备(高职高专教材)	王宏启	36.00
炼铁工艺及设备(高职高专教材)	郑金星	49.00
炼钢工艺及设备(高职高专教材)	郑金星	49.00
高炉冶炼操作与控制(高职高专教材)	侯向东	49.00
转炉炼钢操作与控制(高职高专教材)	李　荣	39.00
连续铸钢操作与控制(高职高专教材)	冯　捷	39.00
铁合金生产工艺与设备(第2版)(高职高专国规教材)	刘　卫	估45.00
矿热炉控制与操作(第2版)(高职高专国规教材)	石　富	39.00
非高炉炼铁	张建良	90.00